超深油气勘探开发工程技术丛书

超深油气井钻井技术

主　编：田　军

副主编：胥志雄　滕学清　刘洪涛

石油工业出版社

内 容 提 要

本书系统总结了塔里木盆地超深油气井井身结构设计技术、复合盐膏层钻井技术、超深复杂地层钻井提速技术、超深层油气藏定向井/水平井钻井技术、超深油气井固井技术、超深油气井钻井液与储层保护技术、高压高产油气井井控技术、超深复杂井钻井装备配套技术等方面取得的技术成果，并简要介绍了塔里木盆地超深油气勘探前景与超深油气井钻井技术发展趋势。

本书可供从事钻井的技术人员、现场工程师和管理人员以及石油院校相关专业师生学习参考。

图书在版编目（CIP）数据

超深油气井钻井技术 / 田军主编 . —北京：石油
工业出版社，2019.12
（超深油气勘探开发工程技术丛书）
ISBN 978-7-5183-3656-2

Ⅰ . ① 超… Ⅱ . ① 田… Ⅲ . ① 超深井 – 油气井 – 油气
钻井 Ⅳ . ① TE245

中国版本图书馆 CIP 数据核字（2019）第 217465 号

出版发行：石油工业出版社
　　（北京安定门外安华里 2 区 1 号　　100011）
　　网　　址：www. petropub. com
　　编辑部：（010）64523710　图书营销中心：（010）64523633
经　　销：全国新华书店
印　　刷：北京中石油彩色印刷有限责任公司

2019 年 12 月第 1 版　2019 年 12 月第 1 次印刷
787×1092 毫米　开本：1/16　印张：25
字数：430 千字

定价：220.00 元

《超深油气井钻井技术》
编 委 会

序

塔里木盆地是我国最具勘探潜力的含油气盆地之一，是西气东输的主力气源地，油气资源十分丰富，主要产层集中在深层、超深层，其勘探开发对于实现我国"发展西部"的油气资源战略、实现21世纪石油天然气战略接替具有十分重要的意义。

作为中国超深井的开拓者，塔里木油田的勘探开发备受中国乃至世界瞩目。30年来，面对极其恶劣的地表条件和极其复杂的地质构造，塔里木油田致力于超深油气层的勘探开发，90%以上的油气井均属于超深井，其中7000m以上的超深井占我国超深井的50%以上，2018年油气产量当量超过2600万吨，成为我国陆上第三大油气田。

库车前陆区前强烈造山运动形成浅层高陡构造和深层冲断叠瓦构造，纵向上发育盐上高陡构造、复合盐膏层、盐下强研磨地层；台盆区纵向上叠置发育火成岩、砂泥岩、石灰岩、白云岩等多套储盖组合。钻井工程面临着全球少有、国内独有的难题："超深"（井深6000～8882m）、"一陡"（高陡构造、地层倾角87°）、"一窄"（窄压力窗口仅有0.01～0.02g/cm³）、"两厚"（巨厚砾石层5500m、巨厚复合盐膏层4500m）、"两难"（盐间高压盐水处置难、盐底卡层难）、"两低"[低孔隙度（4%～8%）、低渗透率（0.01～0.1mD）]、"四高"[高温（186℃）、高压（136MPa）、高地应力差、高含硫化氢（65×10⁴mg/m³）]。同一口井钻井过程中多难题叠加，导致前期钻井完井周期长（527天）、单井成本高（超3亿元），严重制约油气勘探突破和效益开发。

针对上述难题，塔里木油田公司充分利用"两新两高"工作机制，与国内外大型石油技术服务公司、知名高校、科研院所开展联合攻关，通过现场实践，最终形成了独具特色的塔里木盆地库车前陆区超深复杂地层钻井配套技术和台盆区缝洞型碳酸盐岩快速钻井配套技术两大技术系列，在塔里木盆地全面推广应用。平均年钻超深井100余口，库车前陆区平均钻井周期由527天降至320天，台盆区平均钻井周期由217天降至130天，有力支撑了塔里木盆地深层、超深层油气藏的勘探突破和效益建产。同时积极推动了8000m/9000m新型电动钻机、高钢级高强度套管、垂直钻井工具、精细控压钻井、高温高密度油基钻井液等一批"卡脖子"装备、工具和技术国产化，打破了国外技术垄断，填补了国内空白，创造了轮探1井完钻井深8882m的亚洲最深井纪录，保障了塔里木油田1000余口超深井的成功钻探，使我国跻身于世界超深层钻探技术的先进行列，大幅提升了我国8000m级超深层油气资源勘探开发的能力，成为"一带一路"国家战略油气工程技术走向海外的新名片。

《超深油气井钻井技术》一书从钻井技术面临的世界级工程地质难题入手，系统总结了超深复杂地层井身结构优化设计、复合盐膏层安全快速钻井、超深复杂难钻地层钻井提速、深层超深层水平井钻井、高温高密度钻井液、高温高压井固井、高压高产油气井井控等特色技术成果。这些成果是30年来塔里木钻井人在工程技术和项目管理方面创新与实践的集中体现，更是塔里木钻井人打造的"十三五"末建成3000万吨大油气田的技术保障，这项工作具有十分重要的意义。期望本书的出版能够指导塔里木盆地的超深井油气勘探开发工作，为我国超深领域油气勘探开发的不断前进提供巨大动力，对国内外从事超深井钻井行业的科研和生产人员有所启发。"为祖国加油，为民族争气"是石油人对国家的庄重承诺；"高歌奋进，为油开道"又是钻井人的不懈追求，期待塔里木油田超深极深领域钻井技术取得全新纪录、全力保障国家能源安全、推进石油企业高质量发展。

是为序。

苏义脑

2019.12　于北京

前　言

塔里木盆地是中国最大的内陆盆地，总面积 $56 \times 10^4 km^2$，盆地被天山、昆仑山和阿尔金山所环绕，中部是有着"死亡之海"之称的塔克拉玛干沙漠，面积 $33.7 \times 10^4 km^2$，是世界上最大的流动性沙漠。

塔里木盆地油气资源十分丰富，根据中国石油第四次资源评价结果显示，塔里木盆地油气地质资源量为石油 $75.06 \times 10^8 t$，天然气 $11.74 \times 10^{12} m^3$。为了加快塔里木盆地的油气勘探开发，1989 年 4 月，按照党中央、国务院关于陆上石油工业"稳定东部、发展西部"的战略部署，原中国石油天然气总公司在新疆库尔勒市成立了塔里木石油勘探开发指挥部，开始了大规模石油会战。30 年来，从轮南油田、塔中 4 油田、哈德逊油田为代表的中深井钻探到以克拉 2 气田、迪那 2 气田为代表的深层钻探，再到以克深气田为代表的超深层钻探。钻井工程面临油气藏埋深超 7000m、构造高陡、巨厚复合盐膏层、巨厚砾岩层、高强度高研磨性地层、缝洞体储层 H_2S 含量高和"又喷又漏"等复杂情况，钻井过程中表现为多层多种重大技术难题同时出现。面对这些世界级钻井技术难题，塔里木油田钻井技术人员在"采用新的管理制度和新的工艺技术，实现会战高水平高效益（简称两新两高）"工作方针的指引下，通过与全国兄弟油田、大专院校、科研院（所）乃至国外知名石油服务公司广泛合作，勠力同心，攻克了一个又一个技术难题，形成了塔里木盆地超深油气井钻井技术系列，完成了 3962 口井钻探任务，其中，6000m 以深的超深井 1185 口，7000m 以深的超深井 354 口，完钻井最大深度 8098m（克深 21 井），是国内超深井钻井最多的油气田。一批钻井技术指标刷新国内外新纪录：现场配制油基钻井液最高密度 $2.60g/cm^3$、压井液最高密度 $2.85g/cm^3$、$\phi 273.05mm$ 套管下深 7360m、套管串空重高达 650t、浮重高达 520t 等。

塔里木石油会战 30 年来，塔里木油田勘探开发的每一次飞跃都伴随着钻井技术的进步，尤其是超深层油气勘探开发，钻井技术更是紧跟勘探开发目标，为勘探开发持续突破提供了强有力的技术保障，直接引领和推动了我国陆上超深油气井钻井技术水平的不断发展。

本书充分再现了塔里木油田 30 年来的技术攻关历程，系统总结了塔里木盆地库车前陆区、台盆区两大区域适用的钻井技术成果，特别是近十年来超深油气井钻井技术成果。本书共分十章，第一章简要介绍了塔里木盆地的工程地质特征、钻井难点、技术成果与应用效果；第二章至第九章重点介绍了塔里木油田 30 年来钻井技术发展历程和形成的超深复杂地层井身结构优化设计技术、古近系复合盐膏层钻井技术等 8 项特色技术；第十章简要介绍了超深层油气勘探现状与前景及超深油气井钻井技术的发展趋势。

本书由塔里木油田钻井技术人员完成编写，编写组开展了广泛的文献调研和检索，搜集、整理了大量数据资料，经过艰苦努力和扎实工作，完成了本书的编写。

谨以此书献给 30 年来为塔里木油田钻井事业辛勤工作的人们！

献给 30 年来关心支持塔里木石油勘探开发事业的人们！

目 录

第一章　概述 ………………………………………………………………… 1

　　第一节　工程地质特征及钻探简况 ……………………………………… 1

　　第二节　钻井技术成果与应用 …………………………………………… 10

第二章　超深复杂地层井身结构优化设计技术 ………………………… 20

　　第一节　技术发展历程 …………………………………………………… 20

　　第二节　地层压力预测技术 ……………………………………………… 21

　　第三节　塔标系列井身结构优化设计 …………………………………… 26

　　第四节　国产高性能套管设计 …………………………………………… 41

第三章　复合盐膏层钻井技术 …………………………………………… 54

　　第一节　技术发展历程 …………………………………………………… 54

　　第二节　复合盐膏层沉积环境及特征 …………………………………… 56

　　第三节　钻井液密度设计及体系选择 …………………………………… 60

　　第四节　复合盐膏层卡层技术 …………………………………………… 68

　　第五节　复合盐膏层钻井工艺 …………………………………………… 73

第四章　超深复杂地层钻井提速技术 …………………………………… 80

　　第一节　技术发展历程 …………………………………………………… 80

　　第二节　高陡构造地层垂直钻井技术 …………………………………… 83

　　第三节　超深致密砂岩储层钻井提速技术 ……………………………… 90

　　第四节　台盆区长裸眼段快速钻井技术 ………………………………… 105

第五章　深层超深层油气藏定向井/水平井钻井技术 ………………… 122

　　第一节　技术发展历程 …………………………………………………… 122

　　第二节　超薄油藏阶梯水平井钻井技术 ………………………………… 124

　　第三节　中深盐下油气藏水平井钻井技术 ……………………………… 141

　　第四节　超深碳酸盐岩定向井/水平井钻井技术 ……………………… 149

第六章　超深油气井钻井液及储层保护技术 ·························· 180

第一节　技术发展历程 ································· 180

第二节　钻井液技术难题 ······························· 186

第三节　钻井液体系及应用技术 ···················· 187

第四节　防漏堵漏技术 ································· 219

第五节　储层保护技术 ································· 246

第六节　钻井液环境保护控制技术 ················ 254

第七章　深井超深井固井技术 ······························ 263

第一节　技术发展历程 ································· 263

第二节　老区碎屑岩固井技术 ······················ 264

第三节　台盆区大温差长封固段固井技术 ········· 274

第四节　库车前陆区窄安全密度窗口固井技术 ···· 281

第五节　固井施工地面设备配套技术 ··············· 294

第八章　高压高产油气井井控技术 ························ 303

第一节　技术发展历程 ································· 303

第二节　井控装备配套技术 ·························· 305

第三节　井控技术 ····································· 320

第九章　超深油气井钻井装备配套技术 ················ 332

第一节　技术发展历程 ································· 332

第二节　超深井钻机配套规范 ······················ 335

第三节　高性能钻具技术 ···························· 364

第十章　超深油气井钻井技术展望 ······················ 374

第一节　超深层油气勘探前景 ······················ 374

第二节　超深油气井钻井技术现状与展望 ········· 376

参考文献 ·· 385

第一章 概 述

塔里木盆地是我国最具勘探潜力的含油气盆地之一，是西气东输的主力气源地。1989年4月，按照党中央、国务院关于陆上石油工业"稳定东部、发展西部"的战略部署，原中国石油天然气总公司在新疆库尔勒市成立了塔里木石油勘探开发指挥部，进行大规模石油会战。开启了塔里木盆地超深油气勘探探索。

面对塔里木盆地极其恶劣的地面条件和复杂的地质环境，塔里木油田钻井技术人员开展了长达30年的持续技术攻关，形成了国内领先的特色超深油气井钻井技术系列，为2018年油气产量达到 $2670 \times 10^4 t$ 油当量的目标提供了坚实的工程技术保障，建成了我国重要油气生产基地和西气东输主力气源地，创造了巨大的经济效益和社会效益。

第一节 工程地质特征及钻探简况

一、工程地质特征及钻井难点

（一）库车前陆区工程地质特征及钻井难点

1. 盐上地质特征及钻井难点

1）地层倾角大，常规钻井技术难以解决防斜与加大钻压之间的矛盾

库车前陆区属于典型的高陡构造，地层倾角普遍较高，单井地层倾角大于30°的井段长达3000m以上，部分已完钻井的最大地层倾角统计如图1-1所示。

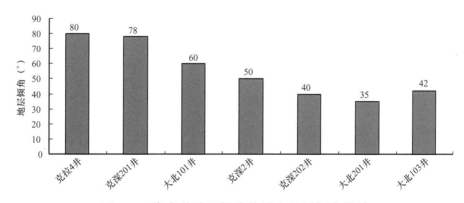

图1-1 库车前陆区部分井最大地层倾角统计

与全球主要高陡构造地层倾角对比可见（图1-2），库车前陆区地层倾角与安第斯地层倾角均达到80°，虽然巴西盐下地层倾角也达到了80°，但不是构造运动形成的，而是盐刺穿形成的。

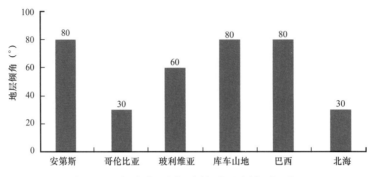

图1-2　全球主要高陡构造地层倾角对比

常规钻井技术防斜能力有限，属于被动防斜范畴，在高陡构造区域钻井，要解决打直井的问题必然要牺牲钻井速度，反之，要提高钻井速度，井身质量就难以有效控制，并带来套管磨损等一系列问题。如大北3井ϕ444.5mm + ϕ406.4mm 井眼 151～3102.5m 井段采用常规钟摆钻具组合，PDC钻头钻压6～10tf，牙轮钻头钻压10～16tf，最大井斜1.93°，进尺2951m，钻井时间长达157.5天。

由于井斜控制困难，2000—2006年，库车前陆区12口井钻井过程中发生套管磨损，处理套管磨损累计损失时间363天（图1-3）。

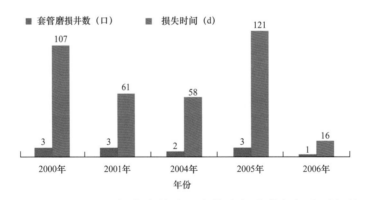

图1-3　2000—2006年库车前陆区套管磨损井数与损失时间统计

2）砾岩层厚度大，钻井速度极慢

库车前陆区大段砾岩层主要集中在克拉苏构造带的博孜、大北、吐北及克拉苏背斜南北翼，具有东薄西厚、南薄北厚的特点，东西长约150km，南北宽约40km。库车前陆区与世界各地区砾岩层相比，厚度最大、分布范围最广（表1-1）。

表 1-1　库车前陆区与世界各地区砾岩层对比表

地区名称	砾岩层分布井段（m）	最大厚度（m）
库车前陆区	0～6650	5830
四川九龙山	3000～3200	200
北海中部		550
俄克拉何马州 Anadarko	2100～2700	600

巨厚的砾岩层由于地层非均质性强、成分复杂，可钻性极差，造成钻头寿命短，机械钻速低，钻井时间长（表 1-2）。

表 1-2　博孜 1 构造砾岩层与克深区块砂泥岩地层钻井对比表

井号	井眼尺寸（mm）	井段（m）	进尺（m）	主要岩性	平均钻速（m/h）	钻头用量（只）	钻井时间（d）	钻井方式
博孜 1	444.5+406	125～2476	2351	砾岩	1.18	29	107	转盘钻井
克深 206	444.5	200～1802	1602	砂泥岩	10.25	3	16	VDT、ZBE 垂直钻井
KeS 2-2-3	333.3	1802～5389	3587	砂泥岩	5.53	7	47	PowerV 垂直钻井

2. 复合盐膏层地质特征及钻井难点

1）复合盐膏层埋藏深，厚度大

库车前陆区古近系—新近系复合盐膏层分布广泛，埋深 484～7945m，厚度 70～5177m，成分复杂，为盐岩、膏岩、砂泥岩、膏泥岩、"软泥岩"五层，实钻井底最高温度 186℃。与世界主要地区盐层相比，库车前陆区古近系—新近系复合盐膏层分布的井段最广，同时复合盐膏层内超高压盐水层分布，最高压力系数达 2.60（表 1-3）。

表 1-3　世界主要地区盐膏层对比

油田名称	盐层分布井段（m）	盐层最大厚度（m）	盐层所在地层名称	盐层最大套数	盐间高压盐水最高压力系数	备注
库车含盐前陆盆地	484～7945	5177	古近—新近系	6	2.60	盐下储层压力系数 1.50～1.90
墨西哥湾海上	2200～6700	5487	古近—新近系	1	1.80	破裂压力系数低于 1.6，孔隙压力系数 1.1～1.4
北海	2800～3400	600	二叠系	多套		盐下压力升高、温度升高
巴西海上	3000～5000	2000		1	1.1	盐下常压
墨西哥南部	2250～3750	970	古近系—新近系	多套	2.27	盐下地层压力降低

2）盐间超高压盐水层发育，且存在砂泥岩薄弱层，极易引发复杂事故

古近系复合盐膏层间存在的盐水层不但压力系数高，而且分布无规律，盐水层压力与地层破裂压力相近，同一裸眼段还存在砂泥岩薄弱层，承压能力低，安全钻井液密度窗口窄，造成压井过程中发生井漏、卡钻等复杂事故，导致处理难度大，处理时间长（表1-4）。

表1-4 典型井高压盐水层引发的复杂事故统计

井号	层位	盐水层深度（m）	钻井液密度（g/cm³）	压井液密度（g/cm³）	复杂简况	漏失量（m³）	损失时间（d）
大北301	E$_{1-2}$km²	5906.51	2.28	2.50	溢流、压井、井漏、卡钻、侧钻	552	117
克深904	E$_{1-2}$km²	6883.24	2.35	2.58	溢流、压井、井漏、卡钻、侧钻	889	118
克深903	E$_{1-2}$km²	7175.79	2.40	2.59	溢流、压井、井漏、套管破损、溢流、卡钻、磨铣打捞	1744	190

3）盐底岩性组合模式多变，卡层难度大

复合盐膏层底部岩性组合模式多变，作为卡层辅助标志层的白云岩（泥灰岩）变化大，每口井特征都不同，有的井甚至无标志层，且盐底紧靠目的层砂岩，卡层难以把握，一旦卡层不准，会出现两种情况：一是盐层漏封，导致目的层钻井液密度降不下来，引发井漏甚至卡钻；二是钻穿盐层下低压目的层引发井漏、卡钻，严重影响钻井速度（表1-5）。

表1-5 大北地区部分井盐下地层卡层不准引发的复杂事故统计

序号	井号	复合盐膏层段（m）	盐层套管下深（m）	复杂事故简况	损失时间（d）	备注
1	大北2	4555～5287	φ177.8mm 套管5250.51	φ149.23mm 井眼卡钻4次，井漏403m³	12.8	漏封
2	大北101	5216～5705	φ206.375mm 套管5690	φ168.275mm 井眼井漏405m³	25.22	漏封
3	大北103	5258～5667	φ177.8mm 套管5649	井漏卡钻、侧钻，下φ177.8mm 套管至5649m	70	钻穿
4	大北201	4525～5923	φ177.8mm 套管5454	φ149.23mm 井眼卡钻1次，井漏1312m³	64.56	漏封
5	大北3	6000～7040	φ177.8mm 套管6407.54	φ149.23mm 钻头钻穿盐底井漏卡钻、侧钻	45	钻穿

3. 盐下目的层地质特征及钻井难点

1）岩石强度高，研磨性强，机械钻速低

克深区块盐下目的层白垩系巴什基奇克组第一段、第二段岩石类型以岩屑长石砂岩为主，第三段岩石类型以岩屑长石为主，石英含量一般为45%～60%，岩石摩擦角45°～60°，埋藏深度6600～7000m，岩石抗压强度为（13.5～28）×10⁴psi❶，根据国际岩石力学学会（ISRM）的定义（1979）属于超高硬地层。

由于目的层岩石强度高、研磨性强，导致平均机械钻速低，钻井周期长。由表1-6可知：克深区块勘探初期部分井巴什基奇克组平均单井进尺237.61m，使用钻头8.6只，平均单只钻头进尺27.63m，平均机械钻速仅0.45m/h，钻井时间49.57天，最长近100天（克深202井）。

表1-6　克深区块巴什基奇克组钻头使用情况统计

井号	进尺（m）	平均机械钻速（m/h）	平均行程钻速（m/h）	钻头数量（只）	平均单只钻头进尺（m/只）	钻井时间（d）
克深2	295	0.49	0.34	4	73.75	53.08
克深201	339	0.45	0.27	11	30.03	79.58
克深202	334.22	0.39	0.21	17	19.09	99.54
克深1	145.34	0.66	0.32	4	36.34	30.88
克深7	74.48	0.32	0.11	7	10.64	37.83
平均	237.61	0.45	0.25	8.6	27.63	49.57

2）地应力高，易发生垮塌卡钻；裂缝发育，井漏频繁

通过岩心观察裂缝发育情况，克深8构造以高角度缝为主，以未充填—方解石半充填，其中6717～6922m井段成像测井解释裂缝89条，平均裂缝发育密度为0.45条/m，以半充填—未充填高角度缝为主，其次为斜交缝及网状缝，倾向为东南向，走向近北东—南西向，裂缝的发育直接导致钻进中井漏频发（表1-7）。

克深2构造目的层地应力状态属于走滑应力机制（水平最小主应力S_{Hmin}＜垂直主压力S_{Vmin}＜水平最大主应力S_{Hmax}），从表1-8可以看出，目的层地应力高，岩石在水基钻井液中吸水膨胀，极易导致剥落掉块甚至发生卡钻。如克深1井目的层采用水基钻井液钻进中发生一次卡钻，多次处理未能解除，填井侧钻至原井深后继续钻进1m又发生卡钻，最终事故完井，损失时间4230.25小时（176.26天）。

❶ 1psi=0.006895MPa。

表 1-7 克深 8 构造漏失量、损失时间统计

井号	井段（m）	钻井液密度（g/cm³）	地层测试压力系数	停钻堵漏次数（次）	累计漏失量（m³）	损失时间（d）
克深 8	6728～6922	1.91～1.96	1.82	12	1093.7	22.8
克深 801	7058～7320	1.83～1.86	1.74	13	866.3	15.0
克深 802	7182.19～7358	1.82～2.05	1.71	2	19.9	3.3
克深 8003	6794.66～6930.53	1.85～1.92	1.84	6	1149.3	32.3
克深 8004	6830.25～7026	1.85～1.86	未测	7	1125.6	10.9
克深 805	6983.36	1.85	未测	1	5.2	1.2
克深 807	7013.43～7098.77	1.83～1.86	未测	7	486.6	10.0
KeS8-1	6739.89～6949	1.85～1.9	未测	6	423.1	11.3
KeS8-2	6717.53～7045	1.89～1.91	未测	7	1113.9	29.0

表 1-8 克深 2 构造储层地应力统计

井号	井深（m）	S_{Hmax}（MPa）	S_{Hmin}（MPa）	S_{Vmin}（MPa）	地层孔隙压力（MPa）
克深 2	6571～6780	203～223	143～147	162～167	115～117
克深 201	6492～6792	167～192	138～146	157～165	114～119
克深 202	6700～6988	175～202	144～151	164～171	115～120
克深 205	6891～7220	200～220	147～156	170～179	117～122

（二）台盆区地质特征及钻井难点

1.裸眼段长，深部地层可钻性差，钻井周期长

1）裸眼段长，深部地层可钻性差

随着塔标Ⅲ井身结构在台盆区的推广应用，二开裸眼段长度普遍超过 4000m，进尺占全井进尺 70% 以上，最长裸眼段长达 5995m（ZG162-H2 井），需要穿越新近系到奥陶系上部近 10 个层系，由于二叠系至奥陶系地层存在玄武岩、石灰岩、砾岩、灰质泥岩等岩石，抗压强度 221.2MPa，牙轮可钻性级值最高 7.93，PDC 钻头可钻性级值最高 6.85，相对研磨性最高 101.7，造成钻头寿命短，单只钻头进尺和机械钻速低，严重影响了二开井段的钻井速度。如中古 8 井二叠系 ϕ311.5mm 井眼 3146～3842m 井段进尺 696m，占全井进尺 13.33%；钻井时间 31 天，占全井钻井周期 18.24%；累计使用钻头 8 只，平均机械钻速 1.22m/h，其中牙轮钻头 5 只，平均机械 1.24m/h，平均单只进尺

108.5m；PDC 钻头 3 只，平均机械钻速 1.14m/h，平均单只钻头进尺 51.17m。

2）固井过程中井漏严重，井筒完整性控制难度大

二开长裸眼段固井一般采用双密度水泥浆柱结构，二叠系以下采用 1.90g/cm³ 常规密度水泥浆，二叠系以上采用 1.35g/cm³ 低密度水泥浆，由于二叠系承压能力一般在 1.3g/cm³ 左右，导致 80% 以上的井在二叠系固井过程中均发生井漏，水泥浆一次上返几乎难以实现，往往需要采取井口反挤水泥浆进行补救，导致井筒完整性控制难度大。如哈拉哈塘地区 82% 以上的井在二叠系固井过程中均发生井漏，60% 以上的井水泥浆一次上返施工后需要反挤水泥，平均固井合格率仅 32.6%。井漏的主要原因是二叠系孔隙、裂缝发育，玄武岩虽然致密，但微裂缝、弱面发育，固井时水泥浆在压差作用下侵入地层岩石内部发生漏失。

2. 超深碳酸盐岩缝洞体目标小，精确中靶难

台盆区碳酸盐岩储层埋藏深度普遍超过 6000m，缝洞体目标小（地震预测宽度一般几十米至几百米）、空间形态极不规则、非均质性强。因地震资料成像归位精度、分辨率、缝洞体储盖层特征和自然造斜等因素，给精确中靶带来了极高的难度：钻井中靶精度一般要求直井靶半径小于 30m，水平井半靶高小于 5m，即使钻井作业达到设计靶点的中靶要求，仍然有接近一半井因没有钻遇碳酸盐岩缝洞体而需要酸压或回填侧钻，造成钻井费用高、周期长。

3. 储层钻进安全窗口小，H₂S 含量高，安全钻井难度大

碳酸盐岩储层缝洞体的存在使得井筒与储层具有良好的通道，在平衡（或近平衡）条件下表现为典型的重力置换溢流（有溢有漏），重力置换溢流是储层流体（特别是天然气）和井内钻井液在其压力差的作用下进行置换而诱发的溢流形式，是缝洞型储层的特有现象。该现象导致碳酸盐岩储层现场合理钻井液密度极难确定，溢流、井漏频繁发生，节流压井成功率低。如中古 80 井碳酸盐岩储层在 6130.3～6145.83m 井段钻进过程中，钻井液密度低于 1.21g/cm³ 溢流，高于 1.30g/cm³ 井漏，处理溢流、井漏累计损失时间 788h，处理溢流过程中漏失钻井液 3776m³。

碳酸盐岩储层除了安全钻井密度窗口窄以外，还普遍含有 H₂S，塔中地区 H₂S 含量最高达 580000mg/m³（中古 9 井），哈 7 井区 H₂S 含量高达 158760mg/m³（哈 701 井）。高含硫对钻井设备、工具、材料、工艺等方面都提出了更高要求，作业人员的人身安全面临着极高风险，尤其是对于又喷又漏高含硫油气层，钻井作业面临巨大的井控安全风险。

二、塔里木盆地超深钻探简况

（一）前期钻探简况

塔里木盆地第一口探井始于 1952 年 12 月开始的喀 1 井，之后至 1986 年近 40 年的时间，勘探没有获得大的突破，所钻井一般为浅井和中深井，1987年、1988 年轮南 1 井、轮南 2 井相继获得战略突破，从而开启了塔里木盆地大规模石油勘探开发的新篇章。

（二）塔里木石油会战 30 年钻探简况

自 1989 年"六上"塔里木大规模石油会战以来的 30 年间，塔里木盆地先后经历了中深层钻探、深层钻探和超深层钻探三大阶段。

1. 中深层钻探阶段（1989—2000 年）

中深层钻探以轮南油田、塔中 4 油田、哈得逊油田为代表，井深浅于5000m、温度低于 110℃、压力小于 50MPa。这一阶段规模应用丛式井技术和阶梯水平井技术，支撑了中深层碎屑岩油藏的高效开发，油气产量当量突破 $500 \times 10^4 t$。

2. 深层钻探阶段（2001—2008 年）

深层钻探以克拉 2 气田、迪那 2 气田为代表，井深浅于 6000m、温度低于135℃、压力小于 105MPa。这一阶段攻关形成古近系—新近系复合盐膏层钻井配套技术，支撑了天然气快速上产，油气产量当量突破 $2000 \times 10^4 t$，促成了西气东输工程建设。

3. 超深层钻探阶段（2008—2018 年）

超深层钻探以克深气田、大北气田为代表，井深 6000~8098m、最高温度186℃、最高地层压力 136 MPa。这一阶段攻关形成超深复杂地层钻井配套技术，7000m 超深井钻井成为常态化，支撑了库车前陆区克拉苏构造带超深层领域天然气勘探持续突破和快速建产，建成油气当量 $2600 \times 10^4 t$ 级大油气田。

30 年来，塔里木油田勘探开发的每一次飞跃都伴随着地质理论的创新和钻井技术的进步，尤其是超深层领域的勘探开发，钻井技术更是紧跟勘探开发目标，为勘探开发突破提供强有力的技术保障。

1989—2018 年，塔里木油田累计完井 3962 口，进尺 $1922.52 \times 10^4 m$，平均完井井深 4852.40m，平均机械钻速 4.23m/h，平均钻井周期 103.76 天（表 1-9），其中 6000m 以深的超深井 1185 口，7000m 以深的超深井 354 口，完钻井最深达 8882m（轮探 1 井），是国内深井超深井钻井最多的油气田。创造了一系列国内外新纪录：现场配制油基钻井液最高钻进密度 $2.60g/cm^3$、油基压井液最高密度 2.85g/cm^3，ϕ273.05mm 套管下深 7360m、套管串空重高达 650t、浮重高达 520t 等。

表 1-9　塔里木油田 1989—2018 年主要钻井技术指标统计

年度	完成井数（口）	钻井进尺（m）	平均井深（m）	平均钻井周期（d）	平均机械钻速（m/h）	生产时效（%）	纯钻时效（%）	事故时效（%）	复杂时效（%）
1989	6	70480	5033	229	3.45	76.52	24.27	16.09	1.58
1990	41	254705	5405.82	193	4.91	81.99	28.31	5.68	2.24
1991	74	417258	5143.23	116.24	4.82	83.36	32.36	4.38	3.84
1992	90	418548	5055.02	102.37	5.13	85.05	33.63	4.37	2.72
1993	58	289112	5140.91	132.13	2.9	86.29	41.34	4.93	2.41
1994	46	214432	4734.82	167.7	2.23	85.49	41.79	6.12	3.52
1995	36	202345	4846.29	186.76	2.39	87.12	40.88	5.33	3.2
1996	60	241388	3829.55	124.48	2.84	85.04	37.9	5.33	6.47
1997	83	293803	3585.34	117.39	3.27	84.87	38.41	8.36	2.4
1998	57	250119	4689.61	140.22	2.97	85.81	39.15	7.17	4.91
1999	53	249080	4829.28	119.15	3.09	91.62	46.03	8.37	2.88
2000	69	324428.48	4702	93.86	4.13	87.29	42.34	6.23	4.65
2001	71	365978	4622.22	116.65	4.48	82.43	37.14	8.61	6.15
2002	89	375196	4679.43	104.37	4.38	87.64	37.51	6.57	3.7
2003	78	366928	4696.07	96.25	5.1	89.28	36.89	7.21	2.61
2004	111	526378	4614.13	85.2	4.8	91.13	39.81	4.65	3.73
2005	134	602050	4406.63	89.79	4.37	86.1	37.71	5.75	6.97
2006	171	702236	4395.29	100.49	4.49	90.21	34.24	4.71	4.42
2007	160	737466	4363.02	91.14	5.04	90.8	34.6	5.02	3.8
2008	181	719176	3838.13	78.04	4.71	91.47	35.39	4.24	3.68
2009	142	647221	4557.89	105.44	4.64	90.35	33.77	5.19	3.87
2010	186	822568	4422.41	84	5.61	92.17	34.59	4.16	3.13
2011	248	1162579	4687.82	93.32	5.53	93.15	32.37	2.75	3.28
2012	295	1470872	4986	89.07	6.05	92.96	33.54	3.36	3.08
2013	328	1635212	4985.4	93.33	5.94	91.89	32.18	3.73	3.83

年度	完成井数（口）	钻井进尺（m）	平均井深（m）	平均钻井周期（d）	平均机械钻速（m/h）	生产时效（%）	纯钻时效（%）	事故时效（%）	复杂时效（%）
2014	339	1631120	4811.56	99.87	5.23	94.15	33.16	3.27	2.21
2015	235	1318219	5609.44	113.47	5.77	91.36	31.8	4.32	3.82
2016	171	920861	5385.15	106.71	5.7	95.08	32.05	2.38	2.33
2017	162	890554	5497.24	106.59	6.32	93.27	29.19	3.84	2.49
2018	188	1104885	5877.05	131.74	5.72	91.85	28.23	3.84	2.92
合计/平均	3962	19225197.48	4852.4	103.76	4.23	87.68	35.09	5.98	3.45

第二节　钻井技术成果与应用

一、库车前陆区钻井技术成果与应用

库车前陆区油气藏埋深超 7000m，构造高陡、巨厚复合盐膏层、巨厚砾岩层、高强度高研磨性地层等复杂岩性地层同时存在，钻井过程中表现为多层多种重大技术难题同时出现，是世界上钻井难度最大的地区之一。

针对该区古近—新近系巨厚高陡构造地层钻井过程中存在的防斜与加大钻压之间的矛盾，通过引进国际先进垂直钻井系统及与之匹配的钻井装备、工具、钻井液体系、钻头、下部钻具组合等配套，制定了现场操作技术规范，形成了高陡构造垂直钻井技术；针对巨厚砾岩层可钻性差，钻头寿命短、机械钻速低的问题，通过涡轮钻具＋孕镶钻头组合提速试验、连续循环空气钻井技术试验、新型抗冲击性 PDC 钻头研发，初步形成了巨厚砾岩层钻井提速技术；针对古近系—新近系复合盐膏层发育复杂，盐层蠕变性强，存在异常超高压盐水层和盐间低压漏失层，盐底岩性组合模式复杂多变等问题，优化设计了塔标Ⅰ、塔标Ⅱ、塔标Ⅱ–B 井身结构，开发了配套的国产高性能套管，规模化应用抗高温高密度油基钻井液技术，制定了盐底卡层原则和措施，形成了古近系—新近系复合盐膏层安全快速钻井技术；针对超深目的层岩石强度高、研磨性强的问题，研发了新型抗研磨性 PDC 钻头，推广了可旋转复合片 PDC 钻头，试验了堵漏阀＋涡轮钻具＋孕镶钻头组合提速技术，形成了超深目的层钻井提速技术，并将上述技术系列集成化规模化应用形成了超深复杂地层钻井配套技术。

超深复杂地层钻井配套技术在库车前陆区钻井中规模应用，实现了7000m超深井钻井常态化，最大完钻井深度8098m（克深21井），探井最短钻井周期161.6天（克深242井6700m），开发井最短钻井周期154.29天（KeS 24-1井6502.17m）。其中，克拉苏构造带2016—2018年与2008—2010年钻井相比，在平均完钻井深增加226.15m情况下，平均钻井周期缩短39.29%（201.86天）；平均单井钻头用量降低20.28只，平均机械钻速提高65.47%；事故复杂时效降低15.42%（图1-4至图1-6）。

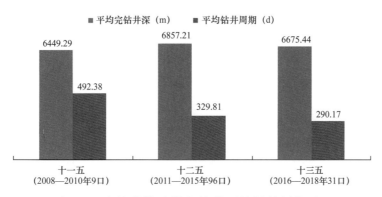

图1-4　克拉苏构造带完钻井平均钻井周期对比

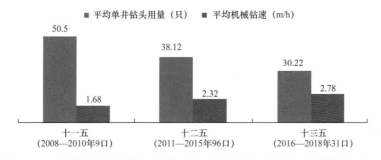

图1-5　克拉苏构造带完钻井平均单井钻头用量和机械钻速对比

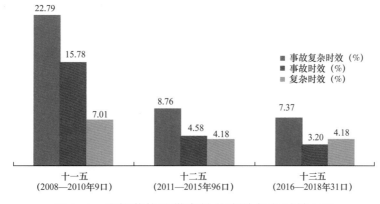

图1-6　克拉苏构造带完钻井事故复杂时效对比

二、台盆区钻井技术成果与应用效果

台盆区非目的层巨厚和岩性复杂，碳酸盐岩缝洞体目标小，钻井难度大。针对非目的层钻遇厚度巨大、深部地层可钻性差、二叠系火成岩井漏和垮塌等问题，开展了长寿命大扭矩螺杆钻具＋高效 PDC 钻头、扭力冲击器＋专用 PDC 钻头等组合提速试验与推广，研发了全阳离子钻井液体系，形成了二开长裸眼段快速钻进技术；针对三开三完或三开二完井身结构存在的不足，以及单井产量递减快、钻井成本控制难度大等问题，设计了塔标Ⅲ井身结构，开发了 ϕ200.03mm 套管，形成了一井多靶点井身结构设计技术；针对超深碳酸盐岩缝洞体目标小，精确中靶难的问题，通过利用自然井斜规律偏移地面井口位置、VSP 驱动随钻地震导向钻井、水平井随钻伽马导向等手段，形成了超深碳酸盐岩缝洞体精确中靶技术；针对目的层缝洞系统发育、储层钻进安全窗口小、H_2S 含量高等问题，开展了精细控压钻井技术现场试验，制定了现场操作技术规范，形成了精细控压钻井及配套技术，上述技术系列化、集成化与规模化应用形成了台盆区钻井配套技术。

台盆区钻井配套技术规模推广应用，实现了钻井提速突破。哈拉哈唐地区钻井周期由 2009 年 136.82 天降至 2012 年及以后的 90 天左右。其中 HA16-3 井完钻井深 6633.8m，钻井周期仅 47.1 天，创造 6500m 以上超深井最短钻井周期纪录；RP3011 井完钻井深 7080m，钻井周期仅 65.17 天，创造 7000m 以上超深井最短钻井周期纪录。部分钻井技术指标见表 1-10 至表 1-12 及如图 1-7 所示。

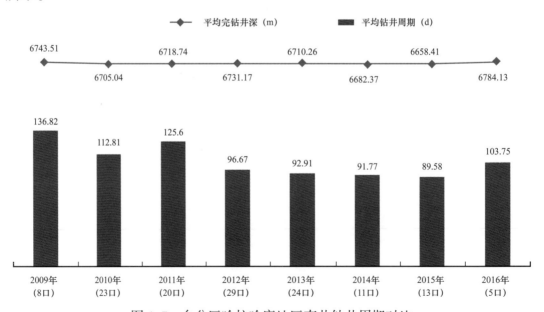

图 1-7　台盆区哈拉哈唐地区直井钻井周期对比

表 1-10 台盆区裸眼段最长井排名

排名	井号	完钻年份	井深（m）	钻井周期（d）	裸眼段长（m）	裸眼段纯钻时效（%）	裸眼段机械钻速（m/h）	裸眼段事故复杂时间（h）
10	YueM 1-6	2015	7325	141.94	5753	58.92	4.99	4.99
9	跃满 6	2015	7390	261.25	5755	29.43	8.1	736.1
8	YueM 1-8	2015	7342	100.95	5770.4	48.02	6.42	6.42
7	富源 101	2015	7415	171.83	5781	51.09	4.17	40.92
6	跃满 704	2015	7375	148.46	5789	43.6	4.87	4.87
5	跃满 601	2015	7386.5	134.04	5790	41.48	6.03	6.03
4	富源 1	2015	7711.65	128.33	5822	58.42	8.18	8.18
3	跃满 702	2015	7419	185.74	5828.44	46.23	3.89	3.89
2	富源 202	2015	7530	153.75	5849	44.53	5.81	474.81
1	ZG 162-H2	2013	7495	205	5995	69.53	7.92	41.92

表 1-11 台盆区碳酸盐岩最深水平井统计

排名	井号	井深（m）	水平段长（m）	钻井周期（d）
10	ZG 164-H1	7460	865	171
9	ZG 15-H10	7465	1100	129
8	ZG 17-H2	7474	904	282.21
7	中古 166H	7475	949	209.79
6	ZG 162-H2	7495	1050	205
5	ZG 111-H6	7546	1225	118.5
4	ZG 162-H4	7630	541	189.88
3	ZG 5-H2	7810	1348	168.71
2	ZG 13-3H	7819	1039	229.42
1	TZ 862H	8008	1552	157.42

表 1-12　台盆区碳酸盐岩水平井水平段最长统计

排名	井号	井深（m）	水平段长（m）	钻井周期（d）
10	TZ 62-TH	6243	1178	109.42
9	ZG 433-H5	6698	1194	120.27
8	ZG 111-H6	7546	1225	118.5
7	ZG 82-H4	7059	1233	140.54
6	中古 519H	6136	1246	131.46
5	中古 435H	6422	1306	153
4	ZG 441-H5	6913	1340	138.79
3	ZG 5-H2	7810	1348	168.71
2	塔中 862H	8008	1552	157.42
1	TZ 721-8H	6705	1561	139.75

三、钻井技术有形化成果

塔里木油田直面世界级勘探开发难题，持续开展钻井技术攻关，大力加强原始创新、集成创新和引进消化吸收再创新，及时将钻井技术攻关中形成的经验、做法和技术上升为规范和标准，形成了一大批有形化成果和专利，先后获得国家级科技进步奖 7 项、省部级奖项 54 项（表 1-13），出版专著 8 部（表 1-14）。

表 1-13　塔里木油田钻井 30 年来获得的省部级及以上科技成果奖励统计

序号	奖励名称	奖励年度	成果名称	奖励等级
1	国家科学技术进步奖	1995	塔里木盆地沙漠腹地钻井工程配套技术	二等奖
2	国家科学技术进步奖	1997	6000 米电驱动沙漠钻机	一等奖
3	国家科学技术进步奖	2001	塔里木克拉 2 大气田的发现和山地超高压气藏研究	一等奖
4	国家科学技术进步奖	2005	塔里木盆地高压凝析气田开发技术研究及应用	一等奖
5	国家科学技术进步奖	2012	超高温钻井液技术及工业化应用	二等奖
6	国家科学技术进步奖	2014	基于巨磁阻效应的油井管损伤磁记忆检测诊断技术及工业化应用	二等奖
7	国家科学技术进步奖	2015	库车前陆冲断带盐下超深特大型砂岩气田的发现与理论技术创新	二等奖

続表

序号	奖励名称	奖励年度	成果名称	奖励等级
8	中国石油天然气集团公司技术创新奖	2000	塔里木克拉2大气田的发现和山地超高压气藏勘探技术	特等奖
9	中国石油天然气集团公司技术创新奖	2008	水平井技术与规模化应用	特等奖
10	中国石油和化学工业联合会科技进步奖	2012	巨磁阻效应磁记忆检测技术及其在油井管完整性管理中的应用	特等奖
11	中国石油天然气集团公司技术创新奖	2013	克拉苏深层大气区的发现与理论技术创新	特等奖
12	中国石油和化学工业联合会科技进步奖	2013	精细控压钻井技术及工业化应用	特等奖
13	中国石油天然气集团公司科学技术进步奖	1994	塔里木盆地沙漠腹地钻井工程综合配套技术	一等奖
14	中国石油天然气集团公司科学技术进步奖	1999	塔里木深井超深井钻井工艺技术研究	一等奖
15	中国石油天然气集团公司技术创新奖	2002	探井油气层保护技术	一等奖
16	国家能源局科技进步奖	2010	水平井技术与规模化应用	一等奖
17	新疆维吾尔自治区科技进步奖	2011	新一代高性能钻杆关键技术研究及应用	一等奖
18	中国石油和化学工业联合会科技进步奖	2011	超高温钻井流体技术研究与应用	一等奖
19	中国石油天然气集团公司科学技术进步奖	2012	精细控压钻井技术与装备	一等奖
20	中国石油和化学工业联合会科技进步奖	2013	库车前陆冲断带超深井钻井关键配套技术及工业化应用	一等奖
21	新疆维吾尔自治区科技进步奖	2014	塔里木深层致密砂岩气藏氮气钻完井技术	一等奖
22	中国石油天然气集团公司科学技术进步奖	2015	库车前陆构造7000米超深井钻井技术及应用	一等奖
23	新疆维吾尔自治区科技进步奖	2016	库车山前超高温超高压固井技术及应用	一等奖
24	中国石油天然气集团公司科学技术进步奖	2017	难钻地层个性化PDC钻头提速研究与应用	一等奖
25	中国石油天然气集团公司科学技术进步奖	1996	牙哈地区配套钻井工艺技术	二等奖

序号	奖励名称	奖励年度	成果名称	奖励等级
26	中国石油天然气集团公司科学技术进步奖	1996	F23-70液压防喷器组	二等奖
27	中国石油天然气集团公司新技术推广奖	1997	塔里木盆地沙漠腹地钻井工艺技术的推广应用	二等奖
28	中国石油天然气集团公司新技术推广奖	1997	深井沙漠丛式井、水平井配套钻井工艺技术的推广应用	二等奖
29	新疆维吾尔自治区科技进步奖	1997	深井超深井裸眼侧钻技术在塔里木油田的应用	二等奖
30	中国石油天然气总公司科学技术进步奖	1999	塔里木盆地钻井工程中泥页岩井段井壁稳定问题及对策研究	二等奖
31	中国石油天然气集团公司技术创新奖	2000	塔里木盆地和田河气田的发现探明和勘探技术应用	二等奖
32	新疆维吾尔自治区科技进步奖	2000	库车拗陷钻井配套技术研究与应用	二等奖
33	中国石油天然气集团公司技术创新奖	2002	深井、超深井油管／套管选择与管柱设计因素研究	二等奖
34	新疆维吾尔自治区科技进步奖	2002	克拉205井高压气井钻井、完井及储层保护配套技术	二等奖
35	新疆维吾尔自治区科技进步奖	2005	超高压油气井井控装备的研制及压井工艺开发	二等奖
36	新疆维吾尔自治区科技进步奖	2007	高陡构造垂直钻井配套技术	二等奖
37	中国石油天然气集团公司技术创新奖	2007	高压高产油气井井控技术	二等奖
38	中国石油天然气集团公司科学技术进步奖	2010	库车前缘隆起带盐下油气藏水平井钻井技术研究与实践	二等奖
39	新疆维吾尔自治区科技进步奖	2010	碳酸盐岩压力敏感性地层井控技术研究	二等奖
40	中国石油天然气集团公司科学技术进步奖	2013	大温差固井配套技术及规模应用	二等奖
41	中国石油和化学工业联合会科技进步奖	2014	超深井安全钻井配套技术与应用	二等奖
42	中国石油天然气集团公司科学技术进步奖	2014	碳酸盐岩钻完井提速配套技术与应用	二等奖

序号	奖励名称	奖励年度	成果名称	奖励等级
43	中国石油天然气集团公司科学技术进步奖	2015	460MPa级钢接头铝合金钻杆关键技术研究	二等奖
44	新疆维吾尔自治区科技进步奖	2015	高温高压超深井套管设计技术及国产化应用	二等奖
45	中国石油天然气集团公司科学技术进步奖	2016	8000米钻机开发及应用	二等奖
46	中国石油天然气集团公司科学技术进步奖	2018	塔里木库车山前超深复杂地层固井配套技术研究与应用	二等奖
47	中国石油天然气集团公司技术创新奖	1992	高抗挤套管在塔里木深井和超深井的应用及套管	三等奖
48	中国石油天然气集团公司技术创新奖	1994	塔里木盆地沙漠钻井装备配套技术	三等奖
49	中国石油天然气集团公司优秀推广项目奖	1995	塔里木盐膏层钻井完井技术	其他
50	新疆维吾尔自治区科技进步奖	1995	沙漠石油钻井平台基础施工新技术	三等奖
51	中国石油天然气集团公司技术创新奖	1996	阳离子聚合物系列处理剂研制及其应用	三等奖
52	中国石油天然气集团公司新技术推广奖	1997	塔里木储层保护技术推广应用	三等奖
53	新疆维吾尔自治区科技进步奖	1998	小井眼钻井技术在和4井的应用	三等奖
54	新疆维吾尔自治区科技进步奖	1998	破碎性白云岩地层防塌技术	三等奖
55	中国石油天然气集团公司科学技术进步奖	1999	碳酸盐岩欠平衡钻井配套技术	三等奖
56	新疆维吾尔自治区科技进步奖	2004	柯深地区超深油井钻井配套技术	三等奖
57	中国石油天然气集团公司科技进步奖	2008	高陡构造垂直钻井技术应用研究	三等奖
58	新疆维吾尔自治区科技进步奖	2012	塔中1号气田提高单井产能钻完井配套技术研究与应用	三等奖
59	中国石油天然气集团公司科技进步奖	2015	深井钻机动力气化配套技术研究及推广应用	三等奖

序号	奖励名称	奖励年度	成果名称	奖励等级
60	中国石油天然气集团公司科技进步奖	2017	塔里木老区碎屑岩油藏固井技术研究与应用	三等奖
61	新疆维吾尔自治区科技进步奖	2017	库车山前裂缝性致密砂岩气藏钻完井储层伤害评价与保护技术	三等奖

表 1-14　塔里木油田 30 年来出版的钻井技术专著统计

序号	专著名称	出版社	出版时间
1	盐膏层钻井理论与实践	石油工业出版社	2004 年 5 月
2	塔西南地区深井超深井钻井技术	石油工业出版社	2008 年 12 月
3	库车山前复杂超深井钻井技术	石油工业出版社	2013 年 5 月
4	盐下水平井钻井理论与配套技术	石油工业出版社	2013 年 3 月
5	塔里木油田钻井液技术手册	石油工业出版社	2016 年 10 月
6	超深缝洞型碳酸盐岩钻井技术	石油工业出版社	2017 年 12 月
7	前陆冲断带超深复杂地层钻井技术	石油工业出版社	2017 年 12 月
8	塔里木油田钻井工艺技术手册	石油工业出版社	2018 年 8 月

四、钻井技术推广

（一）垂直钻井技术推广

为解决库车前陆区高陡构造地层防斜与加大钻压之间的矛盾，2004 年塔里木油田在国内率先引进国际上先进的垂直钻井系统，经过试验和完善，2006 年配套成熟并规模化应用（王春生等，2004）。继塔里木油田应用成熟后，2006 年玉门青西油田在窟窿山青探 1 井中首次引进并试验成功（丁红等，2007），西南油气田在龙门山前缘逆掩推覆构造带的龙深 1 井也开始应用（戴建全，2007）；2007 年后，在川东北地区、渤海油田、大庆油田海拉尔地区、青海油田、吐哈油田、川西地区等山前构造带均应用了垂直钻井技术。

（二）新型抗冲击抗研磨 PDC 钻头设计技术

2013 年塔里木油田联合中国石油休斯顿研究中心开始了新型抗冲击、抗研磨 PDC 钻头的研发，历经两次重大技术改进，2015 年定型产品在塔里木油田现场试验中取得较好效果。2016 年后在塔里木油田及中国石油开始推广应用，累计在塔里木油田、新疆油田、大庆油田、川渝地区、青海油田、玉门油田以及北美现场应用109井次，攻克并形成了适应多套难钻地层的系列钻头提速技术。

（三）非API标准井身结构设计技术

塔里木油田的非API标准井身结构设计始于2003年，历经两次重大结构改进，2008年塔标Ⅱ井身结构定型并在克深2井应用成功，之后在库车前陆区全面推广应用。在国内其他地区，新疆油田在准噶尔盆地南缘地区重点探井——大丰1井推广应用了塔标Ⅱ井身结构（郭南舟等，2014），完成7400m定向井的钻探。西南油气田设计了ϕ508mm＋ϕ365.13mm＋ϕ273.05mm＋ϕ219.08mm＋ϕ168.28mm＋ϕ114.3mm非API标准井身结构，在川东北元坝气田、龙岗气田、双鱼石气田等区块应用（杨玉坤等，2015），其中五探1井完钻井深8060m（邹灵战等，2018年）。中国石化在普光气田、彭州气田、塔河油田及周缘等区块也应用了非API标准结构（易浩等，2015）。

（四）高性能钻具技术

塔里木油田研发成功了ϕ127mm塔标钻杆（贾华明等，2011）、ϕ73.025mm小接头钻杆等非API标准钻杆，不仅在塔里木油田全面推广应用，同时已推广到了国内其他油田，其中ϕ127mm塔标钻杆在辽河油田、渤海钻探、长城钻探得到了推广应用；ϕ73.025mm小接头钻杆在西部钻探得到了推广应用。

第二章 超深复杂地层井身结构优化设计技术

塔里木油田历经 30 年的勘探开发，在井身结构设计和优化方面开展了大量的工作，从最初的常规 5 层 API 标准套管结构（ϕ508mm + ϕ339.7mm + ϕ244.5mm + ϕ177.8mm + ϕ127mm）演变成现在的 2～6 层塔标系列套管结构，井身结构设计和优化更具经济性、多样性和针对性。

第一节 技术发展历程

一、常规井身结构应用阶段（1986—1995 年）

1986 年钻探的库南 1 井，设计采用常规 API 标准结构（ϕ508mm + ϕ339.7mm + ϕ244.5mm + ϕ177.8mm + ϕ127mm），钻井周期 268.30 天，平均机械钻速 2.73m/h，之后轮南 1 井、东河 1 井、南喀 1 井等区域探井采用同样的井身结构。

1987 年钻探第一口沙漠探井——满西 1 井，沙漠表面覆盖一层 300m 左右的流沙层，井身结构在 API 标准 5 层结构的基础上增加了 ϕ762mm 表层导管，设计井身结构为 ϕ762mm + ϕ508mm + ϕ339.7mm + ϕ244.5mm + ϕ177.8mm + ϕ127mm，该井实钻未下 ϕ177.8mm、ϕ127mm 套管，之后在沙漠地区钻探的塔中 1 井、塔中 3 井、塔中 4 井、塔中 8 井均采用同样的井身结构。

二、井身结构简化阶段（1995—2003 年）

随着勘探开发的不断发展，对塔里木盆地的地质认识逐步清晰，钻井技术进一步提高，轮南、东河地区逐步取消 ϕ508mm 表层套管，塔中沙漠钻井逐步取消了 ϕ762mm 导管，以 ϕ508mm 套管作表层。之后经过不断探索，评价井和开发井逐步简化井身结构，其中轮南地区的开发井井身结构简化为 ϕ339.7mm + ϕ244.5mm + ϕ177.8mm，玛扎塔克地区井身结构简化为 ϕ244.5mm + ϕ177.8mm + ϕ127mm，东河、塔中地区的开发井井身结构简化为 ϕ339.7mm + ϕ244.5mm + ϕ177.8mm。

1999 年，塔里木油田在成熟区块全面推广两层井身结构，表层套管下入之后，直接钻达目的层或目的层顶部，下入油层套管完井。轮南、哈得、东河、塔中4地区大部分直井和水平井采用ϕ244.5mm（或ϕ339.7mm）+ϕ177.8mm（或ϕ177.8mm+ϕ127mm）。

三、塔标系列井身结构设计与应用阶段（2003—2018年）

2003年，针对库车前陆区地质条件复杂、必封点多的难题，设计了6层套管结构（ϕ508mm+ϕ339.7mm+ϕ244.5mm+ϕ206.38mm+ϕ158.75mm+ϕ114.3mm），在羊塔502井和却勒101井应用，实钻未下ϕ158.75mm、ϕ114.3mm套管。由于ϕ158.75mm、ϕ114.3mm套管下入需要扩眼，且深部井段扩眼难度极大，为此，在该套结构基础上再次改进形成了现用的塔标Ⅱ5层套管结构（ϕ508mm+ϕ365.38mm+ϕ273.05mm+ϕ206.38mm+ϕ139.7mm），2008年，塔标Ⅱ5层套管结构首次在克深2井应用成功。2013年，针对两套以上盐层（或断层、盐水层）的情况，在塔标Ⅱ5层套管结构的基础上设计了塔标Ⅱ-B六开六完套管结构（ϕ609.6mm+ϕ473.08mm+ϕ365.13mm+ϕ273.05mm+ϕ206.38mm+ϕ139.7mm或ϕ609.6mm+ϕ473.08mm+ϕ365.13mm+ϕ244.5mm+ϕ181.99mm+ϕ127m）。

2009年针对碳酸盐"串珠—溶洞"型储层，在原有井身结构基础上，以利于开窗侧钻、重复利用上部井段、节约成本为原则，设计了塔标Ⅲ三开两完套管结构（ϕ273.05m+ϕ200.03mm+ϕ171.5mm裸眼或ϕ139.7mm套管完井）。

目前塔标Ⅰ、塔标Ⅱ、塔标Ⅱ–B、塔标Ⅲ井身结构已在塔里木油田全面推广应用。

第二节　地层压力预测技术

井身结构设计是否合理，其中一个重要的决定因素是设计中所采用的抽吸压力系数、激动压力系数、破裂压力系数、井涌允量和压差卡钻允值这些基础数据是否合理，而这些系数的获得来源于地层的孔隙压力、坍塌压力、破裂压力。因此，开展井身结构优化设计就必须开展地层压力预测，是实现低成本、高效率近平衡压力钻井的关键和依据，对于合理、经济使用钻井液和优化设计套管程序，减少油层污染和解放油气层，尤其是防止和避免钻井重大事故发生等方面都具有重大意义。

一、地层压力预测基本原理

在油气勘探开发过程中，地层孔隙压力预测评价对油气藏弹性能量评价、油气储集层保护具有重要的指导意义；对防止井喷、井漏、维持井壁稳定、保证钻井安全、提高钻探效率、缩短钻井周期、降低钻井成本等工程作业有着极其重要的作用。此外，地层孔隙压力的正确评价还极大地影响着地应力分析的合理可靠性，所以地层孔隙压力的预测评价一直是非常活跃的研究课题。

目前常用的孔隙压力的预测方法有等效深度法、伊顿法和有效应力法。

（一）伊顿法

1972 年，伊顿在墨西哥湾等地区经验及测井方法实验的基础上建立了地层孔隙压力梯度与测井参数之间的关系，伊顿法是目前较为常用的预测地层孔隙压力的经验方法，它是根据地层压实理论、有效应力理论和均衡理论，通过建立正常压实趋势线，利用式（2-1）伊顿模型求取地层压力。

$$p_p = p_o - (p_o - p_n)\left(\frac{AC_n}{AC}\right)^c \qquad （2-1）$$

式中　p_p——地层孔隙压力，MPa；

　　　p_o——上覆地层压力，MPa；

　　　p_n——地层水静液柱压力，MPa；

　　　AC、AC_n——分别为实测声波时差值和对应正常压实曲线上的声波时差值，μs/ft；

　　　c——伊顿指数。

（二）有效应力法

根据有效应力定理，若已知上覆岩层压力和有效应力，则可以得到地层压力。上覆岩层压力通过对密度测井资料求取，因此只要得到有效应力就可以计算出地层压力。声波传播速度可以很好地反映孔隙度的变化，通过测井资料对有效应力有响应来求取有效应力。一般采用式（2-2）计算有效应力。

$$\sigma_e = Ae^{-Bv_p/v_s} \quad 或 \quad \sigma_e = Ae^{-B\mu} \qquad （2-2）$$

式中　A、B——根据实测压力拟合出的系数；

　　　v_p/v_s——纵、横波波速比；

　　　μ——泊松比。

（三）等效深度法

等效深度法原理是：如果目标层某一点（A）与正常压实地层深度上一点（B）的速度（时差）接近，那么地层被压实的程度就接近，说明地层骨架承担的力接近，则认为这 2 点深度等效。这 2 个等效深度点之间的地层重荷由地层流体承担，因而引起地层高压。

等效深度法简洁明了，是计算地层孔隙压力的有效方法之一，但是在计算过程中要事先得到 2 个等效深度点的深度差。在半对数坐标系中，根据声波测井数据，得到等效深度差，就可以根据（2-3）式来计算目标点的地层压力。

$$p_A = \frac{H_A \rho_w}{10} + \frac{\Delta h (\rho_b - \rho_w)}{10}$$ （2-3）

式中　p_A——A 点的孔隙压力，atm。

ρ_b——地层密度，g/cm³；

ρ_w——地层流体密度，g/cm³；

H_A——A 点的深度值，m；

Δh——当前深度与等效深度的差，m；等效深度点在上方，Δh 为正，等效深度点在下方，Δh 为负。只要设法得到等效深度差，就可以计算出目标点的孔隙压力。

如果将 p_A 换算为用当量密度（g/cm³）为单位的梯度法表示，则有

$$G_A = \rho_w + \frac{\Delta h (\rho_b - \rho_w)}{H_A}$$ （2-4）

库车前陆盆地受构造挤压作用强烈，常规孔隙压力预测方法适应性较差，无法满足地质研究和工程应用需求。结合克拉苏构造带特殊的地质构造背景条件，在常规等效深度法的基础上，建立了一种改进的等效深度孔隙压力计算方法，基本实现过程如下。

在正常压实的情况下，岩石的声波时差会随着深度的增加有规律地逐渐减小。声波测井相对于密度测井和电阻率测井受井眼、地质条件等环境影响较小，因此，通常选用声波时差建立地层压实趋势线（Terzaghi，1943）。首先根据已有的资料选取数据可靠深度点及 4 个点对应的声波时差值对式（2-5）进行拟合求参数建立压实趋势线（图 2-1）。

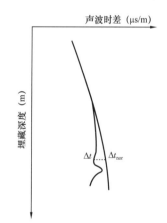

图 2-1　改进的等效深度声波压力预测示意

$$\Delta t_{nor} = \Delta t_0 e^{-C_p H}$$ （2-5）

式中　H——埋藏深度，m；

C_p——趋势线常数；

Δt_0——某一深度的声波时差数值，μs/m；

Δt_{nor}——某一深度压实趋势线上声波时差数值，μs/m。

通过建立正常压实趋势线，并从正常压实出发，计算泥岩地层在实际测井数据偏离正常压实趋势线时地层孔隙压力的大小，公式如式（2-6）：

$$p_f = p_{ob} - \left(p_{ob} - p_w\right)\left(\frac{\Delta t_{nor}}{\Delta t}\right)^c \qquad (2\text{-}6)$$

或

$$\frac{p_{ob} - p_f}{p_{ob} - p_w} = \left(\frac{\Delta t_{nor}}{\Delta t}\right)^c \qquad (2\text{-}7)$$

式中　c——Eaton 系数，经验值；

　　　p_w——某一深度处的上静水压力，MPa；

　　　p_{ob}——某一深度处的上覆岩层压力，MPa；

　　　p_f——某一深度处的孔隙压力，MPa。

在不考虑流体压缩对声波传播的影响，由式（2-7）可以看出，流体孔隙压力的变化造成了声波时差的变化，并且存在一定的关系，所以定义 k 为压实系数。

$$k = \left(\frac{\Delta t_{nor}}{\Delta t}\right)^c \qquad (2\text{-}8)$$

将式（2-8）代入式（2-6）化简得

$$p_f = \left(1 - k\right)p_{ob} + kp_w \qquad (2\text{-}9)$$

式中　p_{ob}——某一深度处的上覆岩层压力，MPa；

　　　p_w——某一深度处的上静水压力，MPa；

　　　k——岩石的压实程度系数，常数；

　　　p_f——某一深度处的孔隙压力，MPa。

当通过测井、地震等手段获取到连续的声波或地层速度曲线后，即可利用上述方法求取连续的地层孔隙压力分布曲线。塔里木油田山前气田的压力预测主要采用上述改进的等效深度法，而台盆区主要采用有效应力法。无论哪种方法，都需要对地球物理参数如声波、密度、电阻率进行预测。

二、井震联合三维空间地层压力场预测技术

对于数千米下岩层中的地质力学特征的研究，地球物理技术和资料的介入是目前此方面技术发展的必然趋势，尤其对于地下三维空间压力场的预测，三维地震勘探技术和数据资料尤为重要。井震联合压力预测的理论基础是岩石力学特征与岩石物理性质（纵、横波速度、密度等）密切相关，弹性波在地层中的传播速度与岩层的性质（弹性参数、地层成分、密度、埋藏深度、地质年代、孔隙度等）有关，层速度的分层一般与地层的地质年代、岩性上的分层具有一致性，特定的层速度分布规律包含着丰富的地层信息，能不同程度地反映

地层力学特性。

而地层压力、应力场的变化将引起岩石孔隙和颗粒接触关系的变化，直接导致岩石物理性质发生变化，这些力场的异常变化规律将能在井筒和地面地球物理资料中有所反映，然而压力场特征的预测比常规岩石物理信息的预测难度更大，必须经井筒和地震技术的联合及实测资料的刻度才有可能实现，因此在预测中必须包含三方面内容：一是利用已钻井井筒地层力学特征分析建立适用于局部区域的岩石物理和岩石力学计算模型；二是研究工区地层三维速度数据体的预测；三是已钻井井筒资料对三维压力场预测的刻度和约束。

图 2-2 为井震联合地层压力场预测技术流程图，首先利用目标工区内已建立的地质构造、岩性模型和已钻井中的测井、工程等资料定量评价已钻井地层应力及三压力场纵向分布情况（如本工区尚无已钻井，则利用邻区或相似构造上已钻井资料进行评价），并依据已钻井资料建立相应的岩石物理和岩石力学关系；然后利用本三维工区地震资料，综合应用地震反演、层速度建场，垂直地震剖面分析等物探技术得到目标工区地下三维空间深度域速度数据体，最后以相应岩石物理和岩石力学模型为桥梁，以已钻井测井压力评价结果作为约束，定量预测目标区域上地层应力及三压力场的三维空间分布特征，在此过程中还需根据工区地质研究成果（构造背景、地层层位、岩性、油气水分布等）对预测结果进行约束和合理调整，最终实现符合地质规律的压力场预测。

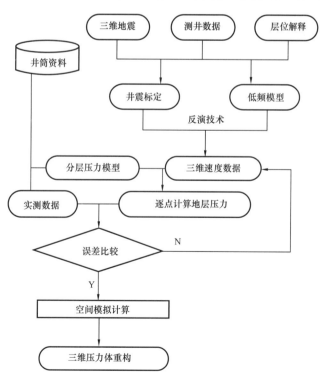

图 2-2　井震联合地层压力场预测技术流程图

第三节　塔标系列井身结构优化设计

塔里木油田在会战之初，主要采用国内外常用的 5 层 API 标准井身结构，该结构中套管的尺寸、性能满足 API 标准要求，随着勘探开发的不断深入，常用的 5 层 API 标准井身结构已不能满足要求，为此，针对塔里木油田不同地质条件和井下复杂状况，设计了非 API 标准尺寸和性能的套管，制定了塔里木油田套管订货技术条件，形成了具有塔里木油田标准的塔标 I、塔标 II、塔标 III 井身结构系列。

一、塔标 I 井身结构优化设计

对于库车前陆区复合盐膏层埋深相对较浅（如 DN2-B2 井 3806～4831m），根据地层压力预测（图 2-3、表 2-1），库车组为正常压力系统，自新近系康村组地层开始逐步升高，至吉迪克膏泥岩地层压力系数达到 2.09 左右，进入古近系地层压力系数维持在 2.10 左右，属于超高压压力系统；本井坍塌压力当量钻井液密度 1.24～2.14g/cm^3（未考虑水化学耦合影响）；地层破裂压力当量钻井液密度 2.31～2.44g/cm^3。如果钻遇地层裂缝发育段时，漏失压力不大于闭合压力，其当量钻井液密度 1.80～2.20g/cm^3，地层裂缝发育时其钻井安全压力窗口较窄。由于本井区处于成熟开发阶段，综合确定有表层、盐顶、盐底三个必封点，考虑 ϕ88.9mm 油管完井，设计了塔标 I 四开井身结构（ϕ508mm + ϕ339.7mm + ϕ244.5mm + ϕ177.8mm），ϕ177.8mm 套管完井，备用 ϕ127mm 套管以应对复合盐膏层等异常复杂情况的发生。

表 2-1　DN2-B2 井地层压力预测数据表

地层				底深（m）	井壁稳定相关压力梯度（当量密度：g/cm^3）			
界	系	组	段		孔隙压力梯度	坍塌压力梯度	闭合压力梯度	破裂压力梯度
新生界	第四系			2178	1.09	1.24	1.81	2.31
	新近系	库车组						
		康村组		3472	1.56	1.60	1.90	2.36
		吉迪克组	蓝灰色泥岩段	3806	1.85	1.88	2.07	2.37
			膏盐岩段	4504	2.00	2.06	2.15	2.40
			砂泥岩段	4618	2.06	2.08	2.15	2.41
			膏泥岩段	4831	2.09	2.11	2.19	2.42
			底砾岩段	4850	2.08	2.10	2.17	2.43

地层				底深（m）	井壁稳定相关压力梯度（当量密度：g/cm³）			
界	系	组	段		孔隙压力梯度	坍塌压力梯度	闭合压力梯度	破裂压力梯度
新生界	古近系	苏维依组	一段	4926	2.06	2.08	2.17	2.42
			二段	5039	2.10	2.12	2.18	2.42
			三段	5065	2.10	2.12	2.19	2.43
		库姆格列木群	一段	5095	2.10	2.13	2.19	2.43
			二段	5220	2.12	2.14	2.20	2.44

由于该结构中 ϕ244.5mm API 标准套管（钢级 140，壁厚 11.99mm）最高抗外挤强度仅 53.9MPa，不满足复合盐膏层套管抗挤要求，为此，通过增加壁厚（保持内径不变），先后开发出 ϕ250.83mm、ϕ259mm、ϕ263.13mm、ϕ273.05mm 等多种厚壁的非 API 标准高抗挤套管，保障了迪那等深层气藏高产井的开发需要，典型塔标Ⅰ井身结构设计如图 2-4 所示，套管柱设计与校核见表 2-2。

二、塔标Ⅱ井身结构优化设计

针对库车前陆区克深 2、克深 8、克深 9、克深 13、克深 24 等构造，复合盐膏层埋藏一般在 5000m 以深，盐上裸眼井段长度达到 5000m 以上，地层压力系数跨度大，必须下技术套管封隔盐上低压层，为复合盐膏层的安全钻进提供保障。

如克深 206 井，根据地层三压力预测结果（表 2-3、图 2-5），本井地层孔隙压力系数自新近系吉迪克组开始升高，为 1.35 左右，至库姆格列木群地层孔隙压力系数升至最高为 1.98；进入白垩系地层压力系数略有降低为 1.80 左右；本井坍塌压力当量钻井液密度为 1.25～2.0g/cm³（未考虑水化学耦合影响）；地层破裂压力当量钻井液密度为 2.35～2.45g/cm³。如果钻遇地层裂缝发育段时，闭合压力即为漏失压力，其当量钻井液密度为 1.8～2.02g/cm³。

根据库车前陆区的钻井经验，需对盐上低压层进行封隔，此外，为保证复合盐膏层安全钻进，需复合盐膏层专封专打，由此确定该井有表层、盐上低压层、盐顶、盐底四个必封点。若采用塔标Ⅰ五开井身结构，只能采用 ϕ127mm 套管完井，不能完全满足开发需要，且 ϕ250.83mm 非 API 标准高抗挤套管不满足超深层复合盐膏层抗外挤要求（一般要求高于 120MPa），为此，设计了塔标Ⅱ井身结构（ϕ508mm + ϕ365.13mm + ϕ273.05mm + ϕ201.7mm + ϕ139.7mm），配套开发了 ϕ365.13mm、ϕ273.05mm、ϕ201.7mm（钢级 155，抗外挤 132MPa）、

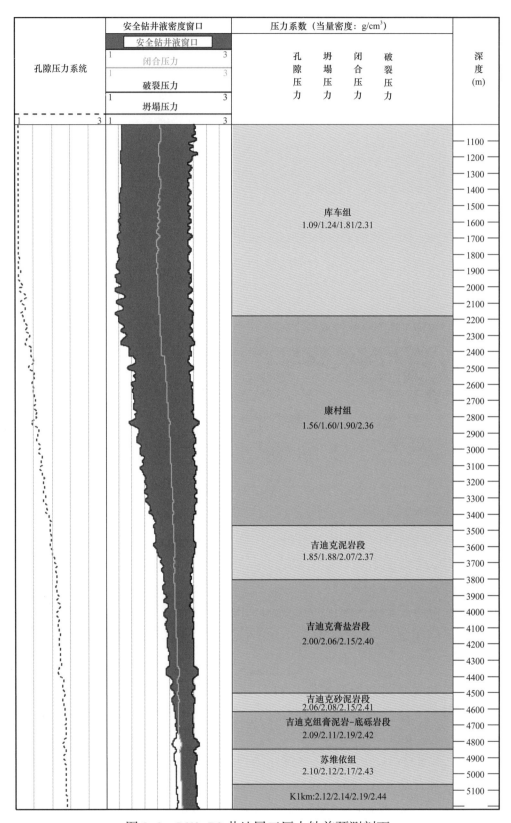

图 2-3　DN2-B2 井地层三压力钻前预测剖面

表 2-2　DN2-B2 井套管柱设计与校核

套管程序	井深（m）	规格				抗外挤			抗内压			抗拉		
		尺寸（mm）	螺纹类型	钢级	壁厚（mm）	额定强度（MPa）	强度安全系数	三轴应力强度（MPa）	额定强度（MPa）	强度安全系数	三轴应力强度（MPa）	额定强度（MPa）	强度安全系数	三轴应力强度（kN）
表层套管	0~200	508	BC	J-55	12.7	5.3	2.25	5.3	16	5.5	16.3	7099	26.44	7099
技术套管	0~3804	339.7	TP-CQ	TP140V	13.06	26	1.16	26	61	1.8	66.93	12213	3.78	12213
	0~3790	244.5	TP-CQ	TP-140V	11.99	55.99	1.18	55.73	79	2.03	87.12	8463	3.47	8463
	3790~4720	250.83	TP-CQ	TP-140V	15.88	99.7	11.47	99.6	106.6	10.49	109.58	11310	15.34	9228
油层悬挂	4500~5218	177.8	TP-CQ	TP-140V	12.65	120.04	1.3	119.63	114	1.81	114.42	6343	19.28	5144
油层回接	0~4500	177.8	TP-CQ	TP-140V	12.65	120.04	1.18	119.54	114	1.03	114.44	6343	3.81	6343

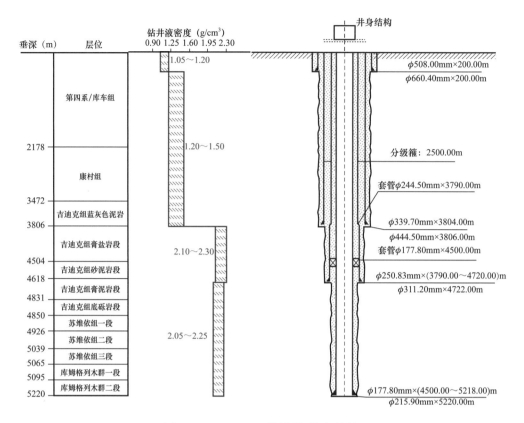

图 2-4 DN2-B2 井设计井身结构

表 2-3 克深 206 井各层系地层压力预测表

地层		底深（m）	井壁稳定相关压力梯度（当量密度：g/cm³）			
地层代号	地质		孔隙压力梯度	坍塌压力梯度	闭合压力梯度	破裂压力梯度
Q	第四系	200				
N_2k	库车组	2935	1.12	1.26	1.79	2.36
$N_{1-2}k$	康村组	4055	1.26	1.31	1.81	2.37
N_1j	吉迪克组	4755	1.40	1.44	1.85	2.43
$E_{2-3}s$	苏维依组	4995	1.68	1.72	1.95	2.35
$E_{1-2}km$	库姆格列木群 泥岩段	5135	1.77	1.78	1.95	2.36
	膏盐岩	6032	1.82	1.86	1.97	2.36
	膏盐岩	6260	1.95	1.97	2.01	2.37
	膏盐岩—砂砾岩	6497	1.68	1.83	1.97	2.45
K_1bs	巴什基奇克组	6820	1.79	1.83	1.98	2.43
K_1bx	巴西改组	6870	1.72	1.75	1.96	2.42

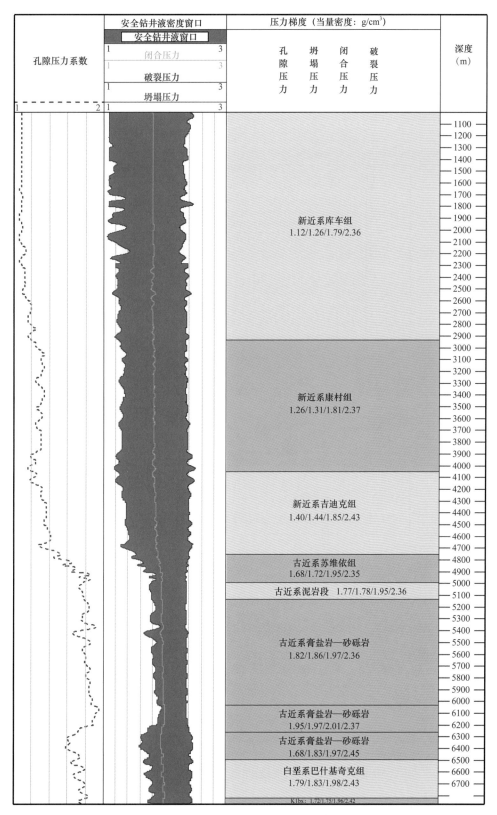

图 2-5　克深 206 井地层三压力钻前预测剖面

ϕ196.85mm（钢级140，抗外挤90MPa）、ϕ139.7mm（钢级140，抗外挤152.66MPa）等多种非API标准规格的高抗挤套管，该井身结构是目前克拉苏构造带超深层钻井中应用的主体井身结构，典型塔标Ⅱ井身结构设计如图2-6所示，套管柱设计与校核见表2-4。

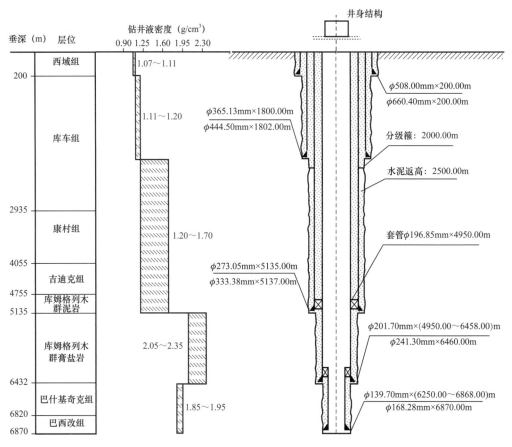

图2-6　克深206井设计井身结构

三、塔标Ⅱ-B井身结构优化设计

针对库车前陆区部分区块发育两套盐层等情况，以克深603井为例，根据该井地层三压力预测结果（表2-5、图2-7），本井地层孔隙压力系数自第一个断层上盘古近系库姆格列木群泥岩段开始为异常高压，为1.29左右，至下盘库姆格列木群膏盐岩段地层压力系数升高为1.65左右，白云段至膏泥岩段略有降低为1.56左右，进入白垩系后地层压力系数开始升高，至舒善河组达到1.70左右，进入断层2下盘库姆格列木群膏盐岩段升高为1.73左右，至白垩系达到1.85左右，地层压力系数整体变化复杂；本井坍塌压力当量钻井液密度为1.20～2.0g/cm³（未考虑水化学耦合影响），地层破裂压力当量钻井液密度

表2-4 克深206井套管柱设计与校核

套管程序	井深(m)	规格					重量		抗外挤			抗内压			抗拉		
		尺寸(mm)	螺纹类型	长度(m)	钢级	壁厚(mm)	段重(kN)	累重(kN)	额定强度(MPa)	强度安全系数	三轴应力强度(MPa)	额定强度(MPa)	强度安全系数	三轴应力强度(MPa)	额定强度(kN)	强度安全系数	三轴应力强度(kN)
表层套管	0~200	508	BC	200	J55	12.7	317	317	5.3	2.43	5.3	16	6.88	16.3	7099	26.08	7099
技术套管	0~1800	365.13	BC	1800	TP110V	13.88	2217	2217	24	1.89	24	33	1.23	35.3	11203	5.97	11203
	0~5135	273.05	TP-CQ	5135	TP140V	13.84	4459	4459	60.6	1.18	60.55	81.3	1.25	89.56	10892	3.12	10892
尾管悬挂	4950~6458	201.7	TP-NF	1508	TP155V	15.12	1034	1034	132	1.29	131.55	116	1.91	116.33	6573	9.07	
尾管悬挂	6250~6868	139.7	TP-CQ	618	TP140V	12.09	239	239	152.66	1.93	152.27	145.97	2.92	146.3	4246	8.98	1615
油层回接	0~4950	196.85	TP-CQ	4950	TP140V	12.7	2812	2812	90	1.82	89.92	105	1.26	105.43	7100	3.22	7100

为 2.35～2.45g/cm³。如果钻遇地层裂缝发育段时，漏失压力不大于闭合压力，而且天然裂缝切割井眼后形成强度弱面将较大影响井壁稳定性，邻井克深 6 井裂缝性漏失压力当量钻井液密度 1.95g/cm³ 左右，地层裂缝发育时其钻井安全压力窗口极窄，另外地层倾角越大井壁越不稳定，钻进中应引起重视。

表 2-5　克深 603 井各层系地层压力预测表

地层		底深（m）	井壁稳定相关压力梯度（当量密度：g/cm³）			
地震波组代号	地质		孔隙压力梯度	坍塌压力梯度	闭合压力梯度	破裂压力梯度
TN$_2$k	新近系库车组	420				
TN$_{1-2}$k	新近系康村组	1350	1.08	1.21	1.88	2.35
TN$_1$j	新近系吉迪克组	2100	1.10	1.25	1.92	2.36
TE$_{2-3}$s	古近系苏维依组	2370	1.15	1.28	1.97	2.37
TE$_{1-2}$km	古近系库姆格列木群泥岩段	2530	1.29	1.51	1.99	2.41
TE$_{1-2}$km	古近系库姆格列木群　膏盐岩段	3702	1.65	1.77	1.98	2.40
	白云岩段	3710	1.57	1.65	2.01	2.41
	膏泥岩段	3760	1.56	1.66	2.00	2.40
TK$_1$bs	白垩系　巴什基奇克组	4230	1.55	1.68	2.05	2.36
TK$_1$bx	白垩系　巴西改组	4380	1.60	1.65	2.06	2.40
TK$_1$s	舒善河组	5630	1.70	1.80	2.12	2.40
TE$_{1-2}$km	古近系库姆格列木群　膏盐岩段	5852	1.73	1.88	2.15	2.42
	白云岩段	5860	1.80	1.88	2.16	2.42
	膏泥岩段	5910	1.84	1.91	2.15	2.41
TK$_1$bs	白垩系　巴什基奇克组	6260	1.85	1.90	2.16	2.41
TK$_1$bx	白垩系　巴西改组	6280	1.83	1.88	2.17	2.42

根据库车前陆区的钻井经验和该井地层压力剖面预测有表层、第一套盐顶 / 盐底、第二套盐顶 / 盐底五个必封点，设计了塔标 II-B 六开六完井身结构（φ609.6mm + φ473.08mm + φ365.13mm + φ244.5mm + φ181.99mm+φ127m），其中 φ609.6mm 套管封表层疏松岩层，φ473.08mm 下至第一套盐顶，φ365.13mm 套管封第一套盐层，φ244.5mm 套管下至第二套封顶，φ181.99mm 套管封第二套盐层，φ127m 套管完井。

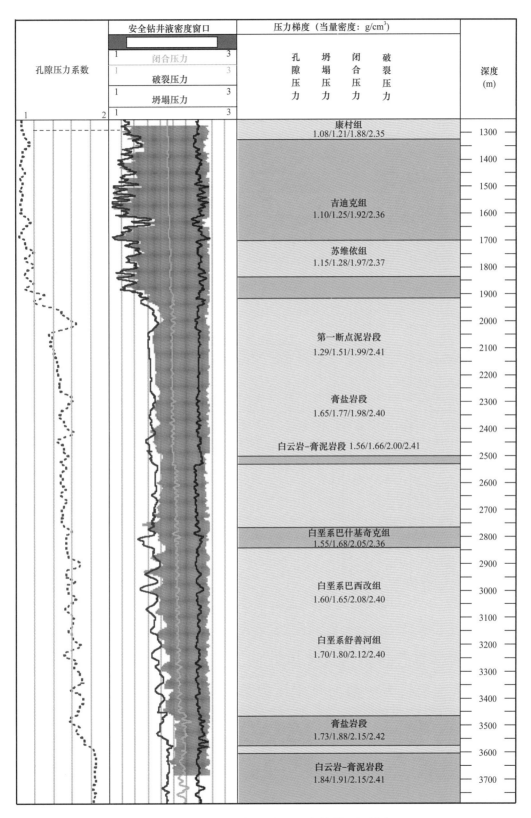

图 2-7 克深 603 井地层三压力钻前预测剖面

针对塔标Ⅱ-B 六开六完井身结构，配套开发了 φ473.08mm（钢级 110，壁厚 16.48mm，抗挤 15MPa）、φ365.13mm（φ339.7mm 套管外加厚，钢级 140，壁厚 24.89mm，抗挤 100MPa）、φ181.99mm（φ177.8mm 套管外加厚，钢级 140，壁厚 14.8mm，抗挤 145MPa）等多种非 API 标准规格的高抗挤套管，克深 603 井井身结构设计如图 2-8 所示，套管柱设计及校核见表 2-6。

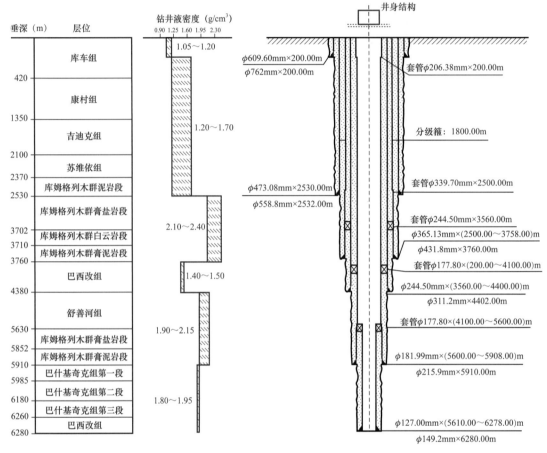

图 2-8　克深 603 井设计井身结构示意图

四、塔标Ⅲ井身结构优化设计

台盆区地层压力一般为正常压力系统，如哈 803 井预测地层孔隙压力梯度均小于 1.20 MPa/100m，属于正常压力系统；坍塌压力梯度预测为 1.20～1.35MPa/100m（未考虑水化学耦合情况），地层破裂压力梯度在 2.20～2.40MPa/100m，地层裂缝发育时，漏失压力为闭合压力，其梯度在 1.70～1.90MPa/100m；如果目的层溶洞发育时，漏失压力将远小于地层破裂压力和闭合压力（表 2-7、图 2-9）。

表 2-6 克深 603 井套管柱设计及校核

套管程序 (m)	井段 (m)	规格				重量		抗外挤			抗内压			抗拉		
		尺寸 (mm)	螺纹类型	钢级	壁厚 (mm)	段重 (kN)	累重 (kN)	额定强度 (MPa)	强度安全系数	三轴应力强度 (MPa)	额定强度 (MPa)	强度安全系数	三轴应力强度 (MPa)	额定强度 (kN)	强度安全系数	三轴应力强度 (kN)
表层套管	0~200	609.6	TPQR	J55	15.24	498	498	5	2.09	4.91	10.7	3.25	11.8	10800	25.6	10800
技术套管 1	0~1200	473.075	TPQR	TP110V	16.48	2292	4832	15	1.19	14.42	23	1.45	25.19	16632	4.39	16632
	1200~2530	473.05	P–TLM	TP110V	16.48	2540	2540	15	1.32	14.42	41.4	1.24	43.46	16632	7.45	14826
技术套管 2	0~1000	339.7	TP-CQ	TP125V	13.06	1077	5281	22	1.43	21.42	551	12.46	60.6	11550	3.15	11550
	1000~2500	339.7	BC	TP125V	13.06	1575	4204	26	0.86	25.64	34	3.08	36.32	11280	3.44	10051
	2500~3758	365.13	TP-NF	TP140V	24.89	2629	2629	100	2.5	99.93	61	3.63	60.24	12850	5.5	10048
技术悬挂	3560~4400	244.5	TP-CQ	TP140V	11.99	576	576	55.99	1.08	55.93	79	1.53	81.14	8463	15.05	7017
技术回接	0~3560	244.5	TP-CQ	TP140V	11.99	2442	2442	55.99	1.07	55.93	79	1.31	85.95	8463	4.28	8463
油层悬挂	4100~5600	177.8	TP-CQ	TP140V	12.65	781	972	120.04	1.06	120.01	114	1.6	114.41	6343	7.37	5206
	5600~5908	181.99	BC	TP140V	14.8	191	191	145	1.16	144.25	87	1.56	87.25	6258	36.68	5087
尾管悬挂	5610~6278	127	LC	TP140V	9.5	185	185	118.5	1.09	117.86	110	2	110.34	2750	16.26	2261
油层回接	0~200	206.38	TP-FJ	TP140V	16	151	2183	131.97	30.98	130.7	105.01	1.61	105.06	5003	3.16	5003
	200~4100	177.8	TP-CQ	TP140V	12.65	2032	2032	120.04	1.381	119.68	114	1.79	114.44	6343	4.23	6241

表 2-7　哈 803 井各层系地层压力预测表

地层		底深（m）	井壁稳定相关压力梯度（当量密度：g/cm³）			
地震波组代号	地质		孔隙压力梯度	坍塌压力梯度	闭合压力梯度	破裂压力梯度
$N_{1-2}k$	新近系库车组	3055	1.08	1.23	1.73	2.25
T_{N1k}	新近系康村组	3405	1.10	1.25	1.75	2.31
T_{N1j}	新近系吉迪克组	3805	1.10	1.25	1.76	2.36
T_E	古近系苏维依组	4015	1.12	1.31	1.76	2.30
T_{K1bs}	白垩系巴什基奇克组	4640	1.11	1.33	1.73	2.25
T_{K1kp}	白垩系卡普沙良群	5065	1.11	1.32	1.78	2.33
T_J	侏罗系	5200	1.12	1.34	1.78	2.34
T_T	三叠系	5655	1.12	1.33	1.81	2.36
T_P	二叠系	5940	1.13	1.32	1.77	2.33
T_{C1k-4}	石炭系标准石灰岩段	5955	1.13	1.28	1.84	2.46
T_C	石炭系底	6155	1.12	1.29	1.80	2.38
T_{D3d}	泥盆系东河砂岩	6380	1.13	1.30	1.80	2.36
T_{S1T}	志留系塔塔埃尔塔格组	6455	1.12	1.29	1.80	2.37
T_{S1k}	志留系柯坪塔格组	6570	1.13	1.30	1.82	2.37
T_{O3T}	吐木休克组底（串珠顶）	6605	1.13	1.25	1.86	2.41
T_{O2y}	一间房组	6640	1.15	1.20	1.88	2.44
T_{O1-2y1}	设计井底	6690	1.15	1.20	1.90	2.44

根据塔北地区的钻井经验，确定该井必封点有两个：第四系至新近系上部疏松地层、奥陶系石灰岩顶，即：表层套管下至 1500m 左右，封固第四系至新近系上部疏松地层，为二开长裸眼段快速钻进提供条件；技术套管下至奥陶系石灰岩顶，对于二叠系地层裂缝发育及井壁垮塌问题，可以通过优化钻井参数和水力参数，加强钻井液随钻封堵能力来解决；三开降密度钻开目的层，并根据勘探开发需要确定完井方式。

根据 Q/SY TZ 0465—2016《井身结构设计方法》，结合台盆区超深碳酸盐岩油气藏勘探开发需求，总体设计思路是在 $\phi273.05\text{m} + \phi177.8\text{mm} + \phi127\text{mm}$ 套管结构的基础上，不增加套管层次，不大幅增加主要钻井井眼尺寸，通过井眼尺寸与套管尺寸的合理匹配，加大二开技术套管尺寸，实现 $\phi139.7\text{mm}$ 套管完井。按照该思路设计了塔标Ⅲ结构，即：$\phi273.05\text{m} + \phi200.03\text{mm} + \phi171.5$

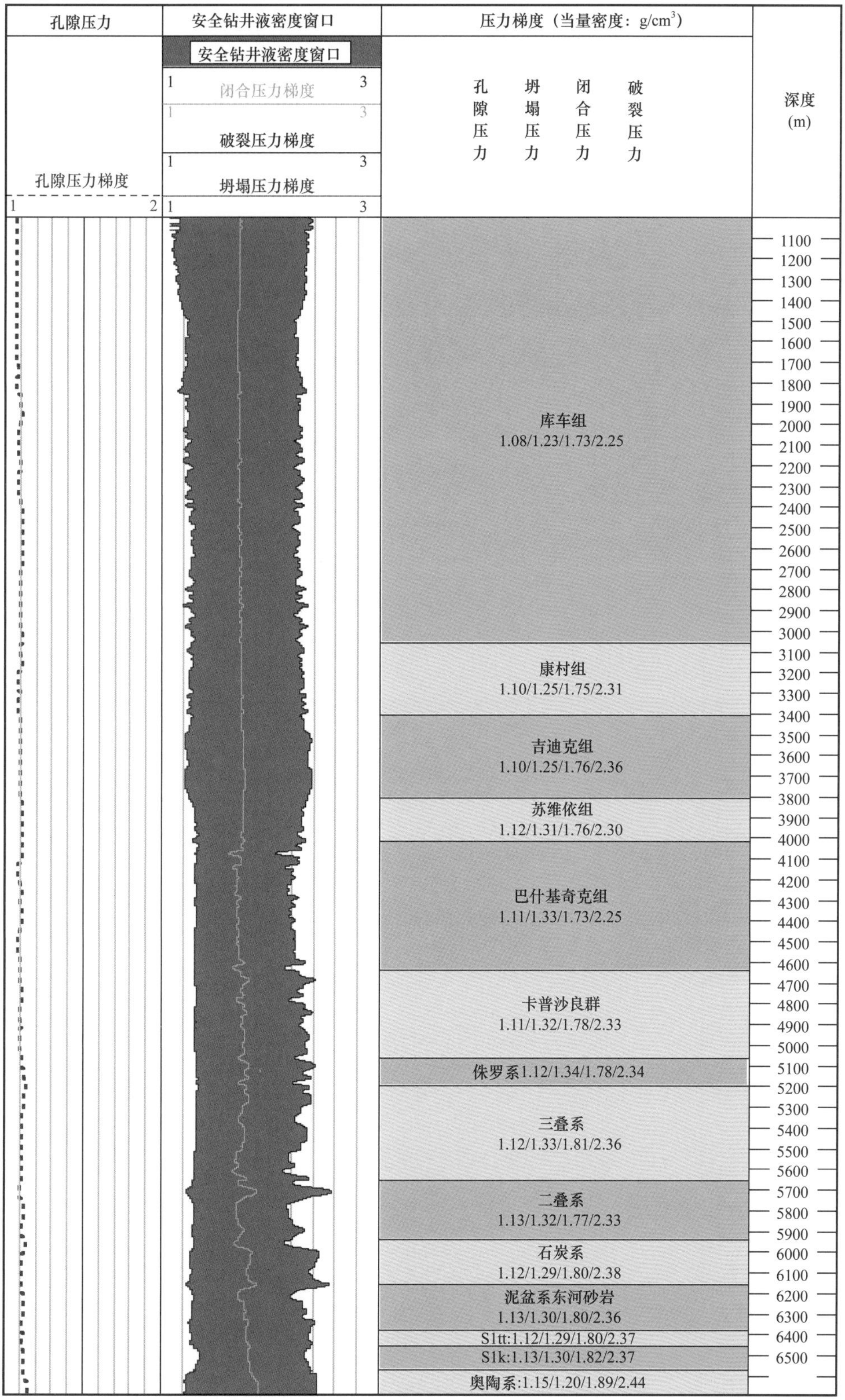

孔隙压力	安全钻井液密度窗口	压力梯度（当量密度：g/cm³）	深度(m)

图 2-9 哈 803 井地层三压力钻前预测剖面

（裸眼或 ϕ139.7mm 套管完井）。

塔标Ⅲ井身结构有以下特点：

（1）二开井眼尺寸由 ϕ215.9mm 增大为 ϕ241.3mm，使用 ϕ200.03mm 套管，相比 ϕ177.8mm 套管，通径从 ϕ152.5mm 增大到 ϕ178.19mm，有利于三开钻进和后期老井侧钻。

（2）三开井眼由 ϕ152.4mm 增大到 ϕ171.5mm，目的层井眼尺寸增大满足了完井和增产措施作业的要求。

（3）三开钻具尺寸由 ϕ88.9mm 增大到 ϕ101.6mm，降低了钻具内循环压耗，钻杆抗拉强度提高 22%，7000m 井深钻具抗拉余量提高 80%，减少了事故与复杂的发生，提高了应对事故复杂处理能力。

哈 803 井井身结构设计如图 2-10 所示，套管柱设计与校核见表 2-8。

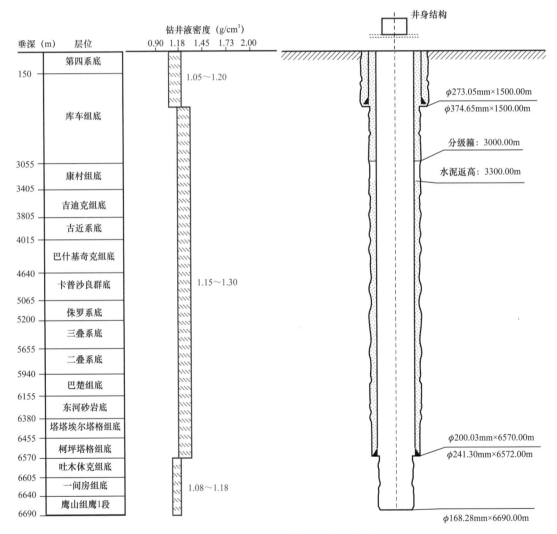

图 2-10　哈 803 井设计井身结构

表 2-8 哈 803 井套管柱设计与校核

套管程序	井段(m)	规格		长度(m)	钢级	壁厚(mm)	重量		抗外挤			抗内压			抗拉		
		尺寸(mm)	螺纹类型				段重(kN)	累重(kN)	额定强度(MPa)	强度安全系数	三轴应力强度(MPa)	额定强度(MPa)	强度安全系数	三轴应力强度(MPa)	额定强度(kN)	强度安全系数	三轴应力强度(kN)
表层套管	0～1500	273.05	BC	1500	TP65	11.43	1138	1138	19.79	26.9	19.79	32.82	8.76	32.23	4291	4.45	4291
油层套管	0～6605	200.03	BC	6570	BG110S	10.92	3405	3405	49.9	3.52	49.89	72.5	8.21	68.79	4917	1.73	4917

第四节 国产高性能套管设计

塔里木油田勘探开发初期，由于高压、复合盐膏层、含腐蚀性介质等复杂工况的存在，套管主要依赖进口，价格高，订货周期长。为了节约成本，1998年开始试用国产套管，2002年以后逐步批量使用，至2008年，国产套管使用率基本达到100%。

随着勘探开发向超深层领域发展，对套管设计和优化提出了更高要求，根据塔里木油田超深复杂地层及复杂钻井工况对套管性能的要求，结合塔标系列井身结构的应用，开展了非API规格套管、抗腐蚀性能套管、高强度及高抗挤套管、气密封螺纹接头套管以及直连型螺纹接头套管的设计，制定出适合塔里木油田特殊生产条件的订货技术条件。

一、非 API 规格套管设计

塔标系列井身结构的设计，需要配套开发ϕ365.13mm、ϕ250.83mm、ϕ206.40mm、ϕ201.60mm等非API规格套管（性能指标要求见表2-9）。开发的重点是保证规格尺寸及其精度满足勘探开发的需求，同时还需要配套相应的新型螺纹接头。

表 2-9 非 API 规格套管性能指标要求

指标名称	性能指标要求
非 API 规格	ϕ365.13mm、ϕ250.83mm、ϕ206.40mm、ϕ201.60mm
尺寸精度	外径公差：-0.2%D，+1.0%D 壁厚公差：-8%t
新型螺纹接头	与管体等强度 接头与井眼之间的配合间隙满足勘探开发要求 抗粘扣性能好

上述非 API 规格套管均为塔里木油田定制非标产品，国际标准和 API 标准均没有相关规定。为了保证订货质量和使用性能，非 API 规格套管的订货技术要求从套管尺寸精度、螺纹参数、接头强度和抗粘扣性能等方面进行严格规定。

二、抗腐蚀性能套管设计

（一）低 Cr 经济型套管

低 Cr 套管的开发和使用主要集中在 3%（质量分数）Cr 上，因为 Cr 含量达到 3% 时，低 Cr 钢抗 CO_2 腐蚀性能大幅度提升，但是 3Cr 和 5Cr 钢抗 CO_2 腐蚀的能力区别不大。适当降低含碳量可以提高基体中 Cr 的利用效率，同时降低 Mn 含量，严格控制 S、P 等有害杂质元素的含量，可以有效抑制有害元素的晶界偏聚及不良夹杂物的形成，同时添加一些微量合金元素，如 V、Mo、Ti、Nb 等强碳化物形成元素，可以提高 Cr 的合金化效果，起到细化晶粒的效果，抑制氢在材料表面的吸附，提高材料抗腐蚀能力。

低 Cr 套管的机械性能满足 API SPEC 5CT 中所列相应钢级材料性能要求，抗腐蚀性能达到：平均腐蚀速率≤0.1mm/a，局部腐蚀速率≤0.26mm/a。

国产低 Cr 套管成分设计及性能指标见表 2-10。

表 2-10　国产低 Cr 套管成分设计及性能指标表

名称		成分设计及性能指标
成分设计		1%～5%Cr，P≤0.015%，S≤0.010%，添加 V、Mo、Ti、Nb 元素
机械性能	拉伸、硬度	满足 API 5CT 中所列相应钢级材料性能要求
	冲击性能	全尺寸试样 0℃冲击功要求（J） 110 钢级：横向≥60 纵向≥80 80 钢级：横向≥50 纵向≥70
抗腐蚀性能		平均腐蚀速率≤0.1mm/a，局部腐蚀速率≤0.26mm/a

国产的 BG80-3Cr、BG90-3Cr 和 BG110-3Cr 等抗 CO_2 腐蚀套管以及 BG80S-3Cr、BG95S-3Cr 等抗 CO_2+H_2S 综合腐蚀的套管力学性能全面满足 API SPEC 5CT 规范要求，宝钢 3Cr 系列套管的抗 CO_2 腐蚀性能比常规产品提高 5 倍以上，抗硫化氢应力腐蚀开裂性能满足 NACE TM 0177—2005 的标准要求。国产的 TP110NC-3Cr 比普通碳钢的 CO_2 腐蚀速率降低了 3～6 倍。

（二）国产 13Cr 套管

国产 13Cr 套管采用超级马氏体 13Cr 材料，主要靠添加 12%～14%（质量分数）的 Cr，并加入了 Ni、Mo、Cu 等合金元素。相比于普通 13Cr 不锈钢来说，具有高强度、低温韧性及改进抗腐蚀性能的综合特点。在超级 13Cr 马氏体不锈钢中，将 C 含量减少到 0.03% 左右以抑制基体中的 Cr 元素析出成铬的碳化物；添加 5.5% 的 Ni 来获得单相马氏体；同时在钢材中加入微量的合金元素（例如 Mo、Ti、Nb、V 等），Mo 元素能细化晶粒、提高材料的 SSC 和局部腐蚀抗力，而 Ti、Nb、V 等强碳化物形成元素的加入降低了超级 13Cr 材料的 SSC 敏感性。经过改进的超级 13Cr 马氏体不锈钢在 180℃ 高温 CO_2 腐蚀环境中仍具有良好的均匀和局部腐蚀抗力，同时具有一定的抗 H_2S 应力腐蚀开裂的能力。

13Cr 套管的机械性能应满足 API SPEC 5CT 中所列相应钢级材料性能要求，抗腐蚀性能应达到点蚀速率≤0.3 mm/a。

国产 13Cr 套管成分设计、机械性能和抗腐蚀性能见表 2-11。

表 2-11　国产 13Cr 套管成分设计及性能指标表

成分设计	性能指标	
成分设计	Cr：12.0%～14.0% P：≤0.020%，S：≤0.010% C：≤0.04%，Si：0.20%～0.50%，Mn：0.30%～0.60% Ni：4.5%～5.5%，Mo：1.5%～3.0%	
机械性能	拉伸、硬度	满足 API 5CT 中所列相应钢级材料性能要求
机械性能	冲击性能	全尺寸试样 0℃冲击功要求（J） 110 钢级：横向≥60　纵向≥80 80 钢级：横向≥50　纵向≥70
抗腐蚀性能	点蚀速率≤0.3mm/a	

表 2-12 为国内外部分 13Cr 及超级 13Cr 马氏体不锈钢的化学成分分析，结合国产 13Cr 及超级 13Cr 马氏体不锈钢的化学成分分析，从成分设计上来看，国产 13Cr 及超级 13Cr 马氏体不锈钢的化学成分设计指标均达到国外同类产品的设计要求。

表 2-12　管体化学成分分析结果表　　　　单位：（%）质量分数

类别	材料	C	Si	Mn	P	S	Cr	Mo	Ni	Ti	Nb	V
1	BGL80-13Cr	0.18	0.471	0.48	0.009	0.001	13.1	—	0.09			
	TPL80-13Cr	0.2	0.48	0.37	0.02	0.003	12.93	—	0.2			
	HSL80-13Cr	0.19	0.52	0.6	0.018	0.005	13.12	—	0.09			
	参考 API L80-13Cr	0.15～0.22	≤1.00	0.25～1.00	≤0.020	≤0.010	12.0～14.0	—	≤0.50	—	—	—

类别	材料		C	Si	Mn	P	S	Cr	Mo	Ni	Ti	Nb	V
2	BG13Cr110		0.025	0.22	0.45	0.019	0.0031	13.01	0.94	4.32			
	TP110–HP13Cr		0.03	0.29	0.54	0.009	0.002	13.18	0.92	5.46	0.1	0.006	0.0026
	BG13Cr110S		0.029	0.42	0.49	0.018	0.003	13.2	1.94	4.91	0.026	0.0031	0.023
	参考	HP1–13Cr	0.024	0.21	0.45	0.016	0.0012	12.69	0.92	4.3	0.0036	0.0035	0.0096
	JFE	HP2–13Cr	0.035	0.44	0.47	0.02	0.003	13.3	1.92	4.85	0.0029	0.023	0.025

表 2–13 和表 2–14 为国产 13Cr 及超级 13Cr 套管管体的拉伸、硬度及冲击性能的测试结果。可以看出，国产 13Cr 及超级 13Cr 油套管管体的拉伸强度及冲击韧性均满足 API SPEC 5CT 及 JFE 厂标中所列钢级材料性能要求。

表 2–13　管体拉伸性能试验结果表

组别	样品	试样规格 直径 × 标距长 （mm）	屈服强度 $R_t0.5$（MPa）	抗拉强度 R_m（MPa）	伸长率 （%）
1	HSL80–13Cr	8.9 × 35	575	770	27.0
			590	750	26.5
			572	760	28.0
	BGL80–13Cr	8.9 × 35	583	740	28.0
			580	735	28.5
			582	738	28.0
	API SPEC 5CT L80–1		552~655	≥655	≥17
2	TP110–HP13Cr	8.9 × 35	879	900	24.0
			835	888	23.5
			845	884	24.0
	BG13Cr110S	8.9 × 35	887	910	23.0
			846	890	23.5
			858	897	23.5
	JFE 厂标		758~896	≥827	≥12

表 2-14 管体夏比冲击韧性试验结果表

组别	材料	温度（℃）	纵向冲击功 AKV（J）	
			试验值	平均值
1	HSL80–13Cr	0	60	61
			58	
			65	
	BGL80–13Cr	0	64	67
			67	
			66	
	API SPEC 5CT L80–13Cr	0	（全尺寸试样）≥27	
2	BG13Cr110S	0	70.0	71.0
			70.0	
			72.0	
	TP110–HP13Cr	0	124.0	124
			120.0	
			130.0	
	JFE 厂标	0	（全尺寸试样）≥44	

注：（1）以上冲击试样缺口深度为 2mm；

（2）TP110–HP13Cr 的纵向冲击尺寸为 7.5mm × 10 mm × 55mm；

（3）HSL80–13Cr、BGL80–13Cr 及 BG13Cr110S 的纵向冲击尺寸为 5mm × 10mm × 55mm。

（三）酸性油气田套管材质选择

塔里木油田碳酸盐岩油气藏大部分为酸性油气田，普遍含 H_2S 和 CO_2 气体，其中 H_2S 含量范围 $11 \sim 580000mg/m^3$，CO_2 含量为 $1.60\% \sim 4.91\%$。H_2S 极易溶于水，形成弱酸，对金属是一种强烈的腐蚀剂，在湿环境中，H_2S 分压在 $1.01325 \times 10^{-4}MPa$，就有硫化物应力腐蚀破裂的危险。$H_2S$ 引起的腐蚀破坏主要表现有电化学腐蚀、氢致开裂和氢鼓泡，及硫化物应力开裂。CO_2 对金属也是一种强烈的腐蚀剂，同时含 H_2S 和 CO_2 时，引起的腐蚀比单纯含 H_2S 大得多。

塔里木油田各区块碳酸盐岩储层 H_2S 浓度差距较大，从安全的角度出发，研发了碳酸盐岩套管选材图版进行单井套管设计，如图 2-11 所示。对于以 H_2S 腐蚀为主的环境，使用 C110 和 T95 钢级防硫套管。对于以 CO_2 腐蚀为主的环境，当 CO_2 分压低于 0.5MPa 时，使用常规钢级套管；当 CO_2 分压大于 0.5MPa，使用 P110–3Cr 钢级套管。

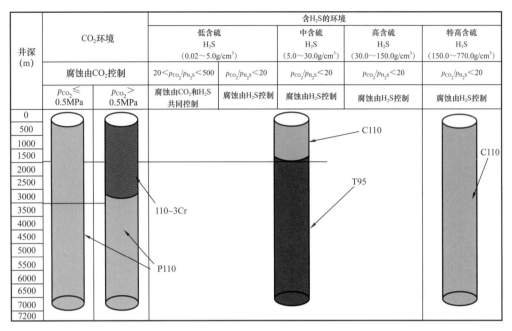

井深 (m)	CO₂环境		含H₂S的环境				
			低含硫 H₂S (0.02~5.0g/cm³)	中含硫 H₂S (5.0~30.0g/cm³)	高含硫 H₂S (30.0~150.0g/cm³)	特高含硫 H₂S (150.0~770.0g/cm³)	
	腐蚀由CO₂控制		$20<p_{CO_2}/p_{H_2S}<500$	$p_{CO_2}/p_{H_2S}<20$	$p_{CO_2}/p_{H_2S}<20$	$p_{CO_2}/p_{H_2S}<20$	
	$p_{CO_2}\leq$ 0.5MPa	$p_{CO_2}>$ 0.5MPa	腐蚀由CO₂和H₂S 共同控制	腐蚀由H₂S控制	腐蚀由H₂S控制	腐蚀由H₂S控制	腐蚀由H₂S控制

图 2-11　碳酸盐岩套管选择参考图

三、高强度及高抗挤套管设计

库车前陆区深层复合盐膏层对套管强度及抗挤性能提出了超出国际通用标准规定的要求，必须开发 140ksi、155ksi 钢级高强度及高抗挤套管等才能满足勘探开发的需求。高强度及高抗挤套管材料的成份设计主要是通过加入提高抗拉、抗内压、抗挤强度元素（Cr、Mo、W 等），控制 C、P、S 含量，控制有害元素，加入细化晶粒元素（Nb、B 等）及改善钢的显微组织，达到套管高强度性能要求。

（一）高强度套管

高强度套管机械性能、实物性能应达到塔里木油田对 140ksi、155ksi 钢级的要求，国际上钢级最高到 150ksi 钢级，155ksi 钢级属于国内首创。国产高强度套管化学成分设计、机械性能和实物性能见表 2-15，国产 140ksi 钢级套管的成分设计、机械性能与国外同类产品相似（表 2-16、表 2-17）。为了保证订货质量和使用性能，高强度套管订货技术条件重点从套管化学成分、机械性能、连接性能和抗内压性能等方面提出要求。

（二）高抗挤套管

对于高抗挤套管，降低管体椭圆度和壁厚不均度有利于提高抗挤毁强度，因此，需要对管体的外径和壁厚精度进行严格控制，机械性能应达到相应钢级材料性能要求，实物性能应达到：抗挤毁值大于标准值 30%，残余应力较低且分布合理。

表 2-15　国产高强度套管化学成分设计及性能指标

成分设计		加入提高抗拉强度和抗内压强度元素（Cr、Mo、W 等） P≤0.015%，S≤0.010%
机械性能	拉伸	140ksi 钢级要求：屈服强度 965-1138kN、抗拉强度≥1034kN 155ksi 钢级要求：屈服强度 1068-1275kN、抗拉强度≥1138kN
	冲击性能	全尺寸试样 0℃冲击功要求（J）： 140ksi 钢级：横向≥60　纵向≥80 155ksi 钢级：横向≥60　纵向≥80
实物性能		连接性能达到相应规格相应钢级管体的要求 抗内压性能达到相应规格相应钢级管体的要求

表 2-16　140ksi 钢级套管化学成分对比表　　　单位：%（质量分数）

化学成分	C	Si	Mn	P	S	Cr	Mo	Ni	Nb	V	Ti	Cu
天钢	0.26	0.26	0.90	0.0087	0.0021	0.98	0.47	0.046	0.0010	0.099	0.0035	0.13
西姆莱斯	0.27	0.27	0.91	0.012	0.0033	0.98	0.33	0.015	<0.001	0.010	0.0094	0.057
V&M	0.29	0.22	0.91	0.013	0.004	1.11	0.72	0.035		0.007	0.007	0.03
塔里木油田要求				≤0.015	≤0.010							
JFE 要求	0.15～0.35	≤0.35	≤1.00	≤0.030	≤0.015	0.8～1.6	0.15～1.10	≤0.1				≤0.3

表 2-17　140ksi 钢级套管机械性能对比表

机械性能	屈服强度 $\sigma_{0.7}$（MPa）	抗拉强度（MPa）	伸长率（%）	冲击功（J）
天钢	1068	1128	26	115（0℃）
西姆莱斯	1013	1104	24	77（0℃）
V&M	976	1167	23	104（0℃）
塔里木油田标准要求	965～1172	≥1034	≥11	60（0℃）
JFE 规定	965～1171	≥1034	5CT 规定	27（-20℃）
V&M 规定	965～1138	≥1034	5CT 规定	50（20℃）

表 2-18 为国产抗挤套管成分及性能指标表，表 2-19 至表 2-21 为国产高强度抗挤套管与日本川崎公司生产的 1Cr 型抗挤套管成分、力学性能及抗挤强度的对比表。从中可以看出，国产高强度抗挤套管与住友抗挤套管相比，在成分设计上有较大的不同，在力学性能上达到国外同类产品的技术要求，在抗挤性能上有较大提高。

表 2-18　国产抗挤套管成分及性能指标表

名称	成分设计及性能指标	
成分设计	加入提高抗拉强度和抗挤强度元素（Cr、Mo、W 等） P≤0.015%，S≤0.010% 加入细化晶粒元素（Nb、B 等）	
机械性能	拉伸	满足 API 5CT 中所列钢级材料性能要求 满足高强度钢级材料性能要求
	冲击性能	满足塔里木油田标准对相应钢级冲击性能的要求
尺寸精度	弯曲度：管端 1.8m 内弦高≤2.0mm，管体全长弦高≤12.0mm，局部弦高≤1.2mm/m 管体椭圆度≤0.5%；壁厚不均度≤12%	
实物性能	抗挤毁值大于标准 30% 以上 较低的分布合理的残余应力	

表 2-19　国产抗挤套管与日本川崎公司 1Cr 抗挤套管化学成分对比表 单位：%（质量分数）

元素	C	Si	Mn	P	S	Cr	Mo
HS110TT	0.26	0.26	1.00	0.015	0.008	0.70	0.20
TP110TT	0.32	0.35	1.20	0.025	0.030	1.20	0.50
KO110TT	0.23	0.21	1.17	0.013	0.005	0.95	0.21
API SPEC 5CT P110	—	—	—	≤0.030	≤0.030	—	—

表 2-20　国产抗挤套管与日本川崎公司 1Cr 抗挤套管力学性能对比表

力学性能	屈服强度 （MPa）	抗拉强度 （MPa）	伸长率 （%）	洛氏 硬度	冲击功 （J）
HS110TT	915	1005	21.0	—	48
TP110TT	920	1010	21.0	—	49
KO110TT	950	1010	22.0	—	51
API SPEC 5CT P110	758～965	≥862	≥12.0	—	≥22.6

注：伸长率试样宽度 19.05mm；冲击试样尺寸：5×10×55mm；试验温度：0℃。

表 2-21　国产抗挤套管与日本川崎公司 1Cr 抗挤套管抗挤毁性能对比表

套管规格	HS110TT	TP110TT	KO110TT	API BUL 5C2 规定
抗挤毁强度（MPa）	68.5	74.8	62.1	≥52.3

四、气密封螺纹接头套管设计

高压气井目的层所采用的套管串必须具备性能优良的气密封特性，且要求使用寿命长，以满足后期开采需要。API圆螺纹和偏梯形螺纹在气密封性能上无法满足要求，必须开发具有良好气密封性能的特殊螺纹接头套管。气密封螺纹设计主要是进行密封结构、螺纹及扭矩台肩的设计。

确定密封结构的形式、尺寸和公差，要同时考虑接头的气密封性能和抗粘扣性能。密封过盈量和加工公差的确定与结构形式密切相关，其设计合理与否，不仅影响密封面接触压力的大小、接头应力分布及密封的可靠性，同时也影响加工成本和现场操作。

螺纹设计通常采用连接效率高的偏梯形螺纹，可以改进螺纹形状以提高抗复合载荷的能力，同时为兼顾上扣操作的方便性，对加工公差进行调整，包括齿高、螺距及锥度等，目的是减少螺纹干涉量，改善接头应力分布，降低峰值应力，提高螺纹的连接强度和耐腐蚀性能。

扭矩台肩的设计好坏直接影响接头的连接性能。好的设计可以保证接头的气密封性能、连接强度、抗粘扣及耐应力腐蚀等使用性能，还能提高抗压缩及弯曲变形能力。

气密封螺纹接头表面处理主要用于提高抗磨损、抗粘扣性能。

国产气密封螺纹接头性能指标见表2-22。

表2-22 国产气密封螺纹接头性能指标表

项目	性能指标要求
密封结构	优良的气密封性能 现场操作方便
螺纹设计	连接效率高 抗复合载荷能力强
扭矩台肩	良好的超扭矩阻抗性能 保证接头密封性能的完好 提高接头的高抗压缩及弯曲变形能力
表面处理	良好的抗磨损和抗粘扣能力

国产 ϕ177.80mm × 12.65mm 140ksi 钢级气密封螺纹接头与V&M公司同规格套管上卸扣试验、极限载荷试验及气密封性能试验的对比可知，套管在上卸扣试验中均未出现粘扣现象，国产套管连接强度、抗内压强度高于国外产品。

五、直连型螺纹接头套管设计

为了解决库车前陆区窄间隙固井存在的套管和安全阀不便于下入及水泥环封固质量难以保证的问题，需要开发规格为 $\phi215.9mm$、$\phi232.5mm$、$\phi206.3mm$ 和 $\phi273.05mm$ 的特殊直连型螺纹接头套管，即采用无接箍螺纹连接，并且螺纹连接部位的内、外径完全相同的套管。

此类套管设计的重点是保证规格尺寸及其精度满足勘探开发的需求，且需要配套相应的新型螺纹接头，接头外台肩应具有完全止扣性能，并且气密封性能、内压强度及连接性能满足勘探开发需求。

特殊直连型螺纹接头套管性能指标要求见表 2-23。

表 2-23 特殊直连型螺纹接头套管性能指标表

项目	性能指标要求
尺寸规格	215.9mm 206.30mm、232.5mm 273.05mm
尺寸精度	外径公差：$-0.2\%D$，$+1.0\%D$； 壁厚公差：$-8\%t$
接头形式	管子内外表面平齐，外台肩具有完全止扣性能 气密封性能、内压强度及连接性能满足勘探开发需求

与 API 标准直连型套管为端部加厚的套管相比，$\phi215.9mm$、$\phi232.5mm$、$\phi206.3mm$、$\phi273.05mm$ 的特殊直连型螺纹接头套管为内外表面平齐的套管，可以增加环空间隙、增加允许下套管的层数、允许安全阀下入、提高固井质量，是需求定制的套管。

六、在用国产高性能套管数据表

塔里木油田在用国产高性能套管数据见表 2-24。

表 2-24 塔里木油田在用国产高性能套管数据表

外径 （mm）	壁厚 （mm）	钢级	螺纹类型	接箍外径 （mm）	内径 （mm）	抗拉 （kN）	抗挤 （MPa）	抗内压 （MPa）
609.6	15.24	J55	特殊螺纹	635	579.12	10800	5	16.7
508	12.7	J55	BC	533.4	482.6	7092	5.3	16.6
478.6	21	P110	BC	511.99	436.56	21155	28.4	58.2
473.1	16.48	P110	BC	508	440.12	16603	14.7	46.2
374.7	18.65	140V	BC	393.89	337.35	13876	42.1	64.2
365.1	13.88	P110	BC	393.89	337.37	11186	24	50.4
	24.89	140V	气密封	390	315.35	12108	97.4	60.6

外径（mm）	壁厚（mm）	钢级	螺纹类型	接箍外径（mm）	内径（mm）	抗拉（kN）	抗挤（MPa）	抗内压（MPa）
339.7	12.19	N80	BC	365.12	315.34	4282	15.6	34.7
		P110			315.34	9240	16.1	47.6
	13.06	Q125	气密封		313.6	10951	19.9	58
						11543		
		140V	气密封		313.6	12928	26	64.9
293.5	23.55	140V	直连型气密封	—	246.35	9650	136	95
273.1	11.43	M65	BC	298.45	250.19	4560	19.8	32.8
		P110				7084	25.2	55.6
	13.84	140V	BC		245.37	10449	60	85.6
			气密封			10871	60.0	85.6
	26.24	140V	直连气密封	—	220.57	8410	180	130
265.1	22	140V	直连气密封	—	221.13	8921.55	144.5	112.16
259	19.25	140V	气密封	277	220.5	8453	117	82.8
250.8	15.88	140V	气密封	277	219.07	11306	99	106.9
244.5	8.94	N80	BC	269.88	226.6	3896	16.4	35.3
	11.99	P110	BC	269.88	220.5	6669	36.5	65.1
		110S	BC	269.88	220.5	6327	36.5	65.1
		C110	BC					
		C110	气密封					
		110S	气密封					
		140V	BC	269.88	220.5	8178	56	82.8
		140V	气密封	269.88	220.5	8447	56	82.8
206.4	15.8	110S/C110	BC	228	174.78	6612	102.9	86.5
		110S/C110	BC	231.78	174.78	6889	102.9	97.5
		110S	气密封	228	174.78	6243	102.9	101.6
		C110	气密封	228	174.78			
		110S	气密封	231.78	174.78	7169	102.9	101.6
		C110						
	16	M13Cr110	气密封	222.25	174.38	5660.46	105.2	102.9

外径 （mm）	壁厚 （mm）	钢级	螺纹类型	接箍外径 （mm）	内径 （mm）	抗拉 （kN）	抗挤 （MPa）	抗内压 （MPa）
206.4	17.25	140V	直连气密封	—	171.88	5040	150.0	106.0
	17.25	140V	气密封	229	171.88	8444	146.5	141.2
201.7	15.12	140V	气密封	214.4	171.46	5903	119	101.28
200	10.92	P110	BC	222.25	178.19	5013	49.9	72.4
		110-3Cr						
		110S				4730		
		C110						
		P110	气密封			4917		
		110S						
		C110						
	14.2	P110	BC	224	171.63	6406	89.5	94.2
		110S						
		C110				6043		
196.9	12.7	140V	气密封	215.9	171.45	7095	90	109
188.3	17.9	S13Cr110	气密封	200.03	152.5	4961	130.5	94.4
188.3	17.9	HCMSS125	气密封	200.03	152.5	5365	148.3	100.3
182	14.8	140V	BC	200.03	152.4	6255	145	120.7
177.8	10.36	P110	BC	200.03	157.08	4244	58.8	77.3
		110-3Cr						
		110S				3991		
		C110						
		P110	气密封			4130		
		110S						
		C110						
		110-3Cr						
		140V	BC			5171	65.9	98.4
	12.65	110S	气密封		152.50	4978	89.9	99.3
		C110	气密封					
		140V	BC			6227	120	120.2
		140V	气密封			6331		

外径 （mm）	壁厚 （mm）	钢级	螺纹类型	接箍外径 （mm）	内径 （mm）	抗拉 （kN）	抗挤 （MPa）	抗内压 （MPa）
145.6	15.04	S13Cr110	气密封	157	115.52	3701	140.5	114.9
145.6	15.04	HCMSS125	气密封	159	115.52	3985	159.7	124.6
139.7	6.2	J55	SC	153.67	127.3	765	21.5	29.4
	9.17	110–3Cr	BC	153.67	121.36	2965	76.6	85.3
	10.54	140V	气密封	157	118.62	4125	120.6	127.4
	12.09	140V	气密封	157	115.52	4675	152.6	146.1
131	11.5	S13Cr110	气密封		108	2617	121.5	99.3
		HCMSS125	气密封		108	2975	138.0	112.5
127	5.59	J55	SC	141.3	115.82	592	21.1	29.2
	9.19	P110	LC		108.62	2201	92.7	96
		110–3Cr						
		140V			108.62	2641	110.7	122.2
	9.5	140V			108	2744	119.3	126.8
	11.1	140V			104.8	3269	153.9	130.5
114.3	6.35	110–3Cr	LC	127	101.6	1239	52.2	73.7

第三章　复合盐膏层钻井技术

塔里木盆地发育四套复合盐膏层，包括陆相沉积的古近系库姆格列木群组和新近系吉迪克组两套复合盐膏层及滨海相沉积的石灰系和寒武系复合盐膏层。其中，古近系库姆格列木群复合盐膏层主要发育在塔北隆起、库车前陆区中西部，新近系吉迪克组复合盐膏层主要分布于库车前陆区东部，在四套复合盐膏层中古近系复合盐膏层发育最复杂、分布范围和埋深最广、钻井难度最大（唐继平等，2004），通过30年的持续技术攻关，形成了成熟的深层复合盐膏层钻井技术，复合盐膏层钻进事故复杂时效大幅度降低。

第一节　技术发展历程

塔里木油田复合盐膏层钻井技术的发展是随着对复合盐膏层危害性认识的不断深化和钻井技术持续攻关的历程，大致可分为初步认识与经验积累、深化认识与技术发展、技术优化与集成规范、发展成熟与规模化应用四个阶段。

一、初步认识与经验积累阶段（1986—1992年）

1986年以前，塔里木盆地曾在库卡1井、东秋4井、牙肯2等井钻遇新近系复合盐膏层，除库卡1井采用油基钻井液成功穿过复合盐膏层外，其余均没有成功。自1986年南疆石油勘探公司成立以来，塔里木油田在南喀1井钻遇古近系复合盐膏层，开始了对复合盐膏层的初步认识。

1986年，南喀1井在钻穿古近系厚度约为450m的复合盐膏层中先后发生7次卡钻事故，导致5次侧钻，通过该井的钻井实践认识到：

（1）井壁失稳是导致复合盐膏层卡钻的主要原因，其中威胁最大的是大段盐岩中塑性大、易于吸水的泥岩和膏泥岩夹层的井壁失稳；

（2）钻井液技术是安全钻穿复合盐膏层的关键，直接影响钻井作业的成败，核心是钻井液密度的确定、钻井液体系的选择和钻井液性能的维护；

（3）高密度饱和盐水—氯化钾钻井液体系基本能够适应复合盐膏层钻井的需要；

南喀1井钻井取得的经验教训，给后来塔北隆起、库车前陆区古近系复合盐膏层钻井提供了宝贵的技术财富。

二、深化认识与技术发展阶段（1992—1998年）

对复合盐膏层认识深化是从东秋5井新近系和羊塔克1井古近系钻遇复合盐膏层间"软泥岩"开始。这一阶段通过"软泥岩"钻井的初步实践，对塔里木盆地复合盐膏层的分布范围之广、埋藏之深、类型之多以及对"软泥岩"和深层盐层的复杂性、危害性有了深刻的认识和体验，复合盐膏层钻井技术攻关紧随实践，使复合盐膏层钻井技术得到快速发展。

1992年，开展了英买力地区古近系复合盐膏层钻井液密度图版研制，这是塔里木油田首次对复合盐膏层开展的研究。

1996年，通过中国石油天然气集团公司"九五"重点科技项目《塔里木复杂地质条件下深井、超深井钻井技术》研究，对复合盐膏层的成因、分布、特征、蠕变规律以及技术对策有了系统的认识，结合实践总结的经验，先后成功地钻成了东秋5井、克参1井、牙肯3井、克拉2井、玉东2井以及羊塔克地区羊塔1井、羊塔2井、羊塔101井、羊塔4井、羊塔5井、羊塔6井等一批复合盐膏层井，基本形成了塔里木盆地复合盐膏层钻井基础理论和配套工艺技术，包括复合盐膏层理化性能分析、钻井液密度与钻井液体系的确定、井身结构设计、钻井工艺措施及工具、固井技术等。

在学习借鉴国外MAGCOBAR和IDF钻井液公司饱和盐水钻井液技术的基础上，复合盐膏层钻井液技术取得了突破性进展，钻井液材料由部分国产化逐步发展到全面国产化，钻井液体系由氯化钾聚磺复合（欠）饱和盐水钻井液体系初步发展到强抑制多元醇—稀硅酸盐（欠）饱和盐水钻井液体系，初步形成了比较成熟的复合盐膏层钻井液技术。井身结构设计方面充分考虑了复合盐膏层蠕变引起的套损问题，如双层套管的使用；对于必封点的选择，在地层孔隙压力与破裂压力剖面预测的基础上加入了维持特定复合盐膏层蠕变速率的安全钻井液柱压力剖面，利用这三个剖面并结合传统的成熟设计技术，形成了新的复合盐膏层井身结构设计技术。固井技术方面开发了多套适合不同温度的欠饱和盐水水泥浆体系和高密度隔离液体系。塔里木盆地复合盐膏层钻井理论与技术取得了全面发展。

通过"软泥岩"钻井实践取得以下认识：

（1）在盐岩层、石膏层钻井中可能会钻遇"软泥岩"，"软泥岩"对安全钻进危害严重；

（2）高密度钻井液的黏度、总固相含量及无用固相含量的控制和性能调控至关重要；

（3）复合盐膏层钻井，合适的钻井液密度和钻井液体系是核心，井身结构是基础，综合的钻井技术措施是关键；

（4）东秋 5 井采用高密度氯化钾聚磺复合饱和盐水混油钻井液体系，解决了"软泥岩"塑性流动造成的阻卡和卡钻难题，突破了秋里塔格构造带复合盐膏层钻井难关。

三、技术优化与集成规范阶段（1998—2010 年）

这一阶段主要是应用攻关所取得的成果进行实践→认识→优化→再实践→再认识→再优化→总结集成规范的阶段。

为了进一步完善复合盐膏层钻井液技术，1999 年塔里木油田开展了《克拉苏地区高密度抗盐抗钙防漏堵漏钻井液技术研究》，对前期形成的欠饱和盐水聚合醇—稀硅酸盐钻井液在饱和盐水条件下的配方做了重点研究和优化，应用该研究成果，精心设计了高密度近饱和盐水—氯化钾聚磺多元醇稀硅酸盐体系，在克拉 2 气田评价井克拉 203 井、204 井古近系复合盐层钻井中进行现场试验获得成功。

2000 年以后，随着克拉 2 气田的开发、迪那 2 气田评价与开发，复合盐膏层钻井技术在库车前陆区钻井中规模化推广应用，各项技术得到不断优化与完善，复合盐膏层纯钻时效从过去的不到 40% 提高到 60% 以上，钻井速度明显提高，塔里木油田深层复合盐膏层钻井技术基本成熟。

四、发展成熟与规模化应用阶段（2010—2018 年）

2010 年，为解决克深 7 井超深层古近系复合盐膏层钻井中出现的钻井液密度高、温度高，已有的水基钻井液体系不能满足要求的难题，塔里木油田引进了国外抗高温高密度油基钻井液体系，确保了该井顺利钻至 8023m，其后国外抗高温高密度油基钻井液体系在大北、克深等气田勘探开发中得到进一步优化、完善和规模化应用，也为垂直钻井技术、双扶正器钟摆钻具组合在超深层复合盐膏层段的应用提供了保障，伴随盐顶 / 底精细地质卡层技术的日趋完善，深层复合盐膏层钻井技术配套成熟并规模化应用。

第二节 复合盐膏层沉积环境及特征

复合盐膏层是盐湖沉积的产物，基本物质多数是碎屑颗粒、晶块及化学沉淀的晶体，盐岩和石膏通过化学和机械的作用改变碎屑岩或团块的结构并充填在碎屑或团块之中形成盐膏泥的混合物。

古近系复合盐膏层段主要分布在塔里木盆地西部和塔北隆起的库车前陆

区中西部，分布范围广，实钻埋藏深度一般在 484～7945m，厚度 70～5177m。塔里木盆地古近系复合盐膏层在不同构造上具有不同的性质。

一、膏泥岩段分层特征

库车坳陷古近系库姆格列木群区域上自上而下可划分为 3 段：泥岩段、膏盐岩段、膏泥岩段（王斌等，2016 年）。泥岩段在库车坳陷中部厚度稳定，仅在南北向有变化，即坳陷边部薄、中部厚（正常的沉积规律）；膏盐岩段厚度变化剧烈，现存厚度直接与构造变形强度有关；膏泥岩段在全区广泛发育，厚度较稳定，在克拉苏构造带东西向上存在显著差异。井、震资料显示，膏泥岩段在克拉——克深地区靠近东部边缘处岩性较粗，发育薄层细砂岩、粉砂岩、泥岩和较少的膏岩；大北地区在南北向上存在较大的厚度差异，岩性主要以泥岩、泥膏岩为主。

根据全区膏泥岩段的岩性序列，以盐底之下第一套碳酸盐岩为标志层，结合碎屑岩和化学岩的纵横向发育特征，自上而下将其划分为 5 个亚段：第 1 亚段为碎屑岩段，以褐色泥岩为主，东部克拉地区夹有少量砂岩，西部大北地区常夹有石膏。第 2 亚段为化学岩段，岩性以膏岩、盐岩为主，盐底之下发育一套稳定的碳酸盐岩（石灰岩和白云岩），夹少量泥岩，是研究区地层对比的区域性标志层。第 3 亚段为碎屑岩段，岩性在研究区东西部存在差异，东部克拉地区底部发育一套厚度较稳定的砂砾岩，其上为泥岩；西部大北地区底部以泥岩为主，夹有少量的盐岩和膏岩。第 4 亚段为化学岩段，岩性以膏岩、盐岩为主，夹一套或多套白云岩、石灰岩，含少量泥岩，该亚段在大北地区更发育。第 5 亚段为碎屑岩段，目前仅大北 303 井底部钻遇，以泥岩为主。

膏泥岩段各亚段在克拉苏构造带不同部位发育程度不同，岩性序列的数目与厚度存在显著差异。第 5 亚段发育在最下部，目前仅在大北 303 井钻遇，发育范围尚不明确，但可以确定该亚段仅分布在大北 1 井区古隆起南侧；第 4 亚段分布范围由大北 303 井扩展至大北 201 井、大北 3 井区，同时在吐北 4 井区也有分布；第 3 亚段继承了第 4 亚段的分布格局，沉积范围扩展到东部克拉地区，在大北地区则围绕古隆起扩大至大北 201 井、大北 5 井区；第 2 亚段继承第 3 亚段分布格局并略有扩大，覆盖了除大北 1 井区附近古隆起之外的整个库车坳陷；第 1 亚段沉积范围进一步扩大。从各亚段的可以看出，4 亚段～1 亚段主要是沿着克拉断裂、大北 1 井古隆起和拜城断裂横向呈条带状分布，分布范围逐渐扩大，各亚段均表现出东薄西厚的分布特征；第 3 亚段（中泥岩段）在研究区内沉积厚度变化最小，反映出库姆格列木群沉积时期古地貌为东高西低，地貌幅度小的特征。

二、沉积环境分析

古地貌控制着沉积体系的类型和岩性特征。古近纪早期，库车坳陷总体处于亚热带气候环境，红层和巨厚膏盐层发育。构造古地理格局为东北部高，西部低。东部和北部地区受经常性淡水河流注入带来的陆源碎屑和丰富的 Ca^{2+}、Mg^{2+} 等化学成分影响，除发育扇三角洲相的陆源碎屑岩外，还发育碳酸盐岩。库车坳陷西部地区受来自费尔干纳盆地的新特提斯洋侵入的影响，属新特提斯洋向北的延伸部分，但与广海连通不畅。海侵表现为间歇性，在库车坳陷形成相当大面积的半闭塞潟湖—蒸发潮坪环境（王斌等，2016）。

研究区都是从碎屑岩沉积开始，只是大北地区（西部）发育早，从第 5 亚段开始；克拉地区（东部）发育晚，从第 3 亚段开始。其后沉积的的第 4 亚段，以泥岩—膏岩—盐岩—膏岩—碳酸盐岩的岩性序列为主，沉积环境主要为盐湖—潮坪沉积。受古地貌限制，此时海侵尚未到达克拉地区，仅大北 303 井和吐北 4 井地区沉积该亚段，盐湖呈南西—北东向展布。

至第 3 亚段，该时期淡水注入，湖泊淡化同时扩张，由于古地貌平缓，沉积范围迅速扩大到克拉地区。第 3 亚段沉积早期，克拉地区发育砂岩甚至砾岩，为一套扇三角洲沉积，在大北地区主要发育泥岩，代表滨浅湖沉积。由于盆地地形狭长，水体交流不畅，且陆源水集中在盆地东北部，第 3 亚段沉积晚期坳陷进入半盐湖阶段，以大北地区夹有少量薄层膏岩、盐岩为特征。

第 2 亚段沉积时期，再次发生海侵，湖泊水体蒸发浓缩，坳陷进入盐湖阶段，形成了范围局限的盐岩和盐岩之下的少量膏岩。此时盆地呈现为泪滴状盐湖的特征，即东部近物源区水体盐度较低，为沉积物碎屑岩，向西随盐度增加沉积物逐渐过渡为少量膏岩和较厚盐岩。第 2 亚段沉积后期，海侵范围扩大，海水的涌入使盐滩和膏坪变为宽缓潟湖，形成膏盐层。而后在膏岩层之上广泛分布了碳酸盐岩，西部以石灰岩为主，东部地区及古隆起边部以白云岩为主，其上沉积膏岩层覆盖全区。

第 1 亚段沉积时期，湖泊再次淡化，湖泊以碎屑岩沉积为主，盐湖不发育。但此时的碎屑岩段与第 3 亚段的不同是夹有薄层的盐岩。之后发生大规模的海侵，形成了上覆的厚层盐岩段。

大北地区和克拉地区分别属于两个不同的沉积区，发育的岩性序列旋回个数不同，但是岩性序列变化规律相同。差别只在于大北地区古地貌低、盐湖形成早、海侵较早、海侵次数较多、盐湖规模较大；而克拉地区物源碎屑供应较大、盐湖形成晚、海侵次数少、碎屑岩相对大北地区比较发育。

综合认为，库车坳陷古近系库姆格列木群沉积时期受古地貌影响，存在多个盐湖，各个盐湖的演化序列相同，但形成时间不同。库姆格列木群沉积经历了若干次快速海侵，为膏盐岩的形成提供了大量盐类物质。频繁的海侵事件和陆源沉积不但能保持水体充足，而且能够提供大量风化物质，其中也富含成盐作用所需的大量物质，使得盐湖频繁反复地进行"干缩"作用，巨厚盐岩得以沉积。

三、复合盐膏层岩性特征

塔里木盆地复合盐膏层在不同构造上具有不同的性质，根据岩性特征可分为如下 3 种主要类型。

（一）第一种类型复合盐膏层

以石膏、膏泥岩、泥膏岩为主，中间夹泥岩、泥质粉砂岩，形成不等厚互层，主要分布在英买力构造和买盖提斜坡构造。石膏主要分布在该段的上部及下部，中部主要为膏质泥岩。泥岩层厚一般为 3.5～11.5m，石膏层厚一般为 2～4m。石膏在井眼钻开后，硬石膏吸水膨胀，导致井眼缩径；夹杂在泥页岩中，充填在泥页岩裂缝中的硬石膏吸水膨胀后，导致井壁剥落、掉块或坍塌。钻遇这类盐层比较典型的井有：英买 12 井和英买 901 井。

（二）第二种类型复合盐膏层

以盐岩、石膏、膏泥岩、泥膏岩为主，中间夹薄层泥岩、泥质粉砂岩。主要分布在英买力构造西部和亚肯断裂带。盐岩存在于该段的上、中部，石膏、膏泥岩、泥膏岩交互沉积于全井段。在砂泥岩的孔洞、裂隙中充填白色盐和石膏。盐岩厚度一般为 1～4m，最厚可达 35m。这种类型的复合盐膏层除了具有第一种类型复合盐膏岩层的特点外，还具有盐岩层蠕变缩径，盐溶后井壁坍塌等特征，特别是在深井、高温条件下盐岩层的蠕变速率可高到立即闭合卡死钻头的程度。钻遇此类型盐层的井有英买 8 井、亚肯 3 井、齐满 1 井、牙哈 1 井、迪那 22 井等。

（三）第三种类型复合盐层

以盐岩、含盐膏软泥岩、石膏岩、膏泥岩为主，中间夹薄层泥岩、泥质粉砂岩。主要分布在羊塔克构造带、南喀拉玉尔滚构造、东秋立塔克构造、克拉苏构造和却勒塔克构造带。盐层成厚薄不等层分布于全井段，软泥岩存在于盐层、膏层或膏泥岩层中间，厚 2～6m，单层最大厚度为 31m，其主要成分为褐色泥岩，具有含盐膏、欠压实、含水量大、强度低、可钻性好和易塑性流动等特点。目前这种类型的复合盐层比较典型的有东秋 5 井、南喀 1 井、羊塔克 1 井、克拉 2 井、却勒 1 井、秋参 1 井。

第三节 钻井液密度设计及体系选择

复合盐膏层岩性复杂，蠕变性强，合适的钻井液密度和体系是保障复合盐膏层安全快速钻井的关键。

一、钻井液密度设计

（一）人造岩心室内实验

根据对复合盐膏岩矿物组分分析，按照盐、石膏、黏土不同比例制备人造岩心进行实验（表3-1），实验在 MTS 岩石力学测试系统上进行，实验结果如图 3-1 至图 3-4 曲线图所示。

表 3-1　不同矿物成分人造岩心配方表

编号	各组分的质量分数（%）		
	石盐	硬石膏	黏土
B1	20	55	25
B2	40	40	20
B3	60	25	15
B4	80	10	10

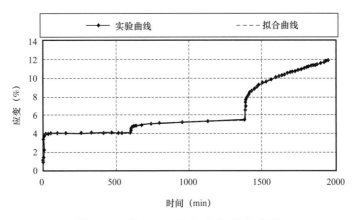

图 3-1　岩心 B1 的实验和拟合曲线

对于复合盐膏岩，由于沉积环境的不同，产生了富含碳酸盐、硫酸盐的盐岩，加上周期性交互沉积分选差的砂泥岩，形成了形形色色的复合盐膏岩，性质千差万别，蠕变特性差异很大。根据地层组分，按盐、石膏、黏土不同的比例配制的复合盐膏岩人造岩样试样的蠕变实验结果，证实了不同比例盐、石膏、泥岩等彼此组成复合盐膏岩蠕变特性差异很大。采用多元非线性回归的拟合方法，根据实验求得的不同温度和差应力条件下的稳态蠕变速率数据求出本构方程的蠕变参数 A、B、Q（表 3-2）。

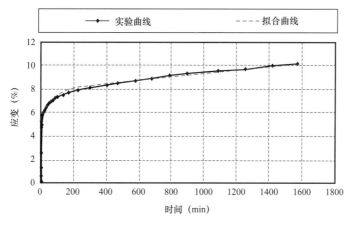

图 3-2　岩心 B2 的实验和拟合曲线

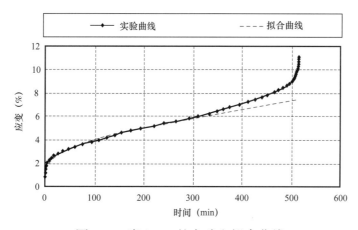

图 3-3　岩心 B3 的实验和拟合曲线

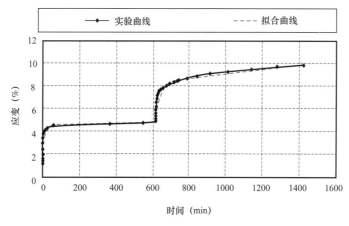

图 3-4　岩心 B4 的实验和拟合曲线

表 3-2　不同矿物成分人造岩心蠕变参数

编号	井号	各组分的质量分数（%）			蠕变参数		
		石盐	硬石膏	黏土	A（流变常数）	B（流变常数）	Q（盐岩的激活能，卡/克分子）
B1	克拉 4	20	55	25	38.452	0.657	20876
B2	克深 2	40	40	20	40.238	0.642	20584
B3	大北 3	60	25	15	42.642	0.612	20120
B4	却勒 4	80	10	10	45.526	0.586	19242

通过不同试样蠕变参数进行对比分析发现，在相同矿物成分、相同围压的情况下，试样的稳态蠕变速率随差应力的增加而增大；围压不变，差应力的增加加快了岩石微裂纹的稳定发展，导致岩石的蠕变速度加快；差应力不变，三种岩石试样的稳态蠕变率随着围压的增加而减小，因为围压的增加限制了岩石中微裂纹的发展和产生，使岩石的蠕变速度减小。

不同的组分配比，蠕变情况也不一样。在相同应力条件下，盐岩的稳态蠕变率较高，膏含量多的复合盐膏岩的稳态蠕变率最低。由此可知，复合盐膏岩的蠕变变形主要由盐岩贡献，在膏含量多的岩石蠕变过程中膏岩对盐岩层的蠕变有一定抑止作用。

通过对蠕变本构方程的拟合发现，含盐度越高，蠕变越强；黏土含量越高，A 值越小，B、Q 值越大。说明膏含量多的复合盐膏岩的稳态蠕变速率对差应力的敏感性要比相对较纯的盐岩低。

（二）水基钻井液密度设计

1. 饱和盐水钻井液密度设计

视复合盐膏岩地层地应力为均匀的，其值 $p_0 = \sigma_H$，井内钻井液柱压力为 p_i，井眼半径为 a；假设复合盐膏岩地层为各向同性，且为平面应变问题；静水压力不影响盐岩的蠕变；广义蠕变速率 ε_{ij} 与应力偏量 S_{ij} 具有相同的主方向。根据上述假设可得到蠕变问题的力学基本方程。

平衡方程：
$$\frac{d\sigma_r}{dr} + \frac{\sigma_r - \sigma_\theta}{r} = 0 \qquad （3-1）$$

几何方程：
$$\varepsilon_r = \frac{du}{dr}$$
$$\varepsilon_\theta = \frac{u}{r} \qquad （3-2）$$

物理方程：
$$\varepsilon_\theta = \frac{\sqrt{3}}{2} A \cdot \exp\left(-\frac{Q}{RT}\right) \sinh\left[B\frac{\sqrt{3}}{2}(\sigma_\theta - \sigma_r)\right] \quad (3\text{–}3)$$
$$\varepsilon_r = -\varepsilon_\theta$$

边界条件：
$$\sigma_r = p_i, \quad 当\ r = a$$
$$\sigma_r = \sigma_H, \quad 当\ r = b \to \infty$$
$$\sigma_r = \sigma_h, \quad 当\ r = b \to \infty$$

当 $r = a \to \infty$，$\sigma_r = \sigma_H = \sigma_h$ 时，若令井眼的缩径率为 n，则确定维持给定井眼缩径率所需的安全钻井液密度下限的力学模型为

$$\rho_1 = 100\left\{\sigma_H - \int_a^\infty \frac{2}{\sqrt{3}} \times \frac{1}{Br}\ln\left[\frac{Da^2n(2-n)}{2}\left(\frac{a}{r}\right)^2\right.\right.$$
$$\left.\left. + \sqrt{\left(\frac{Da^2n(2-n)}{2}\right)^2\left(\frac{a}{r}\right)^4 + 1}\right]dr\right\}\bigg/ H \quad (3\text{–}4)$$

$$D = \frac{2}{\sqrt{3}A \cdot a^2}\exp\left(\frac{Q}{RT}\right)$$

式中　A、B、Q——岩石的流变参数；

　　　a——井半径，m；

　　　H——井深，m；

　　　σ_H——水平最大地应力，MPa；

　　　σ_h——水平最小地应力，MPa。

对于不同层系的复合盐膏岩，可根据不同温度、压力条件下的蠕变试验确定蠕变特性参数 A、B、Q，则控制复合盐膏岩蠕变的钻井液密度就可确定（图 3–5）。

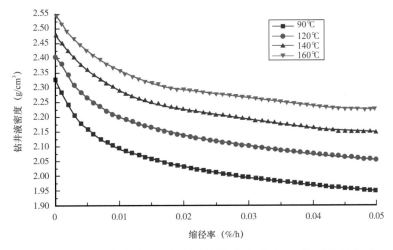

图 3–5　均匀地应力条件下不同钻井液密度和温度下的缩径率

按照上述方法对 DN2-5 井复合盐膏层钻井液密度进行了设计，该井三开井段地层主要是新近系吉迪克组，岩性为蓝灰色泥岩、大段盐膏岩、膏泥岩、砂泥岩，可钻性好。钻前地层压力预测压力系数高，复合盐膏层易塑性缩径变形，造成卡钻。蓝灰色泥岩易造浆，石膏层钙离子活跃，钻井液维护困难，并存在漏层（实钻本井未漏），钻井液密度设计困难。该井三开井段采用饱和盐水氯化钾聚磺体系，设计与实钻钻井液密度吻合（图 3-6），用 ϕ311.15mm 钻头钻进，三开井段起下钻畅通，电测一次到底，ϕ344.475mm + ϕ250.825mm 套管顺利下至井深 4712.30m，固井施工顺利。

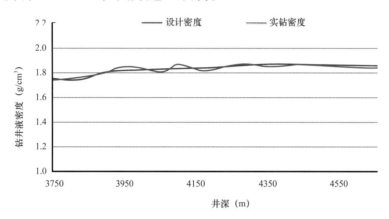

图 3-6　DN2-5 井复合盐膏层设计与实钻钻井液密度对比

2. 欠饱和盐水钻井液密度设计

欠饱和水基钻井液密度确定方法主要分为以下几个步骤。

（1）通过室内实验确定复合盐膏岩在不同温度和不同压力条件下的岩石蠕变性质，得到岩石的瞬时蠕变速率和稳态蠕变速率，得到复合盐膏岩的蠕变速率控制方程。同时通过室内实验得到复合盐膏岩的杨氏模量、泊松比等常规的岩石力学参数。

（2）通过对室内实验得到数据进行处理，得到地层条件下（温度和压力等）复合盐膏岩的蠕变速率。

（3）通过复合盐膏岩在欠饱和水基钻井液中的溶解实验，得到复合盐膏岩的溶解速率控制方程，并通过数据处理，使其能够适用地层条件。

（4）将复合盐膏岩的蠕变速率控制方程同其溶解控制方程结合，同时利用地应力数据对保持盐膏岩井径动态稳定所需的水基钻井液中 Cl^- 的浓度和钻井液密度进行计算，从而得到复合盐膏岩的钻井液密度。

按照上述方法，假设地层温度 150℃，划眼时间间隔 40h，则 n=0.05，查图 3-7 氯离子浓度与钻井缩径率的关系图版，得氯离子浓度 ［Cl^-］=12×10^4mg/L。再查图 3-8 氯离子浓度与钻井液密度图版，得钻井液密度为 1.86g/cm^3。

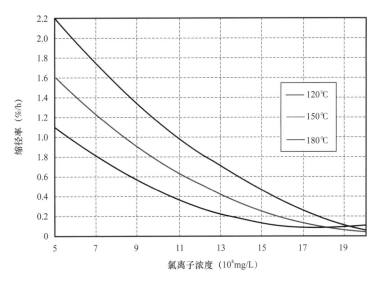

图 3-7　氯离子浓度与钻井缩径率的关系图版

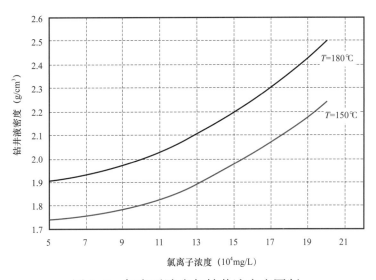

图 3-8　氯离子浓度与钻井液密度图版

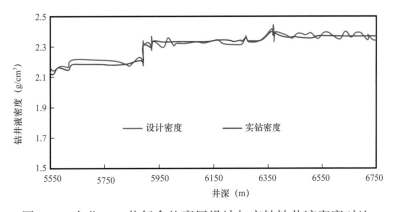

图 3-9　大北 301 井复合盐膏层设计与实钻钻井液密度对比

大北 301 井四开井段地层岩性主要为褐色泥岩、膏质泥岩频繁互层，并夹有盐岩和石膏层，在盐岩、石膏层、泥岩互层钻进中为防止缩径卡钻发生将钻井液密度控制在 2.00～2.35g/cm³，CL⁻ 控制在 18×10^4mg/L，钻井液具有较好的流变性，实钻与实际钻井液密度吻合（图 3-9），电测和套管下入作业顺利，保证了钻井安全。

（三）油基钻井液密度设计

大量的国内外统计数据表明，当采用与水基钻井液相同的钻井液密度钻进时，油基钻井液将会发生比较严重的阻卡，必须要附加一定的密度才能保证安全钻进，说明油基钻井液作用下的复合盐膏岩蠕变规律与水基钻井液作用下的蠕变规律不相同。

研究结果表明，复合盐膏岩的破坏机制是剪切破坏，在剪切应力的作用下，油基钻井液在微裂缝的表面将会起到类似润滑的作用，大大增加复合盐膏岩的蠕变速率。因此油基钻井液是否会进入复合盐膏岩内部的微裂缝中，进入的速度及范围如何，这些因素都将影响其蠕变性质。为了得到不同的渗透距离同复合盐膏岩蠕变速率之间的关系（岩心直径为 0.025m），将 30MPa 轴压下的稳态蠕变速率同油基钻井液渗透距离进行作图，可以得到如图 3-10 所示关系。

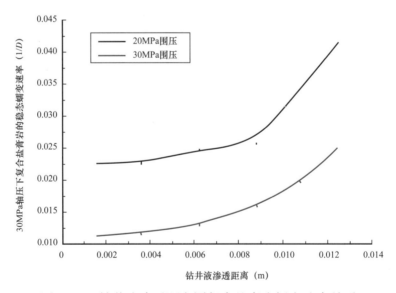

图 3-10　钻井液渗透距离同复合盐膏岩蠕变速率关系

从图 3-10 可以看到，当油基钻井液进入复合盐膏岩之后，复合盐膏岩的稳态蠕变速率在开始阶段较慢，随着进入到复合盐膏岩中距离的增加，稳态蠕变速率成抛物线上升，当复合盐膏岩被完全浸透后，复合盐膏岩的稳态蠕变速率处于一个定值。

图 3-11 为维持不同缩径率所需的钻井液密度图版，从图中可以看出，传

统的钻井液密度设计方法（饱和水基钻井液密度设计方法）得到的维持井径稳定所需的钻井液密度偏低，采用新的蠕变模型得到的油基钻井液密度较高。

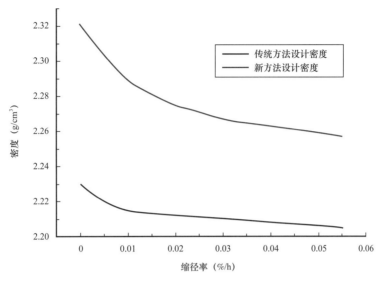

图 3-11　维持不同缩径率所需的饱和水基和油基钻井液密度图版（稳态蠕变）

KeS 24-1 井三开以厚层状白色盐岩夹褐膏泥岩为主，其钻井液的油水比维持为 85：15～90：10。根据需要调整钻井液密度，维持油 / 水比在适当的范围，防止盐水污染钻井液性能。通过采用该方法设计的钻井液密度钻进（图 3-12），复合盐膏层电测和套管下入正常，未发生事故或复杂。

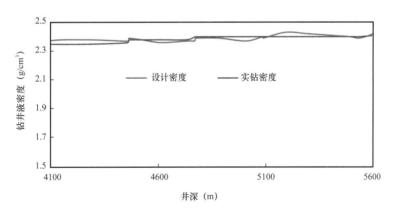

图 3-12　KeS 24-1 井复合盐膏层设计与实钻钻井液密度对比

二、钻井液体系选择

目前塔里木油田在用的适合复合盐膏层钻井的钻井液体系有三套。

（一）氯化钾 / 氯化钠聚磺饱和盐水钻井液体系

该体系是指在聚磺钻井液中加 KCl 和 NaCl 至饱和的钻井液体系，K^+ 具有良好的抑制作用，聚磺处理剂具有很强的抗高温抗污染能力。因此该体系不仅具有良好的抗盐污染的能力，同时具有较强的防塌能力，既适用于纯盐层，也适用于间断出现的、不连续的大段复合盐膏岩。该体系可以根据需要控制欠饱和、饱和或加入盐结晶抑制剂，使体系中的盐达到过饱和，以防止无机盐因在地面重结晶而被筛除。体系抗温达到180℃，塔里木油田现场应用最高钻井液密度2.55g/cm³且含盐饱和，但密度超过2.4g/cm³、盐水污染达到15%以后配制、维护处理难度大。

（二）抗高温高密度有机盐钻井液体系

该体系以有机盐为加重剂，可以有效减少高密度钻井液中的固相含量，具有耐高温、强抑制、强封堵能力，维护处理简单，抗温能力达到220℃，盐水污染容量限达到30%，室内配制密度可达2.60g/cm³，塔里木油田现场应用最高密度2.25g/cm³。解决了高温、高密度、高盐膏、强水敏、窄密度窗口钻进技术难题，减少了水敏地层、破碎地层钻进过程中因井壁失稳而引发的卡钻事故复杂时效。

（三）抗高温高密度油基钻井液体系

该体系是指以油作为连续相、水作为分散相，并添加适量的主辅乳化剂、润湿剂、亲油胶体、石灰，加重形成的稳定乳状液体系，通过调整油水比、优选加重剂（高密度重粉、铁矿粉、微锰、GM-1）、细化乳化剂及润湿剂使用，钻井液性能稳定优良，抗温能力达到260℃，塔里木油田现场应用最高钻井液密度2.60g/cm³，压井液密度配制高达2.85g/cm³，抗盐水污染容量限达到45%，具有优良的抗污染性、优良的润滑性、配浆及维护简单、循环压耗低等特点，解决了深部大段复合盐膏层钻进时由于体系抗复合盐膏、盐水污染能力不足，性能恶化，钻进过程中复杂事故频发等问题。

第四节　复合盐膏层卡层技术

库车前陆区复合盐膏层之上地层压力系数为1.05～1.80，复合盐膏层的压力系数为2.10～2.30，局部高达2.45，复合盐膏层之下目的层压力系数为1.50～1.90，全井筒存在三个相差较大的压力系统，因此盐层的顶部、底部为套管必封点。一旦卡层不准，一是盐顶套管提前下入，不能封隔盐顶之上的低压砂层，即使通过承压堵漏的方式可能也难以将密度提至安全钻穿盐层的密度，会导致盐层段钻进严重阻卡甚至卡钻事故发生；二是盐底套管提前下入，盐层漏封，会导致目的层钻进时钻井液密度居高不下，钻进中阻卡、井漏频繁发生甚至卡钻；三是盐底套管晚下，会导致钻穿盐底低压砂层发生漏失卡钻。因此，卡准盐顶和盐底对于一个口井是否能够顺利完钻、达到地质目的、节约钻井周期和成本有着非常重要的作用。

根据现场实钻经验和复合盐膏层分布规律的研究，塔里木油田制定的复合盐膏层盐顶卡层的原则是套管之下不留砂，既见盐下套管；盐底卡层原则是不留盐不见砂。由于盐顶卡层难度相对较小，而盐底卡层难度较大，下面仅介绍几种盐底卡层技术。

一、依据高钻时泥岩钻进特征卡层

在目的层之上、膏岩层之下，有一套钻时较高、分布稳定的褐色泥岩（图 3-13），可以作为随钻复合盐膏岩底卡层中完的标志层之一。

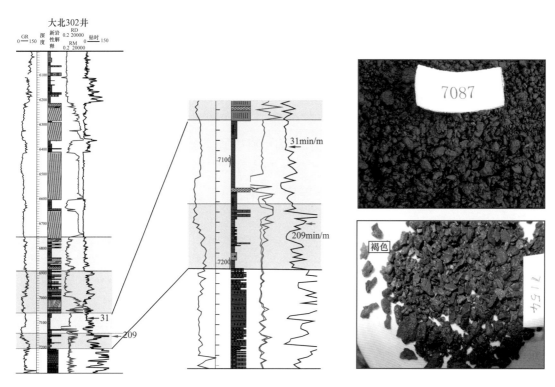

图 3-13 大北 302 井底部高钻时泥岩的发育位置及与普通泥岩的岩屑对比

这套高钻时褐色泥岩钻进时具有以下特征：

（1）钻时高，从 10min/m 左右升至 70min/m 甚至更高；

（2）钙质胶结，碳酸钙含量由小于 10% 上升至大于 15%；

（3）与灰色泥岩伴生，高钻时褐色泥岩之后发育薄层灰色泥岩；

（4）可能有多套，如克深 1 井发育 4 套浅灰白色含膏的高钻时泥岩，颜色多数为褐色，但有时也为灰色，多呈片状发育；

（5）不仅发育在目的层之上一段距离，盐岩内部、膏岩内部也有可能发育；

（6）褐色泥岩发育在盆地边缘，位于泥岩向膏岩、盐岩或白云岩过渡的位置，钻时相对较高。

高钻时泥岩可能为盆地演化早期浅水环境下由淡水向咸水过渡时形成的钙质、膏质泥岩，属于沉积成因。克深地区高钻时泥岩钻时普遍比大北地区高，厚度大，位置较稳定，而大北地区的高钻时泥岩厚度较小，往往发育在盆地边部。所以，从成因和剖面上看，高钻时泥岩已经十分接近白垩系目的层，而且其下部不再发育膏盐岩等塑性地层，可以在此中完。

二、依据复合盐膏层底岩性组合模式卡层

（一）膏泥岩段无盐分布区

膏泥岩段无盐分布区主要位于克拉大断层上盘——克深 202 井区以东地区（图 3-14），从古地貌分析主要以平台区沉积地层为主，盐底地层分布较稳定，沉积相带处于潮坪沉积区，盐底地层对比及卡层标志层为白云岩段地层，膏泥岩段内部无盐岩夹层，但中下部夹有粉砂岩层。

由于盐底膏泥岩段内普遍无盐，该区域盐底工程地质卡层工作相对容易。鉴于膏泥岩段高钻时褐色泥岩处也有井漏发生（可能钻遇裂缝），因此工程地质卡层层位定在白云岩段底部膏岩层内，钻穿白云岩段底部后钻遇膏岩层就可以卡层中完下套管。

（二）膏泥岩段有盐分布区

膏泥岩段有盐分布区主要分布在河流下切谷内，具体分布在大北 201 井—大北 3 井—克深 5 井—克深 1 井—克深 205 井一线区域（图 3-14），该区域膏泥岩段地层巨厚并有地层超覆缺失现象，膏泥岩段内至少存在两层厚层膏盐岩层，属于沿河谷海侵或湖侵初期局限潟湖—半局限潟湖交替沉积产物。

该区域膏泥岩段内有盐，膏盐层的分布规律性不强，且存在盐层超覆缺失现象，利用数膏盐层套数的方法难以准确确定盐底，但在多数井内盐底存在卡层标志层—高钻时褐色泥岩层，因此该区域必须综合分析来进行盐底卡层，即依据膏盐层套数的方法确定最下一层膏盐层，然后依据钻遇盐底高钻时褐色泥岩层来最后卡层，如果盐底无高钻时褐色泥岩层就只能见砂或见砂井漏中完。

（三）厚层膏盐岩分布区

厚层膏盐岩分布区主要分布于大北区块的高山地貌区，具体分布在大北 101 井—大北 103 井—大北 6 井区范围内（图 3-14）。该区域为高山地貌区，

膏泥岩段—白云岩段地层全部超缺，膏泥亚段地层大部分超缺，仅有膏泥亚段顶部地层和膏盐亚段巨厚层盐岩夹膏岩和白云岩地层存在，对盐底地质卡层带来极大的困难。该区块6口井底部都存在3～59m的膏质泥岩地层，其中5口存在高钻时褐色泥岩层，仅大北6井不存在高钻时褐色泥岩层。6口井中2口井盐底卡层基本准确（大北101井、大北103井），2口井见砂中完（大北5井、大北6井）。

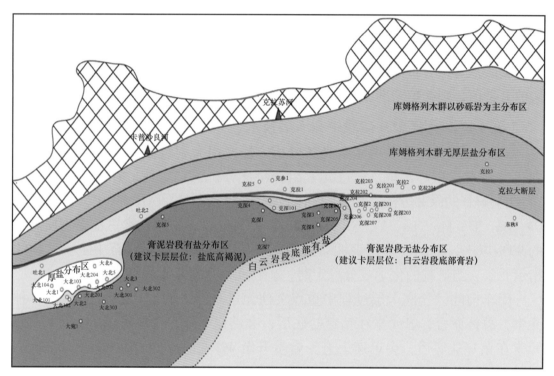

图 3-14 大北—克深区带库姆格列木群盐底地层岩性分布特征及卡层层位建议平面图

因此，该分布区盐底工程地质卡层主要以卡盐底高钻时褐色泥岩层为主，在盐底泥岩层很薄或无高钻时褐色泥岩层的情况下，只能见砂或见砂井漏中完。

三、现场盐底配套卡层措施

除了依据上述高钻时泥岩钻进特征、盐底岩性组合模式卡层外，现场还采取了以下卡层配套技术措施。

（一）钻时/微钻时盐底中完卡层技术

钻时为钻头每钻进1m所需要的时间，微钻时则为钻头每钻进10cm所需要的时间。在盐底钻进时，要求钻压、扭矩、泵压、钻井液性能等保持衡定，特别是钻压恒定，钻压恒定后，微钻时、钻时可直观反映岩性变化，在岩屑未返至地面之前，根据微钻时、钻时判断已钻穿盐底，则会开展地质循环，捞取岩屑样品，进一步观察验证。微钻时、钻时是判断钻穿盐底最直观和最敏感的参数，也是控制钻揭底板泥岩厚度，避免井漏风险的关键技术。

（二）碳酸盐含量分析盐底中完卡层技术

碳酸盐含量分析是库车前陆区辅助识别盐底标志层灰色灰质泥岩、区域性标志层白云岩的主要手段。通过统计库车前陆区井底板泥岩的碳酸盐含量及曲线形态，得出如下结论：库车前陆区底板泥岩碳酸盐含量为 10%～20%，曲线形态以缓慢上升为特征，成分主要以云质为主。

碳酸盐含量分析曲线只能粗略区分云质还是灰质，但结合元素录井中镁元素的含量值，则能更精准的判断是否已钻穿盐底。

（三）XRF 元素录井盐底中完卡层技术

XRF 元素录井是采用元素光谱分析方法，用 X 射线激发岩样，检测岩样中化学元素的相对含量，通过元素组合特征分析识别岩性，并给出相应地质（岩性）解释的录井方法。XRF 分析的元素包括 Na、Mg、Al、Si、P、S、Cl、K、Ca、Ba、Ti、Mn、Fe、V、Ni、Sr、Zr 等 17 种元素，这些元素占地壳物质总量的 99% 以上，因此具有代表性。这些元素基本反映了地层岩石中主要矿物的指示元素，当矿物的化学成分稳定时，矿物元素含量基本保持不变。

库车前陆区盐底卡层过程中重点关注元素录井中的 Cl、Mg、Sr 和 Zr 4 种元素，总体而言，氯元素在钻穿盐底后，会迅速下降，含量降至 1% 以下；镁元素在钻穿盐底后，会迅速上升，含量升至 4% 左右。同时通过连续记录镁、氯元素相对含量变化，判断是否钻穿盐底。

（四）地震地质层位标定与预测盐底中完卡层技术

在微钻时与钻时、盐底泥岩特征、沉积组合均能反映已钻穿盐底的前提下，地质工程人员会建议不再继续钻进，井队进行下一步关键作业——对比电测，电测项目一般包括自然伽马、深浅电阻及声波时差等。在获取这些测井数据后，可以与邻井开展测井数据对比，以分析判断是否已钻穿盐底。同时利用声波测井数据开展合成声波记录，进一步验证是否已钻穿盐底。

（五）小钻头盐底中完卡层技术

在实际盐底卡层过程中，并不是所有的盐底证据同时出现，经常出现一部分证据支持已钻穿盐底，一部分证据不支持，无法判识下部地层，若决策不钻进，会有留下薄盐层的风险，若决策继续钻进，则有可能钻揭底板泥岩过多，发生井漏卡钻，无论如何决策都有风险，处于两难境地。为应对这一困境，采取用比设计钻头小一个尺寸的钻头钻揭剩余地层的过程，称为小钻头卡层技术。

这一方法的优点是只要措施得当，既可钻穿盐层，确保钻至底板泥岩，又可避免底板泥岩钻揭过厚发生井漏造成恶性工程事故的风险。但每使用一次小钻头，则多两趟起下钻、一趟扩眼工序，对于库车前陆区井深超6000~7000m的井，周期与费用均会增加。

在一系列卡层技术的指导下，库车前陆区盐底卡层成功率达90%~95%（图3-15）。

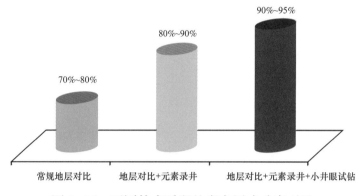

图 3-15 不同技术手段盐底卡层成功率对比

第五节 复合盐膏层钻井工艺

一、复合盐膏层钻井措施

根据现场实钻经验，总结出了以下复合盐膏层钻井工艺措施。

（1）盐顶必须卡准，盐层上部技术套管应尽可能下至盐层顶部，以封隔盐层上部低压地层，为安全钻穿复合盐层创造条件。

（2）钻开盐层前必须按钻井液设计转化和处理好钻井液体系和性能，不允许在盐层钻开后采用边钻边处理的方法转换钻井液体系。

（3）钻遇复合盐膏层之前，必须认真检查钻具，对钻铤要进行探伤，震击器要工作正常；必须做地破试验，掌握地层承压能力，保证地层能承受钻复合盐膏层时的钻井液密度。

（4）钻开复合盐膏层前根据井况安装旋转控制头，为发现高压盐水溢流时钻具带压旋转或上提下放创造条件，避免关井处理高压盐水溢流的过程中发生卡钻（胶芯总成在钻台上备用，发生溢流关井后立即安装胶芯总成带压起钻或活动钻具）。

（5）安装了旋转防喷器的井，均应带钻具内防喷工具。接钻具的内防喷工具要求额定工作压力与配套井口一致（内防喷工具的压力等级一般不低于所使用闸板防喷器的压力等级，但对于配套使用额定工作压力105MPa防喷器的井，允许使用额定工作压力为70MPa及以上压力等级的内防喷工具），为带压起下钻创造条件。内防喷工具安装方式为钻头出套管前3～5单根时，井口钻具接入内防喷工具（裸眼段长低于500m或者控压钻井时，建议钻头出套管前200m井口钻具接入内防喷工具），按入井顺序先接相应尺寸的旋塞一只，再接相应尺寸的浮阀一只。

（6）选用大水眼钻头（$\phi25mm$以上），满足粗颗粒堵漏材料堵漏及随钻堵漏钻进的条件。

（7）复合盐膏层钻进，应保证尽可能大的钻井液排量和较高的返速，有利于清洗井底，冲刷井壁上吸附的厚虚假滤饼。

（8）复合盐膏层钻进中出现复杂情况，不得接单根，不能立即停转盘、停泵，应维持转动和循环，缓慢倒划眼至安全井段；钻具在裸眼段内要保持连续活动，避免钻具因盐层缩径卡钻，遇设备检查等情况，钻具必须提入套管内；在判断分析复杂情况发生的原因时，应首先根据地层性质判断钻井液密度和性能是否合适。

（9）复合盐膏层钻进中，发现井漏应立即停止作业，并利用一切手段吊灌强起进套管或安全井段，防止卡钻事故发生。

（10）应密切注意转盘扭矩、泵压和返出岩屑变化，发现扭矩增大，应立即上提划眼。加强短起下，尤其是发现有任何缩径的井段都要进行短起到复合盐层顶部，以验证钻头能否通过。

（11）对于无法判识下部地层岩性的井，钻至低压层或中完标志层前30～50m，改用小尺寸钻头钻至中完井深，一旦发生严重井漏，为强起钻具创造有利条件。

（12）盐底中完易发生井漏，进行通井等作业时，在井底必须小排量循环，待井底钻井液上返至一定高度后，至少起钻1柱（视井下易漏层位置），逐步提高至正常排量循环。下套管前最后一次通井时，应起钻至套管鞋内静止一个下套管作业周期以上的时间，再下钻通井，证实无阻卡后才能进行下套管作业。

（13）下套管前通井钻具组合刚度应不低于双扶正器钻具组合（通井钻具刚度逐次增加），且扶正器外径与钻头外径之差不得大于3mm，采取连续划眼方式通井至井底，按照上述标准通井结束后方可进行地层承压能力试验。承压值根据固井施工方案计算得出，承压前要求将井筒清洗干净、钻井液循环均匀。

二、"软泥岩"钻井措施

（1）设计钻遇不稳定"软泥岩"地层的井时，其井身结构必须满足下列条件：套管鞋至"软泥岩"顶的裸眼井段内，地层破裂压力必须高于钻开"软泥岩"所需的平衡液柱压力。如条件允许，应尽可能将套管下至"软泥岩"上的盐层顶部。

（2）钻遇"软泥岩"应密切注意钻时变化，按0.2m一点加密钻时监测，发现钻时由慢变快，立即停钻，做好钻"软泥岩"的组织准备和技术准备。

（3）"软泥岩"层内钻进，每钻进0.2m，必须提起方钻杆1m以上，划眼到底无阻卡后，方可继续钻进，每钻进1m，必须提出5m以上划眼，每钻完一个单根必须提出方钻杆反复划眼，直至下钻无阻卡显示后，方可接单根。

（4）"软泥岩"段起下钻应降低起下速度，遇阻卡必须采用倒划眼或划眼通过，不得强提、硬压。

（5）钻穿"软泥岩"后，应将钻头提至套管鞋内，静止一段时间，再下钻试探"软泥岩"的井径缩小情况，检验钻井液密度是否能平衡"软泥岩"的塑性变形。

三、盐间高压盐水层的处置措施

（一）常规提密度压井、堵漏工艺

1.适用条件

钻遇盐间高压盐水层发生溢流时，立即关井，提密度压井，压稳盐水层后维持高密度继续钻进，若钻进中发生井漏，则堵漏后继续钻进。该工艺适合盐水压力系数不高，复合盐膏层压力窗口较大的情况。若钻遇异常高压盐水，采用该方法通常会失效。

2.典型案例

大北306井采用密度为2.32g/cm³的油基钻井液钻至6160.48m时发生溢流，用2.47g/cm³密度压井成功，之后钻进中密度微降就出盐水，维持超高密度钻进，由于钻井液密度高，后期钻进井漏频繁，堵漏施工难度大。该井在6160.48～6863.23m井段发生溢流5次，井漏10次；钻至6585.47m提前下套管，处理复杂用时61.5天，累计漏失油基钻井液1620m³。

（二）控压钻井工艺

1.适用条件

（1）钻遇高压盐水层后静止、降排量后溢流（线流），不提密度，原密度控压钻进。

（2）若井漏后环空带压，采用原密度堵漏，若堵漏不成功则降密度，一般降密度 0.03g/cm³，维持井口 2～3MPa 套压，控压钻进。

（3）钻井液体系必须是油基钻井液体系。

2. 工艺措施

（1）钻进和接单根措施。

钻进时控制排量，保持微漏（0.1～0.5m³/h）；接单根时关旋转控制头，控制套压 0.5～2MPa。

（2）起钻时采取的措施。

在裸眼段起钻时泵入随钻堵漏浆，封堵裸眼段，同时关旋转控制头，控制套压 1.5～2MPa，并通过压井管汇灌浆。继续起钻至套管内时，泵入重浆帽，开井观察，出口无外溢后，正常起钻。

3. 典型案例

克深 903 井采用密度 2.40g/cm³ 的油基钻井液体系钻至 7175.79m 发生溢流，关井观察立压由 3.5MPa 增至 17MPa，套压由 3.7MPa 增至 18MPa 后降至 17MPa，用密度 2.58g/cm³ 钻井液压井后钻至 7234m，循环后更换旋转控制头旋转总成，期间静止 3.5h 后循环发现溢流，关井套压 0MPa 增至 14MPa，提密度至 2.59g/cm³ 循环漏失 20m³，尝试常规压井堵漏失败，采用不提密度压井、原钻井液密度控制套压 0.5～2MPa 钻进。控压钻进期间，仅堵漏施工 3 次，日井漏 5～9m³，减少了再压井提密度后井漏发生的概率，顺利钻至中完井深。

（三）控压排水降压工艺

1. 适用条件

控压排水降压工艺是指在钻遇高压盐水层后通过有效地控制井筒环空液柱压力，使得地层盐水流入井眼，并将其循环至地面进行处理或分离的技术（周健等，2017 年）。对于高压盐水层属于透镜体型圈闭（定容储集体），采用合理的控压排水方法，能降低盐水层的压力系数，适当降低盐水层压力系数，减少溢流和井漏的发生，避免井下复杂，一口井放水，邻井受益。

2. 控压排水降压方法

要点：控压、控量、多次。

（1）保持液量稳定，通过控制套管压力实现井底压力与地层压力的实时平衡（压稳高压盐水层），每次节流循环降密度 0.02～0.03g/cm³，每次放水完后循环调整钻井液确保出入口钻井液性能一致。

（2）每次循环排水控制套压最高不超过 5MPa，一个迟到时间内控制盐水侵入量为 5～20m³，若侵入量较少，则逐渐全开节流阀或降低钻井液排量放水。

（3）控制节流阀保证液量稳定排污，监测、记录并调整好出入口钻井液性能（观察振动筛结晶盐返出情况），停泵观察并记录出口最终流速，关井求压折算地层压力系数，对比初始地层压力系数评估排水降压效果。

（4）重复以上步骤，直到盐水层压力系数降到目标值。根据控压排水情况，中途划眼至井底，验证裸眼段的井壁稳定性。

（5）经过多次控压排水，地层压力系数下降不明显时，表明地层蕴藏的高压盐水能量较强，试图通过有限次的排水无法短期内实现地层压力系数快速降低，则停止或结束排水降压作业。

3. 典型案例

克深 13 井钻至 7138.4m 发生溢流，由于压井密度高（2.55g/cm³），其后钻进中一直存在井漏，钻至 7275.89m 进行排水降压至当量钻井液密度 2.37g/cm³，顺利进行中完。采用控压排水降压工艺，通过降低钻井液密度，降低了井漏等井下作业风险（表 3-3）。

表 3-3　克深 13 井排水降压情况统计表

井号	降密度序数	日期	井深（m）	密度（g/cm³）	井况	关井压力（MPa）	调整污染钻井液情况（m³）
克深13	0	2014.11.17	7138.4（溢流）	2.4↑2.55	溢流提密度	10.3	—
	1	2014.11.27	7147	↓2.53	钻进井漏	1.5～2.5	—
	2	2014.12.5	7261.08	↓2.51	钻进，间断漏失	0～0.5	—
	3	2014.12.9	7268	↓2.49	钻进渗漏	0～3.5	—
	4	2014.12.15	7275.89	↓2.47	钻进井口失返、堵漏后钻进、放水	0～2	318
	5	2014.12.18	7275.89	↓2.45	堵漏后降密度、放水	0～2.5	102
	6	2014.12.19	7275.89	↓2.43	降密度后一趟起下钻	0～4.5	150
	7	2015.1.12	7276.60	↓2.40	钻进、堵漏、起下钻、堵漏、起下钻、堵漏、降密度、放水	0～5.6	477
	8	2015.1.13	7276.60	↓2.37	堵漏、测蠕变	2～5	累计调整污染钻井液1047m³

四、固井工艺

（一）套管设计

套管柱强度设计时，复合盐膏层井段的外挤力按 0.023MPa/m 梯度值计算，抗挤安全系数选 1～1.125。对复合盐膏层及盐岩层上、下界面外 50～100m 的套管段，应选用高抗挤厚壁套管。

（二）水泥浆体系

复合盐膏层固井水泥浆体系宜选择高密度、欠饱和盐水水泥浆体系，水泥浆性能应符合下列要求：

（1）盐浓度 10%～20%（NaCl 在水中的浓度）；

（2）水泥浆密度应满足平衡地层压力的要求，一般略高于钻井液密度；

（3）稠化时间在 240～480min 之间，可调性较好；

（4）流动度不小于 20cm，初始稠度不大于 30BC；

（5）水泥浆滤失量 FL_{cs} 不大于 100mL/30min × 6.9MPa × 井底循环温度；

（6）24h 强度（抗压）不小于 4MPa（24h × 21.7MPa × 井底循环温度）；

（7）水泥浆稳定性好，析水不大于 1.4%。

（三）加重隔离液设计

为满足平衡压力固井的需要，保证固井施工安全，应采用加重隔离液。隔离液的密度应尽可能满足：

$$\rho_{隔离液}=\frac{\left(\rho_{钻井液}+\rho_{水泥浆}\right)}{2} \qquad （3-5）$$

隔离液的流变性能，以 Φ_{100} 读数衡量，应尽可能满足：

$$\Phi_{100隔离液}=\frac{\left(\Phi_{100钻井液}+\Phi_{100水泥浆}\right)}{2}\pm10 \qquad （3-6）$$

将配制好的隔离液进行性能测定，包括隔离液的密度、流变参数、滤失量，以及与钻井液和水泥浆的混合物对稠化时间、滤失量的影响等，隔离液与钻井液、水泥浆的相容性应满足施工要求。隔离液的使用应符合 SY/T 5374—2016《固井作业规程》要求。

（四）固井工艺措施

（1）提前做好固井各项准备工作（包括套管、水泥、固井工具附件、固井用水及其现场复查试验等准备工作），各项固井准备工作必须在钻开复合盐膏岩层前完成，确保钻完后可立即转入固井工序。

（2）为保证套管的顺利下入，在钻完复合盐膏岩层后短起钻至上层套管鞋内观察一个起钻下套管时间，再下钻到底检查有无阻卡存在。若有阻卡存在，应采取措施消除并再次短起下钻检验合格，才可下入套管固井。

（3）下套管过程中按要求安装扶正器，确保复合盐膏层段形成均匀的水泥环。应平稳进行下套管作业，避免猛提、猛放造成井眼失稳。

（4）下完套管后尽快完成固井作业，按固井设计要求的排量循环一周后立即进行固井作业。

（5）注水泥施工结束后，在井眼地层破裂压力允许值以内，及时采取憋回压的方式进行候凝，弥补水泥浆失重损失的液柱压力。

（6）应适当增长候凝时间，待水泥环抗压强度达到14MPa以上再钻水泥塞。

（7）在盐水层采用高抗挤厚壁套管，固井水泥浆坚持用高密度、早强早凝水泥浆体系，保证固井质量，以提高套管抗挤毁能力。

五、复合盐膏层钻井技术应用效果

复合盐膏层钻井技术的应用大幅度降低了深部复合盐膏岩井段事故复杂，比较典型的是克深2构造，由图3-16可以看出，复合盐膏层段应用油基钻井液体系与水基钻井液体系相比，事故复杂时效降低6.38%，平均钻井周期降低52.80%（50.9天），提速效果显著。

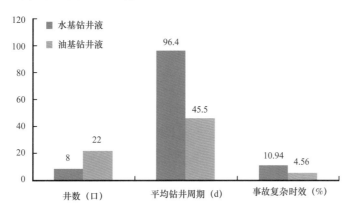

图3-16　克深2构造复合盐膏层段水基与油基钻井液体系应用效果对比

第四章　超深复杂地层钻井提速技术

针对库车前陆区和台盆区不同的地质特征及钻井难点，塔里木油田经过30年的持续技术攻关，逐步形成了两套不同的钻井提速技术系列，即库车前陆区盐上高陡构造采用以垂直钻井技术为主的防斜提速技术、盐下高强度高研磨性储层采用个性化抗研磨性PDC钻头或涡轮钻具＋孕镶钻头等提速技术（胥志雄等，2017年）；台盆区二叠系以上地层采用大扭矩长寿命螺杆钻具＋高效PDC钻头组合提速技术、二叠系及以下地层采用扭力冲击器＋专用PDC钻头组合提速技术（滕学清等，2017年）。

第一节　技术发展历程

钻井提速增效是钻井工程的永恒主题，每项钻井工艺的改进和技术的进步都是围绕提速增效展开的，塔里木油田自成立以来，在钻井提速技术方面大概经历以下三个阶段。

一、中深层钻井提速探索阶段（1989—2000年）

这一阶段塔里木油田钻探工作主要集中在台盆区，开始进军库车前陆区，钻井提速攻关重点放在PDC钻头的使用及配套提速工具方面。

（一）钻头应用技术

1989—1997年，主要是针对地层岩性特点，在国内已有钻头系列的基础上开展钻头优选，优选的钻头主要以牙轮钻头为主，PDC钻头开始在台盆区试验；1993年，东秋5井1771～1789m井段试用了一只 ϕ444.5mm QP19L PDC钻头，进尺18.11m，纯钻38.5h，机械钻速仅0.47m/h，试验未能取得预期效果。

1997—2000年，钻头的使用主要通过新型PDC钻头的引进、改进及开发，使钻头本身能够适应地层的特点，达到提高钻井速度的目的，在此期间，PDC钻头在台盆区开始规模化应用，并在库车前陆区逐渐推广，比较典型的是使用黑冰齿的金系列PDC钻头代替普通复合片R系列PDC钻头，钻头的使用寿命进一步增加，钻井速度不断提高；此外，1999年，针对克拉2构造目的层可钻性差、机械钻速低等问题，研发了 ϕ149.23mm单牙轮钻头，机械钻速有所提高。

（二）提速工具

主要开展了地层、钻头、提速工具三者的合理匹配研究，期间，台盆区推广应用了 PDC 钻头＋螺杆钻具组合提速技术。库车前陆区 1997 年在依西 1 井开展了钻头＋偏轴接头防斜打快试验，其后在依南 4 井等 11 口井推广，其中有 8 口井取得一定效果，由于偏轴接头偏轴距的大小直接影响该技术的使用效果，而且对现场的操作要求严格，易诱发下部钻具事故等多种原因，导致该技术未能得到全面推广；1998 年首次在依西 1 井 ϕ311.15mm 井眼试验应用了螺杆钻具＋高效 PDC 钻头防斜打快技术，其后在依南 5、秋参 1 等井试验应用了减速涡轮钻具＋高效 PDC 钻头防斜打快技术，高效 PDC 钻头＋井下动力钻具组合提速成为库车前陆区最佳提速手段之一。

二、深层超深钻井提速攻关阶段（2001—2008 年）

（一）钻头应用技术

这一阶段，钻头使用技术攻关的重点是针对地层岩性特征，联合国内外的钻头厂家，有针对性地设计、开发适合不同构造、不同地层特点的新型 PDC 钻头，并根据使用情况对 PDC 钻头进行及时改进，最终形成不同系列高效 PDC 钻头，这一阶段钻头使用技术不断提高，创造了一系列钻井技术指标：2008 年 DN2-1 井 1 只 ϕ406.4mm M1955SSC 钻头累计进尺 2834m，创库车前陆区单只钻头最高进尺纪录；2008 年 LG902-1 井 1 只 ϕ215.9mm STS915K 钻头累计进尺 4410m，为轮古地区单只钻头最高进尺纪录。

（二）提速工具

2007 年在英买、轮南、轮古地区 ϕ311.5mm、ϕ215.9mm 井眼开展了水力脉冲空化射流发生器现场试验，井深范围为 1800～5300m，机械钻速同比邻井提速 10%～114%。2008 年在轮古、中古地区开展了水力脉冲与空化射流喷嘴钻头耦合钻井系统试验，机械钻速提高 50% 以上，其中 ϕ228.6mm 工具工作时间最长达 530 小时，ϕ177.8mm 工具工作时间最长达 485 小时。

（三）高陡构造防斜提速

2004 年，针对高陡构造防斜打快问题，塔里木油田引进了斯伦贝谢公司的 Power-V 垂直钻井系统、贝克休斯公司的 VTK 垂直钻井系统、德国智能钻井公司的 ZBE 垂直钻井系统，2004 年 2 月，Power-V 垂直钻井系统首次在 KL2-3 井试验，针对试验中出现的单点测斜、垂直钻井系统电子控制部分故障引发的井斜控制不稳定等问题，塔里木油田联合服务商、钻头厂家及科研院所等单位开展技术攻关，到 2006 年，配套形成了以垂直钻井系统为核心的高陡构造防斜打快技术，制定了垂直钻井技术现场操作规范，开始规模化推广应用。

三、超深层钻井提速集成与规模化应用阶段（2009—2018 年）

（一）巨厚砾岩层提速

2009 年，大北 6 井二开 ϕ444.5mm 井眼首次开展了空气钻井技术现场试验，2010 年在大北 5 井二开、大北 6 井三开、大北 204 井一开、大北 204 井二开和三开继续展开空气 / 雾化钻井试验，与常规钻井液钻井相比，机械钻速提高 5 倍左右，取得明显的提速效果，但空气钻井防斜、井壁稳定等方面还存在问题。2012 年 12 月开始在博孜 101 井、博孜 102 井开展连续循环空气钻井现场试验，并在井斜控制技术、连续循环工艺技术和大井眼、长封固段、重负荷干法固井技术三方面取得重大进展。2014 年在博孜 102 井 ϕ333.4mm 井眼开展了涡轮 + 孕镶钻头提速试验，目前，连续循环空气钻井技术、涡轮 + 孕镶钻头提速技术在博孜区块已推广应用。

（二）新型 PDC 钻头应用

2013 年塔里木油田联合中国石油休斯顿研究中心开始了新型抗冲击抗研磨性 PDC 钻头研发，历经两次重大技术改进，2015 年定型产品在塔里木油田现场试验取得较好效果，2016 年后在塔里木及中国石油开始推广应用。

自 2013 年开始塔里木油田引进了 360° 可旋转复合片等国外新进的新型抗研磨性 PDC 钻头并全面推广应用，2018 年异型齿 PDC 钻头、国产牙轮 +PDC 混合钻头等国内外先进的钻头在砾石层应用取得明显的提速效果。

（三）高陡构造防斜提速

2010 年塔里木油田引进了油基钻井液技术，这就为复合盐膏层段应用垂直钻井技术提供了保障。2013 年从克深 102 井开始，垂直钻井技术在复合盐膏层段得到了推广应用，国外垂直钻井技术的推广促进了国产垂直钻井系统的发展。2011 年，渤海钻探研发的 BH–VDT 垂直钻井系统开始现场试验，2014 年西部钻探研发的 AVDS 垂直钻井系统开始现场试验，目前国产垂直钻井系统整体性能正在不断地完善改进之中。

（四）台盆区提速技术

2010 年开始系统开展了国内外 8 种新型提速技术（长寿命大扭矩螺杆钻具、扭力冲击器、旋冲钻井工具、脉冲钻井提速工具、射流钻井提速工具、涡轮钻具、抗涡动力钻具和 VSI 钻井参数实时优化系统）的提速机理和适应性研究，通过 70 余井次现场试验，不断改进升级和集成创新，目前已形成了台盆区提速技术方案，即：上部地层使用长寿命大扭矩螺杆钻具＋高效 PDC 钻头，下部地层使用扭力冲击器＋专用 PDC 钻头，实现了 3 趟钻完成二开井段5000m 左右的进尺，大幅降低了全井钻井周期。

第二节 高陡构造地层垂直钻井技术

高陡构造地层垂直钻井技术是以垂直钻井系统为核心，在钻井设备、工具等合理选配的基础上，对钻井参数进行优化配置，对水力参数、钻头和钻井液及性能进行优化设计而形成的一项配套工艺技术，可以最大限度发挥垂直钻井系统功效，达到防斜和大幅度提高钻井速度的目的。

一、工作原理

垂直钻井系统是垂直钻井技术的核心，以 Power-V 为例，基本原理是在钻进时通过仪器测量并处理井斜数据，当监测到有井斜增大趋势时，启动液压部件，通过伸缩机构向井壁施加作用力以抵抗井斜增大趋势，达到降斜目的。当井眼完全垂直时，伸缩机构全部伸出，对井壁各方向施加相同的力，将钻头居中，保持垂直钻进。这是一个全自动的重复过程，不需要人为干预。在高陡构造地层钻进中应用，有效地解决了防斜和加大钻压之间的矛盾，实现了大幅度提高钻井速度的目的。目前，塔里木油田推广了 Power-V、VertiTrak两套国外垂直钻井系统，BH-VDT、AVDS 国产垂直系统正在开展现场试验与完善。

Power-V 是斯伦贝谢公司开发的垂直钻井工具，该工具包含测量控制单元与执行单元（图 4-1）。测量控制单元可测定井斜与方位情况，可以接受地面通过钻井液泵发出的指令，从而随时改变工作状态。当钻具旋转时，执行单元的扶正块在旋转到井斜的方向就推出，从而迫使钻头向井斜的相反方向钻进。在工具 100% 工作效率情况下，每个扶正块在旋转到井斜的方向即推出一次。Power-V 控制软件包内有 5 个指令，即 180°/20%、180°/40%、180°/60%、180°/80%、180°/100%，其中，分子代表工具面角大小，如 180° 代表降斜工具面；分母代表降斜力度，如 20% 表示有 20% 的时间系统处于全力降斜状态，其他 80% 的时间系统处于"中性"工作状态，不起降斜作用，100% 为全力降斜，代表工具的最大降斜能力，塔里木油田经过现场试验发现，只有设定180°/100% 状态才能取得较好的防斜效果，目前油田只采用这一种模式。

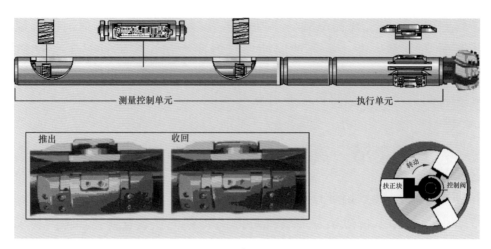

图 4-1　Power-V 垂直钻井系统结构示意图

二、配套钻井装备及工具

（一）配套钻井装备

为了充分发挥垂直钻井系统的功效，除了常规的钻井装备配置以外，在钻机、钻井工具等方面还有以下特殊的要求。

1. 钻机类型的选择

首选全电动数控变频钻机，其次为机电复合钻机，尽量避免使用机械钻机。

2. 循环系统配置

要求配置 3 台工况良好的 F-1600 钻井泵，持续运转泵压可达到 25MPa 以上，深部高密度钻井液井段可选用 F—2200 钻井泵。

3. 固控系统配置

除现有的四级固控系统外，对于高密度钻井液，建议使用高频直线超细筛网振动筛（100～150 目）+低速离心机（1600r/min 左右）+高速离心机（3000r/min 左右）组合配置。

4. 其他配置

必须安装钻杆、立管滤网和钻井泵上水管滤网，配置顶部驱动装置和自动送钻系统。

（二）配套钻井工具、钻具

1. 钻具

大尺寸井段建议使用 ϕ228.6mm 钻铤为主，少用 ϕ203.2mm 钻铤，不用 ϕ177.8mm 钻铤，使用 ϕ139.7mm 钻杆和加重钻杆，必要情况下可以用一柱

$\phi279.4$mm 钻铤代替一柱 $\phi228.6$mm 钻铤。

2. 减振器和震击器

上部井段特别是钻遇砾岩层时，每趟钻坚持使用质量较好的减振器；必须使用震击器，利于提高处理井下复杂的能力。

3. 扶正器

合适尺寸的扶正器对垂直钻井系统的正常工作非常关键，一号扶正器使用全尺寸，二号扶正器使用欠尺寸（一般欠 3.175～6.35mm），既满足打直井要求，同时解决了加压时的托压问题。

4. 配合接头

下部钻具组合螺纹类型尽可能统一，尽量减少配合接头，提高下部钻柱的安全性。

（三）钻具组合

根据理论计算和现场应用效果，优化设计的 Power–V 钻具组合（$\phi444.5$m、$\phi406.4$mm、$\phi311.15$mm 井眼）有以下 3 种组合。

1. 组合 1

钻头 + 垂直钻井系统 + 扶正器 +MWD+ $\phi228.6$mm 减振器 + 扶正器 + $\phi228.6$mm 钻铤 + 随钻震击器 + $\phi203.2$mm 钻铤 + $\phi139.7$mm 加重钻杆 + $\phi139.7$mm 钻杆。

2. 组合 2

钻头 + 垂直钻井系统 + 扶正器 + MWD（或 $\phi228.6$mm 钻挺）+ 扶正器 + $\phi228.6$mm 钻铤 + 随钻震击器 + $\phi203.2$mm 钻铤 + $\phi139.7$mm 加重钻杆 + $\phi139.7$mm 钻杆。

3. 组合 3

钻头 + 垂直钻井系统 + 扶正器 + $\phi228.6$mm 减振器 + 扶正器 +MWD+ $\phi228.6$mm 钻铤 + 随钻震击器 + $\phi203.2$mm 钻铤 + $\phi139.7$mm 加重钻杆 + $\phi139.7$mm 钻杆。

上述三套组合，如果轴向振动不严重，选择组合 1；如果轴向振动很小，不需要减振器，推荐使用组合 2，可以降低因减振器失效带来的风险；组合 3 的优点是能够最大限度降低垂直钻井系统和 MWD 承受的轴向振动，缺点是测斜传感器离钻头较远（超过 20m）。

（四）配套钻头

1. 配套 PDC 钻头要求

1）钻头保径

保径部位的长度不宜超过 5cm，要有侧向切削齿和倒划眼齿，侧向切削齿至少要比保径部位的外表面凸出 1.5mm 以上。

2）冠部形状

要求内锥浅，外锥锥长要短；对于研磨性强的地层，半数以上的刀翼上要有副排切削齿。

2. 配套牙轮钻头要求

1）钢齿牙轮钻头

尽量选择在高转速、大钻压下连续钻进寿命较长的钻头。

2）镶齿牙轮钻头

选择镶有保径齿的牙轮钻头，它不仅可以改善掌尖和牙掌面与井壁的接触状况，而且还能减少钻头破碎地层后在井壁上的残留岩石脊棱，使井壁更加光滑，同时对垂直钻井系统的侧向推力也能起一定的辅助作用。

（五）钻井液体系

垂直钻井系统由于仪器精密、结构复杂，若钻井液采用铁矿粉加重或固相含量较高，容易造成钻具、钻头、钻井泵、垂直钻井系统的冲蚀和磨损。同时钻井液处理剂选择不合适，产生的气泡、沉淀、分层等均可能影响垂直钻井系统效率的发挥。因此适合垂直钻井系统的钻井液体系主要有：强包被聚合物体系和强抑制防塌 KCl 聚磺体系（采用重晶石加重）。

三、国产垂直钻井系统

（一）BH-VDT 垂直钻井系统

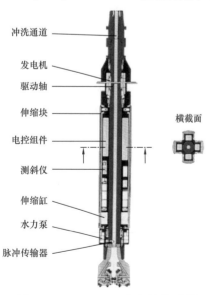

图 4-2　BH-VDT 垂直钻井系统结构示意图

冲洗通道
发电机
驱动轴
伸缩块
电控组件
测斜仪
伸缩缸
水力泵
脉冲传输器

横截面

BH-VDT 系列垂直钻井系统由渤海钻探和德国智能钻井公司联合研制（图 4-2）。系统耐温 150℃、耐压 140MPa，包括分别适用于 ϕ311.15mm、ϕ333.375mm 井眼的 BH-VDT4000 系统和适用于 ϕ406.4mm 至 ϕ558.8mm 井眼的 BH-VDT5000 系统，系统主要技术参数见表 4-1。

2011 年至今，BH-VDT 垂直钻井系统累计进尺近 7×10^4m，井斜保持在 0.5° 以内。BH-VDT5000 垂直钻井系统部分井应用效果见表 4-2，创造以下 3 项指标：

（1）KeS 2-2-9 井 330~913m 井段最高日进尺 583m，最大井斜小于 0.5°。

（2）DB 101-2 井单趟钻工具入井工作时间达 262h，单趟进尺 2047m，创造了 BH-VDT5000 垂直钻井系统单趟钻进尺新纪录。

表 4-1　BH-VDT 垂直钻井系统主要技术参数表

项目	BH-VDT4000	BH-VDT5000
适用井眼尺寸（mm）	ϕ311.15，ϕ333.375	ϕ406.4，ϕ431.8，ϕ444.5，ϕ558.8
井斜控制精度（°）	±0.1	±0.1
井斜控制范围（°）	≤1	≤1
最大钻压（kN）	250	400
最大扭矩（kN·m）	30	30
最高工作温度（℃）	150	150
最大工作压力（MPa）	140	140
系统总长度（m）	5.7，6.45	6
最大转速（r/min）	250	250
排量范围（L/s）	40～60	40～65

表 4-2　ϕ406.4mm、ϕ444.5mm 井眼 BH-VDT5000 垂直钻井系统部分井应用效果

井号	钻进井段（m）	进尺（m）	纯钻时间（h）	平均机速（h）	最大单趟进尺（m）	最快单趟机速（m/h）	最高单趟入井时间（h）	最高单日进尺（m）	井斜（°）
克深 3	386～2419	2033	604.5	3.36	469	4.26	161.4	310	
克深 203	244～1802	1558	158.55	9.83	817.6	13.46	176.2	384.5	
克深 8	338.2～2231	1865.6	176	10.6	1527.8	12.47	226	241	
克深 207	235～1804.5	1569.5	103	15.24	745.5	26.45	85.5	410	
克深 206	236～1805	1569	136.25	11.51	641	23.47	117	286	正常钻进井段均在0.5°以内
克深 208	229～1802	1573	104	15.12	954	19.82	141.5	301	
KeS 2-2-1	252～1802	1550	96.5	16.06	1198	20.34	164	181	
KeS 2-2-9	255～1802	1547	99	15.62	1200	19.35	96	583	
KeS 2-2-3	248～912	664	63.5	15.16	364	15.16	48	278	
KeS 2-2-5	254～915	661	41	16.14	342	16.28	105.5	190	
KeS 2-1-3	535～2920	2385	307.2	7.76	1555	10.77	240	293	
DB 101-2	239～3029	2790	330.13	8.45	2047	11.07	262	306	

（二）AVDS 自动垂直钻井系统

1. 系统简介

AVDS 自动垂直钻井系统由西部钻探有限公司研发，系统由电源系统、测量控制系统、液压执行系统三大部分组成（图 4-3），具有井下闭环自动控制、矢量控制纠斜力、钻井液涡轮发电、电能无接触传输等特点。适用于 ϕ311.15mm、ϕ333.375mm、ϕ406.4mm、ϕ444.5mm 井眼；井斜控制范围小于 1°，井斜控制精度 0.1°；最大工作环境压力 105MPa，最大工作环境温度 125℃，井下连续工作时间达到 200h。

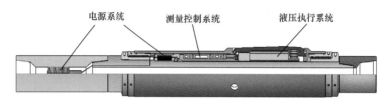

图 4-3　自动垂直钻井系统（AVDS）结构示意图

2. 应用情况

2014 年，该系统首次在克深 13 井、KeS 8-10 井开展先导性试验，井斜控制达到预期效果，但在液压系统和电子元件的稳定性方面还需进一步加强（表 4-3）。

表 4-3　AVDS 自动垂直钻井系统试验效果统计表

井号	尺寸（mm）	工具	井深（m）	单趟进尺（m）	单趟井下工作时间（h）	单趟纯钻时间（h）	起钻原因
克深13	ϕ444.5	第一套	255～1270	1015	54.5	27.5	转盘出问题
			1271～2196	926	77.5	53.5	起换钻头
		第二套	2196～3008	812	110	73.67	MWD 信号传输有问题
KeS 8-10	ϕ444.5	第一套	2611～2921	310	56	44	井斜增加
		第二套	2921～3341	420	92.45	79	起钻检查钻头
	ϕ333.375	第一套	4050～4076	26	11	9.6	工具液压模块有问题
			4076～4193	117	44	36.7	工具电子元件有问题

2015 年，针对先导性试验中存在的问题，开展了 4 个方面的改进：

（1）将滑环传输改为非接触式电能传输，效率由 75% 提升至 90%，简化了工具结构，延长了工具寿命；

（2）对液压执行模块首次采用侧向力矢量控制和六点控制双模式技术，并可在井下自动转换，提高了控制精度和可靠性；

（3）改进了电源整流技术，具有宽电压输入、恒电压输出特点，提高了工具的适应性；

（4）开发了新型井下钻井液涡轮发电机，功率更大、供电更稳定，最大功率300W。

通过优化完善，AVDS自动垂直钻井系统整体性能从控制精度、系统可行性和工作寿命等方面得到明显提升（图4-4），但受材料和加工能力限制，系统整体稳定性、可靠性和寿命较国外工具尚有一定差距（图4-5）。

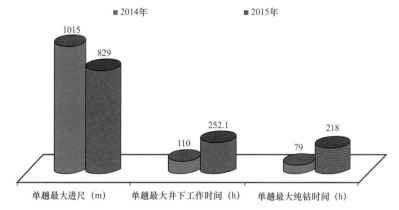

图4-4　AVDS自动垂直钻井系统改进前后指标对比图

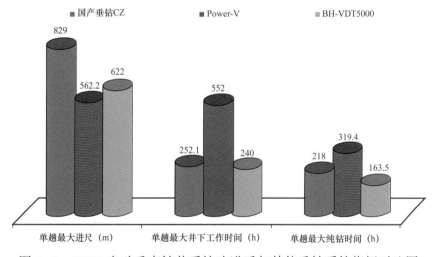

图4-5　AVDS自动垂直钻井系统改进后与其他垂钻系统指标对比图

四、总体应用效果

2004年至2018年，塔里木油田库车前陆区累计应用垂直钻井技术400余井次，平均机械钻速较常规钻井提高3～6倍，钻井时间缩短46～100天，井斜控制在 1° 以内，杜绝了套管头、套管磨损，是高陡构造防斜提速的标配技术，其中迪那 2 气田盐上井段应用垂直钻井技术，平均机械钻速提高 9.37 倍，平均钻井周期缩短 78.03%（图 4-6）。

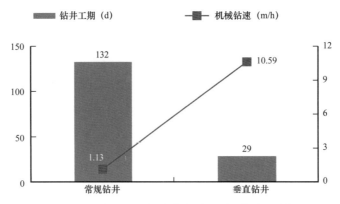

图 4-6　迪那 2 气田垂直钻井与常规钻井应用效果对比

第三节　超深致密砂岩储层钻井提速技术

一、岩石力学特征

（一）岩性特征

克深区块白垩系巴什基奇克组岩性为中～厚层状褐色、灰褐色细砂岩、粉砂岩及含砾砂岩，夹少量薄层褐色泥岩。由上至下分为三个岩性段，Ⅰ、Ⅱ岩性段为辫状平原三角洲沉积，Ⅲ岩性段为扇三角洲沉积。巴什基奇克组Ⅰ岩性段石英平均含量 43.4%～51.4%，长石平均含量 29.6%～32.1%，以钾长石为主，斜长石次之；Ⅱ岩性段石英平均含量 46.5%～54.9%，长石平均含量 24.5%～35.3%，以钾长石为主，斜长石次之。

（二）岩石力学计算

通过声波传播速度和岩石密度计算出 KeS 2-2-8 井岩层的无侧限抗压强度为（2.5～3）×10^4psi，根据国际岩石力学学会的定义（1979 年）属于超高硬地层，非常难钻进。摩擦角为 45°～60°，加之目的层深度在 6600～7000m 范围，根据公式 4-1 计算得出地层实际抗压强度为（13.5～28）×10^4psi。

$$CCS = UCS + DP + 2DP\frac{\mathrm{Sin}(FA)}{1-\mathrm{Sin}(FA)} \tag{4-1}$$

式中　　CCS——实际抗压强度，psi；

　　　　UCS——无围抗压强度，psi；

DP——钻井液液柱压强，psi；

FA——内摩擦角，（°）。

（三）岩石力学室内实验

克深区块巴什基奇克组岩石压实性强，硬度大，研磨性高，钻头进尺少，机械钻速慢。为深入分析本段地层岩石力学特点，在克深 201 井典型井段进行取心，并对其进行岩石力学性质实验。

取克深 201 井 6705.38～6705.51m 井段岩样（图 4-7）进行室内实验，所取岩样为泥岩，非常致密。

图 4-7   克深 201 井 6705.38-6705.51m 井段岩样

1. 研磨性、硬度和塑性系数实验

实验结果表明，该段地层研磨性为 33.55mg，硬度为 146.08MPa，塑性系数为 1.04（表 4-4）。

表 4-4   研磨性、硬度及塑性系数实验结果

井号	井段（m）	层位	研磨性（mg）	硬度（MPa）	塑性系数
克深 201 井	6705.38～6705.51	巴什基奇克组（K$_1$bs）	33.55	146.08	1.04

2. PDC 钻头可钻性实验

实验 PDC 钻头在钻进 1.5～1.65mm 后开始打滑，无法继续钻进，无法评价岩石可钻性，实验结果见表 4-5。

表 4-5   PDC 钻头可钻性实验结果

井 号	实验编号	钻时（s）	可钻性级值	均值
克深 201 井	YKP1-1	钻进 960s，深 1.5mm 后开始打滑，无法进尺		
	YKP1-2	钻进 720s，深 1.65mm 后开始打滑，无法进尺		

3. 岩石三轴实验

对岩样进行三轴实验，岩石的抗压强度高，结果见表4-6及如图4-8所示。

表 4-6　岩石三轴实验结果

井号	岩心编号	实验围压（MPa）	抗压强度（MPa）	弹性模量（MPa）	泊松比	内聚力（MPa）	内摩擦角（°）
克深201井	27/25	42.8	353.3	48091.2	0.354	10.07	50.90
		71.3	550.8	56696.7	0.346		

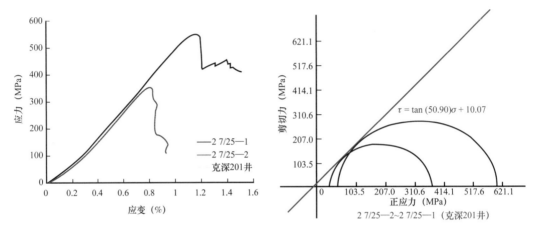

图 4-8　围压下应力—应变及内聚力、内摩擦角曲线

二、抗研磨性 PDC 钻头设计

（一）PDC 钻头失效分析

从克深区块目的层巴什基奇克组已使用的 PDC 钻头磨损资料分析发现，PDC 钻头肩部和鼻部齿磨损较为严重，大部分钻头有环形槽，个别中心部位有磨损，失效的主要原因是超硬地层导致复合片咬入地层深度浅，破岩效率大大降低，大部分能量浪费在复合片和地层之间的摩擦生热，温度上升导致金刚石稳定性下降，磨损加快。

图4-9为克深区块目的层巴什基奇克组 PDC 钻头起出后的典型磨损情况，根据 IADC 钻头定损评级标准基本上为 2-3-WT。图4-10更为清晰地显示了当复合片磨损至一定程度后，其金刚石层会产生剥落，从而使得其硬质合金基体与岩层产生直接接触并迅速磨损，进一步使得钻头胎体也开始接触岩层，而胎体材料的进一步磨损则使得复合片硬质合金基体的钎焊失效而掉齿，最终形成环形槽。

进一步分析复合片的失效模式，可以从图4-11中看到复合片首先在金刚石顶层产生局部厚度略低于 1mm 的顶层剥落，而这通常是金刚石复合片的热稳定层（脱钴层）的所在位置。由于失去了提供主要耐磨性的热稳定层，复合片会在继续钻进的过程中产生大量摩擦热，并由于内部升温导致金刚石层内部残留金属发生热膨胀，从而最终导致聚晶金刚石的晶界间的化学键失效，宏观上体现出来就是复合片切削刃的迅速磨损。

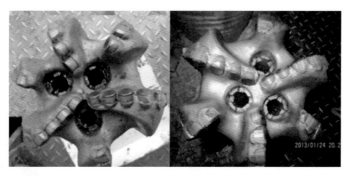

图 4-9　典型巴什基奇克组钻头起钻磨损情况

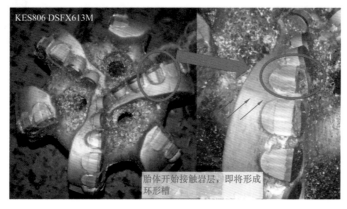

图 4-10　起钻后钻头肩部典型磨损

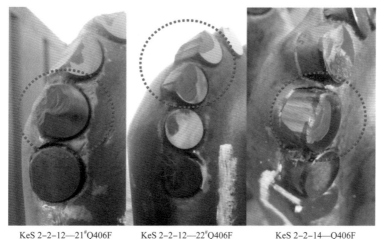

KeS 2-2-12—21#Q406F　　　KeS 2-2-12—22#Q406F　　　KeS 2-2-14—Q406F

图 4-11　复合片顶层脱钴层剥落失效模式

对钻头机械钻速变化和利用转速计算出的钻头实时切深进行分析（图 4-12），钻头每次旋转一周的切深平均值为 0.28mm，而常规 13mm 复合片的边缘倒角为 0.4mm（图 4-13），复合片的切深不及倒角的边缘大小，这种情况下的复合片破岩并非传统意义上的剪切破岩，而是近似于研磨破岩。从图 4-14 中 KeS 2-2-16 井目的层钻头机械钻速可以看出，每只钻头的机械钻速是均匀下降的，而且根据 MSE（Mechanical Specific Energy 机械比能）的变化量可以看出（图 4-15），每只钻头的破岩效率加速下降，这都充分显示复合片的迅速磨损是钻头效率降低的最主要原因。

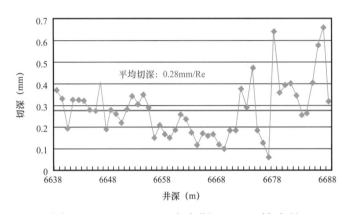

图 4-12　KeS 2-2-1 史密斯 MSi613 钻头的
实时切深记录

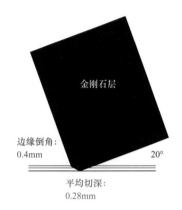

图 4-13　金刚石倒角和切
深大小的相对比较

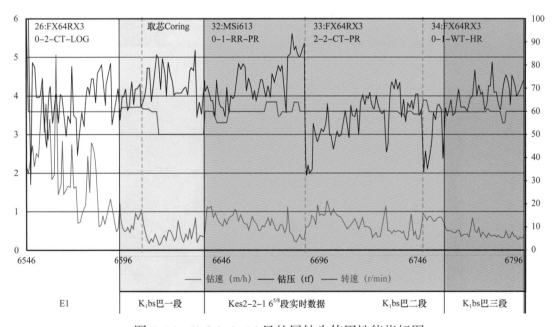

图 4-14　KeS 2-2-16 目的层钻头使用性能指标图

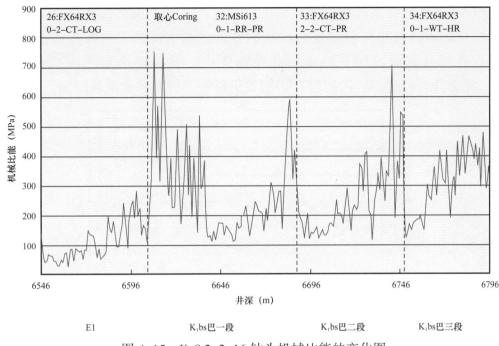

图 4-15 KeS 2-2-16 钻头机械比能的变化图

根据上述分析，克深区块目的层巴什基奇克组 PDC 钻头设计原则如下。

（1）选择高耐磨性的复合片为主要突破口。

高耐磨性的复合片主要以混合细晶为主，并且加以优化后的深层脱钴以延缓金刚石层内部金属膨胀导致的热失效。

（2）钻头设计上应分段设计。

① 在相对研磨性较低的巴什基奇克 I 段采用 6 刀翼单排齿设计，从而提高钻头的攻击性，提高机械钻速。

② 在相对高研磨性的巴什基奇克 II 段和 III 段，采用 7 刀翼双排齿密排列设计，从而达到提高钻头总进尺量的目的。

（二）复合片优选

针对克深区块目的层高研磨性岩层，开展了多次复合片 VTL 对标实验，优选出了最适用于克深区块目的层的超高耐磨性复合片产品 CNPCUSA-WR1。

金刚石复合片在切削过程中，切削面在与岩石的高速摩擦下会产生大量的摩擦热，从而导致切削面局部迅速升温。而金刚石在烧结过程中会有残留的金属催化剂（主要为钴元素，在高温下的热膨胀系数远大于金刚石的热膨胀系数），从而导致金刚石晶粒间化学键失效从而加速复合片磨损失效。酸洗脱钴，也就是通过化学和物理的方法将金刚石合成过程中的金属催化剂除去，是一种直接的提高金刚石复合片耐磨性的有效手段。通过研发高效的脱钴方案，从而进一步提高了复合片的耐磨性能。

图 4-16 是最终优选和自主脱钴的复合片与其他美国高性能复合片的对标测试结果，可以看出研发的复合片在脱钴后的耐磨性高于对标测试中的史密斯、贝克休斯和国民油井的高耐磨性复合片。图 4-17 则显示了 CNPCUSA-GEN2 复合片在经过 300 次的岩石切削后仍保持了很好的光滑切削面。

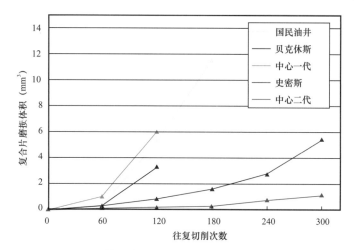

图 4-16　休斯敦中心复合片耐磨性测试结果

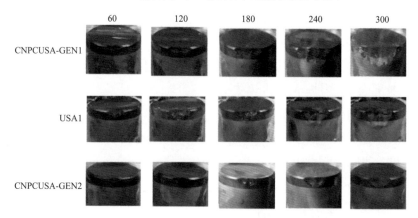

图 4-17　休斯敦中心复合片耐磨性测试磨损图

（三）第一代 φ168.275mm 抗研磨性 PDC 钻头设计

在室内复合片优选的基础上，设计了第一代 φ168.275mm 抗研磨性 PDC 缺失。主要设计方案包括：

（1）针对目的层巴什基奇克上部可钻性相对较好、下部可钻性相对较差的特征，设计了 6 刀翼和 7 刀翼两种型号，在上部采用 6 刀翼而下部采用 7 刀翼，从而取得上部较高机械钻速和下部较高进尺的效果。

（2）针对地层高耐磨性的特点，两种型号均采用了双排齿设计，以提高钻头整体寿命。

（3）针对下部钻具组合无扶正器的特点，采用了中等锥角（20°）以提高钻头稳定性。

（4）针对大颗粒堵漏剂的使用，设计采用了 3 个 ϕ24mm 水眼，以保证堵漏剂能顺利通过钻头水眼。

根据以上设计方案设计出的第一代 ϕ168.275mm 钻头指标见表 4-7。

表 4-7　第一代 ϕ168.275mm 抗研磨性 PDC 钻头设计指标表

六刀翼 ϕ168.275mmMV613AXU		七刀翼 ϕ168.275mmMV713AXU	
产品规格			
复合片尺寸（mm）	13	复合片尺寸（mm）	13
后备齿类型	13mm PDC	后备齿类型	13mm PDC
总齿数	59	总齿数	68
端面齿数	41	端面齿数	47
接头类型	ϕ88.9mmAPI 标准	接头类型	ϕ88.9mmAPI 标准
水眼类型	3 个 ϕ24mm 水眼	水眼类型	3 个 ϕ24mm 水眼
排屑槽面积（cm^2）	41.9	排屑槽面积（cm^2）	39.4
保径长度（mm）	51	保径长度（mm）	51
螺纹部分长度（mm）	124.5	螺纹部分长度（mm）	124.5
上扣后长度（mm）	238	上扣后长度（mm）	241.3
推荐操作参数			
转速	所有井下动力钻具和转盘应用	转速	所有井下动力钻具和转盘应用
流量（m^3/min）	0.57～1.32	流量（m^3/min）	0.57～1.32
钻压（tf）	5	钻压（tf）	5
上扣扭矩（k.m）	9491～12202	上扣扭矩（k.m）	9491～12202
钻头特征			
M	胎体	M	胎体
V	垂直井	V	垂直井
A	抗研磨复合片	A	抗研磨复合片
X	双排齿	X	双排齿
U	倒划眼齿	U	倒划眼齿

2013 年 11 月，KeS 2-2-18 井在 6829.31～6860.52m 井段试验 1 只 ϕ168.275mm MV713AXU 钻头，层位为巴什基奇克Ⅱ段，岩性为泥质细砂岩，钻头进尺

31.21m，纯钻时间 40.68h，平均机械钻速 0.76m/h。

2013 年 11 月，克深 806 井在 6987.86～7000.60m 井段试验 1 只 φ168.275mm MV613AXU 钻头，层位为巴什基奇克Ⅱ段，岩性为细砂岩，钻头进尺 12.74m，纯钻时间 12.24h，平均机械钻速 1.04m/h。

2014 年 6 月，KeS 2-2-16 井试验 1 只 φ168.275mm MV613AXU 钻头，先钻塞 11.3m 及附件后五开钻进，井段为 6551.3～6629m，地层层位为库姆格列木群下部膏泥岩和巴什基奇克组Ⅰ段砂泥岩，钻头进尺 77.7m，平均机械钻速 0.96m/h。

试验结果与克深 2 区块 20 口井目的层 φ168.275mm 钻头使用效果对比如图 4-18 所示。

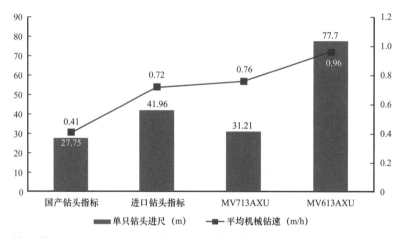

图 4-18　第一代 φ168.275mm 抗研磨性 PDC 钻头与克深 2 区块 PDC 钻头指标对比图

三次不同时间段的井上测试表明，三只第一代 φ168.275mm 抗研磨性 PDC 钻头的磨损均以肩部复合片平滑磨损为主，未发现崩齿、断齿现象，这表明钻头的力学稳定性设计优良，复合片均以均匀磨损过大导致机械钻速降低。进尺较进口 PDC 钻头偏低，分析主要是因为复合片的耐磨性有一定差距，因此改进设计主要是进一步优选复合片和改进脱钻工艺。

（四）第二代 φ168.275mm 抗研磨性 PDC 钻头改进设计

在第一代钻头现场试验起出后进行失效分析的基础上，从以下几个方面进行了改进设计。

1. 六刀翼钻头改进措施

（1）去除副齿，以增强主齿的载荷，提高钻头攻击性。

（2）调整主齿后倾角，提高钻头攻击性。

（3）调整内锥角，提高钻头攻击性。

（4）调整复合片出刃量，提高钻头整体寿命。

（5）优选自主高性能脱钴的高耐磨性复合片，提高钻头使用寿命。

（6）优化钻井参数方案，提高钻头复合片切削效率，提高钻头使用寿命。

2. 七刀翼钻头改进措施

（1）调整主齿后倾角，提高钻头攻击性。

（2）调整复合片出刃量，提高钻头寿命。

（3）优选自主高性能脱钴的高耐磨性复合片，提高钻头使用寿命。

（4）优化钻井参数方案，提高钻头复合片切削效率，提高钻头使用寿命。

改进设计后的第二代钻头设计参数见表4-8。

表 4-8 第二代 ϕ168.275mm 抗研磨性 PDC 钻头设计参数表

MV613AU		MV713AXU	
产品规格			
复合片尺寸（mm）	13	复合片尺寸（mm）	13
后备齿类型	13mm PDC	后备齿类型	13mm PDC
总齿数	44	总齿数	68
端面齿数	26	端面齿数	47
接头类型	ϕ88.9mm API 标准	接头类型	ϕ88.9mmAPI 标准
水眼类型	3 个 ϕ24mm 水眼	水眼类型	3 个 ϕ24mm 水眼
排屑槽面积（cm²）	47.1	排屑槽面积（cm²）	39.4
保径长度（mm）	51	保径长度（mm）	51
螺纹部分长度（mm）	124.5	螺纹部分长度（mm）	124.5
上扣后长度（mm）	241.3	上扣后长度（mm）	241.3
推荐操作参数			
转速	所有井下动力钻具和转盘应用	转速	所有井下动力钻具和转盘应用
流量（m³/min）	0.57～1.32	流量（m³/min）	0.57～1.32
钻压（tf）	8	钻压（tf）	8
上扣扭矩（kN·m）	9491～12202	上扣扭矩（kN·m）	9491～12202
钻头特征			
M	胎体	M	胎体
V	垂直井	V	垂直井
A	抗研磨复合片	A	抗研磨复合片
U	倒划眼齿	X	双排齿
		U	倒划眼齿

2014 年 12 月，KeS 8-8 井第一只第二代 ϕ168.275mm MV613AU 钻头入井纯钻时间 45.4h，进尺 30.3m，平均机械钻速 0.67m/h。第二只 ϕ168.275mm MV713AXU 钻头入井进尺 15m，机械钻速 0.48m/h，起钻后钻头照片如图 4-19 所示。

图 4-19　KeS 8-8 钻头测试起钻后照片（MV613AU，MV713AXU）

现场测试结束后对两只钻头进行钻后分析，六刀翼 MV613AU 钻头在机械钻速上与进口钻头相当，但单只钻头进尺相对较低，而七刀翼 MV713AXU 钻头机械钻速和单只钻头进尺均低于进口钻头指标。分析原因主要是由于地层致密，七刀翼钻头在磨损后钻头攻击性下降过快，因此进一步改进工作主要以六刀翼设计为基准，修改六刀翼冠部轮廓和布齿密度，提高肩部载荷以提高攻击性；减少保径长度至 25.4～12.7mm，增加刀翼倾角，以降低掉块引起的憋钻；在主刀翼增加副齿，设计副齿低于主齿高度大于 1.524mm。

（五）第三代 ϕ168.275mm 抗研磨性 PDC 钻头改进设计

通过第二代钻头现场试验认识到针对巴Ⅰ、巴Ⅱ两段分别设计的钻头存在现场操作困难的问题，因此设计回归到优化设计一只钻头钻完巴Ⅰ段，尽可能多获得巴Ⅱ段进尺的认识上，进一步优化设计了第三代钻头。

第三代钻头进行了如下改进，设计参数见表 4-9，钻头冠部设计轮廓如图 4-20 所示。

（1）针对钻头在钻压受限时无法获得有效单齿切入量的问题进行如下改进：

①增加内锥角至 20°，提高肩部齿受力增强单齿切入量；

②在切屑功率高的肩部位置布置副齿；

③控制副齿的数量（2 颗 / 刀翼），以帮助主齿在磨损后分担钻压的情况下副齿能有效切入地层；

④提高抗研磨性复合片的脱钻深度，进一步提高抗研磨性。

表 4-9 第三代 ϕ168.275mm 抗研磨性 MV613AXU 钻头设计参数表

产品规格	
复合片尺寸（mm）	13
后备齿类型	13mm PDC
总齿数	56
端面齿数	37
接头类型	ϕ88.9mm API 标准
水眼类型	3 个 ϕ24mm 水眼
排屑槽面积（cm³）	41.3
保径长度（mm）	38.1
螺纹部分长度（mm）	101.6
上扣后长度（mm）	215.9
推荐操作参数	
转速	所有井下动力钻具和转盘应用
流量（m³/min）	0.57～1.32
钻压（tf）	8
上扣扭矩（kN·m）	10575～11660
钻头特征	
M	
V	胎体
A	垂直井
X	抗研磨复合片
U	双排齿

（2）针对第二次试验 1/3/5 刀翼均有崩齿现象进行如下改进：

① 减短保径长度至 25.4～12.7mm；

② 去除保径碳化钨块设计；

③ 调整刀翼螺旋角平衡摩擦力。

与此同时，进一步加深复合片脱钴深度，通过改进脱钴工艺将复合片的热稳定性提高，在与史密斯及其他美国厂商的复合片对标试验中，改进脱钴工艺后的第二代耐磨性复合片获得了最高的磨耗比结果（图 4-21）。

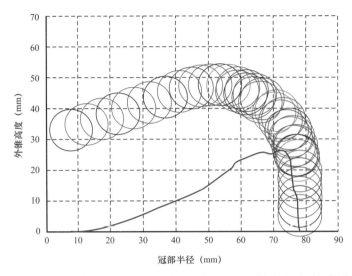

图 4-20　第三代 ϕ168.275mm 抗研磨性 PDC 钻头冠部轮廓设计

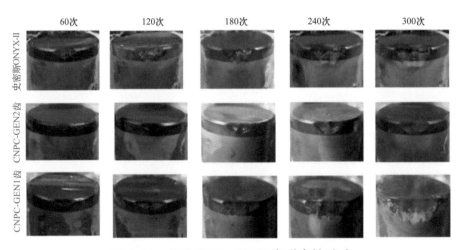

图 4-21　CNPCUSA-GEN2 齿耐磨性试验

2015 年 3 月，改进后的第三代 ϕ168.275mm MV613AXU 钻头在 KeS 8-11 井 7077～7146.3m 井段试验，纯钻时间 40.55h，进尺 69.3m，平均机械钻速 1.71m/h。与同区块邻井进口钻头相比，平均钻速提高 31%，单只钻头进尺提高 33%（图 4-22）。

三、旋转复合片技术

在钻进高研磨性地层如砂岩、粉砂岩等时，常规 PDC 钻头存在复合片耐磨性不足、钻头进尺低、起下钻次数多等问题。针对该问题，Smith Bits 公司研发了旋转复合片技术以大幅提高钻头使用寿命。该技术设计出一种新型的轴承嵌套技术，将常规复合片加工后置入特殊设计的套筒内，从而在钻头钻进过程中在侧向力的作用下自主旋转，而不是以某一固定点切屑岩石，从而极大地增加了复合片的使用寿命。图 4-23 显示了 ONYX360 旋转复合片的组装示意图。图 4-24 显示了 ONYX360 不同于常规固定复合片的切屑原理。

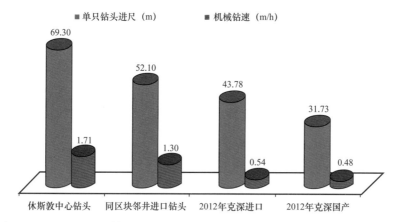

图 4-22 KeS 8-11 井 ϕ168.275mm MV613AXU 钻头应用效果与对比图

图 4-23 ONYX360 旋转
复合片示意

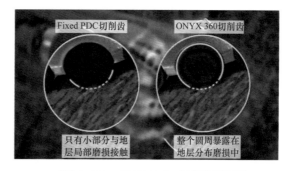

图 4-24 ONYX360 的切屑原理

2013 年 10 月，ONYX360 PDC 钻头首次在 KeS 2-1-8 井应用，取得明显效果，2015 年在克深区块应用 11 井次，平均钻速 0.67m/h，单只钻头进尺 60.78m，与克深区块平均指标相比，单只钻头进尺提高 23.5%。目前已累计应用 14 口井 22 井次，平均单只钻头进尺 71.91m，平均机械钻速 0.78m/h（表 4-10）。

表 4-10 ONYX360 PDC 钻头应用效果统计表

序号	井号	井眼尺寸（mm）	钻头型号	井段（m）	进尺（m）	平均机械钻速（m/h）	平均钻头进尺（m）
1	KeS 2-1-8	215.9	MDSiR813	6622～6723	101.00	0.98	101
2	克深 6	215.9	MDSiR713	5632～5781	149.00	1.31	149
			MDSiR813	5781～5859	78.00	1.04	78
3	KeS 2-2-10	168.28	MDSiR613	6620～6745	125.00	0.71	125

序号	井号	井眼尺寸（mm）	钻头型号	井段（m）	进尺（m）	平均机械钻速（m/h）	平均钻头进尺（m）
4	克深 209	168.28	MDSiR613	6862～6960	98	0.75	98
5	克深 506	215.9	MDSiR713	6574.1～6645	70.9	0.43	70.9
6	KeS 8-8	168.28	MDSiR613	6943～6984	41	0.56	41
7	克深 901	168.28	MDSi513	7923.22～7952.45	29.23	0.46	29.23
			MDSiR613	7952.45～7973.77	21.32	0.76	21.32
8	克深 902	168.28	MDSiR613	7933～7971.5	38.5	0.29	38.5
			MDSiR613	7976～8015	39	0.29	39
9	KeS 8-4	168.28	MDSiR613	6814.32～6923	108.68	1.94	108.68
10	KL 2-J203	215.9	MDS713UBPX	3968～4096	128	0.84	128
11	KeS 8-11	168.28	MDSiR613QB	7146.3～7187.26	40.96	1.03	40.96
			MDSiR613QB	7187.26～7245.5	58.24	0.86	58.24
			MDSiR613QB	7245.5～7282	36.5	0.71	36.5
			MDSiR613QB	7282～7304	22	0.58	22
12	克深 13	168.28	MDSiR613	7278～7340	62	1.04	140
				7357～7435	78	0.71	
			MDSiR613	7435～7502	67	0.55	67
13	克深 601	149.23	MDSI613QBP	6159～6210	51	0.63	80.82
14	克深 602	149.23	MDSIR613	6097.3～6164	66.7	0.65	66.7
合计/平均				22 井次（14 口井）	1510.03	0.78	71.91

四、孕镶＋涡轮钻具＋堵漏阀组合提速技术

井漏是库车前陆区目的层钻井过程中发生率较高的一种复杂情况，孕镶＋涡轮钻具组合不支持堵漏作业，为节省钻井时间，避免起钻更换钻具组合，配套了带多次开关的堵漏阀，一旦发生井漏，打开循环短节进行堵漏处理，可实现涡轮钻具不起钻堵漏的需求，最多可进行 6 次开关孔操作。

该提速组合在库车前陆区应用（表 4-11），平均机械钻速提高 2 倍以上，可实现 1～2 只钻头完成目的层段进尺。但超深井段应用该组合对钻机循环系统要求较高，在满足涡轮钻具正常工作排量的条件下，需要地面循环系统长期保持 28～32MPa 高压工作。

表 4-11　孕镶 + 涡轮钻具 + 堵漏阀组合提速技术在部分井目的层应用情况统计表

序号	井号	井眼尺寸（mm）	进尺（m）	平均钻速（m/h）	对比井	邻井平均钻速（m/h）	提速效果
1	KeS 2-1-14	215.9	146	2.03	本井 PDC	0.55	提速 3.69 倍
2	KeS 2-1-12	149.23	246	1.48	克深 205	0.52	提速 2.84 倍
3	克深 106	168.28	268	1.13	本井 PDC	0.35	提速 3.22 倍
4	DB 201-1	168.28	168	2.1	DB201-2	1.57	提速 1.34 倍
5	克深 301	168.28	230	1.42	本井 PDC	0.52	提速 2.73 倍

第四节　台盆区长裸眼段快速钻井技术

2010 年以来，随着塔里木油田超深层碳酸盐油气藏的勘探开发和塔标Ⅲ井身结构的全面推广应用，使得二开井段跨越了新近系到奥陶系上部近 10 个层系，段长超过 5000m，占全井进尺 75% 以上，是全井提速工作的重点。但二开钻井提速面临两大难题：一是传统螺杆钻具寿命短，不能有效发挥 PDC 钻头效能；二是中深部二叠系及以下地层压实程度高、可钻性差、机械钻速低，提速问题尤为突出，二叠系至奥陶系井段约占全井 17% 进尺（约 1000m），但钻井时间却占全井周期的 60% 以上，提速空间较大。

为此，针对二开长裸眼段提速难题，在深入分析地质岩性特点对提速的影响因素和岩石可钻性研究的基础上，开展了 PDC 钻头的设计优选，调研并系统评价国内外提速工具，开展钻头与提速工具的匹配研究和现场试验，最终形成：二叠系以上地层采用长寿命大扭矩螺杆钻具 + 高效 PDC 钻头组合提速、二叠系以下地层采用扭力冲击器 + 专用 PDC 钻头组合提速两套技术方案。

一、岩石可钻性分析及钻头优选

（一）岩石可钻性分析

1. 岩石可钻性室内测定

为了建立地层可钻特性参数预测模型，收集了塔北地区、塔中地区部分井段岩心进行室内测试，测试结果见表 4-12 和表 4-13。

2. 岩石可钻性解释模型建立

以测定的岩心实验数据和与之相对应的测井、录井资料为基础，通过线性回归分析，建立通用性较广的钻井岩石力学参数预测模型。

表 4-12 塔中地区岩心实验结果

井深（m）	层位	岩性	牙轮可钻级值	PDC可钻级值	硬度（MPa）	抗压强度（MPa）	相对研磨性
1912～1923	古近系—新近系	泥岩	2.3	1.6	325	16	53
1912～1923	古近系—新近系	粉砂岩	3.2	2.5	507	36	64
2494～2498	白垩系	泥岩/粉砂岩	3.5	2.7	526	43	63
3559～3562	二叠系	粉砂岩	4.5	3.7	853	74	71
3600～3650	二叠系	中砂岩	4.2	3.5	685	69	75
4000～4020	石炭系	石灰岩	6.3	5.4	1426	97	85
4301～4310	石炭系	石灰岩	6.45	5.3	1483	98	84
4400～4410	石炭系	石英砂岩	6.8	5.9	1738	115	102
4700～4705	志留系	石砂岩	5.9	5.2	1304	83	93
5800～5802	奥陶系	石灰岩	6.1	5.3	1409	94	95
6199～6210	奥陶系	石灰岩	6.8	6.2	1783	112	87

表 4-13 塔北地区岩心实验结果

井深（m）	层位	岩性	牙轮可钻级值	PDC可钻级值	硬度（MPa）	抗压强度（MPa）	相对研磨性
4359	侏罗系	砂泥岩	4.17	3.39	436.38	84.05	51.8
5291	二叠系	晶屑凝灰岩	6.58	5.19	1581.26	142.7	86.1
4803	三叠系	细砂岩	4.82	3.48	975.63	105.6	78.1
5486	二叠系	玄武岩	7.65	6.1	1932.63	193.95	92.67
5877	石炭系	细砂岩	7.93	6.85	2232.54	221.2	101.7
6153	泥盆系	细砂岩夹泥岩	7.76	6.47	2032.64	208.3	97.47
3802	古近系	灰色细砂岩	4.05	3.14	368.62	76.85	76.69
5891	石炭系	浅灰色细砂岩	7.84	6.43	2135.2	214.2	100.8
5960	石炭系	砂岩、砾岩	7.15	6.07	1771.14	200.7	93.7
6305	志留系	砂岩	7.62	6.31	1912.6	204.9	102.4
7043	奥陶系	石灰岩	6.38	5.02	1463.6	138.3	85.2

岩心对应深度的岩石纵波时差 Δt_p 和自然伽马见表 4-14 和表 4-15。

表 4-14　塔中地区实验岩心测井与录井原始数据表

井深（m）	层位	岩性	纵波时差（μs/ft）	自然伽马（API）
1912～1923	古近系—新近系	泥岩	103.324	64.968
1912～1923	古近系—新近系	粉砂岩	101.922	77.144
2494～2498	白垩系	泥岩、粉砂岩	101.663	53.302
3559～3562	二叠系	粉砂岩	81.050	59.748
3600～3650	二叠系	中砂岩	90.429	85.850
4000～4020	石炭系	石灰岩	70.196	103.906
4301～4310	石炭系	石灰岩	75.413	46.353
4400～4410	石炭系	石英砂岩	54.064	32.306
4700～4705	志留系	砂岩	67.293	73.614
5800～5802	奥陶系	石灰岩	66.494	100.605
6199～6210	奥陶系	石灰岩	49.000	10.328

表 4-15　塔北地区实验岩心测井与录井原始数据表

井深（m）	层位	岩性	纵波时差（μs/ft）	自然伽马（API）
4359	侏罗系	砂泥岩	78.846	60.395
5291	二叠系	安山质晶屑凝灰岩	58.776	122.819
4803	三叠系	细砂岩	76.972	67.614
5486	二叠系	玄武岩	62.332	49.867
5877	石炭系	细砂岩	68.867	54.597
6153	泥盆系	细砂岩夹泥岩	65.834	86.095
3802	古近系	灰色细砂岩	88.669	50.878
5891	石炭系	浅灰色细砂岩	68.152	56.529
5960	石炭系	砂岩、砾岩	54.745	33.321
6305	志留系	砂岩	66.846	87.230
7043	奥陶系	石灰岩	47.429	13.172

将上述岩样的可钻性级值等力学参数与纵波时差和自然伽马值的关系作散点图并进行相关性分析，结果表明可钻性级值等参数与纵波时差有显著的线性关系，与自然伽马值没有明显的线性关系。以纵波时差 Δt_p 为自变量，以可钻

性级值等参数为因变量，按直线函数、幂函数、对数函数和指数函数模型、多项式模型进行回归分析。按数理统计中的单因素方差分析理论，以相关系数 R、标准差 S 和统计检验值 F 为判断标准，对回归结果进行分析验证，选择最优拟合曲线，最终建立了塔北地区和塔中地区岩石力学参数与测井声波时差的岩石可钻性解释模型，模型结果见表4-16和表4-17。

表4-16　塔北地区岩石力学特性参数与测井声波时差的关系

岩石可钻性参数	与纵波时差的关系
PDC 钻头可钻性级值	$K_{dpdc} = -0.0049\Delta t_p^2 + 0.6038\Delta t_p - 12.358$
牙轮钻头可钻性级值	$K_{dcone} = -0.0054\Delta t_p^2 + 0.6582\Delta t_p - 12.556$
硬度	$K_h = -2.4716\Delta t_p^2 + 301.77\Delta t_p - 7290.9$
抗压强度	$K_c = -0.2128\Delta t_p^2 + 26.545\Delta t_p - 634.65$
研磨性	$\omega = -0.0382\Delta t_p^2 + 4.6288\Delta t_p - 45.988$

表4-17　塔中地区岩石力学特性参数与测井声波时差的关系

岩石可钻性参数	与纵波时差的关系
PDC 钻头可钻性级值	$K_{dpdc} = -0.0008\Delta t_p^2 - 0.0477\Delta t_p + 5.7538$
牙轮钻头可钻性级值	$K_{dcone} = -0.0011\Delta t_p^2 + 0.0862\Delta t_p + 5.1626$
硬度	$K_h = 0.1103\Delta t_p^2 - 9.3511\Delta t_p + 2538.5$
抗压强度	$K_c = -0.0212\Delta t_p^2 + 1.7305\Delta t_p + 77.477$
研磨性	$\omega = -0.0107\Delta t_p^2 + 0.9495\Delta t_p + 73.825$

应用测井软件，读取井的井名、起始深度、终止深度、井深、声波时差、伽马测井等信息，根据上述回归公式分别计算出不同井深处的各项岩石抗钻特性参数，包括 PDC 钻头可钻性级值、牙轮钻头可钻性级值、岩石硬度、岩石抗压强度、岩石研磨性等，然后采用最小二乘拟合方法分别拟合出各项抗钻特性的曲线，调用 Matlab 软件的绘图功能，可绘制出不同地层的抗钻特性剖面，进而获得典型井全井段连续的抗钻特性剖面（图4-25）。

（二）钻头和提速工具优选

通过对中深部地层岩石可钻性研究，结合井身结构优化设计、国内外钻井提速技术调研和已钻井资料分析，初步确定钻头和配套提速工具的优选范围，并对优选出的钻头和提速工具开展小规模现场试验，通过对试验效果进行评价，优选出对中深部地层适应性最好、提速效果最优的钻头和提速工具。

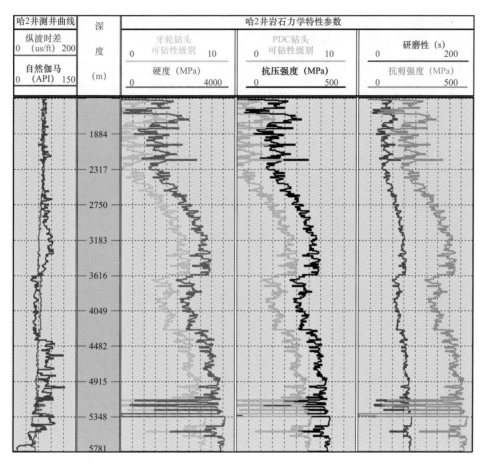

图 4-25　哈 2 井岩石可钻性剖面

根据二开井段岩石可钻性参数和实钻井地层岩性特征，可将二开井段地层分为三段，即新近系至三叠系、二叠系和石炭系至奥陶系，三段地层的主要可钻性参数见表 4-18。

表 4-18　二开井段地层可钻性参数

井段	牙轮可钻级值	PDC 可钻级值	硬度情况	抗压强度（MPa）	相对研磨性
新近系—三叠系	2.3～4.82	1.6～3.48	软—中硬	16～105.6	51.8～78.1
二叠系	4.2～7.65	3.5～6.1	中硬—极硬且脆性	69～193.95	71～92.67
石炭系—奥陶系	5.9～7.93	5.2～6.85	硬—极硬	94～221.2	84～102.4

由表 4-18 可知，二开井段地层的 PDC 可钻性级值普遍低于牙轮钻头的可钻性级值，说明该地层更适合 PDC 钻头钻井，但与牙轮钻头相比，PDC 钻头

对地层的适应范围较窄，需要根据地层特点，设计优选个性化PDC钻头，同时为强化PDC钻头的使用效果，需要克服常规转盘钻井方式存在缺陷，包括：破岩能量传递效果差，井下振动对PDC钻头容易造成先期破坏等问题，这些问题在深井长裸眼钻井中表现尤为严重，因此必须使用与地层和PDC钻头相适应的提速工具，以期提高钻井速度。

通过国内外提速技术调研和台盆区地层特性分析，塔里木油田引进了多种类型的提速工具（表4-19）进行现场试验，试验方案见表4-20。

表4-19　与PDC钻头匹配的常用提速工具

提速工具名称	适用岩性	提速机埋	备注
螺杆钻具	软—中硬	复合钻进提速	中等转速
高速涡轮钻具	软—中硬	复合钻进提速	高转速，一般配合孕镶钻头使用，用于极硬地层的钻井，不适合塑性地层
扭力冲击器	硬—极硬	产生有规律的高频次周向冲击力，实现PDC钻头的规律切削，提高PDC使用寿命	配合多套夹层地层钻井
旋冲钻井工具	中硬	产生中低频次的有规律的轴向冲击，提高钻头吃入地层的能力	对钻头要求高，不适应破碎性和塑性地层
脉冲射流类提速工具	中软—硬	形成脉冲射流辅助破岩	
比能优化钻井提速系统	各种硬度	优化钻井参数与所钻地层达到良好的适应性	"软性"提速技术

表4-20　初步优选的钻头和配套提速工具

井段	初选的PDC钻头	初步的配套提速工具
新近系—三叠系	STS915K、MS1952SS等	大扭矩长寿命螺杆钻具
二叠系	专用PDC钻头	扭力冲击器
	RSH616等	旋冲钻井工具
石炭系—奥陶系	专用PDC钻头	扭力冲击器
	RSH616等	旋冲钻井工具
	QD505XX、MS1653SS等	长寿命抗高温螺杆钻具、脉冲射流类提速工具等
	孕镶金刚石钻头	涡轮钻具

按照表 4-20 的配套方案，开展了长寿命大扭矩螺杆钻具、扭力冲击器、旋冲钻具等 8 类提速技术现场试验，累计在塔北地区和塔中地区现场试验 71 井次。试验结果（表 4-21）表明，二叠系上部地层采用长寿命大扭矩螺杆钻具 +PDC 钻头组合提速效果最好，二叠系以下中深部地层采用扭力冲击器 + 专用 PDC 组合提速最佳。

表 4-21　提速技术试验情况

区块	层段	新技术名称	试验井数	机械钻速（m/h）	行程钻速（m/h）	节约时间（d）	平均进尺（m）
塔中（17井次）	上部	涡轮式液动冲击器 + 螺杆钻具	1	15.67	9.36	5.56	2303
	下部	ϕ172mm 长寿命大扭矩螺杆钻具	6	3.89	2.71	13.1	1235.3
		VSI 优化钻井提速技术	4	3.98	3.37	1.37	244.25
		射流提速工具	2	4.57	3.07	3.91	330.5
		频率可调脉冲提速工具	1	2.85	2.47	6.62	415
		涡轮 + 孕镶金刚石钻头	2	2.82	2.6	7.72	1305
		涡轮式液动冲击器	1	4.55	3.56	3.75	388
塔北（54井次）	上部	ϕ203mm 长寿命大扭矩螺杆钻具	16	16.74	11.73	7.12	3621
		脉冲提速工具 + 螺杆钻具	1	17.85	12.51	4.76	3662
	下部	扭力冲击工具 +UD513/U513M	12	4.44	3.21	30.27	1284.5
		ϕ172mm 长寿命大扭矩螺杆钻具	13	2.88	2.0	8.29	637.4
		国民油井旋冲工具	5	4.65	3.07	7.4	445
		减速涡轮 +PDC	2	3.6	1.75	—	—
		VSI 技术	1	2.52	1.1	1.1	192.1
		脉冲提速工具	1	2.66	2.08	10.89	1071
		射流提速工具	2	2.18	1.37	2.84	319.5
		涡轮式液动冲击器	1	2.4	1.31	1.76	184

二、长寿命大扭矩螺杆钻具 + 高效 PDC 钻头组合提速技术

常用的螺杆钻具存在使用寿命、单趟进尺短和性能不稳定等问题，为进一步提高单趟钻进尺，提高中上部地层的行程机械，优选引进了 X—treme 系列

长寿命大扭矩螺杆，通过技术引领，带动了国产螺杆钻具产品的技术升级。

（一）X—treme 系列螺杆钻具结构及性能

X—treme 系列螺杆钻具是一种中速的大扭矩螺杆钻具，与转盘复合钻进时，实现 PDC 钻头转速等于转盘与螺杆钻具转子转速之和，从而能高转速切削岩石，提高破岩效率和机械钻速。基本结构与常规螺杆钻具相同，最大的特点是采用耐高温橡胶的等壁厚定子（图 4-26）。表 4-22 是 X—treme 系列螺杆钻具与常规螺杆钻具主要技术参数对比，由表可知，同规格的 X—treme 螺杆钻具的转速、工作排量、扭矩和输出功率等技术指标优于常规螺杆钻具，这是由于 X—treme 螺杆钻具定子外壳更坚固、高温稳定的等壁厚薄橡胶层与转子间具有更好的密封性。现场试验表明，X—treme 系列螺杆钻具具有寿命长、大扭矩、抗高温 160～190℃、稳定性高、适应绝大多数钻井液体系等特点。现场 φ172mm 螺杆钻具最长入井工作时间 350h，φ203mm 螺杆钻具最长入井工作时间 450h。

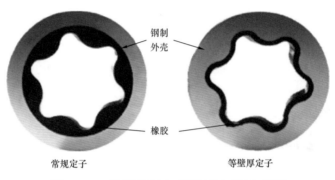

图 4-26 常规定子与等壁厚定子示意图

表 4-22 X—treme 系列螺杆钻具与常规螺杆钻具主要技术参数对比

螺杆类型	规格（mm）	转速（r/min）	工作排量（L/s）	工作/最大扭矩（N·m）	工作/最大钻压（kN）	最高使用温度（℃）	输出功率（kW）
X—treme 螺杆钻具	203	85～195	25～56.6	15900/19875	200/300	190	325
	172	90～220	16.7～41.6	7840/9800	160/240	160～190	158
常规螺杆钻具	203	79～158	18.5～37.1	6277/8866	155/250	120	130
	172	78～154	15.8～31.6	5200/7345	100/170	120	118

（二）钻具组合及钻具参数

1. 钻具组合结构

φ241.3mmPDC 钻头 + φ172mm 或 203mm 螺杆钻具 + φ203.2mm 无磁钻铤 1 根 + φ241.3mm 螺旋稳定器 + φ196.9mm 螺旋钻铤 1 根 + φ241.3mm 螺旋稳定

器+ϕ196.9mm 螺旋钻铤+ϕ177.8mm 螺旋钻铤+ϕ127mm 斜坡加重钻杆+ϕ127mm 斜坡钻杆。

2. 钻井参数

通过现场试验，摸索出一套优化的钻井参数，即：转盘 40～80r/min，钻压 4～16tf，泵压 21～25MPa、排量 20～50L/s。

（三）应用效果

ϕ203mm X—treme 螺杆钻具+高效 PDC 钻头组合提速技术在塔北地区 16 口井二开上部 1500～5636m 井段应用（表 4-23），平均单井进尺为 3621m，平均机械钻速 16.74m/h，相比邻井同井段常规螺杆钻具平均机械钻速 9.98m/h 提高 67.7%；平均行程钻速 11.73m/h，相比邻井同井段平均行程钻速 7.55m/h 提高 55.4%；平均用时 12.86 天，比邻井同井段耗时相比降低 35.6%（平均单井节约时间 7.12 天）；大部分井实现二开 1 根螺杆钻具一趟钻钻穿二叠系以上 3500m 左右的地层，单趟最大进尺达 4158m，而邻井同井段需 2～4 根常规螺杆钻具、2～7 趟钻，因而显著降低了起下钻次数，提高了行程钻速。

表 4-23　塔北地区上部井段抗 X-treme 应用效果

井号	井段（m）	进尺（m）	地层	钻头	对比邻井	机械钻速（m/h）		提高比（%）	行程钻速（m/h）		提高比（%）	节约时间（d）
						本井	邻井		本井	邻井		
热普 4	1531～5186	3655	N_2k–P	STS915K	热普 401	14.41	7.21	99.86	11.45	5.05	126.7	16.86
HA 8-1	1756～5275	3519	N–J	STS915K	哈 801	10.9	9.6	13.54	9.64	5.81	65.92	10.03
HA 7-8	1584～5261	3678	N–T	STS915K	HA 7-2	13.96	11.97	16.62	10.05	9.42	6.7	1.02
HA 7-6	1534～5692	4158	N_2k–P	STS915K	哈 701	11.54	7.82	47.57	8.88	6.15	44.39	8.66
HA 13-4	1535～5428	3893	N–P	STS915K	热普 7	17.3	9.07	90.74	11.87	8.11	46.36	6.34
HA 7-16	1540～3477	1937	N_2k	STS915K	HA 7-4	32.83	32.89	0	19.27	18.3	5.3	2.29
	3477～5236	1759	N_2k–T	STS915K		11.42	7.97	43.29	8.97	7.16	25.28	
新垦 405	1540～5563	4023	N_2k–T	STS915K	HA 11-1	14.47	10.96	32	12.25	8.75	43.4	5.8
HA 13-12	1525～5398	3873	N–T	FX56sX3	哈 13	26.6	9.99	166.3	15.56	8.3	87.4	9.07
HA 13-18	1500～4453	2953	N–T	STS915K	哈 13	29	9.99	190.1	16.87	8.3	103	7.53
HA 802-1	1500～5636	4136	N–T	STS915K	哈 802	14.64	10.18	43.81	11.21	7.6	47.5	7.3
热普 12	1508～5008	3500	N–T	STS915K	热普 3	17.33	10.39	66.79	11.05	7.22	53.05	7

井号	井段（m）	进尺（m）	地层	钻头	对比邻井	机械钻速（m/h） 本井	机械钻速（m/h） 邻井	提高比（%）	行程钻速（m/h） 本井	行程钻速（m/h） 邻井	提高比（%）	节约时间（d）
热普3011	1539～5127	3588	N—P	MS1952SS	热普3	22.56	10.39	117	12.1	7.22	67.59	8.35
KX 9-3	1548～2187 / 3015～4747	2371	N—J	STS915K	新垦9	19.76	11.38	73.64	12.68	7.97	59.1	4.6
HA 601-22	1535～5218	3683	N—P	STS915K	HA 601-1	16.08	9.81	63.91	13.2	7.67	72.1	8.38
HA 10-3	1530～4905	3375	N—K	MS1952SS	哈10	25.76	10.02	157.1	12.74	7.86	62.09	6.85
新垦9007	1544～5380	3836	N—P	MS1952SS	哈701	22.17	11.35	95.3	11.57	9	28.6	3.95
平均		3621				16.74	9.98	67.7	11.73	7.55	55.4	7.12

此外，下部钻具组合采用钟摆钻具，可以实现井斜控制，为碳酸盐精确中靶创造了条件（李宁等，2013）。应用 ϕ203mm X—treme 螺杆钻具 + 高效 PDC 钻头钻进的井段，绝大部分井段井斜小于2°，其余极少部分井段的井斜控制在3°以内（图4-27）。

现场试验结果表明：长寿命大扭矩螺杆钻具 +PDC 钻头组合对上部新近系—三叠系地层适应性强，提速效果好。同时，采用合理的钻井参数和钟摆钻具组合，还可有效地控制井斜。

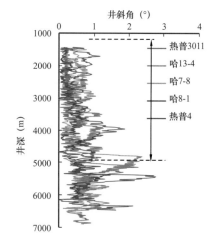

图4-27 部分试验井二开井斜情况

（四）二叠系以上地层提速方案

根据提速效果、与地层适应性等，并考虑到国产螺杆钻具技术进步的因素，制定出二开二叠系以上地层高效提速技术方案：

1. 提速方案

ϕ203mm 或 ϕ197mm 长寿命大扭矩螺杆钻具 + STS915K/MS1952SS 等高效 PDC 钻头组合提速。

2. 推荐钻井参数和钻井液体系

钻井参数：钻压4～16tf，转盘转速40～80r/min+ 螺杆钻具转速，泵压21～25MPa，排量30～45L/s。

钻井液体系：聚合物—聚磺钻井液或阳离子钻井液体系。

3.提速效果

1～2 趟钻完该井段。

三、扭力冲击器 + 专用 PDC 钻头组合提速技术

螺杆钻具、涡轮钻具等常用提速工具在钻遇硬度极高的火成岩、岩性变化快的夹层时，极容易崩断复合片或者刀翼折断失效。而扭力冲击器依靠独特的工作方式和配合高抗冲击设计的专用 PDC 钻头，解决了各种常规提速工具无法快速钻进的地层。

（一）提速原理及特点

在正常钻井条件下，PDC 钻头能够连续地切削地层 [图 4-28（a）]，而钻坚硬地层时，钻头经常由于扭矩不足停转 [图 4-28（b）]，此时扭矩能量就会聚集在钻柱之中，导致钻柱像发条一样打卷扭曲 [图 4-28（c）]，一旦所需扭矩能量达到破碎地层，钻头将以高于正常转速破岩 [图 4-28（d）]，这种猛烈变化运动即为"黏滑"现象，会导致钻头使用寿命降低、下部钻具事故增加。

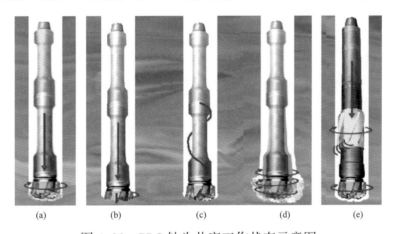

图 4-28　PDC 钻头井底工作状态示意图

扭力冲击器将钻井液的流体能量转换成高频（680～2400 次 /min）、均匀稳定的扭向机械冲击能量并直接传递给 PDC 钻头实现瞬时破岩，此时 PDC 钻头上就有两个力在切削地层，一个是转盘提供的扭力，一个是扭力冲击器提供的扭向冲击力，相当于每分钟额外 680～2400 次切削地层，使钻头不需要等待积蓄足够的能量就可以切削地层，消除了"黏滑"现象，保持钻头对地层切削的连续性 [图 4-28（e）]，因此能够大幅提高机械钻速，延长钻柱寿命，提高钻井效率。

"黏滑"现象是深井和长裸眼井普遍存在的问题，图 4-29 给出了哈拉哈塘地区两口井转盘扭矩对比图（新垦 8003 使用扭力冲击器），从图中可以看出，

应用扭力冲击器 + 专用 PDC 钻头组合提速技术时钻柱的扭矩平稳，而常规钻井由于地层坚硬导致"黏滑"严重，钻柱的扭矩起伏变化非常大。因此扭力冲击器通过主动产生高频扭向振动保持钻头连续的切削岩层，消除"黏滑"现象，避免了井底钻柱的"黏滑"，减少钻头的先期损坏。

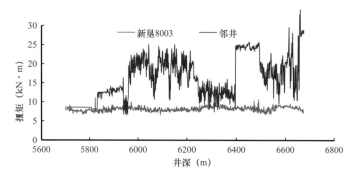

图 4-29　二开下部井段扭力冲击器与常规钻进转盘扭矩对比

（二）钻具组合及钻井参数

1. 钻具组合

ϕ241.3mm 专用 PDC 钻头 + ϕ165mm 扭力冲击器 + ϕ177.8mm 无磁钻铤 1 根 + ϕ177.8mm 螺旋钻铤 1 根 + ϕ238.5mm 螺旋稳定器 + ϕ177.8mm 螺旋钻铤 + ϕ127mm 斜坡加重钻杆 + ϕ127mm 斜坡钻杆。

2. 钻进参数

转盘转速 50～70r/min，排量 30～40L/s，钻压 5～10tf。

3. 专用 PDC 钻头

由于常规 PDC 钻头不适应主动产生高频扭向冲击的扭力冲击器的工作特性，甚至会快速失效，因此与扭力冲击器配套的 PDC 钻头必须具有良好的耐磨性和极高的抗冲击性。图 4-30 是扭力冲击器专用配套钻头 U513M 和 U613M。

图 4-30　扭力冲击器专用 PDC 钻头 U513M 和 U613M

（三）应用效果

扭力冲击器 + 专用 PDC 钻头组合提速技术在塔北地区开展了两个阶段的试验。第一阶段使用的 UD513 钻头为钢体 PDC 钻头，新垦 101 井二叠系应用扭力冲击器 + UD513 钻头，平均机械钻速 2.52m/h，行程钻速 1.81m/h，同比邻井平均机械钻速提高 20.6%，行程钻速提高 58.2%，但没有实现一趟钻完成二叠系的目标。从钻头出井后情况看，切削齿磨损严重，保径齿轻微磨损（图 4-31），主要原因是对二叠系玄武岩、砂岩和含砾砂岩夹层可钻性认识不足，钻头及工具均出现了严重冲蚀。

图 4-31　第一阶段试验 UD513 出井后照片

在第一阶段试验的基础上，将钢体 PDC 钻头调整为胎体 PDC 钻头，同时加强了钻头心部布齿密度设计，开发了针对二叠系及其下部地层的专用 PDC 钻头 U513M，并增强扭力冲击器内部材料和涂层，提高工具和钻头使用寿命。

第二阶段扭力冲击器配合经过针对性优化设计的 U513M 钻头在塔北地区 10 口井二开下部井段进行了试验，地层主要为二叠系至奥陶系，试验结果见表 4-24，U513M 钻头入井前后出井后照片如图 4-32 所示。

图 4-32　U513M 钻头入井前和出井后照片

由表 4-24 可知，扭力冲击器 + 专用 PDC 钻头提速组合平均单井进尺 1284.5m，平均机械钻速 4.44m/h，平均行程钻速 3.21m/h，同比邻井同井段分别提高 170.7% 和 181.6%；平均用时 16.67 天，同比邻井同井段耗时降低 64.5%（30.27 天），实现了二只钻头完成二叠系到奥陶系桑塔木组的全部进尺目标。

表 4-24 TorkBuster 与邻井常规钻井技术应用情况对比

应用井	井段（m）	进尺（m）	地层	邻井	机械钻（m/h）		提高比（%）	行程钻速（m/h）		提高比（%）	节约时间（d）
					本井	邻井		本井	邻井		
新垦 405	5563～6661	1098	T—O	HA 11-1	4.58	1.33	244.4	3.5	1.04	236.5	30.92
HA 11 4	5448～6155	707	T—D	哈 13	4.16	1.72	151	3.02	1.21	150	14.59
	6194～6634	440	D—O		4.31	1.86	132	2.51	1.14	120	8.78
XK 9-3	5119～6762	1643	T—O	新垦 9	3.84	1.6	140	2.68	1.1	143.60	36.7
热普 3011	5127～5919	792	T—D	哈 11	4.77	1.69	182.2	3.3	1.3	153.80	15.3
HA 802-1	5636～6638.5	1002.5	T—O	哈 8	4.93	1.7	190.0	3.21	1.17	174.40	22.7
RP 1-2	5002～6731	1729	T—O	HA 11-1	4.29	1.61	166.5	3.43	1.2	185.80	39.03
热普 601	5131～6715	1584	T—O	新垦 9	3.52	1.6	120	2.92	1.1	165.50	37.4
新垦 8003	5376～6674	1298	P—O	新垦 7	5.31	1.69	214.2	3.89	1.21	221.50	30.8
HA 13-5	5487～6649	1162	T—O	HA 13-1	5.86	1.61	264	4.01	1	301	36.35
热普 1001	5378～6767	1389	P—O	新垦 901	4.78	1.91	150.3	3.16	1.25	152.8	27.97
平均		1284.5			4.44	1.64	170.7	3.21	1.14	181.6	30.27

图 4-33 是 HA13-5 井应用该提速技术与常规技术进度对比。从图中可以看出，HA13-5 井二叠系至奥陶系上部井段仅消耗 2 只 U513M 钻头，钻井时间仅 12 天，而采用常规钻井技术的邻井同井段钻井时间 84 天，消耗钻头 17 只。

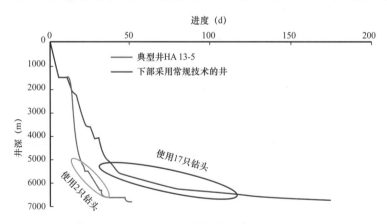

图 4-33 典型井 HA 13-5 与下部采用常规技术的井进度对比

（四）二叠系及以下地层提速方案

根据现场试验结果，制定出二开二叠系及以下地层提速技术方案。

1. 提速方案

扭力冲击器＋专用 PDC 钻头组合提速。

2. 推荐钻井参数和钻井液体系

钻井参数：钻压 8～12tf，转速 60～70r/min，泵压 18～22MPa，排量 32～35L/s。

钻井液体系：聚磺钻井液或阳离子钻井液体系。

3. 提速效果

2～3 趟钻钻完二开二叠系及以下地层。

四、总体应用效果

针对台盆区提速难题，把提速重点聚集于二开井段，通过地层可钻性研究、钻头与工具系统评价并开展针对性现场试验，制定了提速技术方案并推广应用，钻井提速效果显著。

图 4-34 是应用提速技术方案的典型井与开展提速技术攻关前的井钻井进度对比，从图中可以看出，典型井（HA 13-5 和 HA 16-3）在 1500～6500m 井段的周期为 26.5 天，远远低于攻关前同井段的周期 112.5 天。

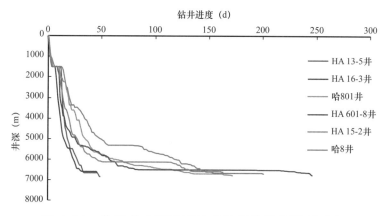

图 4-34　典型井未用提速技术的老井钻井进度对比

表 4-25 是在二开井段应用提速技术方案在部分井钻井指标，从表中可以看出，应用该提速技术方案的井平均钻井周期 66.2 天，相比哈拉哈塘 2010 年平均钻井周期 115 天下降 42.4%。

提速技术方案的应用创造了一系列的钻井技术指标：HA 16-3 井完钻井深 6633.8m，钻井周期 47.1 天，创造 6500m 以深超深井最短钻井周期纪录；热普

3011 井完钻井深 7080m，钻井周期 65.17 天，创造 7000m 以深超深井最短钻井周期纪录。

表 4-25 提速技术方案在碳酸盐岩地区部分井应用情况

序号	应用井	井深（m）	钻井周期（d）	二开段长（m）	上部钻头	下部钻头	螺杆型号
1	HA 16-9	6698	78.77	5116	MS1952SS	U613M	5LZ197×7
2	HA 121-2	6760	64.75	5129	CKS605Z	U613M	C5LZ197×7
3	HA 121-3	6725	63.79	5122	SP1935L	U613M	5LZ197×7Y
4	哈 6011	6710.79	73.41	5010	CKS605Z	U613M	5LZ197×7Y
5	HA 7-17	6700	59.61	5070	STS915K	U613M	7LZ203×7Y
6	HA 802-1	6654.63	62.08	5138	STS915K	U513M	203X—treme
7	HA 11-7	6750	68.75	5128	MS1952SS	U513M	203X—treme
8	HA 15-14	6585	52.54	5055	MS1952SS	U613M	203X—treme
9	HA 702-1	6835.4	55.25	5104	MS1952SS	U613M	5LZ197×7Y
10	HA 901-3	6632	61.83	5073	MS1952SS	U613M	5LZ197×7Y
11	HA 13-5	6832	48.98	5143	STS915K	U513M	5LZ197×7Y
12	HA 15-15	6604	65.77	5035	MS1952SS	U613M	7LZ197×7Y
13	HA 15-23	6620	74.23	5084	MS1952SS	U613M	7LZ197×7Y
14	哈 1501	6717.8	65.57	5053	MS1952SS	U513M	7LZ197×7Y
15	HA 16-2	6690	69.23	5091	MS1952SS	U513M	C5LZ197×7Y
16	HA 16-3	6633.8	47.1	5088	MS1952SS	U613M	5LZ197×7
17	HA 7-19	6614	73	5091	MD9535ZC	U513M	7LZ197×7Y
18	HA 7-20	6611	74.92	5024	MS1952SS	U513M	7LZ197×7Y
19	哈 7001	6830	72.27	5050	MS1952SS	U513M	C5LZ197×7
20	HA 15-11	6630	61.75	5040	SP1935L	U513M	7LZ197×7Y
21	HA 16-5	6652	79.33	5101	MS1952SS	U613M	7LZ197×7Y
22	新垦 405	6785	55.08	5164	STS915K	U513M	203X—treme
23	新垦 4002	6850	60.46	5195	STS915K	U513M	5LZ197×7
24	XK 8-3	6996	73.18	5250	DS752AB	U613M	5LZ197×7

序号	应用井	井深（m）	钻井周期（d）	二开段长（m）	上部钻头	下部钻头	螺杆型号
25	新垦 8003	6831	50.87	5171	MS1952SS	U513M	5LZ197×7
26	新垦 9004	6900	70.46	5254	SP1935L	U513M	5LZ197×7
27	热普 1001	6945	69.92	5262	STS915K	U513M	C5LZ197×7
28	热普 3011	7080	65.17	5479	MS1952SS	U513M	203X—treme
29	RP 3011-1	7030	72.9	5465	MS1952SS	U513M	C5LZ197×7
30	RP 2-1	6910	77.12	5223	MD9535ZC	U613M	7LZ197×7Y
31	RP 3012-1	7085	78.43	5545	DS751AB	U513M	7LZ197×7Y
32	RP 3012-2	7150	72	5591	DS751AB	U513M	7LZ197×7Y

第五章 深层超深层油气藏
定向井/水平井钻井技术

塔里木油田自 1994 年塔中 4 油田水平 1 井开始，已成功完成水平井 314 口，以占 1/3 的井数提供了全油田 1/2 以上的原油产量，是中国石油水平井钻井比例最高的油田，深层超深层油气藏水平井钻井技术取得了长足进步。在台盆区采用水平井整体开发，由不断缩小的几何靶区到超薄油层的阶梯水平井，再到自动追踪地质靶区，为塔里木油田的跨越式发展奠定了坚实的基础。同时还开展了盐下水平井钻井技术攻关试验，成功完成了 7 口高难度盐下水平井，使塔里木油田水平井钻井技术跨上了新的台阶。

第一节 技术发展历程

塔里木油田深层超深层油气藏定向井/水平井钻井技术的发展历经三个阶段。

一、技术引进与攻关阶段（1994—1997 年）

1993 年 11 月，塔中 4 油田开发拟定以 5 口水平井、19 口定向井整体开发，深层油藏水平井钻井技术攻关也由此提到了议程上。在此之前，国内在胜利、大港、海洋等几个油田已完成了近 40 口水平井钻井，形成了一系列水平井钻井配套技术，在井眼轨迹控制、水平井力学分析、岩屑床形成机理等方面的理论研究也取得了较大进展。但东部油田油藏埋藏较浅，水平井的完井井深大多在 2000m 左右，而塔中 4 油田油藏埋深平均为 3750m，水平井的完井斜深将达到 4200～4400m，为此，从井身结构、井眼轨迹设计及控制、钻井液、测井等方面不断进行技术优化完善，采用丛式井开发方式，在塔中 4 油田建立了 4 个平台，包括 5 口水平井、18 口定向井、13 口直井，其中 5 口水平井单井日产均达到 1000t 以上。

二、深化研究与技术配套阶段（1997—2000 年）

在第一阶段水平井钻井技术攻关的基础上，制定了第二阶段的攻关目标。

（1）进一步优化井身结构，优选钻井液体系，确保φ215.9mm井眼4000m以上长裸眼安全钻井。

（2）优化钻井参数，优选钻头类型，优化轨迹设计，优化配套工具，提高钻井速度，提高水平段轨迹控制精度。

（3）水平段轨迹精度控制在±1.5m以内，油层渗透率恢复值达85%以上。

塔中16油田是继塔中4油田之后第二个以水平井为主开发的油田，轮南油田在开发5年后，也开始了以水平井为主的第一次井网调整，之后相继在哈得逊东河砂岩油藏的开发中应用了水平井技术。针对哈得逊东河砂岩薄砂层油藏，研究了一套针对5~8m厚油层的井眼轨迹控制方案：即重点解决测量系统的深度误差，调整入靶姿态尽可能靠近中心点，水平段加强轨迹监测，及时调整轨迹，避免轨迹出现较大波动，水平段的窗口上、下界由±3m调至±2m、±1.5m，最后调整至±1m。

这一阶段完成水平井50口，平均中靶率达到98%以上。在这期间，通过优选PDC钻头，优化钻井参数，钻井速度得到大幅度提高。塔中地区的钻井周期由150天缩短到90天，轮南地区的钻井周期由120天缩短到90天左右，哈得地区东河砂岩的水平井由150天缩短到105天。

随着钻井速度、轨迹控制精度的提高，钻井成本大幅度下降，创造了一系列水平井钻井技术指标，如：采用欠平衡技术钻成解放128水平井；钻成当时陆上最深的水平井——DH1-H2井，完钻井深达到6476m，水平段长400m；钻成3口位移超过1000m的长半径水平井。

通过第一、第二阶段的攻关，塔里木油田已形成了比较完善的水平井钻井配套技术系列，为全国水平井钻井工作积累了丰富的经验。

三、技术集成与推广阶段（2000—2018年）

哈得逊油田石炭系薄砂层油藏发育着两套十分稳定的薄油层，厚度分别为1.0m、1.5m，两套油层之间的泥岩隔层比较稳定，如何动用这部分储量关键在于薄油层水平井钻井技术能否取得突破，如果技术上获得突破，不但能解放哈得4油田的薄油层，同时也能够解放塔中广泛分布的志留系薄油层开发问题。

2000年应用FEWD随钻测井技术，哈得逊油田第一口超薄油层阶梯水平井——HD1-H1成功实施，完井测井结果显示油层的有效钻遇率达到85%，其后又陆续完成12口阶梯水平井，油层有效钻遇率达到75%以上。继哈得4油田之后，薄砂层水平井钻井技术推广到塔中111井志留系薄砂层，油层厚度仅为0.5~0.9m，水平段长300m，有效钻遇率达到70%。

通过哈得逊等油田薄油层的有效开发，塔里木油田的水平井钻井技术逐步趋于成熟。形成如下薄油层水平井钻井关键技术：

（1）优化井眼轨迹控制，提高油层钻遇率；

（2）先打导眼，准确确定目的层垂深；

（3）以适当的井斜角着陆，现场实践证明，以 87°～89° 井斜角入靶，有利于水平段轨迹的控制与调整。

超薄油层水平井钻井技术也被成功应用于塔中"串珠"状油田开发，塔中 10、塔中 11、塔中 40、塔中 47 等"串珠"状油田是相互独立、储量规模小、呈串珠状排列的油田组成，具有区块不同、目的层系不同、储层厚度小于1.5m、储层纵向非均质强、横向变化大及油层分布广泛等特征，主要产层为石岩系东河砂岩，埋深 4000～5000m，采用地质导向技术与超薄油层水平井完美结合是塔中"串珠"状油田成功开发的关键。

2002 年，采用水平井钻井技术开发英买力复合盐膏层下油气藏是水平井钻井的全新领域，也是世界级难题，通过技术攻关，形成了盐下水平井钻井技术，是塔里木油田水平井钻井技术又一重大突破，对英买力油气田优化井网部署，提高单井产能，提升油气田开发效益具有里程碑意义。

2008 年后塔里木油田开始规模开发塔中 5000～7000m 超深缝洞型碳酸盐岩油气藏，井下温度高（150℃以上），地层非均质性强，储层特征表现为串珠状、片状、杂乱、弱反射，采用超深水平井对其进行开发能有效地沟通更多的垂直裂缝和"串珠"，可大幅度提高泄油面积和单井产量，保证了塔中碳酸盐岩的高效勘探开发。

2016 年为有效降低台盆区老井侧钻开发成本、提高综合开发效益，开展了超深小井眼侧钻技术的研究，开展了 ϕ104.78mm 至 ϕ120.65mm 小井眼定向仪器、工具和套管开窗工具现场试验，解决了因缺乏抗高温抗高压大功率螺杆钻具、超小井眼 MWD 等工具仪器，小井眼侧钻只能进行盲打且经常脱靶的情况。超深小井眼精确中靶技术的成功试验，推动了塔里木油田超深定向井技术的进步。

第二节　超薄油藏阶梯水平井钻井技术

哈得逊油田自上而下主要由石炭系中泥岩段薄砂层油藏和东河砂岩油藏 2 个油藏构成，东河砂岩油层平均厚度为 5.5m，而且含有底水；石炭系中泥岩段薄砂层油藏纵向上发育有 2 号、3 号、4 号、5 号 4 个砂层（图 5-1），2 号砂层厚度一般为 0.6～1.20m，3 号砂层厚度在 1.5～1.70m，两套油层之间的泥岩隔层分布也很稳定，厚度为 3.4m 左右，2 号、3 号砂层为产层且在全区分布非常稳定；4 号砂层厚度更薄，为 0.7～1.2m，储层平面上均具有南向北逐渐变薄的分布特性；东河砂岩呈南厚北薄的分布趋势，西南部东河砂岩沉积最厚可达 30m 以上，向北东方向减薄，直至尖灭。

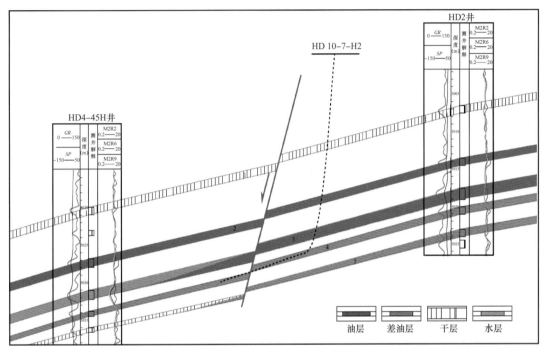

图 5-1　哈得逊油田石炭系中泥岩段薄砂层油藏平面示意图

1997 年，哈得 1 井获得重大发现，但产量不高，直井哈得 2 井投产初期日产原油仅为 23t，而钻井成本却很高，为此，首先开始东河砂岩油藏水平井钻井技术攻关，获得成功后，又对石炭系中泥岩段薄砂层进行技术攻关，在 HD1-1 井完钻后，将该井改为阶梯水平井，利用国际上较先进的 FEWD 随钻测井仪器来监控井眼轨迹及薄油层地层变化，成功穿越垂深距 3.8m、油层厚度分别为 1m 和 1.5m 两套薄油层，水平段总长 259m，钻穿油层 193m，获得日产原油 180t，之后，阶梯水平井成为哈德逊油田开发的主要技术手段。

一、阶梯水平井钻井技术难点

（1）油藏埋藏深，如何准确进行地层预报和判定砂岩、泥岩界面成为首要的难点，及时对下部地层进行预报和准确的判定砂岩、泥岩界面，关系到井眼轨迹的准确中靶，是首先必须解决的技术难题。

（2）利用水平井技术开采厚度不足 2m 的超薄油层在国内属首次，没有成功经验可供借鉴。

（3）中泥岩段薄砂层油藏油层超薄（0.6～1.7m），精度要求极高，水平段施工中，需要保证井眼轨迹准确的穿行于油层中。

（4）超长裸眼、阶梯式水平井，下部井段滑动钻进时传压困难。

二、阶梯水平井钻井技术

对于石炭系中泥岩段薄砂层阶梯水平井钻井，在攻关的初期借助先进的FEWD随钻测井仪器，成功地钻成了超深超薄油层阶梯水平井，2012年后引进了旋转地质导向技术，薄砂层阶梯水平井钻井技术基本形成。

（一）FEWD地质导向钻井技术

1. 精确入靶技术

对于直井段和造斜段，措施和东河砂岩水平井的钻井要求一样，不同的是东河砂岩油层较厚，对入靶精确的要求不是太严格，靶区要求上下半靶高±1.5m；但是对于薄砂层的井，靶区要求上下半靶高 ±0.5m，必须精确知道靶点的准确深度，只有这样才能保证准确入靶，因此对于薄砂层油藏阶梯水平井，钻完导眼后，要测出FEWD测井曲线，并以此确定油层位置和标志性地层位置，同时与电测曲线对比。在井斜角接近80°时，下带有两套（或四套）地层参数的FEWD仪器，对井眼轨迹监控的同时，加强对地层变化的监测，钻穿标志性地层后，测出FEWD的测井曲线，并利用该曲线，结合地质录井资料，明确实钻地层与设计垂深的偏差。从FEWD随钻电阻率曲线的变化可以看出，在油层以上垂深0.83～0.90m，斜井段长10～25m，FEWD随钻电阻率开始升高［图5-2（b）］，随后伽马值也将变化，其趋势与电阻率的变化相反，由高变低［图5-2（a）］，但变化的垂深落差只有0.3m，斜井段长5～20m，这些（特别是电阻率）都能预报油层的到来，为准确预测油层位置并及时对靶点进行调整、确保以最佳的井斜角入靶提供了有利的条件。

2. 水平段稳斜微调技术（水平段井眼轨迹控制）

在水平段，用1.25°单弯螺杆钻具配合PDC钻头的稳斜钻具复合钻进，还要加密测点，对于使用了FEWD的那些薄砂层阶梯水平井，充分利用电阻率和伽马变化情况及测斜数据，及时调整钻进方式。在油层的中间位置钻进时，电阻率相对比较稳定，一旦电阻率值明显升高，意味着井眼轨迹所处的位置已靠近油层的顶部或底部，必须结合井眼轨迹数据和地层数据（地层倾角），将钻井方式调整为增斜、稳斜或降斜钻进。在油层的中间位置时伽马值最低，由于在水平段钻进时井斜角接近90°，虽然伽马的探测深度只有30cm，其导向井段可达10～20m，所以在水平段钻进时，伽马的地质导向作用比电阻率要明显一些。

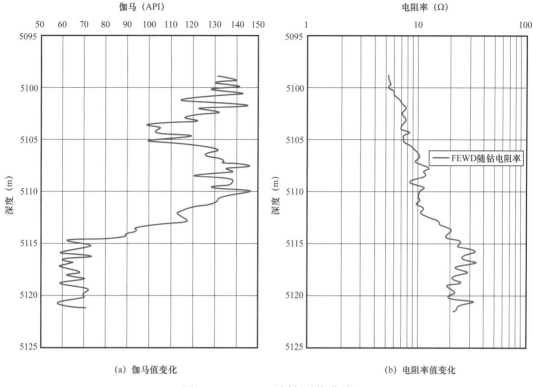

(a) 伽马值变化   (b) 电阻率值变化

图 5-2　FEWD 随钻测井曲线

钻进中还要及时对比分析 FEWD 测出的电阻率及伽马曲线，根据上部井眼的实钻曲线及井眼轨迹情况，对实钻轨迹做出分析判断，明确井眼的实际位置，及时采取措施，准确地控制井眼轨迹穿行于储层中有利于产油的最佳位置，哈得地区 FEWD 随钻油层电阻率值一般在 7～8Ω·m，伽马值在 80API 左右。

从图 5-3 至图 5-5 可以看出，在出油层进泥岩层以前，电阻率的变化和进油层时的变化是一致的，即由低到高；而伽马值的变化和进油层时的情况相反，由低到高，其垂深落差、斜井段长又与进油层时一致。

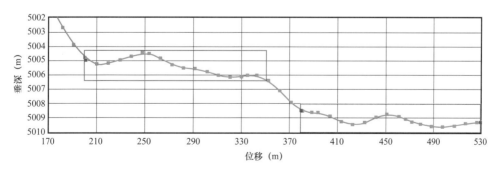

图 5-3　HD1-1H 井水平段垂直剖面图

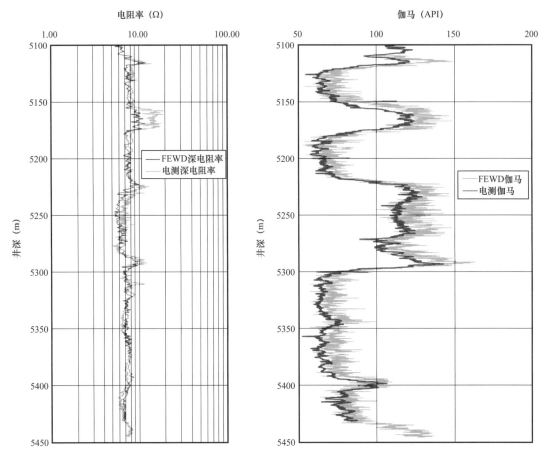

图 5-4　HD 1-1H 水平段电阻率曲线图　　图 5-5　HD 1-1H 水平段伽马曲线图

（二）MWD 定向钻井技术

随着哈得地区滚动开发程度的深入，通过油藏精细描述，地质构造、油藏埋深、油层走向也越来越清楚，由于随钻测井仪器的费用昂贵和仪器数量有限，首先在构造中部地层比较稳定的区域大胆尝试使用 MWD 进行薄油层的阶梯水平井钻井。

1. 导眼井钻井

先钻导眼，并进行录井、地层倾角测井、VSP 测井，进一步落实构造形态和储层的分布规律。

2. 井深校核

明确直井和水平井的校深标志层，并进行深度和厚度预测，以便在钻井过程中，根据其实钻深度变化及时进行调整。两个油层上部发育 3 个主要的标志层（标准石灰岩、1 号砂层、2 号砂层），全区分布稳定，而且与目的层之间的厚度变化幅度小，标准石灰岩顶距 2 号砂层顶的厚度一般为 49.0～52.0m，1 号砂层顶至 2 号砂层顶的厚度 7.0～8.0m，2 号砂层底至 3 号砂层顶的厚度

3.4～3.8m（图 5-6），根据这些层深度变化，可以达到精确控制水平井轨迹的作用，以准确入靶。

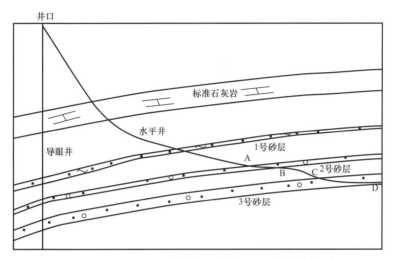

图 5-6　哈得 4 油田阶梯水平井轨迹地质控制示意图

3. 精细录井技术

据地质设计的要求，进行精细录井，卡准校深标志层，提前进行水平段深度的调整，卡准油层段岩性的变化，及时进行微调，确保水平段在最佳油层位置中。

4. 水平段轨迹的调整优化

水平段轨迹的调整优化主要依据上述 3 个标志层。

（1）造斜段钻揭标准石灰岩时，预测钻头距目的层的垂直距离，对水平段轨迹进行粗调整。

（2）根据 1 号砂层钻遇的垂直深度，对 AB 段的轨迹进行微调，调整范围小于 1m。

（3）CD 段要根据 2 号砂层底界垂直深度及 2～3 号砂层之间泥岩厚度进行调整。

（4）在水平段钻进过程中，依据录井、结合构造形态及储层分布规律，及时调整钻头位置，确保钻头始终位于油层中。

由于油层薄，油层内钻井调整余地比较小，因此要求 A、C 点入靶角度必须在 88°～89°之间，从当时所完钻的 6 口井来看，除 HD1-9H 井入靶角度稍小以外（85.5°），其余 4 口井的角度均大于 88°，保证了在水平段内轨迹不做大幅度调整。

HD 1-7H 井是第一口使用 MWD 完成的阶梯水平井，该井进入油层 A、C 点的入靶角度都控制在 88°以上，平稳穿越 AB 段油层有效长 159m，CD 段油层有效长 136.78m，全井油层有效长 295.78m，达到全井设计油层长度的 98.59%。

HD 1-7H 的成功标志使用常规 MWD 也能钻超深超薄阶梯水平井，此后所有的薄砂层的井也不再使用 LWD，而是通过加强地质录井，加强油藏的精细描述，通过导眼段的标准石灰岩、第一号、第二号、第三号沙层的相对深度和构造走势来预测水平段的准确深度，使井眼轨迹控制在砂岩地层中穿行，钻进中关键是要确定好盖层和油层间的砂泥岩界面，以此来指导水平段钻进。

（三）旋转地质导向钻井技术

2012 年引入旋转地质导向钻井技术，并通过不断的理论研究和现场实验探索，最终创建了基于"工程地质"一体化思想的超深井复杂构造薄油层储层建模、轨迹优化、钻头优选、钻柱组合优化、随钻跟踪、实时评价等新一代高造斜率旋转地质导向工具的配套技术。

1. 储层建模

"地质导向"将钻井技术、随钻测井技术、油藏工程技术三者有机地合为一体，其目标是优化水平井轨迹在储层中的位置，降低钻井风险，提高钻井效率，实现单井产量和投资收益的最大化。

旋转地质导向技术是利用旋转导向工具辅助完成地质导向作业，即借助先进的旋转导向工具，代替以往的弯壳体螺杆钻具滑动钻进方式，在此基础上配以随钻测井仪器测量地质工程参数，地面软件系统则根据 MWD 仪器实时上传的参数及时更新地层构造模型，进行实时解释、控制调整井下工具的钻进轨道。精细的三维地质模型是实现有效旋转地质导向的基础，为此进行基于地震、地质资料、探井数据的三维精细地质模型构建方法研究，图 5-7 是三维储层结构和属性模型建立流程，图 5-8 是利用探边井数据的油藏建模流程。

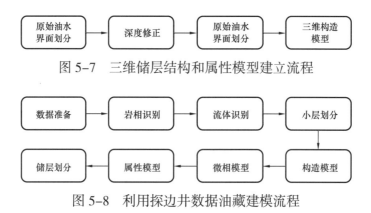

图 5-7 三维储层结构和属性模型建立流程

图 5-8 利用探边井数据油藏建模流程

2. 地质导向工具组合

针对哈得薄砂层中子密度和中子孔隙度测井响应变化幅度不大，NeoScope边界预判能力较差，通过对井下钻具组合下入模拟，优化了哈得薄砂层油藏着陆及水平段最优地质导向工具组合为：钻头+Archer+柔性短节+PeriScope+通信扶正器+TeleScope+柔性无磁钻铤。针对哈得东河砂岩油藏油水界面复杂，储层识别难，通过对井下钻具组合下入模拟，优化了哈得东河砂岩油藏着陆及水平段最优地质导向工具组合：钻头+Archer+柔性短节+PeriScope+EcoScope+TeleScope+柔性无磁钻铤。

PeriScope具有方向性、深边界成像技术，可以探测到20ft远的地层边界，确保轨迹在储层里穿行，随钻中可探测到地层边界的产状，方向性测量不受地层倾角以及各向异性影响，对地层和流体液面灵敏度较高，适当的引入柔性短节或无磁钻铤工具可降低钻具整体刚性。

NeoScope无化学源随钻综合测井仪是当时行业内唯一采用无放射性化学源随钻储层评价工具，无需运输和储存放射性化学源，省去化学源安装时间，避免了复杂的侧钻和弃井工作流程。无化学源的脉冲中子发生器是NeoScope测量的关键，可提供无化学源中子孔隙度、中子伽马密度SNGD、元素俘获能谱ECS和热中子俘获截面Sigma（图5-9），可以更准确地进行复杂储层综合地层评价，改善数据解释及产量和储量计算结果的可靠性。

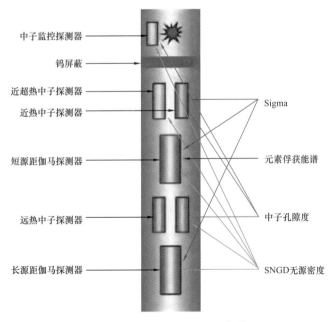

图5-9　NeoScope测量参数

3. 轨迹控制与优化

旋转地质导向技术包含旋转导向钻井技术与随钻地质导向测井技术两部分。旋转导向钻井技术的核心部件是导向单元，实现旋转导向功能主要有推靠式和指向式 2 种方式，与传统的滑动导向相比，旋转导向钻井技术在钻井过程中，井下工具一直处于旋转状态，有利于井眼的清洁以及井壁的光滑，提高水平段的延伸能力，提高机械钻速，尤其适用于深井、大位移井及三维复杂结构井等特殊工艺井的应用。而随钻地质导向测井技术可以随钻实时测量近钻头处的各类工程参数及地质参数，既保证了井眼轨迹的准确着陆，又有利于水平段储层边界探测及储层物性评价，可在钻进过程中实时调整井眼轨迹，保证其在储层中展布以提高钻遇率。现场施工中发现，旋转导向钻井工具的选择上，无论是推靠式或指向式旋转导向工具，在造斜初期（小于30°），工具实际造斜率均无法满足哈得逊油田设计轨迹要求，因此需从造斜点开始先使用常规螺杆钻具增斜至 30°～40° 后，更换旋转导向工具完成后续造斜段及水平段的钻井作业，造成前期井眼质量下降，影响水平段长度。并且，上述旋转导向工具在砂泥岩夹层段或机械钻速较低的泥岩段导向时造斜能力受限，无法及时调整轨迹。为了实现全造斜段的旋转导向钻进，2013 年，引进了斯伦贝谢公司最新研制的高造斜率旋转导向系统 PowerDriver Archer RSS，并结合随钻测井新技术，形成了 1 套从造斜点至完钻井深的旋转地质导向钻井提速技术。

在哈得油田地质导向实践过程中逐步形成了基于地质模型指导—录井实时监测—随钻测井成像精确定位三位一体轨迹优化控制方法（图 5-10）。该方法是在进入目的层前开展钻前分析，根据实钻轨迹，在三维地震体、构造地质模型与储层品质模型的基础上，设计着陆段及水平段轨迹。进入着陆段后，根据不同地层的测井、录井特征，选取多级标志层逐段控制，随钻跟踪调整，逐步逼近设计的入靶点，确保井眼轨迹在规定的井斜度范围内顺利着陆。进入水平段后，根据着陆情况及时校正构造地质及储层品质模型，充分考虑优质储层的靶区范围和构造微形变特征，对水平段轨迹进行二次优化，尽量减少轨迹调整频次，在确保优质储层钻遇率的同时，努力提高水平井轨迹圆滑度及钻井施工效率，实时跟踪对比 LWD 测井响应，分析 GR 成像显示的上下切特征，观察地质录井的岩性、气测、钻时变化，精确定位轨迹在储层中的位置，适时调整钻井参数，确保高的储层钻遇率。轨迹调整优化技术应用前后水平井储层钻遇率统计对比见表 5-1，轨迹控制优化技术应用前后实钻轨迹对比如图 5-11 和图 5-12 所示。

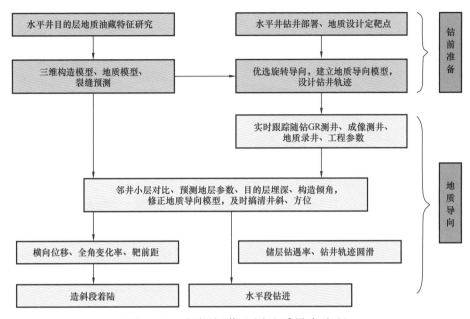

图 5-10 超深超薄地层地质导向流程

表 5-1 轨迹调整优化技术攻关前后水平井储层钻遇率统计对比统计

攻关前		攻关后	
井名	储层钻遇率（%）	井名	储层钻遇率（%）
HD 1-1H	59.7	HD 10-4-H3	97.2
HD 1-3H	73.5	HD 10-2-1H	92.9
HD 1-4H	65.4	HD 10-1-1H	94.3
HD 1-5H	46.8	HD 10-3-H1	90.5
HD 1-6H	68.2	HD 10-3-H2	95.9
HD 1-7H	57.3	HD 10-4-H1	92.4
HD 1-8H	71.2	HD 1-17-1H	83.8
HD 1-9H	45.6	HD 4-72-1H	100
平均	60.9	平均	93.4

三、双分支水平井钻井技术

哈得油田油藏埋深一般在 5000m 以上，水平段超过 800m 水平井（三开井身结构）在低油价下如何降低钻井成本、最大限度利用新井动用有效储层以及增加原油产量成为哈得油田高效开发的一大难题，为此开展了双分支水平井技术现场试验。

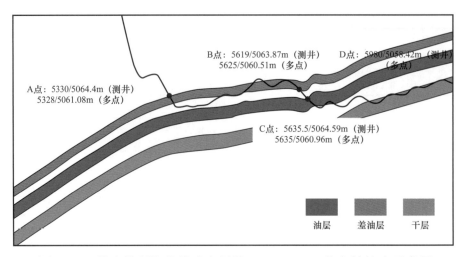

图 5-11　轨迹控制优化技术应用前 HD10-1-5H 井实钻轨迹示意图

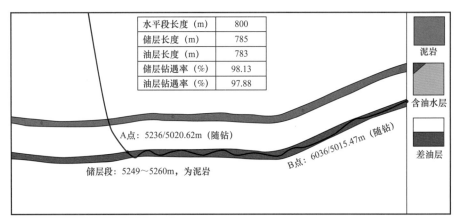

图 5-12　轨迹控制优化技术应用后 HD10-5-1HF 井实钻轨迹示意图

（一）技术难点

（1）哈得双分支水平井设计水平段长 850m、单支斜深 5950m，超深双分支井技术可供借鉴案例较少，风险大。

（2）薄砂层多套层系发育，边水或底水油藏，必须封隔水层，必须选择四级完井，技术难度大。

（3）砂岩油藏超薄，且 3 号储层水淹较为严重，因此水平井段钻进过程中，需实时判断储层物性情况，井眼控制难度与地质跟踪难度均较高。

（二）技术措施

（1）以产能为目标，工程地质相互融合设计分支井眼在空间中的轨迹。

（2）定向、录井、地质三位一体，实现分支井眼轨迹在油藏空间中的最优展布，提高钻遇率。依据各种地质资料，实时更新地质模型，提前预测地层变化。超前预测井眼轨迹，根据实时油气层变化，引导钻头准确钻达油气富集区域。实时判断地层变化和储层的位置，及时调整钻进方向，保持轨迹在油藏中穿行。

（3）结合储层特点，考虑密封性、力学完整性、可重入性，对分支井的完井结构进行优化。

（三）HD 10-5-1HF 双分支井设计与现场试验

1. 基本设计数据

HD10-5-1HF 井是塔里木油田第一口超薄储层四级双分支阶梯水平井，根据邻井实钻数据及地震资料预测本井钻遇地层深度见表5-2，井身结构设计如图5-13所示，轨道类型为直—增—稳—增—平，剖面设计见表5-3；完井管柱设计如图5-14所示。

表5-2　HD10-5-1HF 地层深度预测表

地层				底界垂深（m）	厚度（m）
界	系	段	代号		
新生界	第四系—古近系—新近系		Q—E	2533.84	2533.84
中生界	白垩系		K	3271.24	737.40
	侏罗系		J	3656.08	384.84
	三叠系		T	4167.27	511.19
上古生界	二叠系		P	4461.74	294.47
	石炭系	石灰岩段	C1	4507.43	45.69
		砂泥岩段	C2	4885.96	378.53
		上泥岩段	C3	4962.07	76.11
		标准石灰岩	C4（南侧分支）	4986.61	24.54
		1 号砂层顶	C5（南侧分支）	5006.51	19.90
		1 号砂层底		5007.42	0.91
		2 号砂层顶		5013.92	6.50
		2 号砂层底		5015.04	1.12
		3 号砂层顶		5018.22	3.18
		3 号砂层底		5019.65	1.43
		4 号砂层顶		5022.17	2.52
		4 号砂层底		5022.92	0.75

地层				底界垂深（m）	厚度（m）
界	系	段	代号		
上古生界	石炭系	标准石灰岩	C4 （北侧分支）	4986.51	24.44
		1号砂层顶	C5 （北侧分支）	5004.91	18.4
		1号砂层底		5005.82	0.91
		2号砂层顶		5012.97	7.15
		2号砂层底		5014.09	1.12
		3号砂层顶		5018.67	4.58
		3号砂层底		5020.10	1.43
		4号砂层顶		5021.67	1.57
		4号砂层底		5022.42	0.75

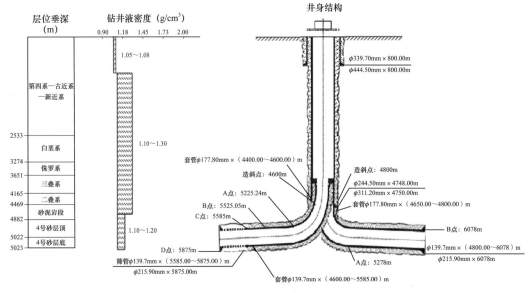

图 5-13 HD10-5-1HF 井身结构设计示意图

表 5-3 HD10-5-1HF 设计轨道剖面参数

第一分支（南侧分支）							
井深 （m）	井斜 （°）	方位 （°）	垂深 （m）	南北 （m）	东西 （m）	造斜率 （°）/30m	靶点
4800	0	180	4800	0	0	0	
5071.64	76.059	180	4998.60	−155.33	0	8.4	
5278.00	90.788	180	5022.17	−359.77	0	2.14	A1
6077.56	90.788	180	5011.17	−1159.26	0	0	B1

第二分支（北侧分支）							
井深 （m）	井斜 （°）	方位 （°）	垂深 （m）	南北 （m）	东西 （m）	造斜率 （°）/30m	靶点
4600	0	180	4600	0	0	0	
4630.89	4.119	180	4630.87	-1.11	0	4	
5225.24	90.000	0	5018.67	359.77	0	4.75	A2
5525.05	90.000	0	5018.67	659.58	0	0	B2
5550.51	84.907	0	5019.80	685.01	0	6	
5556.33	84.907	0	5020.32	690.80	0	0	
5585.11	89.703	0	5021.67	719.54	0	5	C2
5874.92	89.703	0	5023.17	1009.35	0	0	D2

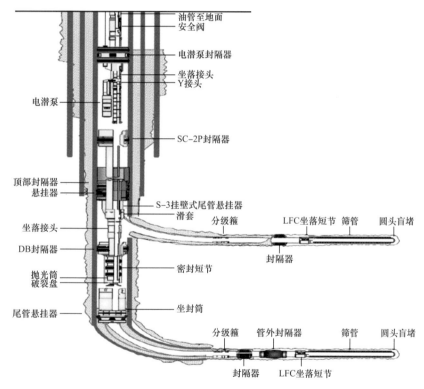

图 5-14　HD 10-5-1HF 双分支井双分支同采 / 分采完井管柱设计示意图

设计完钻层位：第一分支为石炭系中泥岩段薄砂层 4 号砂层；第二分支为石炭系中泥岩段薄砂层 3 号砂层、4 号砂层。

设计完钻原则：第一分支水平段进尺 800m 完钻；第二分支水平段进尺 650m 完钻。

设计完井方法：第一分支射孔完井；第二分支射孔完井 + 筛管完井。

2.现场试验情况

HD10-5-1HF 井主分支（南侧）：2014 年 4 月 19 日开钻，2014 年 7 月 16 日完钻，钻井周期 88 天，完钻井深 6036m，水平段长 800m，水平段采用旋转地质导向技术，油层钻遇率 98.61%。

上分支（北侧）：2014 年 9 月 17 日开钻，2014 年 12 月 7 日完钻，钻井周期 81 天，完钻井深 5867m，水平段长 555m，水平段钻进采用旋转地质导向技术，油层钻遇率 64.61%。

（四）HD10-1-4HF 双分支井设计与现场试验

1.基本设计数据

HD10-1-4HF 井是塔里木油田首批第二口超薄储层四级双分支阶梯水平井，根据邻井实钻数据及地震资料预测本井钻遇地层深度见表 5-4，井身结构设计如图 5-15 所示，轨道类型为直—增—稳—增—平，剖面设计见表 5-5；完井管柱设计与 HD10-5-1HF 井相同（图 5-14）。

表 5-4　HD10-1-4HF 井地层深度预测

地层				HD 10-1-4HF	
界	系	段	代号	底界垂深（m）	厚度（m）
新生界	第四系—古近系—新近系		Q—E	2565.45	2565.45
中生界	白垩系		K	3317.62	752.17
	侏罗系		J	3722.12	404.50
	三叠系		T	4216.62	494.50
上古生界	二叠系		P	4504.45	287.83
	石炭系	石灰岩段	C1	4537.29	32.83
		砂泥岩段	C2	4902.95	365.67
		上泥岩段	C3	4998.73	95.77
		标准石灰岩	C4（北侧分支）	5028.04	29.31
		1 号砂层顶		5047.75	19.71
		1 号砂层底	C5（北侧分支）	5048.52	0.77
		2 号砂层顶		5054.57	6.05
		2 号砂层底		5055.47	0.90

地层				HD 10-1-4HF	
界	系	段	代号	底界垂深（m）	厚度（m）
上古生界	石炭系	3 号砂层顶	C5（北侧分支）	5058.87	3.40
		3 号砂层底		5059.79	0.92
		4 号砂层顶		5063.77	1.34
		4 号砂层底		5064.62	0.85
		标准石灰岩	C4（南侧分支）	5023.04	29.31
		1 号砂层顶	C5（南侧分支）	5042.75	19.71
		1 号砂层底		5043.52	0.77
		2 号砂层顶		5049.57	6.05
		2 号砂层底		5050.60	1.03
		3 号砂层顶		5053.07	2.47
		3 号砂层底		5054.13	1.06
		4 号砂层顶		5052.57	1.34
		4 号砂层底		5053.32	0.75

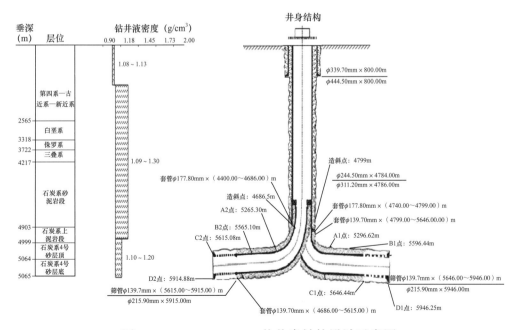

图 5-15　HD10-1-4HF 井井身结构设计示意图

表 5-5　HD10-1-4HF 井设计轨道剖面参数

第一分支（北侧分支）							
井深 （m）	井斜 （°）	方位 （°）	垂深 （m）	南北 （m）	东西 （m）	造斜率 （°）/30m	站点
4784.00	0	0	4784.00	0	0	0	$9\frac{5}{8}$in 套管鞋
4799.00	0	0	4799.00	0	0	0	造斜点
4881.19	20.00	0	4879.53	14.20	0	7.30	
5055.58	64.00	0	5005.97	128.04	0	7.57	
5112.61	64.00	0	5030.97	179.30	0	0	
5180.11	82.00	0	5050.62	243.59	0	8.00	
5215.35	86.11	0	5054.27	278.63	0	3.50	
5264.24	86.11	0	5057.59	327.40	0	0	
5296.62	89.35	0	5058.87	359.76	0	3.00	A1
5596.44	89.35	0	5062.27	659.56	0	0	B1
5619.20	87.29	0	5062.94	682.31	0	2.72	
5622.41	87.29	0	5063.09	685.51	0	0	
5646.44	89.46	0	5063.77	709.53	0	2.72	C1
5946.25	89.46	0	5066.57	1009.33	0	0	D1
第二分支（南侧分支）							
井深 （m）	井斜 （°）	方位 （°）	垂深 （m）	南北 （m）	东西 （m）	造斜率 （°）/30m	站点
4686.50	0	180.00	4686.50	0	0	0	造斜点
4698.50	2.00	180.00	4698.50	−0.21	0	5.00	
4728.50	2.00	180.00	4728.48	−1.26	0	0	
4836.50	20.00	180.00	4834.06	−21.78	0	5.00	
5062.72	62.50	180.00	5000.27	−167.54	0	5.64	
5116.86	62.50	180.00	5025.27	−215.57	0	0	
5198.86	83.00	180.00	5049.46	−293.46	0	7.50	
5234.88	87.80	180.00	5052.34	−329.35	0	4.00	
5244.50	87.80	180.00	5052.71	−338.96	0	0	
5265.30	90.23	180.00	5053.07	−359.76	0	3.50	A2
5565.10	90.23	180.00	5051.87	−659.56	0	0	B2
5588.12	88.27	180.00	5052.17	−682.58	0	2.56	
5591.39	88.27	180.00	5052.27	−685.84	0	0	
5615.08	90.29	180.00	5052.57	−709.53	0	2.56	C2
5914.88	90.29	180.00	5051.07	−1009.33	0	0	D2

设计完钻层位：第一分支（北侧分支）为石炭系中泥岩段薄砂层 3 号砂层、4 号砂层；第二分支为（南侧分支）石炭系中泥岩段薄砂层 3 号砂层、4 号砂层。

设计完钻原则：第一分支（北侧分支）水平段进尺 650m 完钻；第二分支（南侧分支）水平段进尺 650m 完钻。

设计完井方法：第一分支射孔完井 + 筛管完井；第二分支射孔完井 + 筛管完井。

2. 现场试验情况

HD10-1-4HF 井主分支（北侧）：2014 年 6 月 1 日开钻，2014 年 8 月 24 日完钻，钻井周期 84 天，完钻井深 5947m，水平段长 646m，水平段采用旋转地质导向技术，油层钻遇率 89.21%。

上分支（南侧）：2014 年 9 月 17 日开钻，2014 年 11 月 11 日完钻，完钻周期 55 天，完钻井深 5908m，水平段长 622m，水平段钻进采用旋转地质导向技术，油层钻遇率 91.26%。

第三节　中深盐下油气藏水平井钻井技术

英买 7 区块目的层为古近系底砂岩段，盖层为石膏层、膏泥层和纯盐层互层，油气藏类型为带油环的层状边水凝析气藏盐下底水凝析气藏，由于油环较薄，开发难度大，为高效开采底油，提高原油采收率，实现稀井高产，决定利用水平井技术提高盐下油气藏采收率。

一、盐下水平井钻井难点

由于盐层与储层之间垂直距离小，必须在盐膏层段造斜，由此带来了一系列难题（李宁等，2009）。

（一）造斜点深，定向造斜难度大

由于 YM7 凝析油气藏的目的层为古近系底砂岩段，埋深在 4700m 左右，为了减少定向钻进段的长度，造斜点深度必须尽可能向下，造斜点深度的增大带来的突出问题是定向造斜困难，工具面不易摆放且不稳。

（二）中靶精度要求高

盐下水平井的靶半高一般为 1m，靶半宽一般为 10m，比一般水平井要求的中靶精度高，因此施工难度大。

（三）ϕ311.15mm 大井眼盐膏层段造斜和增斜难度大

油气层的上方有一段近 300m 的盐膏层，目的层和盐膏层底垂距仅 30m 左右，目前中半径水平井最小造斜半径也超过 85m，因此必须要在盐膏层中进行造斜和增斜。同时，考虑到穿过盐膏层后是低压易漏的细砂岩地层，需要换成低密度钻井液，因此，需要及时下套管封固盐膏层。为了减少一层套管，就要求 ϕ311.15mm 井眼穿过盐膏层。

（四）ϕ311.15mm 井眼盐膏层弯曲段下入 ϕ273.05mm 高刚性、厚壁套管难度大

由于盐膏层段的外挤力非常大，YM7-H1 井就因 4627.7~4629.7m 处的 ϕ117.8mm 套管变形而提前完钻，之后的几口井因为在盐膏层段使用了 ϕ273.05mm 厚壁套管，基本解决了套管被挤变形的问题。但由于 ϕ273.05mm 套管壁厚达到 26.24mm，刚度大，将其下入 ϕ311.15mm 弯曲井眼中，因为间隙小和井眼弯曲的关系，卡钻的风险很大，其顺利下入问题是一个巨大的挑战。

针对上述难题，塔里木油田从"十一五"开始攻关与实践。

二、盐下水平井钻井技术

（一）井身结构设计

通过对英买 7 区块地层压力预测研究发现，该区块自上而下存在盐上、盐层、盐下三套不同压力体系和必封点（表 5-6）。

表 5-6　英买 7 区块地层压力预测数据统计表

层位	井深（m）	孔隙压力系数	破裂压力系数
第四系库车组	0~1000	1.05~1.15	1.8~1.95
库车组	1000~3507	1.15~1.25	2.2~2.35
康村组—吉迪克组上泥岩段	3507~5036	1.25~1.50	1.95~2.35
吉迪克底砂岩段	5036~5074	1.05~1.16	2.01~2.26
古近系膏泥岩段	5074~5189	1.25~1.50	1.98~2.16
古近系底砂岩段	5189~5248	1.03~1.14	1.98~2.22

根据地层压力预测和 ϕ139.7mm 完井管柱要求，英买力水平井宜采用三层套管井身结构，即：ϕ339.7mm 表层套管下至 1500m 左右，封固上部流沙层和松软地层，技术套管下至盐膏层底部膏泥岩地层，采用复合套管柱结构，盐膏层段使用厚壁套管（外径 ϕ273.05mm、壁厚 26.24mm、钢级 140V、抗挤强度 167.7MPa），避免石膏层造成套管变形，其他井段使用普通常用套管；油层

套管也采用复合套管柱结构，油层以上使用ϕ177.8mm 套管封固，油层段使用ϕ139.7mm 套管或筛管完井。优化后的井身结构如图 5-16 所示。

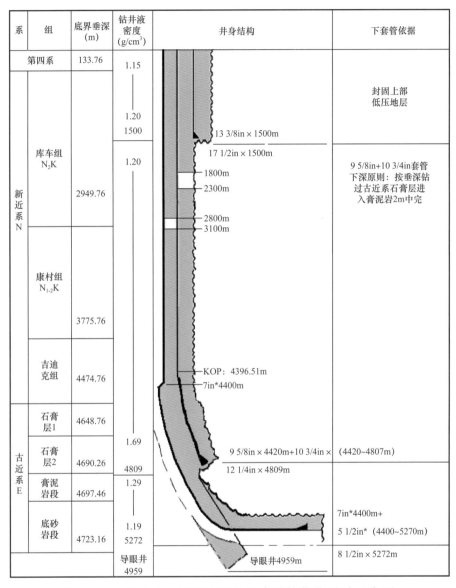

系	组	底界垂深(m)	钻井液密度(g/cm³)	井身结构	下套管依据
第四系		133.76	1.15		封固上部低压地层
新近系 N	库车组 N₂K	2949.76	1.20 1500 1.20	13 3/8in×1500m 17 1/2in×1500m 1800m 2300m 2800m 3100m	9 5/8in+10 3/4in套管下深原则：按垂深钻过古近系石膏层进入膏泥岩2m中完
	康村组 N₁-₂K	3775.76			
	吉迪克组	4474.76		KOP：4396.51m 7in*4400m	
古近系 E	石膏层1	4648.76	1.69 4809		
	石膏层2	4690.26		9 5/8in×4420m+10 3/4in× 12 1/4in×4809m	(4420~4807m)
	膏泥岩段	4697.46	1.29		7in*4400m+
	底砂岩段	4723.16	1.19 5272		5 1/2in*（4400~5270m）
	导眼井4959			导眼井4959m	8 1/2in×5272m

图 5-16　YM7-H4 盐下水平井井身结构优化设计示意图

（二）井眼轨道优化设计

由于英买力盐下水平井中靶精度较高，为了减小轨迹控制的难度，采取先钻导眼，确定油气水层位置后再回填侧钻的方式完成水平段的施工，因此，英买力水平井剖面包括导眼和水平段两部分。导眼部分设计剖面类型为直—增—增—稳型，要求通过两次增斜使井斜达到 50°～75°，然后稳斜探油气水层位置。水平段部分设计剖面类型为直—增—增—平型，在导眼探明油气水层位置后，经过计算分析，确定回填段的长度，然后侧钻并增斜至水平。优化后的盐下水平井轨道剖面如图5-17所示。

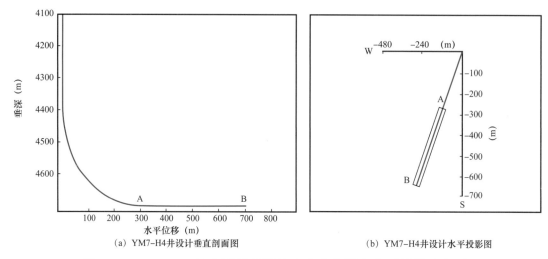

（a）YM7-H4井设计垂直剖面图   （b）YM7-H4井设计水平投影图

图5-17　YM7-H4井水平井井眼轨迹垂直投影和水平投影示意图

三、套管强度设计

（一）套管强度设计方法

由于复合盐膏层段套管所受的外挤力非常大，且具有不均匀性，同时还受到弯曲作用的影响，对其抗外挤强度有非常高的要求，因此，套管强度设计的关键是复合盐膏层段套管的抗挤强度设计，抗拉、抗内压和其他井段的抗外挤设计可直接参照SY/T5724—2008《套管柱强度设计方法》进行。

复合盐膏层段套管抗外挤强度设计可以按以下步骤进行。

（1）确定复合盐膏层段在井眼轨迹中的位置。

复合盐膏层的深度区间通常是指垂深，将其对应到井眼轨迹中，即可确定复合盐膏层对应的井深、垂深、井斜角和方位角范围。

（2）分段并确定各段的轨道参数。

将整个复合盐膏层段分成若干段，原则上每个亚层为一段，井眼轨迹在该亚层中的长度每超过50m增加一段，计算每段的平均垂深、平均井斜角、平均方位角、平均井眼曲率和该段顶点到中完井底的垂深增量。

（3）最大有效外挤力、最小有效外挤力和外挤力不均匀度的计算。

根据每段的平均垂深、平均井斜角和平均方位角确定该段的最大外挤力和最小外挤力，然后根据套管的掏空度、下次钻进时的最低钻井液密度和该段的垂深，计算该段的最小内压力，将最大外挤力和最小外挤力分别减去最小内压力，得到最大有效外挤力和最小有效外挤力，最小有效外挤力除以最大有效外挤力即可得到外挤力不均匀度。

（4）轴向应力的计算。

根据该段套管顶点到中完井底的垂深增量和其每米浮重，计算该段套管的轴向应力。

（5）多种因素影响下的套管抗挤强度的计算。

根据所用高抗挤套管的最大不圆度、壁厚不均度和最小屈服应力，以及该段套管的井眼曲率、外挤力不均匀度和轴向应力等计算套管的抗挤强度。

（6）完成复合盐层段套管抗挤强度设计。

将计算得到的该段套管的抗挤强度除以其最大有效外挤力，即得到该段套管的抗挤安全系数，保证复合盐膏层段每段套管的抗挤安全系数大于1，即可完成复合盐膏层段套管的抗挤强度设计。

（二）套管强度设计实例

1. 技术套管挤扁失效分析

YM 7-H1 盐下水平井 ϕ177.8mm 套管在井深 4627.5～4629.5m 处发生变形，说明该处套管所受外挤载荷大于套管强度，4627.5～4629.5m 处的井斜角约为34.5°，方位角约为310°，变形点已经进入第2个石膏层，该处最大外挤力为112.3MPa，最小外挤力为92MPa，考虑到套管被挤扁时井内充满钻井液，因此失效点处的井内压力约为60MPa，则最大有效外挤力和最小有效外挤力分别为52.3MPa 和 32MPa，外挤力不均匀度为61.2%。

失效点以下管柱对失效点处管柱的拉应力可以忽略不计，失效点处的套管弯曲曲率为20°/100m，套管的不圆度和壁厚不均度按 API 最大值的一半即不圆度取 0.75% 计算，壁厚不均度取 12.5%，套管为钢级 VM140HC，外径 ϕ177.8mm，壁厚 12.65mm，计算可得套管抗挤强度为 31.05MPa，小于最大有效外挤力 52.3MPa，所以套管被挤扁是完全可能的。

2. 套管抗挤安全系数的计算

按照复合盐层段套管抗挤强度设计的步骤，可以分别求出各段的最大有效外挤力、最小有效外挤力、外挤力不均度、轴向应力（因较小，忽略）、抗挤强度和抗挤强度安全系数，从表5-7至表5-9可以看出，将作用在套管上的不均匀外挤力按蠕变稳定后的最坏情况考虑后各井复合盐层段抗挤安全系数略大于1，说明是安全的。

表 5-7　YM7-H2 盐下水平井复合盐层段各分段抗挤强度设计参数

序号	最大有效外挤力（MPa）	最小有效外挤力（MPa）	外挤力不均匀度（%）	平均井眼曲率（°/100m）	抗挤强度（MPa）	抗挤安全系数
1	67.49	43.49	0.64	12	68.62	1.02
2	66.14	43.04	0.65	24	68.12	1.03
3	64.74	42.44	0.66	23	68.86	1.06
4	63.00	42.10	0.67	25	70.32	1.12
5	64.29	43.69	0.68	15	73.07	1.14
6	63.27	44.47	0.70	22.5	75.68	1.20

注：表中参数的附加计算条件有：套管不圆度取 0.75%，壁厚不均度取 12.5%，残余应力为 0，最小屈服强度取 1080MPa，计算有效外挤力时内压力按 25% 掏空度计算。

表 5-8　YM-H3 盐下水平井复合盐层段各分段抗挤强度设计参数

序号	最大有效外挤力（MPa）	最小有效外挤力（MPa）	外挤力不均匀度（%）	平均井眼曲率（°/100m）	抗挤强度（MPa）	抗挤安全系数
1	68.04	44.24	0.65	12	69.36	1.02
2	67.15	43.75	0.65	13	69.43	1.03
3	65.67	43.37	0.66	28	68.93	1.05
4	64.17	42.97	0.67	27	70.28	1.10
5	62.35	42.45	0.68	22	72.44	1.16
6	61.98	42.18	0.68	20	72.63	1.17

注：表中参数的附加计算条件有：套管不圆度取 0.75%，壁厚不均度取 12.5%，残余应力为 0，最小屈服强度取 1080MPa，计算有效外挤力时内压力按 25% 掏空度计算。

表 5-9　YM7-H4 盐下水平井复合盐层段各分段抗挤强度设计参数

序号	最大有效外挤力（MPa）	最小有效外挤力（MPa）	外挤力不均匀度（%）	平均井眼曲率（°/100m）	抗挤强度（MPa）	抗挤安全系数
1	67.51	44.31	0.66	11.9	70.19	1.04
2	66.52	44.12	0.66	15	70.78	1.06
3	65.08	44.38	0.68	28	71.88	1.10
4	63.61	44.81	0.70	17	76.60	1.20
5	62.13	45.43	0.73	24	80.20	1.29
6	60.79	46.19	0.76	29	84.85	1.40

注：表中参数的附加计算条件有：套管不圆度取 0.75%，壁厚不均度取 12.5%，残余应力为 0，最小屈服强度取 1080MPa，计算有效外挤力时内压力按 25% 掏空度计算。

四、现场应用情况

从 2006 至今英买 7 断裂构造带 10 口井已成功应用盐下水平井技术，成功率 100%。

（一）YM7-H2 盐下水平井应用情况

该井 2006 年 2 月 5 日开钻，7 月 13 日完钻，8 月 10 完井，实际垂深4698.17m，钻井周期 157.65 天，完井周期 185.29 天，实钻井身结构如图 5-18所示。

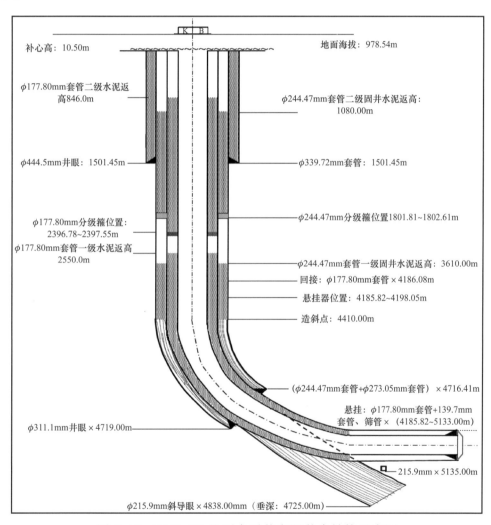

补心高：10.50m

地面海拔：978.54m

ϕ177.80mm套管二级水泥返高846.0m

ϕ244.47mm套管二级固井水泥返高：1080.00m

ϕ444.5mm井眼：1501.45m

ϕ339.72mm套管：1501.45m

ϕ177.80mm分级箍位置：2396.78~2397.55m

ϕ244.47mm分级箍位置1801.81~1802.61m

ϕ177.80mm套管一级水泥返高2550.0m

ϕ244.47mm套管一级固井水泥返高：3610.00m

回接：ϕ177.80mm套管×4186.08m

悬挂器位置：4185.82~4198.05m

造斜点：4410.00m

（ϕ244.47mm套管+ϕ273.05mm套管）×4716.41m

悬挂：ϕ177.80mm套管+139.7mm套管、筛管×（4185.82~5133.00m）

ϕ311.1mm井眼×4719.00m

215.9mm×5135.00m

ϕ215.9mm斜导眼×4838.00mm（垂深：4725.00m）

图 5-18　YM7-H2 盐下水平井实际井身结构示意图

导眼井：最大斜度 61.6°，方位 46.06，井深 4838.0m（垂深 4725m），水平位移 233.06m。

水平井：A 点井深 4844.50m，垂深 4700.40m，斜度 89.12°，方位 49.19°，水平位移 249.90m；B 点井深 5135.00m，垂深 4700.66m，井斜 89.54°，方位

49.19° 水平位移 540.35m。

该井首次成功将直径 ϕ244.475mm + ϕ273.05mm 复合套管下入 ϕ311.15mm 大斜度井眼中，开创了大尺寸厚壁套管的下入纪录。

（二）YM7-H4 盐下水平井应用情况

该井 2007 年 1 月 19 日开钻，8 月 10 日完钻，9 月 2 完井，实际垂深 4694.42m，钻井周期 203.17 天，完井周期 224.46 天，实钻井身结构如图 5-19 所示。

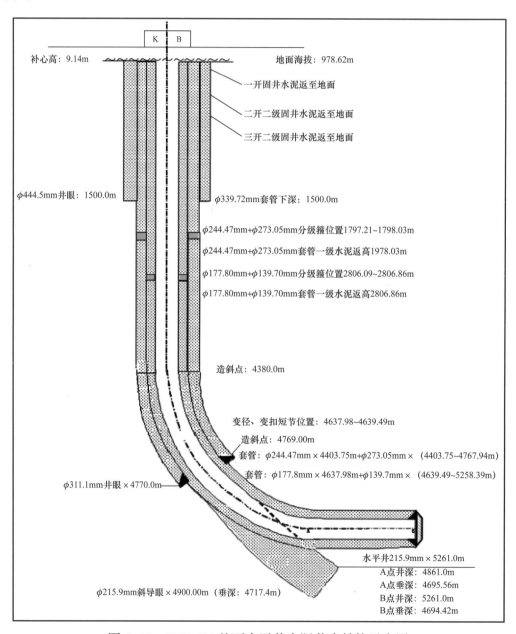

图 5-19　YM7-H4 盐下水平井实际井身结构示意图

导眼井：最大斜度79.2°，方位200°，井深4900.00m（垂深4717.4m），水平位移354.21m。

水平井：A点井深4861.00m，垂深4695.56m，斜度89.3°，方位205°，水平位移318.48m；B点井深5261.00m，垂深4694.42m，井斜91.1°，方位206°，水平位移718.12m。

该井创造了 ϕ273.05mm 套管下至井斜72°井眼内新纪录。

第四节　超深碳酸盐岩定向井/水平井钻井技术

台盆区碳酸盐岩油气藏一般埋藏5000～7000m，温度高（150℃以上），地层非均质性强，给超深定向井/水平井钻井带来了较多的难题，主要表现为托压严重、喷漏同存、靶层识别难，使得超深水平井水平段延伸受限、储层钻遇率低。同时为了降低开发成本、提高综合效益，台盆区部署了大量老井侧钻定向井，侧钻井目的层需采用 ϕ104.78mm～ϕ120.65mm 小井眼定向工具及仪器，前期由于缺乏抗高温高压小尺寸定向工具及仪器，基本以盲打为主，易造成脱靶，达不到钻井目的。

针对以上超深定向井/水平井钻井难题，经过不断探索和总结，以减少摩阻为目的，优选导向工具和仪器，优化设计了定向井/水平井井眼轨迹和钻具组合；以精确控制井底压力为手段，采用精细控压钻井技术，减少溢流井漏等复杂情况的发生，提高水平段的延伸能力；利用水力振荡器，改善了钻压的传递效果，减少了托压现象的发生。针对侧钻定向井，开展了超深小井眼侧钻技术研究，系统进行了 ϕ104.78mm～ϕ120.65mm 小井眼用定向仪器、工具和套管开窗工具的调研并成功开展试验，确保了超深小井眼精确中靶和成功钻井。同时匹配井口"漂移"、VSP随钻地震导向和随钻GR导向技术等超深碳酸盐岩缝洞体精确中靶技术，确保了超深定向井/水平井既能成功钻至设计井深又能精确中靶。超深碳酸盐岩定向井/水平井技术系列的成功应用，保障了油田碳酸盐岩油气藏的高效勘探开发。

一、超深水平井钻井技术

（一）超深水平井钻井难点

1. 定向钻井作业托压严重，机械钻速低，水平段延伸能力受限

塔中碳酸盐岩超深水平井水平段长一般为600～1200m，在造斜段和水平段钻进过程中，钻柱自身的重力易使其与下井壁接触，造成钻柱和井壁之间的

摩阻过大，托压现象严重，机械钻速低。如 ZG157-H1 井在定向钻进时机械钻速 1.34m/h，ZG162-H2 定向钻进时机械钻速 1.68m/h。托压严重时钻柱会发生正弦弯曲或螺旋弯曲，甚至"自锁"而无法继续钻进，水平段延伸能力受限。

2. 储层安全密度窗口窄，易出现"喷漏同存"，制约水平段的延伸能力

塔中碳酸盐岩储层缝、洞发育，钻井液安全密度窗口窄，甚至没有安全密度窗口，因此钻井过程中一旦钻遇缝洞单元，容易出现提高钻井液密度时发生漏失、降低密度时发生溢流的"喷漏同层、喷漏同存"复杂情况，导致钻进作业终止，严重制约水平段的延伸能力。

攻关前塔中多口水平井由于钻遇缝洞系统导致提前完钻，不能按设计完成水平段钻进，部分井水平段平均完成率仅为 30.8%（图 5-20）。

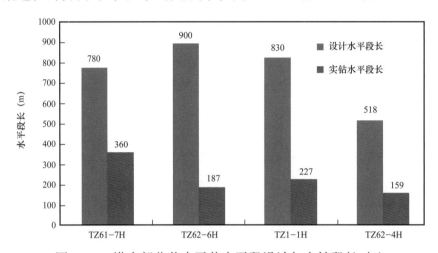

图 5-20 塔中部分井水平井水平段设计与实钻段长对比

3. 储层非均质性强，发育位置存在不确定性，钻遇率低

塔中西部碳酸盐岩油气藏非均质性强，在区域上发育位置存在不确定性，纵向上靶层识别难度大，地震地质层位标定无法准确确定储层发育位置，难以满足入靶精度和储层识别需求。现场实钻过程中通过录井手段获取的地层信息也不能确定储层发育位置，无法及时准确指导井眼轨迹修正。2011 年开展超深长水平段水平井钻探初期，由于技术不成熟，水平井储层钻遇率仅 21.9%。

为解决上述钻井难题，优化了井眼轨迹和钻具组合，优选了导向工具和仪器，并针对储层钻遇率低、"喷漏同存"、托压严重等难题，采用了随钻 GR 导向、精细控压钻井和水力振荡器技术，为超深水平井钻井提供了技术支撑。

（二）超深水平井优化设计

为解决超深水平井钻井难题，在塔标Ⅲ井身结构设计基础上，优化设计了井眼轨迹和钻具组合，优选定向工具和仪器，从设计源头避免了井下复杂情况

的发生，为解决超深水平井钻井难题奠定了基础。

1. 井眼轨迹优化设计

综合考虑了水平段设计长度、造斜率、造斜点、轨迹剖面和后期通井等因素，采取了以下优化措施。

（1）根据储层特征和生产需要，水平段长度一般设计为 600～1200m；

（2）平均造斜率为（4.5°～6°）/30m，控制靶前距 350m 左右，能够为钻井提速创造条件，同时给现场造斜施工留有余地；

（3）造斜点原则上选择在稳定的良里塔格石灰岩段，若良里塔格组厚度不足导致造斜率过大影响井眼质量，则适当上提造斜点至桑塔木组底灰质泥岩段；

（4）采用"直—增—稳—增—平"剖面，其中稳斜段较短，作为实钻过程中的造斜率调整段，弥补工具造斜能力的偏差，也可使井眼轨迹更平滑、降低作业风险；

（5）在三开钻进时一次定向完成造斜井段施工，有利于提高全井机械钻速；

（6）斜井段施工时，根据井下实际情况及时采取短起下钻，保持井眼顺滑，以防止井下复杂的发生，确保后期通井顺利。

按照上述优化措施，TZ82-H11 井井眼轨迹设计参数见表 5-10 和图 5-21，该井设计水平段长为 943.19m，应用工程软件对三开水平段采用常规"单弯螺杆钻具 +MWD"倒装钻具组合在不同工况下的受力情况进行了分析（图 5-22、图 5-23），分析结果表明：设计的井眼轨迹采用滑动钻进方式，在水平段长为 700m 左右时钻柱开始发生正弦屈曲，因此滑动钻进时最大的水平段延伸能力为 700m；若采用复合钻进方式，水平段长为 1000m 左右时钻柱在下钻作业中将开始发生正弦屈曲，因此复合钻进时最大的水平段延伸能力为 1000m；受力分析的结果表明，TZ82-H11 井井眼轨迹设计合理，其设计水平段长 943m，在应用复合钻进方式钻水平段过程中，各种工况下不会发生钻柱屈曲，可以满足钻井施工要求。

表 5-10　TZ82-H11 井直—增—稳—增—平五段制井眼轨迹设计参数

井段	井深（m）	井斜（°）	方位（°）	垂深（m）	南北（m）	东西（m）	闭合距（m）	造斜率（°/30m）
直井段	0～5070	0	0	5070	0	0	0	0
增斜段	5070～5336.52	44.42	296.92	5310.61	44.49	−87.6	98.25	5
稳斜段	5336.52～5359.49	44.42	296.92	5327.02	51.77	−101.93	114.32	0
增斜段	5359.49～5622.03	88.18	296.92	5430	158	−311.1	348.92	5
水平段	5622.03～6565.22	88.18	296.92	5460	584.88	−1151.62	1291.63	0

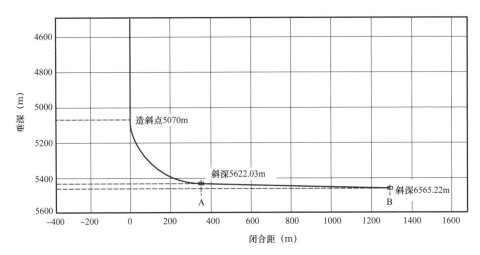

图 5-21　TZ 82–H11 井井眼轨迹设计

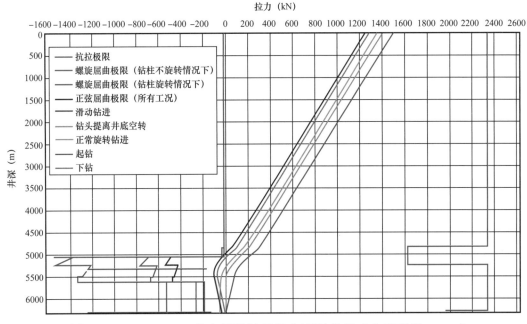

图 5-22　TZ 82–H11 井中倒装钻具组合摩阻分析（水平段长 700m）

2.定向工具和仪器优选

定向工具、仪器是超深水平井钻井的关键，因此需要综合地质特征、地层温度、地层压力和经济性等方面综合优选导向工具和仪器。

目前常用的导向工具有地质导向钻井系统、旋转导向钻井系统和弯外壳螺杆钻具，其中弯外壳螺杆钻具在现场应用最广泛，常用的导向仪器主要为MWD。

（1）定向工具。

弯外壳螺杆钻具是国内外使用最广泛的导向工具，定向造斜钻进效果较

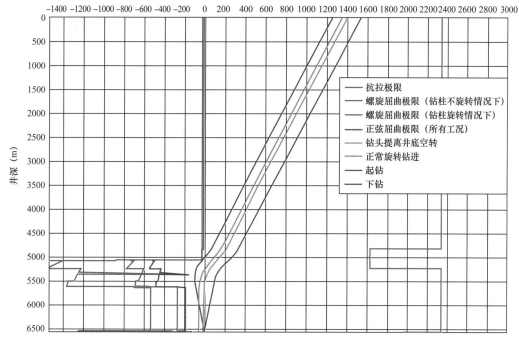

图5-23　TZ 82-H11井中倒装钻具组合摩阻分析（水平段长1000m）

好。针对塔中地区地层压力58.31MPa～64.98MPa、温度地层121.1～142.9℃的情况，可优选性能稳定的抗高温弯螺杆钻具在超深水平井中进行定向钻进，而且国内螺杆钻具的生产厂商多、技术成熟、成本较低。

地质导向钻井技术是在常规导向钻井技术的基础上发展起来的，在滑动钻进过程中进行导向，其核心是整合了随钻地质评价仪器和地质导向工具。地质导向钻井技术最大的特点是能够实时获得多种地质参数，实现地质导向、提高勘探开发效率。

旋转导向钻井技术是在转盘旋转钻进时随钻实时进行定向作业，通过旋转钻进完成导向，代表目前导向钻井技术的最高水平。相对于滑动导向钻进，旋转钻进导向能够有效减少钻柱与井壁间的摩阻和扭矩，能有效提高机械钻速和水平段延伸能力。

（2）导向仪器。

导向钻井仪器主要是指能提供定向参数的测量仪器，通过调研发现国外进行MWD服务的公司主要有斯伦贝谢、哈里伯顿、贝克休斯等，产品型号齐全，环境适应性强，而国内MWD技术还不够成熟，环境适应性弱。

（3）优选结果。

从经济、实用、安全和实钻情况等出发，选择弯螺杆钻具为塔中超深水平井钻井的导向工具（表5-11）。

表 5-11 塔中地区推荐螺杆钻具各项参数表

使用井段		尺寸（mm）	类型	型号	螺杆钻具流量（L/s）	螺杆钻具压降（MPa）	输出功率（kW）	钻头转数（r/min）	工作扭矩（N·m）
二开	斜井段	172	高温	根据实际造斜情况，推荐 1.25°/1.5°/1.75° 的单弯螺杆	25～35	2.5～3.5	35～70	80～150	3000～5000
		185	高温		25～35	2.5～3.5	40～75	80～150	4000～6000
三开	水平段	120	高温		10～15	2.3～2.8	15～30	70～200	1000～2000
		127	高温		10～15	2.5～3.0	20～35	100～250	1000～2000

弯螺杆钻具的选择主要按照以下四个原则：

① 根据井眼大小确定使用螺杆钻具的尺寸；

② 根据所施工井眼类型和所设计造斜率的大小来选用弯螺杆钻具类型，进一步确定其长度、弯壳体度数、稳定器外径及稳定器数量；

③ 用于复合钻进的弯壳体螺杆钻具的度数应根据井眼尺寸的大小来定，只要所选弯壳体螺杆钻具在弯曲点绕井眼轴线的公转半径小于钻头半径，就不会导致井眼扩大；

④ 由于塔中地区所钻井主要为超深井，井底温度高，因此导向工具主要选用抗高温螺杆钻具。

从抗高温和实钻情况考虑，优选最大工作温度达 150℃以上国外 MWD 作为塔中地区导向钻井仪器（表 5-12）。

表 5-12 随钻导向仪器

仪器名称	最大工作温度（℃）	技术服务公司
ImPulse 系统	150	斯伦贝谢
NavitrakSM 系统	150	贝克休斯
PCDWD、SOLAr175 系统	175	哈里伯顿
GEOLINGK 无线随钻测斜仪	150	Sondex 公司
Sureshot	150	APS 公司

综上所述，塔中超深水平井钻井作业中主要采用"单弯螺杆钻具 +MWD"导向技术，该技术既能在造斜段滑动定向钻进，也能实现水平段复合钻进，满足在合理井眼轨迹设计条件下钻达设计水平段长的要求。在此基础上根据塔中的地质特征探索出经济型随钻地质导向技术——"单弯螺杆钻具 +MWD+GR 测量仪"组成的随钻 GR 导向钻井技术。

3. 钻具组合优化设计

钻具组合优化设计的主要目的是降低不同工况下摩阻，达到延伸超深水平井水平段的目的，因此，在水平井段及大斜度井段应尽量减少钻铤的使用，加重钻杆放到井斜角较小的井段，以减少钻柱与井壁之间的接触力，从而减小钻柱与井壁间的摩阻。

塔中地区优化设计的钻具组合主要为：直井段选用双扶钟摆钻具组合；斜井段、水平段使用倒装钻具组合（表5-13）。

表5-13 各开钻层次钻具组合表

开次	井段	钻具组合类型	基本钻具组合
二开	直井段	钟摆	ϕ241.3mm 钻头 + 螺旋钻铤 ×2 根（或直螺杆钻具 + 螺旋钻铤 ×1 根）+ 钻具稳定器 + 螺旋钻铤 ×1 根 + 钻具稳定器 + 螺旋钻铤 ×3 根 + 无磁钻铤 ×1 根 + 螺旋钻铤 ×10 根 + 随钻震击器 ×1 根 + 螺旋钻铤 ×3 根 +ϕ127mm 加重钻杆 ×15 根 +ϕ127mm 钻杆
	斜井段	导向	ϕ241.3mm 钻头 + 单弯螺杆钻具 + 无磁钻铤 ×1 根 +MWD+ 无磁钻铤 ×1 根（或ϕ127mm 无磁承压钻杆 ×1 根）+ϕ127mm 斜坡加重钻杆 ×45 根 +ϕ127mm 钻杆
三开	斜井段、水平段	导向	ϕ168.28m 钻头 + 单弯螺杆钻具 + 无磁钻铤 ×1 根 +MWD+ 无磁钻铤 ×1 根（或ϕ120.65mm 无磁承压钻杆 ×1 根）+ϕ101.6mm 斜坡钻杆 +ϕ114.3mm 斜坡加重钻杆 +ϕ101.6mm 斜坡钻杆

注：斜坡钻杆、斜坡加重钻杆的根数根据实际水平段长度确定；钻井作业中可以根据实际情况在基本钻具组合中增加提速、测量等工具。

（三）精细控压钻井技术

针对碳酸盐岩储层窄密度窗口引起的"溢漏同存、溢漏同层"和水平段延伸能力差的问题，引进了哈里伯顿公司的精细控压钻井技术，并根据实际应用情况对其进行了改进，在此基础上与国内研究院合作研发出国产精细控压钻井系统并投入现场应用。

1. 技术原理

精细控压钻井技术是在钻井过程中能够精确控制井筒液柱压力的一项技术，技术原理为：使用旋转防喷器建立一套密闭的循环系统，利用随钻测压工具PWD实时测量井底压力，并通过MWD将井底压力数据传回数据采集系统进行计算分析，然后根据分析结果通过自动节流控制系统和回压泵合理调整井口回压，确保在正常钻进、接单根、起下钻、开关钻井泵等工况下的井筒内压力按预定规律变化，精确地控制井筒压力稳定，避免或减少溢流、井漏等复杂情况的发生，其控压原理流程图如图5-24所示。

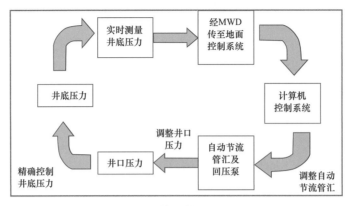

图 5-24 精细控压流程图

精细控压系统主要由旋转防喷器、PWD 随钻测压工具、数据采集系统、自动节流控制系统、回压泵五部分组成。

1）旋转防喷器

旋转防喷器主要用于建立精细控压钻井的密闭循环系统，并在所限定的井口压力条件下允许钻具旋转和起下，实施带压作业。塔中地区常用的旋转防喷器为 Williams 7100 型旋转防喷器，可实现 17.5MPa 的回压控制。

2）PWD 随钻测压工具

PWD 随钻测压工具是精细控压钻井的核心设备，用于连续实时地测量井底压力，并通过 MWD 传输至数据采集系统。PWD 随钻测压工具的使用，提高了井口回压调整的合理性，达到精确控制井口回压，保持井底压力稳定的目的。

3）数据采集系统

数据采集系统主要用于接收从 MWD 传输的实时井底随钻测压数据，实时监测和采集所有地面记录数据，并对数据进行计算分析，分析结果用于节流阀开度的调整，实现井口回压的控制。

4）自动节流控制系统

自动节流控制系统通过控制自动节流阀开度的大小，调整井口回压，补偿井底压力变化，从而保持稳定的井底压力。控制模式包含井底压力控制、井口压力控制和水力参数计算三种模式，实钻中主要采用井底压力控制模式，即根据随钻测压工具测得的实时井底压力数据通过自动节流控制系统保持井底压力稳定在一个预定的值不变。

自动节流控制系统由计算机软件自动控制，井口压力控制精度可以达到 ±50psi。而常规钻井技术以手动方式调整节流管汇的节流阀来控制井口压力，精度低、速度慢，往往会引起井底压力较大的波动。

5）回压泵

回压泵是井口回压的补偿装置，在循环中断时（如起钻、钻井泵故障等）从循环罐上水建立新的循环系统，提供所需要的井口回压以补偿钻井泵停止后损失的循环压耗，保持井底压力稳定。在井内返出流体不足时，回压泵进程控制器能够自动启动回压泵来稳定井底压力，保持停泵时压力的连续性，降低溢流风险。

精细控压钻井系统集成应用了旋转防喷器、井底随钻测压工具、数据采集系统、自动节流控制系统、回压泵等先进设备和技术，既实现了对井底压力的精确控制（控制精度达到 ±50psi），又及时补偿了起下钻和停泵引起的井底压力波动，克服了常规钻井中井底压力波动大的问题，减少了井漏、溢流等复杂情况的发生，其井底压力控制情况如图 5-25 所示，从图可知，精细控压钻井的井底压力远低于常规钻井，可实现微溢流钻井。另外，通过增大井口回压还可实现微漏钻井。

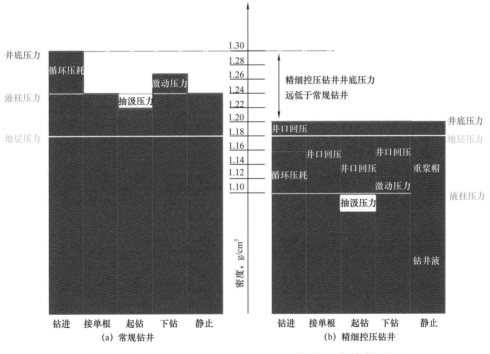

图 5-25　精细控压钻井与常规钻井井底压力控制对比

2. 现场施工工艺

1）微漏精细控压钻井工艺技术

塔中地区储层缝洞发育，压力窗口窄，甚至无压力窗口，井漏和溢流的风险非常高，在水平段钻进过程中几乎找不到压力平衡点，并且高含硫化氢气体。针对此种情况，依据漏失量合理调整井口回压，保持漏失量可控的情况下

（漏失速度控制在 50m³/d 之内）进行水平段钻进，形成了微漏精细控压钻井工艺技术。

2）微过平衡精细控压钻井工艺技术

塔中地区缝洞型储层气油比高，在钻进过程中经常会发生由于气体置换或后效气体上升膨胀至井口而导致假溢流。按照《塔里木油田钻井井控实施细则》，当溢流量超过 1m³ 后，会立即转至常规井控。如此以来会因为实施常规井控的溢流量上限值过小，轻易转为常规井控，严重影响钻井时效，不利于实现安全快速钻井的目的。为此，需根据井口压力的大小分级处置，进行微过平衡钻进，如果井口压力大于 5MPa，则必须实施压井作业。

3）复杂情况处理

（1）溢流处理。

采用精细控压钻井技术进行水平段钻进时，如果发生溢流，应根据溢流情况采取如下方法进行处理：当液面上涨小于 1m³ 或井口压力有上涨趋势且小于 3MPa，立即停止控压作业；若根据 PWD 数据或其他技术手段确认液面上涨是由于单根峰、岩屑气、后效气进入井筒上返至井口膨胀造成的假溢流，可通过增加井口压力保证井底正压差来循环排出气侵，井队和录井加密监测液面，如液面不变，则继续下步施工；如液面继续上涨，则适当提高钻井液密度以降低井口套压；若液面继续上涨至大于 1m³ 或者井口压力大于等于 5MPa，按溢流关井程序关井并汇报，确定压井方案并准备到位，在微漏状态下节流循环压井，最终井口控压不大于 5MPa，开闸板防喷器恢复控压钻井作业；若控压循环时套压持续上涨至 10MPa 时，井口卡好钻具死卡，做反推准备（接水泥车及试压准备），关井反推，反推时开始推入适量加重钻井液，至套压不大于 5MPa 停止反推作业，带压起钻至储层以上 50m，节流循环压井，排出上部进入井筒的地层流体。控压钻进期间如需关井，按硬关井程序执行，以减少溢流量。

（2）井漏处理。

控压钻井作业期间，出现井漏，应根据井漏情况，在能够建立循环的条件下，逐步降低井口套压，寻找压力平衡点。若井口套压降为 0 时仍然无效，则逐步降低钻井液密度，每循环周降 0.01~0.02g/cm³，待液面稳定后恢复钻进。若出现放空、失返、大漏（漏速大于 10m³/h）时，应立即上提钻具观察，监测环空液面，测漏速，严禁循环，以防将含 H₂S 的油气带入上部井筒；采取适当反推、注凝胶段塞、投球堵漏等综合措施，控制到微漏状态，将钻具起至储层以上 50m，方可循环压井回到微过平衡状态，恢复钻进。如经过反复堵漏，仍无法建立循环，若具备不返出强钻条件，可适当强钻一定进尺，钻开缝洞体储层完钻，配合环空液面监测吊灌技术来确保起下管柱安全完井。

（3）溢漏同存处理。

在溢漏同存井段钻井时，应按照以下原则处理：如果存在钻井液密度窗口，应先增加井口压力至溢流停止或漏失发生，逐步降低井口压力寻找微漏时的钻进平衡点，保持该井口压力钻进，在钻进和循环时，控制漏失量在 $50m^3/d$，并持续补充漏失的钻井液。如果无密度窗口，应转换到常规井控，按照《塔里木油田公司钻井井控细则》进行下一步作业。

（4）井口失返处理。

如果井漏失返，则首先用回压泵连续灌浆，起钻到安全井段。如果起钻过程中井口回压超过 5MPa，则停止起钻，关井观察进行压井。

4）终止精细控压钻井的条件

出现下述情况之一，应立即停止精细控压钻井作业：

（1）自井内返出的气体在其与大气接触的出口环境中硫化氢浓度大于 $30mg/m^3$；

（2）如果钻遇大裂缝井漏严重，无法找到微漏钻进平衡点，导致控压钻井不能正常进行；

（3）控压钻井设备不能满足控压钻井要求；

（4）实施控压钻井作业中，如果井下频繁出现溢漏复杂情况，无法实施正常控压钻井作业；

（5）井眼、井壁条件不满足控压钻井正常施工要求时。

3. 应用效果

2009 年精细控压钻井技术在塔中地区进行试点应用，2011 年开始推广应用，累计应用 61 口井。应用精细控压钻井技术之后，平均单井钻井液漏失量由 $1822.1m^3$ 下降至 $383.9m^3$，降低 78.9%；单井复杂时间由 520.9h 降低至 172.3h，降低 66.9%；平均单井水平段长度由 318.4m 增加到 894.1m，提高 180.8%。

精细控压钻井技术的应用创造了一系列纪录：TZ 721-8H 井完钻井深 6705m，钻进过程中没有发生漏失，水平段长达 1561m，创造油田水平段最长的纪录；塔中 862H 井完钻井深 8008m，垂深 6327.6m，水平段长 1552m，钻进过程没有发生漏失，创中国最深水平井纪录，同时创垂深 6000m 以上世界最深水平井纪录。

尽管精细控压钻井技术应用取得了较好的效果，但对于大型溶洞、裂缝型地层井漏复杂事故的应对能力有限，适用性较差，如 TZ26-H11 井、TZ26-H3 井、TZ45-H1 井、TZ82-TH 井在精细控压钻进时钻遇大型溶洞发生严重井漏，平均单井漏失 4175.6m^3，只能提前完钻，目前技术条件下尚无有效处理大型溶洞、裂缝引起的严重井漏的方法。

（四）水力振荡器减摩降阻技术

超深水平井造斜段和水平段钻进过程中，钻柱和井壁之间的摩阻过大容易出现托压现象，导致机械钻速低、水平段延伸受限。对此，塔里木油田引进了能够产生低频轴向振动的水力振荡器，以改善钻压传递效果，减少水平段钻进的托压现象，提高水平段的延伸能力（肖占朋等，2017 年）。

1. 工作原理

水力振荡器主要由动力部分、阀门和轴承系统、振荡短节 3 部分组成（图 5-26、图 5-27）。

图 5-26　水力振荡器结构示意图

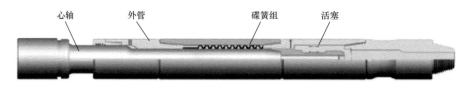

图 5-27　轴向振动短节示意图

水力振荡器的动力部分是由一个 2∶1 的螺杆钻具组成，螺杆钻具转子的下端固定一个阀片，流体通过动力部分时，驱动芯轴转动，带动下端的固定阀片在一个平面上往复旋转运动（即动阀片）。另外，与动力部分连接的是阀门和轴承系统，主要部件是耐磨套和一个固定的阀片（定阀片）。动阀片和定阀片紧密配合，由于转子的转动，导致两个阀片周期性的相错和重合，使流体流经工具的截面积（最大值和最小值）周期性的变化，从而使阀盘上流的压力发生周期性的变化。两个阀门最少重合时，由于流体通过工具的截面积最小，所以通过工具就产生最大的压降；两个阀门完全重合时，此时流体通过的截面积最大，所以产生的压降最小（图 5-28）。

在水力振荡器正常工作时，其动力部分使上游压力周期性的变化并作用在弹簧短节上，使弹簧短节内的弹簧产生纵向振动，带动活塞在轴向上往复运动，并引起与振荡器连接的其他钻具在轴向上进行往复运动。振荡的频率与通过工具的流量呈线性关系，频率范围为 9～26Hz；瞬间冲击加速度的范围为 1～3 倍重力加速度。

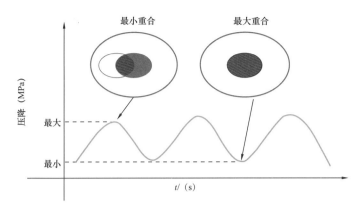

图 5-28　水力振荡器产生的压降情况

2. 水力振荡器的特点

（1）改善井下钻压传递效果。

井下螺杆钻具进行定向滑动钻进时由于水力振荡器的纵向振动可有效减少黏卡的可能，改善钻压传递效果，减少憋停螺杆钻具、工具面失控等情况的发生。

（2）有效提高机械钻速。

能够有效改善钻压传递，精确控制工具面，提高 PDC 钻头破岩能力与定向能力，显著提高定向钻进的机械钻速。

（3）明显降低摩阻。

水力振荡器产生的振动不会对钻头或其他钻具产生破坏（振幅 3.175～9.525mm），同时变静摩擦为动摩擦，能够明显降低摩阻，减少黏滑现象。

（4）与 MWD/LWD 兼容性好。

水力振荡器产生的压力脉冲对绝大多数 MWD 的信号传输没有干扰，并且水力振荡器在钻具组合中的位置没有特殊要求，既可在 MWD 上部也可在其下部，与 MWD/LWD 具有良好的兼容性。

（5）与各种钻头配合良好。

水力振荡器既可以配合牙轮钻头也可以配合有 PDC 钻头使用，对钻头牙齿或轴承无冲击损坏，延长钻头使用寿命。

总之，水力振荡器通过简单有效的方式能够有效传递钻压、减小摩阻、提高机械钻速，与 MWD 和各种钻头配合良好，可有效提高水平段的延伸能力。

3. 应用效果

水力振荡器自 2013 年引入塔中碳酸盐岩超深水平井钻井以来，已在 14 口井水平段应用，水力振荡器在超深水平井中应用的平均进尺为 546.1m，平均机械钻速为 3.36m/h，机械钻速较未使用水力振荡器的相邻或相似井段提高了68.8%；应用了该工具的超深水平井的平均水平段长为 1004.7m，较未使用该工具的超深水平井平均水平段长 318.4m，提高了 215.5%；应用该工具的塔中862H 井完钻井深达 8008m，水平段长 1552m，创中国最深水平井纪录。

（五）超深水平井钻井技术应用效果

2011—2018 年期间，塔中碳酸盐岩地区共完钻 260 口井（不包括侧钻井、加深井），其中水平井 146 口，与"十一五"相比，水平井比例由 22% 增加至56.2%；平均完钻井深由 5779.7m 增加到 6248.9m；平均水平段长从 465.3m 增加到 617.3m，提高 32.6%；平均钻井周期由 122.0 天缩短至 118.6 天；优质储层钻遇率由 2011 年的 27% 上升为 45%。其中，TZ 721-8H 井水平段长 1561m，创造了油田水平段最长的纪录；塔中 862H 井完钻井深 8008m，创中国陆上最深水平井纪录，同时创垂深 6000m 以上世界最深水平井纪录。

二、超深碳酸盐岩储层小井眼侧钻技术

由于超深碳酸盐岩储层埋藏深（大于 7000m）、温度高（大于 160℃）、压力高（大于 130MPa），前期老井小井眼侧钻缺乏有效的定向工具和仪器，因此塔里木油田通过评价，优选了小井眼用定向仪器、工具和套管开窗工具，研究小井眼水平井井眼轨迹优化与控制技术，制定满足油田要求的小井眼定向钻井技术方案，成功开展了小井眼定向钻井技术现场试验。

（一）超深小井眼侧钻难点

（1）部分超深小井眼侧钻井涉及双层套管开窗作业，增加了施工风险。

（2）超深超小尺寸井眼无成熟配套螺杆钻具和测量工具（MWD）。

（3）超小尺寸 MWD 与螺杆钻具长时间处于高温高压下使其可靠性差、平均寿命短。

（4）小井眼环空压耗大、排量低，岩（铁）屑上返困难，井眼清洁困难。

（5）超小尺寸钻具长、柔性大，轨迹控制难度大，并且加压困难，滑动困难、旋转时造斜率变化不定，机械钻速低。

（6）小井眼环空间隙小，钻具及其仪器卡钻风险高。

（二）双层套管开窗技术

双层套管开窗是对两层套管进行开窗侧钻的工艺，由于双层套管的尺寸、壁厚、钢级以及两层套管间的间隙等因素，双层套管开窗工艺难度较大。

1. 双层套管开窗侧钻技术难点

（1）开窗位置必须同时避开两层套管的接箍以及两层套管的扶正器，在施工时必须根据套管长度准确计算出开窗位置。

（2）开窗后套管易活动，窗口处易发生变形导致卡钻等问题。

（3）小钻具柔性大、刚度低，钻头侧向力小，破岩效率低。钻进过程中机械钻速和扭矩变化较大，极易发生异常，造成钻井事故。

（4）小井眼井环空间隙小，携砂能力差，环空和钻柱内循环压耗较大，易造成环空憋堵。

2. 开窗点优选

（1）进行套管完整性、水泥胶结、接箍及扶正器位置复测。

（2）选用套管完整性好、水泥胶结好的位置。

（3）避开扶正器及套管接箍位置，并至少保持 2.5~3m 距离。

3. 铣锥及斜向器优选

（1）优选液压式激活锚定、3° 导向面 Quickcut 斜向器（图 5-29）。

图 5-29　斜向器示意图

（2）优选特殊定制有自锐能力的开窗铣和修窗铣（图 5-30）。

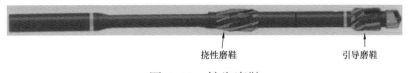

挠性磨鞋　　　　　　　引导磨鞋

图 5-30　铣齿磨鞋

4. 双层套管开窗施工工艺

双层套管开窗分为开窗前准备（图 5-31）、开窗（图 5-32）和验窗（图 5-33）三个步骤。

开窗前的各项准备工作完成后既开始开窗作业，铣锥与套管接触时，铣锥开始磨铣导斜器顶部，同时铣锥头直径圆周与套管内壁接触磨铣，使套管壁首先被均匀磨出 1 个光滑的接触圆面，此时钻压低，转速不超过 40r/min；铣第一层套管到接触技术套管时，应逐渐增加钻压和转速，钻压通常应比所使用钻铤的重量多 10~20kN；铣第二层套管时，应保持高转速不变，逐渐降低钻压；当铣锥进入第 2 层套管后应适当采用低钻压高转速，修窗时转速最大，钻压最小。

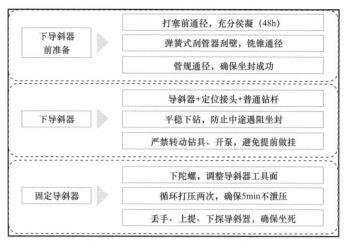

图 5-31　开窗前准备施工操作

图 5-32　开窗施工操作

图 5-33　验窗施工操作

（三）小井眼工具仪器优选

由于小井眼、超小井眼定向钻井出现较晚且在整个定向钻井市场中份额很小，到目前为止尚未有一家公司能够提供从螺杆、无磁、钻头到仪器的全套工具。结合塔里木油田超小井眼高温高压超深特点和地质特征，对工具与仪器进行优选。

1. 螺杆钻具

螺杆钻具是侧钻定向井的核心动力工具，目前国内外多家公司已研发出适合小井眼的小尺寸螺杆钻具。如 BICO、Dyna、X-trem 等公司将等壁厚橡胶以及硬橡胶引入小尺寸螺杆钻具中；TAM 已经开发出耐温 200℃的橡胶定子；ASHM 等对螺杆钻具的传动单元进行了大幅度的改进，极大地提高了螺杆钻具的可靠性。

经过调研各厂家螺杆钻具性能，并针对塔里木油田特点优选出升级改造的定制小井眼抗高温螺杆钻具（图5-34），性能参数见表5-14和表5-15，相比国产同尺寸螺杆钻具功率提高约3倍，具有以下特点：

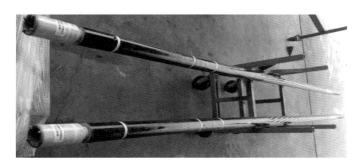

图5-34 定制小尺寸螺杆钻具

（1）使用了专利的传动技术，根据模拟，传动单元的可靠性提高了60%；

（2）采用了特殊的防脱机构，具有转子防掉功能；

（3）对动力部分进行了优化，高温环境下，螺杆钻具动力减少不超过15%；

（4）定子采用优质硬质橡胶，螺杆钻具总成抗高温达175℃。

表5-14 定制小尺寸螺杆钻具性能参数表

项目	参数	项目	参数
外径	80mm	长度	4.15m
重量	137kg	推荐井眼尺寸	ϕ95mm～ϕ121mm
排量范围	7.0～13.0L/s	最大上提载荷	61.2t
最大钻压	12.3tf	最大输出功率	78.0kW
最大工作扭矩	3550N·m	最小排量转速	135r/min
最大压降	5.2MPa	最大排量转速	280r/min
最小抗扭强度	28147N·m	最小拉伸强度	2775kN

表5-15 定制小尺寸螺杆钻具性能对比

项目	国产ϕ80mm	国产ϕ95mm	定制ϕ80mm
流量范围（L/s）	2.5～7	6～12	7～13
每转排量（L/r）	1.30	2.45	2.85
钻头转速（r/min）	115～223	118～236	147～281
工作扭矩（N·m）	620	1200	2660
最大扭矩（N·m）	930	2100	3550
输出功率（kW）	7～19.6	15～30	78

2. 随钻测量仪器 MWD 优选

MWD 作为侧钻定向井的核心测量工具，担负着"眼睛"的作用，确保准确定位。针对塔里木油田特点，优选定制进口的集成 MWD 用于超深井小井眼作业，主要性能参数和指标见表 5-16、表 5-17，适用范围见表 5-18，性能特点如下：

（1）抗高温（175℃）、抗高压（175MPa）；

（2）特制脉冲器，信号 45～60psi，对堵漏材料不敏感；

（3）悬挂式，无脱键风险，更小尺寸；

（4）新型解码技术，极大地提高了解码率（地面解码 4L）；

（5）特殊减震设计，最大达到 37g（探管）；

（6）可监测钻具振动与冲击；

（7）功耗低，高温下电池寿命可达 280h。

表 5-16 MWD 主要性能参数

描述	参数	描述	参数
最高工作温度	175°C	仪器总长	7.5m
仪器外筒承压	25000psi	钻井液信号强度	45～60psi
抗压筒外径	ϕ44mm	电池工作时间	280h
仪器压降	0.3～0.5MPa	仪器维护周期	600h

表 5-17 MWD 主要性能指标

测量项目	测量范围	测量精度
井斜（°）	0～100	+/-0.1
磁方位（°）	0～360	+/-0.1
工具面（°）	0～360	+/-1

表 5-18 MWD 适用范围

描述	参数	描述	参数
适用井眼尺寸	ϕ101.6mm～ϕ152mm	无磁钻铤尺寸	外径 ϕ79mm～ϕ89mm 内径 ϕ52mm～ϕ56mm
钻井液黏度	≤50s	钻井液含砂	<1%（质量分数）
排量	4～15L/s	钻井液密度	0.95～2.3g/cm³

3. 无磁钻铤优选

1）厂家优选

优选奥地利进口定制无磁钻铤，性能参数见表5-19。

表5-19 定制无磁钻铤力学参数

项目	参数
屈服强度（最低）	965MPa
抗拉强度（最低）	1035MPa
延伸率（最低）	20%
断面收缩率（最低）	50%
冲击功（最低）	81.3N·m
疲劳强度/N=10^5（最低）	±550MPa
布氏硬度（最低）	350～430HB

2）材质优选

选用特殊无磁奥氏体锰—铬钢 P550 材质，化学成分：碳≤0.06、镍≥1.40、氮≥0.60、钼≥0.50、铬 18.3～20.00、锰 20.5～21.60；相对磁导率≤1.005；具有较高的氮含量。

3）尺寸定制

通过模拟计算，在保障钻具强度的同时增加环空间隙减少压降损耗，外形尺寸定制，外径最小处 ϕ82.55mm（外径 ϕ89mm），内径 ϕ55.8mm，螺纹类型采用非 API 特级扣，能够保证接箍处强度要求及井下工具的安全问题。

（四）井眼轨迹优化设计

通过对井眼轨迹的优化处理，不但可以降低轨迹控制的难度与井下安全事故的发生，更加大大地提高了钻井速度、缩短钻井成本、节约钻井成本。

1. 钻头优选

优选与螺杆钻具功率等参数相匹配，适合硬研磨性地层的 B713D PDC 钻头，推荐钻压 10～20tf，排量 5～15L/s，转速 50～300r/min。

2. 井眼轨迹优化设计

以跃满 6C1 井为例，优化原则为始终控制轨迹在二维剖面中变化，稳斜稳方位，减少方位调整，并尽量减少滑动定向段长度。井眼设计轨迹参数见表5-20 和图 5-35，其中小井眼 ϕ104.78mm 井段为 7319～7379m。

表 5-20　跃满 6C1 井眼设计轨迹参数

井深 （m）	井斜 （°）	网格方位 （°）	垂深 （m）	南北 （m）	东西 （m）	视平移 （m）	狗腿度 （°/30m）	闭合距 （m）	闭合方位 （°）	标志点
6145.00	0.87	36.00	6144.24	−0.45	14.44	13.16	0.000	14.45	91.80	开窗点
6175.00	3.45	88.60	6174.22	−0.25	15.47	14.00	3.000	15.48	90.91	造斜点
6326.24	18.05	117.58	6322.46	−11.05	40.94	41.62	3.000	42.40	105.10	稳斜段
7297.67	18.05	117.58	7246.08	−150.40	307.73	342.52	0.000	342.52	116.05	
7298.16	18.10	117.56	7246.55	−150.47	307.86	342.67	3.000	342.67	116.05	
7328.09	18.10	117.56	7275	−154.78	316.11	351.96	0.000	351.96	116.09	
7349.13	18.10	117.56	7295.00	−157.80	321.90	358.50	0.000	358.50	116.11	A
7379.13	18.10	117.56	7323.52	−162.11	330.16	367.81	0.000	367.81	116.15	

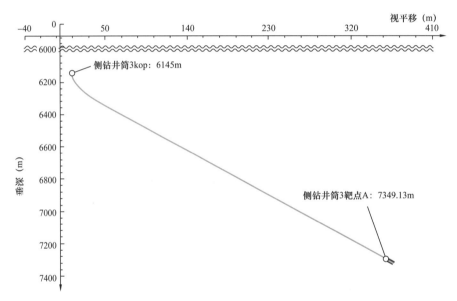

图 5-35　跃满 6C1 井眼设计垂直剖面

3. 钻具组合优化设计

跃满 6C1 井小井眼钻具组合设计为：ϕ104.8mm 钻头 +ϕ80mm 螺杆钻具 +ϕ80mm 浮阀 +ϕ83mm 无磁钻铤 +ϕ86mm 悬挂短节 + 转换接头 +ϕ73mm 钻杆 1500m+ 转换接头 +ϕ89mm 加重钻杆 30 根 +ϕ89mm 钻杆。

4. 水力参数优化

基于设计的井眼轨道、井身结构以及优化后的钻具组合，钻井液密度 1.23g/cm^3，机械钻速 1.5m/h，裸眼段扩大率取 10%，转盘转速 40r/min，模拟计算完钻井深 7485m 处满足井眼清洁所需的最小携岩钻井液排量为 8L/s

（图 5-36）；对系统循环压耗进行了模拟，当排量为 8L/s 时，泵压约 21MPa；当排量增加到 9.5L/s 时，对应的泵压将达 28MPa（图 5-37），建议小井眼钻井施工排量控制在 8～9.5L/s。

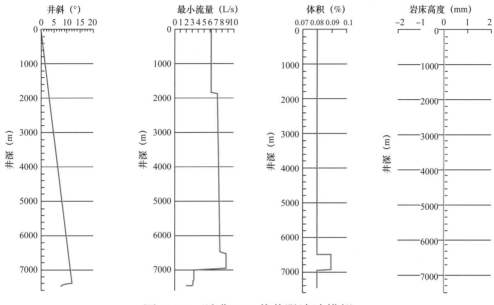

图 5-36　跃满 6C1 井井眼清洁模拟

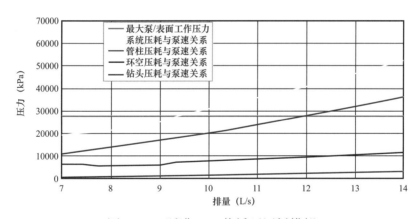

图 5-37　跃满 6C1 井循环压耗模拟

5. 管柱力学分析

应用 Wellplan 软件对小井眼开展了不同工况条件下的钻具受力分析，结果表明应用的钻具组合能够满足钻进要求（图 5-38）。

（五）现场试验与效果

1. 跃满 6C1 井现场试验

跃满 6C1 井于 2018 年 1 月 15 日应用定制抗高温螺杆钻具及 MWD 进行小井眼定向侧钻，1 月 19 日钻达设计井深 7409m，井眼尺寸为 ϕ104.8mm，钻井液密度 1.23g/cm^3，施工井段 7340～7409m，井下时间共计 91.5h，累计循环时间 39.5h，纯钻时间 33.5h，井底静止最高温度 161℃，井底循环温度 150℃，实钻数据与设计轨迹符合率高，实钻轨迹靶心距为 1.6m（表 5-21、图 5-39）。

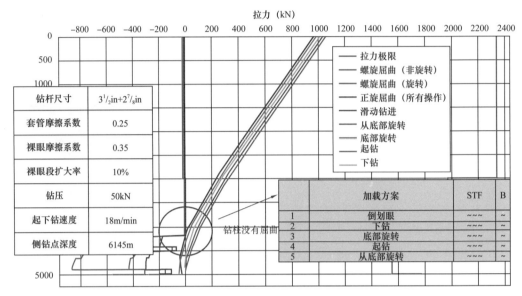

图 5-38 跃满 6C1 井钻具受力分析

表 5-21 跃满 6C1 井实钻轨迹数据

测深 （m）	井斜 （°）	网格 方位	垂深 （m）	视平移 （m）	N/S （m）	E/W （m）	闭合距 （m）	闭合 方位	造斜率 （°/30m）
7291.69	18.03	118.81	7239.49	339.94	−150.05	305.03	339.94	116.19	1.84
7301.38	17.2	118.63	7248.72	342.87	−151.46	307.6	342.87	116.21	2.58
7310.30	17.43	118.7	7257.24	345.52	−152.73	309.93	345.52	116.23	0.78
7327.46	18.00	119.95	7273.58	350.73	−155.29	314.49	350.73	116.28	1.20
7338.06	17.60	118.25	7283.68	353.97	−156.86	317.32	353.97	116.31	1.86
7345.77	17.40	118.15	7291.03	356.29	−157.96	319.36	356.29	116.32	0.79
7349.93	17.30	117.96	7295.00	357.53	−158.54	320.45	357.53	116.32	0.83
7354.53	17.20	117.75	7299.39	358.89	−159.18	321.66	358.89	116.33	0.80
7365.72	17.20	117.75	7310.08	362.20	−160.72	324.59	362.20	116.34	0.00
7374.83	17.30	117.25	7318.78	364.90	−161.97	326.98	364.90	116.35	0.59
7384.50	17.20	117.05	7328.02	367.76	−163.28	329.54	367.77	116.36	0.36
7396.04	17.00	116.75	7339.05	371.16	−164.81	332.56	371.16	116.36	0.57
7408.86	17.00	116.75	7351.31	374.91	−166.50	335.91	374.91	116.37	0.00

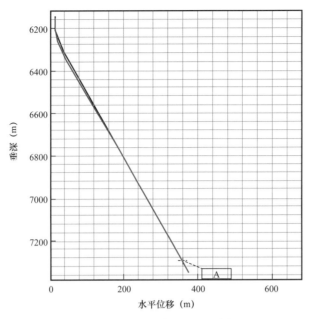

图 5-39　跃满 6C1 井实钻和设计轨迹对比

（红色为实钻、蓝色为设计）

2. 跃满 702C 井

在跃满 6C1 井试验的基础上，通过改进优化，继续在跃满 702C 井进行试验。钻具组合为 ϕ114.3mmPDC 钻头 +ϕ80mm1.5°螺杆钻具 + 转换接头 + ϕ88.9mm 无磁钻铤 +ϕ86mmMWD 悬挂短节 + 转换接头 +ϕ88.9mmLDC3 根 + 转换接头 +ϕ88.9mm LDC3 根 +ϕ73mm 钻杆 99 根 + 转换接头 + 浮阀 +ϕ88.9mm 钻杆 508 根 + 转换接头 +ϕ101.6mm 钻杆。

井眼尺寸为 ϕ114.3mm，钻井液密度 1.8g/cm^3，施工井段 7383～7429.51m，井下时间共计 127h，累计循环时间 52.4h，纯钻时间 25.7h，井底静止最高温度 157℃，井底循环温度 149℃。施工过程中钻进参数控制合理，MWD 信号良好，高温环境下螺杆钻具动力强劲，井斜、方位调整符合设计要求，井眼轨迹控制和设计线吻合良好（表 5-22、图 5-40）。

表 5-22　跃满 702C 井实钻轨迹数据

井深 （m）	井斜 （°）	方位 （°）	垂深 （m）	南/北 （m）	东/西 （m）	视平移 （m）	闭合距 （m）	闭合方位 （°）	全角变化率 （°/30m）
7312.58	9.68	303.77	7308.96	11.18	−19.3	22	22.3	300.08	0
7338.91	11.36	303.77	7334.85	13.85	−23.29	26.78	27.1	300.74	1.914
7348.2	12.09	301.84	7343.95	14.87	−24.88	28.66	28.99	300.87	2.676
7353.35	12.51	301.64	7348.98	15.45	−25.81	29.74	30.08	300.9	2.459

井深 （m）	井斜 （°）	方位 （°）	垂深 （m）	南／北 （m）	东／西 （m）	视平移 （m）	闭合距 （m）	闭合方位 （°）	全角变化率 （°/30m）
7356.93	12.52	302.51	7352.47	15.86	−26.47	30.51	30.86	300.93	1.582
7362.43	12.36	303	7357.84	16.5	−27.47	31.69	32.04	301	1.046
7367.43	12.22	303.13	7362.73	17.08	−28.36	32.75	33.11	301.07	0.856
7373.3	12.3	301.73	7368.47	17.75	−29.41	33.98	34.35	301.11	1.573
7385.14	12	302.23	7380.04	19.07	−31.52	36.45	36.84	301.17	0.806
7393.63	12.1	301.03	7388.34	20	−33.03	38.21	38.62	301.19	0.953
7404.21	10.8	304.83	7398.71	21.14	−34.8	40.29	40.71	301.28	4.26
7409.94	10.1	304.23	7404.35	21.73	−35.65	41.33	41.75	301.36	3.709
7418.26	9.9	307.53	7412.54	22.57	−36.82	42.77	43.19	301.51	2.188
7429.51	9.9	307.53	7423.62	23.75	−38.36	44.7	45.12	301.77	0

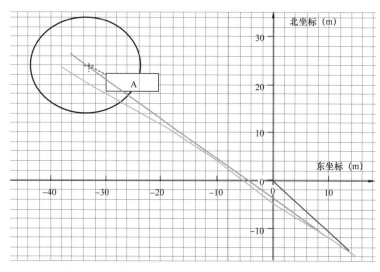

图 5-40　跃满 702C 井实钻和设计轨迹对比

（绿色为实钻轨迹、黑色为设计轨迹）

　　同时跃满 702C 井试验了减振装置，钻具组合中增加减振装置后减振效果明显，安全性增强。跃满 6C1 井所用仪器由于井下振动剧烈，监测振动值高达到 120g，在试验出井后检测发现内部零部件及电路板多处松动现象。因此在跃满 702C 井试验中安装了减振装置，加入减振装置后管柱的轴向振动基本上消除，而横向振动值也由原来的 30g 降低到 10g 以下（图 5-41），减振效果明显。

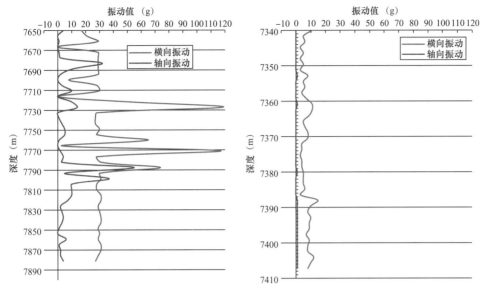

图 5-41　跃满 6C1 井和跃满 702C 井振动监测对比

三、超深碳酸盐岩缝洞体精确中靶技术

塔里木盆地克拉通区碳酸盐岩埋藏超深，缝洞体目标小、空间形态极不规则、非均质性强，钻井中靶精度一般要求直井靶半径小于 30m，水平井半靶高小于 5m，精确中靶难度极高。仅依靠钻井工程技术进行钻井作业，据统计，接近一半井因没有钻遇碳酸盐岩缝洞体而需要酸压或回填侧钻，造成费用升高、周期变长。近年来，通过开展三维地震叠前深度偏移处理解释技术攻关，实现了碳酸盐岩缝洞体在三维空间上的精确归位与量化描述；同时，根据钻井过程中遇到的具体问题，开展了地质工程一体化研究，探索形成了具有塔里木特色的超深碳酸盐岩缝洞体精确中靶技术，取得了好效果。

（一）利用自然井斜规律偏移地面井口位置技术

哈拉哈塘地区碳酸盐岩缝洞体埋藏深度普遍超过了 6500m，钻井深度一般在 6500～7500m，井深越大，井底位移控制难度就越大，钻井入靶要求一般井底距设计靶点位移要小于 30m，甚至某个方向入靶半径要小于 15m，才能确保该井命中地震雕刻的缝洞体主体，达到钻遇好储层的目的。2009 年完钻 10 口井中有 1 口井为侧钻井，4 口井钻井过程中进行了定向作业，定向作业比列高达 40%。

针对这个问题，通过对超深井钻井过程中不同井深井斜情况研究，掌握了该区块超深井的自然造斜规律，根据自然造斜规律提出超深井精确中靶技术，大幅提高钻井"入靶"率，避免了定向作业，为二开井眼钻井速度提高创造了条件，达到提高中靶精度、机械钻速和提高勘探开发成效的目的。

1.哈拉哈塘地区井斜规律

统计哈拉哈塘地区已钻井的测斜数据（剔除定向井段、侧钻井段及目的层数据），在 2000m 以浅井段，各井间闭合方位变化很大，规律性不强，显示很强的随机性。深部地层，各井间闭合方位相近，都趋于 140°～180°。纵向上，所有井在钻进过程中，井眼都规律性的向南南东方向偏移聚拢在 140°～180°，并且聚拢程度随深度增大而不断增加，表现出自然钻井状态下，井眼向南南东向偏移的规律（图 5-42）。中完井深的偏移距离大多为 10～40m，小于 10m 的井仅有一口（图 5-43）。

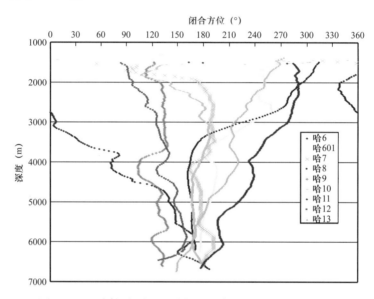

图 5-42 哈拉哈塘地区钻井闭合方位随深度变化图

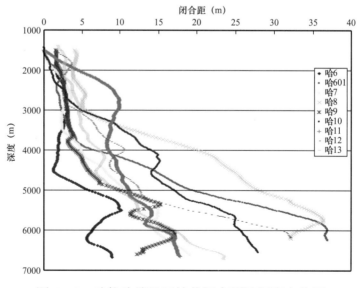

图 5-43 哈拉哈塘地区钻井闭合距随深度变化图

2. 井斜原因分析

哈拉哈塘地区吐木休克组以上地层整体表现为北—北北西方向倾斜，地层倾角小于45°。在浅部地层，因为岩石成岩阶段较低，地层较软，地层对钻头晃动的限制能力有限，使得钻头晃动方向随机性大，因此导致浅部地层各井间闭合方位随机性强、差别较大；浅部地层对钻头作用力小，因此钻头偏移的范围较小，浅部地层各井偏移井口垂线的距离不大（小于10m）。

而随深度增加，地层倾向和倾角对井斜的影响逐渐明显，闭合方位逐渐向地层垂直方向（140°~180°）趋近，闭合距逐渐增大至40m左右。因此，北北西向下倾的地层是造成各井闭合方位逐渐趋于140°~180°方向区间的重要原因。

3. 直井精确中靶技术

通过哈拉哈塘地区井斜规律的分析，即所有钻井都不同程度地发育自然井斜，井斜方向为南南东向。根据该规律，在井位设计过程中，将井口位置向井斜相反方向（北北西）偏移一定距离，利用自然井斜，不用定向就可正中目标"靶点"（图5-44），减少定向作业，缩短钻井周期。

根据实钻经验，实际偏移过程中遵循两条原则：

（1）最小偏移距（10m）原则，即最少要往北西向偏移10m；

（2）就近原则，即设计井口的具体偏移方位和偏移量参考距离该井最近的已完钻井的偏移方位和偏移量。

哈拉哈塘地区直井的井口位置相对于靶点主要是北北西方向偏移（图5-45），向北偏移11~44m，向西偏移0~25m，偏移距离为13~48m；实钻结果表明这些井的井斜方向基本符合先前总结的井斜规律，中完井深（6839m）的闭合方位主要位于120°~180°之间，52%的井中完井深的闭合距大于25m（靶点平面半径），如果井口位置不进行偏移，相当于52%的井中完时没有进入靶区内，需要三开进行定向扭方位作业。

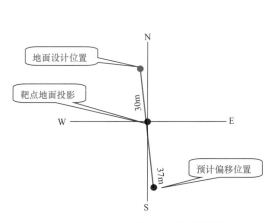

图5-44　利用井斜规律对设计
井偏移原理示意图

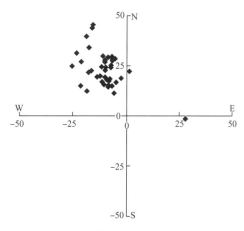

图5-45　井口相对于靶点偏移
方向和距离

采用新方法进行了井口位置偏移后，44 口井中 42 口井的中完井深位于靶区内（图 5-46），与靶点平均距离仅 15.4m，中完入靶率达到 95.5%，避免了定向施工，大大提高了钻井精度和节约了钻井工期。如 HA 601-2 井井底相对井口水平位移达到 50m，而该井靶点平面半径只有 30m 左右，如果井口位置没有偏移，井底将偏出串珠，井口偏移后中完井深距靶点仅 21m，位于"串珠"内，直接进入靶区（图 5-47）。

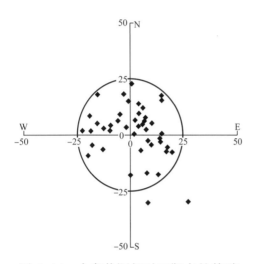

图 5-46　中完井深相对于靶点的偏移
方向和距离

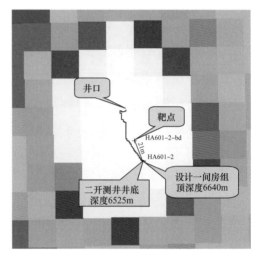

图 5-47　HA 601-2 井井身轨迹与靶点
平面关系示意图

（二）VSP 驱动随钻地震导向钻井技术

塔里木盆地克拉通区碳酸盐岩目标缝洞体埋藏超深、储层非均质性强。钻前地震成果资料由于受地震驱动的处理速度精度低限制，导致碳酸盐岩缝洞体空间归位存在偏差，影响了优质储层钻遇率（放空漏失率 45% 左右）。VSP（垂直地震剖面）驱动随钻地震导向钻井技术基于垂直地震剖面（简称 VSP）测井，是把检波器置于井中，以记录地表激法的地震信号，VSP 观测到的反射波传播路径短、受近地表低速带和环境噪声影响均较小，具有高分辨率、高信噪比等优势，利用 VSP 测井解释资料更精确描述缝洞体位置，对目标靶点和入靶方式进行重新预测，对钻头前方的靶前轨迹进行重新调整，提高中靶精度。

1. 技术措施

利用 VSP 资料下行波初至，得到准确的时深关系及各种速度，为地面地震资料处理及 VSP 资料处理提供可靠的速度资料；通过 VSP 资料得到更为准确的球面扩散补偿因子，从而提高地面地震资料的保真度；并且通过 VSP 资料获得可靠的地震品质 Q 因子，从而提高地面地震资料及 VSP 资料的分辨率；同时 Walkaway-VSP 或 3D-VSP 资料，可以提取 VTI 和 HTI 各向异性参数，为地面地震各向异性偏移成像提供准确的参数。

2. 应用效果

HA-7 井钻至 6250m 时为更准确的提高储层目标缝洞体，进行 VSP 测井，按 VSP 驱动随钻地震处理解释资料进行分析和解释，重新设计井底靶点，设计后井底距原设计靶点 13.6m（图 5-48）此采用定向作业，钻进至一间房组 6606m（井斜 14.6°、垂深 6598m）和 6632m 发生漏失及失返，累计漏失钻井液 505.43m³，对井段 6640.22m～6632m 进行常规裸眼测试，φ5mm 油嘴反掺稀求产，油压 18.26MPa，日产油 109.95m³。

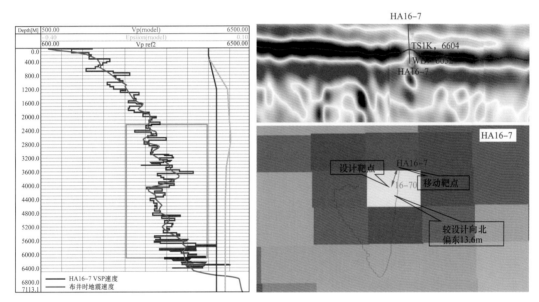

图 5-48　HA 16-7 井 VSP 测井解释后靶点与原设计靶点平面关系示意图

通过 VSP 驱动随钻地震导向钻井技术规模化应用，缝洞型碳酸盐岩钻井放空漏失率由 45% 提高到 83%，钻井成功率由 70% 提高到 85%，缩短了钻完井周期，减少了侧钻与储层改造等费用。

（三）随钻伽马导向钻井技术

塔中碳酸盐岩储层非均质性强，发育位置存在不确定性，纵向上靶层识别难度大，完全按照设计的井眼轨迹钻进不能保证钻遇储层，因此应用"单弯螺杆钻具 +MWD+ 伽马测量仪"组成的随钻伽马导向钻井技术，根据实钻和邻井资料分析出储层发育的位置，确保超深水平井能够精确的钻遇多个缝洞单元，提高储层钻遇率。

1. 技术机理

随钻伽马导向钻井技术是提高储层钻遇率的重要技术手段，以近钻头地质参数伽马与工程参数的随钻测量、传输、地面实时处理解释和决策为主要技术特征，通过实时分析储层发育特征，精细地层对比，可准确确定储层发育位置，大幅度提高储层钻遇率。

分析塔中地区的录井资料表明，塔中Ⅱ区鹰山组层间岩溶储层普遍发育两套高伽马段：高一伽马段，呈层状泥质条带，位于鹰山顶附近，伽马值平均为30～60API；高二伽马段，洞穴（半）充填泥质，位于鹰山组内部，伽马值平均为90～120API。

此外，通过分析塔中碳酸盐岩区域性高伽马段展布规律及储层发育位置与高伽马段的对应关系，确定高二伽马段底部与储层间的垂直距离在10m以内，并且高二伽马段下部为优质储层发育段。由此可见，塔中碳酸盐岩油气藏高二伽马段特征明显，是进入储层前的标志层，利用随钻伽马导向钻井技术非常容易识别。

因此，在"螺杆钻具+MWD"导向钻井技术的基础上，采用"单弯螺杆钻具+MWD+GR测量仪"组成的随钻伽马导向钻井技术，通过对地质参数伽马和工程参数的实时分析，准确落实储层发育位置、定位靶层，提高超深水平井的储层钻遇率和井眼轨迹控制精度。

2. 技术措施

为准确定位靶层，确保水平井精确入靶，并尽可能多的穿越缝洞单元，提升储层钻遇率，通过分析多口井的实钻经验，结合随钻伽马曲线，总结出了水平井钻探过程中轨迹调整的四个关键节点，提出了一套4节点水平井随钻跟踪技术（图5-49、图5-50）。

（1）节点1。

位于良里塔格组石灰岩段顶，依据地震标定宏观确定靶层深度，进行初步调整，调整幅度大于20m。

（2）节点2。

位于井斜60°～70°的位置，依据随钻伽马曲线确定井底位置，与邻井精细对比，对靶层进行优化调整，调整幅度10～20m。

（3）节点3。

位于水平段入靶前的位置，结合区域储层顶部伽马特征，根据随钻伽马曲线变化，准确确定靶点位置，调整幅度5～10m。

（4）节点4。

位于目的层水平段中，根据随钻伽马特征、录井显示及地震响应形态进行精确调整，调整幅度小于5m。

图 5-49　动态跟踪的四个关键节点示意图

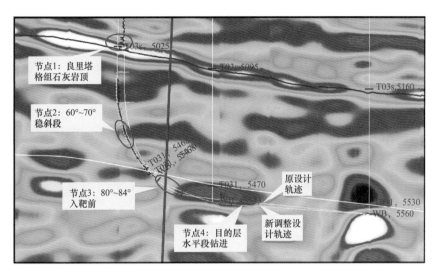

图 5-50　四个关键节点地震剖面示意图

为确保超深水平井井眼轨迹平滑，提高水平井在储层中的延伸能力，并减小后期分段改造的工程风险，通过系统分析入靶角度与轨迹参数的对应关系，实现了超深水平井井眼轨迹的定量调整，确定最佳入靶角度范围应在81°～84°，也可根据储层厚度灵活选择，增加了轨迹调整的合理性和实用性。

3. 应用效果

随钻伽马导向钻井技术在塔中应用 70 余口井，优质储层钻遇率由 2011 年的 27% 上升为 45%，钻井成功率由 45% 上升至 91%。其中，ZG 5-H2 井应用随钻伽马导向钻井技术准确命中鹰山组一段油组储层，储层钻遇率达 61.8%；ZG 17-1H 井应用随钻伽马导向钻井技术准确命中良二段"杂乱"地震反射特征储层，获得高产工业油气流。

第六章　超深油气井钻井液及储层保护技术

塔里木油田超深油气井钻井液及储层保护技术历经 30 年的实践与探索，针对不同地区、不同地层的岩石特征，发展了低固相强包被不分散聚合物钻井液体系、强抑制强封堵抗高温聚磺钻井液体系、饱和盐水—氯化钾钻井液体系、油基钻井液体系、环保钻井液体系等系列钻井液体系，形成了超深井长裸眼优快钻井液技术、大斜度井和水平井钻井液技术、复合盐膏层钻井液技术、破碎性地层防塌钻井液技术、高密度钻井液技术、井漏控制技术等系列钻井液技术，满足了各种不同地质条件下的钻井需要。

第一节　技术发展历程

一、引进吸收阶段（1986—1992 年）

这一阶段绝大部分钻井作业集中在台盆区，钻遇了轮南地区上部地层严重阻卡和下部地层坍塌、南喀 1 井古近系复合盐膏层与乡 1 井石炭系复合盐膏层卡钻、轮南油田和东河塘油田及塔中 1 井碳酸盐岩油气层保护等问题。

1986 年，首次在南喀 1 井古近系钻遇厚度约 450m 复合盐膏层，先后经历了 7 次卡钻、5 次侧钻。1991 年，乡 1 井在 5166m 钻遇石炭系复合盐膏层，开始采用饱和盐水钻井液体系，因井漏导致井下阻卡严重，转为欠饱和盐水钻井液和双芯钻头顺利钻穿盐层。1991—1992 年，先后在轮南 46 井、轮南 45 井、吉南 1 井、哈 2 井、塔河 1 井等井钻遇石炭系复合盐膏层，采用适当含盐量的欠饱和盐水聚合物磺化钻井液体系均比较顺利的钻穿盐层。通过南喀 1 井古近系复合盐膏层、乡 1 井等几口石炭系复合盐膏层的钻井实践，复合盐膏层钻井液技术在引进吸收麦克巴钻井液公司饱和盐水钻井液技术的基础上，积极探索建立了部分材料国产化的氯化钾聚磺饱和盐水钻井液体系，初步形成了古近系复合盐膏层饱和盐水钻井液技术和石炭系复合盐膏层欠饱和盐水钻井液技术。

1989 年，轮南地区钻井中遇到了上部地层严重阻卡和下部地层坍塌的难题，上部地层阻卡严重时一周内接连发生多口井卡钻，下部地层井壁垮塌掉快引起井眼扩大，造成中测坐封困难，固井质量难以保证。1991 年，通过轮南地区地层岩石矿物组分和理化性能分析研究，探索出在上部地层采用低固相强包被不分散聚合物钻井液体系，下部地层采用 KCl 聚合物磺化钻井液体系，成功地解决了上部巨厚强胶性砂泥岩地层阻卡和下部含有少量伊/蒙混层的非膨胀硬脆性泥页岩地层坍塌的钻井难题，突破了深井钻井液技术的第一道难关，形成了塔里木油田深井钻井液技术的基础体系。

1990 年，塔中 1 井、东河 1 井在完井试油发现储层伤害问题后，油气层保护工作开始提上议事日程。1991 年 1 月，应用国外 20 世纪 90 年代发展起来的屏蔽暂堵保护油气层技术，在国内首次采用超细碳酸钙在 LN2-1-2 井进行屏蔽暂堵保护油气层现场试验取得了成功，同年 4 月，针对东河 1 井与塔中 1 井油气层伤害问题进行了专题讨论，开展了《轮南油田、东河塘油田、吉拉克油田砂岩储层保护技术研究》，提出了在打开油气层过程中采用屏蔽暂堵技术、在完井过程中采用清洁盐水保护油气层的具体方法和建议，并在轮南、东河塘等油田开发井现场进行了试验，取得了明显的效果，初步形成了塔里木油田砂岩储层屏蔽暂堵保护油气层技术。

二、积极攻关阶段（1993—1998 年）

这一阶段勘探开始向库车前陆区进军，开发向塔中地区延伸，钻井难题开始集中涌现，科技攻关紧跟勘探开发部署，难题不断得到解决，技术呈现快速发展局面。

1993 年，先后在东秋 5 井新近系、羊塔克 1 井古近系复合盐膏层间钻遇"软泥岩"，在经历了东秋 5 井"软泥岩"导致的 2 次恶性卡钻和羊塔克 1 井钻过"软泥岩"每次起下钻严重阻卡之后，对复合盐膏层的复杂性、危害性有了深刻的认识。从 1992 年开始复合盐膏层钻井技术攻关，至"九五"末期，先后开展了"塔里木复合盐膏层蠕变规律与钻井液密度图版研究""寒武系深层复合盐膏层钻井技术"等项目研究，形成了塔里木复合盐膏层钻井液技术的理论基础。这一阶段通过系列复合盐膏层钻井液技术和近 20 口井复合盐膏层的钻井实践，复合盐膏层钻井液材料由部分国产化逐步发展到全面国产化，钻井液体系由氯化钾聚磺复合（欠）饱和盐水钻井液体系发展到强抑制多元醇—稀硅酸盐（欠）饱和盐水钻井液体系，初步形成了比较成熟的复合盐膏层钻井液技术。

1994 年，塔中 4 油田采用丛式井、水平井技术开发，在轮南地区攻关形成的钻井液技术体系基础上引入正电胶与混油技术，直井段采用强包被不分散聚合物或正电胶钻井液体系，斜井段和水平段采用抑制性和携砂能力强的正电胶聚磺混油体系或油基钻井液体系，在塔中 4 油田成功地钻成了一批开发定向井与水平井，初步形成了塔里木油田深井定向井和水平井钻井液技术。

1997 年，塔参 1 井在超深井段奥陶至寒武系白云岩地层钻井中，井壁发生严重坍塌，导致难以维持继续钻进的复杂局面。针对这一难题，塔里木油田在北京专门组织召开了塔参 1 井专家咨询会，经过专家指导，从岩屑分析、地应力和岩石强度分析入手，分析了垮塌的内在原因，通过采取适当的钻井液密度和软化点适当、颗粒度较小的沥青粉封堵材料加强对地层裂缝微裂缝的封堵等技术措施，成功地解决了塔参 1 井超深井段破碎性白云岩地层垮塌问题，初步建立了一套破碎性地层防塌钻井液评价方法，初步形成了破碎性地层防塌钻井液技术。

1997 年，巴楚地区钻井中普遍遇到井漏问题，通过开展"巴楚地区井漏控制技术"攻关，掌握了巴楚地区的漏失规律，弄清了钻井液性能、钻井工程参数对井漏的影响程度，研究出了针对不同漏速的随钻防漏与桥接堵漏配方，形成了巴楚地区目的层与非目的层防漏堵漏技术与现场操作规范，在巴楚地区的康 2 井、玛 4 井等堵漏 10 多次，均一次成功，形成了巴楚地区低密度井漏控制技术。

1998 年，在依南地区钻探中遇到了侏罗系不同厚度的大段煤层和煤系地层，由于煤层及所夹碳质泥岩的严重垮塌造成了井下复杂和事故，1998 年 9 月，在库尔勒市召开了依南地区钻井技术研讨会，经过专家指导，通过开展依南地区煤层坍塌机理及防塌钻井液技术研究，采取合理钻井液密度以支撑井壁，选用微细目、软化度合适的阳离子乳化沥青与多元醇、氯化钾配合抑制水化、加强封堵等技术措施，较好地解决了依南地区破碎性煤层坍塌钻井难题，形成了塔里木深井破碎性地层防塌钻井液技术。

1998 年，为了降低钻井成本，在牙哈、轮南和塔中等地区开发井相继开展简化井身结构，实施快速钻井，采用轮南地区攻关形成的深井钻井液技术，顺利地钻成了裸眼长达 5000m 左右的深井，并在台盆区全面推广应用，形成了深井长裸眼快速钻进钻井液技术。

1998 年 3 月，开展了无害化"双保"钻井液技术（"双保"指保护环境与保护油气层）研究，首次对塔里木油田在用的钻井液、完井液添加剂及完井废弃物（包括废水、废钻井液）的环境可接受性进行了全面系统地分析与评价，首次建立了适合台盆区的无害化"双保"钻井完井液体系配方，研发出了在色度、化学毒性、生物毒性和生物降解性等方面都可满足环境可接受要求的 5 个大类 18 个牌号的钻井完井液处理剂，首次建立了适合台盆区的无害化"双保"钻井完井液体系配方。

三、集成规范阶段（1999—2008 年）

1999 年 8 月，无害化"双保"钻井液技术首次在 YH 23-1-20 井现场试验成功，经现场钻井液取样检测达到了环保标准要求。1999 年开展了"塔里木油田钻井工程环境控制技术"研究，2000 年开展了"哈南 1 井"双保"钻井液技术服务及跟踪监测研究"，对哈南 1 井"双保"钻井液进行了全程跟踪监测分析研究，研究了符合塔里木油田钻井工程要求的"双保"钻井液添加剂，研制出了适合塔里木油田地层特点的符合"双保"要求的防塌剂、消泡剂、润滑剂、泡沫剂、抗高温、抗饱和盐水处理剂，至 2000 年 12 月，又先后在解放 137 井、解放 138 井、HD1-1 井、哈南 1 井等不同区块、不同井型井中应用，首次提出并建立了适合塔里木油田的不同区块、不同井型的"双保"钻井液配方及体系，初步形成了台盆区保护环境的钻井液技术，首次提出了石油企业钻井环境控制标准和无毒无害钻井液体系标准，2004 年发布了油田企业标准 QSY TZ 0111—2004《环保型钻井液环保评价规范》。

2000 年以后，随着国内环保钻井液技术的进步，塔里木油田又先后成功地开发应用了"天然高分子"环保钻井液及正电双保钻井液体系，在台盆区环境敏感地区中低密度钻井液条件下推广应用，较好地满足了快速钻井的需要，达到了保护环境与保护油气层的要求，形成了塔里木油田台盆区环保钻井液技术。

随着克拉 2 气田的开发与迪那 2 气田的发现与评价，库车前陆区复合盐膏层与高压高产油气钻井数量呈现规模化增长，钻井液技术的发展主要是在"九五"期间攻关所取得的成果基础上进行现场实践—优化完善—集成规范—指导现场作业。同时针对普遍存在的堵漏成功率低的问题和高压高产压力敏感型气层钻井表现出的突出井漏问题开展了技术攻关。

1999 年，为了进一步完善复合盐膏层钻井液技术，开展了"克拉苏地区高密度抗盐抗钙防漏堵漏钻井液技术研究"，对前期形成的欠饱和盐水聚合醇—稀硅酸盐钻井液体系在饱和盐水条件下的配方做了重点研究和优化，应用该研究成果，设计了高密度近饱和盐水氯化钾聚磺多元醇稀硅酸盐体系，在克拉 2 气田评价井克拉 203 井、克拉 204 井的古近系复合盐膏层钻井中试验取得了成功。

2003 年以后，高密度氯化钾 / 氯化钠饱和盐水钻井液技术、高密度近饱和盐水氯化钾聚磺多元醇稀硅酸盐钻井液技术、中高密度氯化钾 / 氯化钠欠饱和盐水钻井液技术在克拉 2 气田、迪那 2 气田、英买力气田群（羊塔克、玉东）开发井中规模化应用，复合盐膏层钻井纯钻时效从过去不到 40% 提高到 60%

以上，钻井速度明显提高。期间，自主创新、研发与实践，形成了具有塔里木特色的深井盐下水平井钻井液技术（普通重晶石加重），成功在英买 7 断裂构造带完成 10 口井盐下水平井钻井任务，其中，YM7-H2 井在国内首次成功将 $\phi 244.475mm+\phi 273.05mm$（厚壁 26.4mm）复合套管下入井斜 60° 的 $\phi 311.15mm$ 井眼中；YM7-H4 井创造了厚壁套管下至井深 4767.94m、垂深 4684.87m 和井斜 72° 的纪录。盐下水平井钻井液技术的成功应用，填补了复杂地质条件下水平井应用技术领域的空白，至此形成了塔里木油田成熟的复合盐膏层水基钻井液技术。

随着克拉 2 气田、迪那 2 气田的开发，高密度钻井液技术在现场大规模应用，为了加强现场高密度钻井液技术管理，便于现场处理维护规范操作，保证良好的钻井液性能，制定了塔里木油田高密度钻井液配制、处理、维护及钻机相关设施配套标准，为高密度钻井液技术在现场的规范操作和顺利实施奠定基础。

2000 年，在编制克拉 2 气田开发方案时，专题开展了"克拉 2 气田储层保护研究"，提出了以防止气层水锁（水侵）伤害和高矿化度流体侵入气层引起盐结晶伤害为主的气层保护措施和建议，并对打开气层的欠饱和盐水多元醇—稀硅酸盐钻井完井液提出了具体的改进措施，此后这一技术在库车前陆区目的层得到广泛应用，成为库车前陆区高压气层保护的常用钻井液技术。2001 年以后，塔里木油田开始在轮古等区块碳酸盐岩地层试验应用欠平衡钻井技术，对碳酸盐岩储层起到了很好保护作用。2006 年，在塔中 1 号坡折带碳酸盐岩储层开始试验应用 PRD 无固相（低固相）弱凝胶钻井液保护油气层技术，取得了较好效果。2012 年为了解放和保护好油气层，在 YM2-H30 井水平段实施了全过程欠平衡钻井，使用了低密度（$1.02\sim1.04/cm^3$）MEG（甲基葡萄糖苷）仿油基钻井液技术，至此，基本形成了台盆区砂岩储层以蔽暂堵钻井液为主、碳酸盐岩储层以无固相钻井液为主、库车前陆区高压气层以聚合醇稀硅酸盐钻井液为主和塔西南柯克亚凝析气田白垩系克孜勒苏群储层、YH23-1 井区白垩系储层以油基钻井液为主的保护油气层钻井液技术格局。这些技术在大宛齐油田、哈德油田、轮古油田、克拉 2 气田、迪那 2 气田、柯克亚凝析气田及塔中 1 号坡折带等油气田开发井中推广应用，有效地减少了储层伤害。

2000 年以后，大斜度井与水平井在台盆区大规模推广，在塔中地区定向井与水平井钻井液体系中引入强抑制、强封堵元素，聚合醇与乳化沥青等材料的应用使得体系抑制性、润滑性和防塌能力大幅度提高，各项性能进一步优化，技术更加成熟，使水平井优质安全快速钻进进一步得到保障。形成了塔里木成熟的深井大斜度井和水平井钻井液技术。

从 2003 开始，先后开展了高密度、中低密度钻井液井漏控制技术研究，对现场使用的 19 种桥接堵漏材料的粒径分布、水溶酸溶性及其对钻井液性能的影响和桥堵效果做了系统研究与评价，提出了桥接堵漏材料的规范意见。筛选出 10 种材料作为常用桥接堵漏材料，并对其粒径等性能指标进行了规范。研究出了不同地层、不同漏速、不同密度条件下的桥接堵漏配方。库车前陆区高密度条件下的一次堵漏成功率提高到 80% 以上。2006 年，针对库车前陆区高压高产压力敏感型气层严重井漏的难题，开展了"提高地层承压能力的高密度钻井液防漏堵漏技术研究"，形成了库车前陆区目的层高密度钻井液井漏控制技术，包括随钻封缝即堵防漏技术、停钻堵漏与承压堵漏技术，2007 年在迪那 2 气田开发井进行了现场试验，初步取得了成效。

2006 年，开展了《降低地层坍塌压力的优快钻井液技术研究》，通过地层岩石在钻井液浸泡前后强度的变化研究，实验证实了在强包被不分散聚合物钻井液体系中加入 KCl、聚合醇及乳化石蜡等材料能够有效地降低地层坍塌压力，使钻井液密度在原来基础上降低 $0.2 \sim 0.3 g/cm^3$，从而实现低密度快速钻井"轻钻井液"技术。该项技术在羊塔克地区的 3 口开发井试验应用，取得了明显的效果，使强包被不分散聚合物钻井液体系更加完善，形成了塔里木油田成熟的深井长裸眼优快钻井液技术。

2008 年，经过系统总结，发布了《塔里木油田复合盐膏层钻井作业指导书》《塔里木油田高密度钻井液作业指导书》《塔里木油田井漏控制作业指导书》和《塔里木油田砂岩储层保护技术作业指导书》。

四、创新突破阶段（2009—2018 年）

2008 年，针对大北地区超深井钻井难题，开发了抗高温高密度水基钻井液体系，该体系在高温、高密度及高矿化度的条件下，具有良好的综合性能和较强的抗复合污染能力，可以克服常规磺化钻井液体系在"高温、高密度、高矿化度"条件下难以解决的难题，现场应用结果表明，该体系能够满足井底温度为 160～180℃ 的超深井钻井的需要。

2010 年，为了解决克深 7 井超深井段古近系复合盐膏层的钻井难题，引进了哈里伯顿公司的抗高温高密度油基钻井液体系，顺利钻穿巨厚复合盐膏层，完钻井深 8023m，无任何井下事故发生。继克深 7 井之后，通过控制合理的油水比及优化油基钻井液配方，油基钻井液体系得到进一步优化完善，在克深 2 气田开发过程中进行了规模化推广应用。

2011 年开始，对高密度钻井液体系进行了优化完善与配套，形成了三套高密度钻井液技术（抗高温高密度水基钻井液技术、抗高温高密度油基钻井液技术、有机盐钻井液技术），五项高密度钻完井液配套技术（高密度钻井液防漏堵漏技术、高密度钻井液循环系统配套技术、高密度钻井液固相控制配套技术、油基钻井液回收再利用配套技术、完井液定量检测评价技术）。

2010年，围绕塔北地区碳酸盐岩钻井中出现的5000~6000m超长裸眼段钻井问题，优化集成现有的钻井液技术，研究开发新钻井液体系，通过实践中不断优化改进，低固相强包被不分散聚合物—聚合物磺化钻井液技术复配氯化钾，引入了SMP-Ⅲ型磺甲基酚醛树脂抗高温处理剂，使得体系整体抗温提高到160℃，形成了台盆区优快钻井液技术。2012年研发了全阳离子钻井液技术，丰富了塔里木油田钻井液技术体系，为超深碳酸盐岩油气藏高效开发钻井提速提供了利器。

2010年开展了"碳酸盐岩裂缝性油气藏FCL堵漏技术现场试验与评价"攻关研究，解决了大多数哈拉哈塘奥陶系碳酸盐岩井漏问题，形成了FCL工程纤维复合堵漏技术。在此期间，结合生产需求，井漏控制技术得到了发展，形成了高滤失复合堵漏技术、高承压堵漏技术、沉淀隔离法压井堵漏技术、高强度（全酸溶）堵漏技术等四项特色堵漏技术，台盆区形成了FCL工程纤维复合堵漏技术，为复杂井的提速和建产保驾护航。

第二节　钻井液技术难题

塔里木油田自1989年大规模勘探开发以来，从台盆区到沙漠腹地，再到库车前陆区，遇到了一系列钻井液技术难题，归纳起来主要有以下几点。

（1）台盆区上部巨厚强胶性砂泥岩地层阻卡和下部含有少量伊/蒙混层的非膨胀硬脆性泥页岩地层坍塌，严重影响了钻井速度的提高。

（2）开发井大量采用大斜度井和水平井，由于斜井段和水平段存在井壁易失稳、易形成岩屑床、摩阻大等特点，给钻井液提出了特殊要求。

（3）塔里木盆地广泛分布着新近系、古近系、石炭系、寒武系四套复合盐膏层，复合盐膏层在钻开以后极易因盐岩塑性流动、石膏及泥岩吸水膨胀发生蠕变，导致井下事故复杂；库车前陆区逆掩推覆体经常带来多套盐层、多套断层，以及盐间超高压盐水层等复杂地层，造成多套压力系统共存、井壁失稳等复杂情况，导致井下阻卡和卡钻，严重时使井眼报废。

（4）库车前陆区侏罗系煤层、台盆区寒武系和奥陶系白云岩等破碎性地层井壁垮塌严重，导致阻卡、卡钻等事故复杂频繁发生。

（5）高温高密度（密度2.20g/cm³以上）钻井液维护处理困难，由于库车前陆区普遍存在复合盐膏层、高压盐水层、高压气层以及高地应力、高地层倾角等，普遍需要使用高密度钻井液。高密度钻井液体系由于固相含量极高（可达到 60%）、自由水极少，导致可加入的钻井液处理剂量非常有限，在高温高密度条件下维护处理十分困难。

（6）井漏普遍存在，特别是库车前陆区高密度条件下和台盆区奥陶系碳酸盐岩油气藏防漏堵漏工作十分困难。

（7）保护油气层工作困难，各个地区储层物性和地层流体性质差异很大，储层保护工作难度较大，尤其是对超深高温高压裂缝性致密气藏的保护，国内外还没有形成可供借鉴的评价方法和技术标准，需要进行基础理论研究和技术攻关。

（8）环境保护是实现可持续发展的必由之路，《环境保护法》对钻井液保护环境提出了严格要求，实现磺化钻井液与油基钻井废弃物减量化、无害化处理及资源化综合利用难度很大。

（9）台盆区碳酸盐岩储层埋藏深（6600～8000m），二开裸眼井段超长达5000～6000m，穿越多个层系以及厚约 400m 二叠系火成岩地层破碎裂缝—微裂缝发育，极易井漏和井壁失稳；三叠系、石炭系、泥盆系、志留系硬脆性泥页岩地层井壁易坍塌，奥陶系桑塔木组、吐木休克组泥灰岩垮塌严重，溶洞型、缝洞型、裂缝—孔洞型目的层井漏严重，部分区域高含 H_2S，地层温度160℃以上，安全钻进难度极大。

第三节　钻井液体系及应用技术

塔里木油田钻井液技术人员通过 30 年探索和创新，研制了聚合物钻井液、KCl 聚磺钻井液、KCl 聚合物轻钻井液、全阳离子钻井液、饱和盐水钻井液、欠饱和盐水钻井液、有机盐钻井液、油基（油包水）钻井液等 8 套成熟钻井液体系。针对塔里木油田不同区块地层特性，形成了深井长裸眼优快钻井液技术、大斜度井和水平井钻井液技术、盐膏层钻井液技术、破碎性地层防塌钻井液技术、超高密度钻井液加重技术、钻井液环保控制技术等 6 套特色应用技术。

一、钻井液体系

（一）低固相强"包被"不分散聚合物钻井液体系

低固相强"包被"不分散聚合物钻井液体系由淡水、膨润土和高聚物组成，应用于上部新近系、古近系强胶性泥岩地层（即井深 4000m 以上），使用低固相强"包被"不分散聚合物体系主要是提高钻井液的抑制能力、护壁能力、防泥包能力、降低钻屑粘附井壁能力。

1. 体系特点

（1）具有很强的抑制性、包被性。

（2）具有较强的悬浮、携砂功能。

（3）通过使用沥青类、超细碳酸钙等钻井液材料和处理剂，获得良好的薄而韧的滤饼质量，降低滤饼渗透率，保持井壁稳定。

（4）以其良好的剪切稀释特性使得钻头水眼黏度小，环空黏度大，有利于喷射钻井、充分发挥钻头水动力，从而提高机械钻速。

（5）具有密度低、固相低的特点，有利于实现近平衡压力钻井。

2. 体系配方及性能

低固相强"包被"不分散聚合物钻井液体系配方及性能见表6-1、表6-2。

表6-1　低固相强包被不分散钻井液配方

序号	材料名称	浓度（kg/m³）
1	膨润土	30～40
2	聚合物（如80A51，KPAM等）	0.3～0.8
3	中小分子聚合物（如HPAN，NH4PAN等）	0.2～0.6
4	防塌剂（FT-1等）	10～30
5	QS-2	20
6	润滑剂（如MHR-86）	8～12
7	乳化沥青	20～30
8	清洁剂（如RH-4等）	2～4

表6-2　低固相强包被不分散钻井液推荐性能指标

密度（g/cm³）	1.05～1.25	膨润土含量（g/L）	35～45
漏斗黏度（s）	38～50	含砂量［%（体积分数）］	≤0.5
动切力（Pa）	5～15	pH值	8～9
塑性黏度（mPa·s）	7～18	黏滞系数	
静切力10″/10′（Pa）	1～5/2～10	固相含量［%（体积分数）］	7～11
FL/滤饼（mL/mm）	8～25/1～2	Cl⁻（mg/L）	≤10000
FL_{HTP}/滤饼（mL/mm）		Ca²⁺（mg/L）	≤300
		K⁻（mg/L）	

3.维护处理措施

（1）上部大尺寸井段钻速快，在保证排量和井眼稳定的前提下，尽量控制钻井液低黏切、低密度、低固相、适当滤失量，提高机械钻速。

（2）钻井液的维护主要以补充聚合物胶液和膨润土浆为主，根据黏切的高低而使用不同浓度高、中、低分子量的聚合物胶液，保持其有效含量为0.5%～1.5%为宜。

（3）利用高分子聚合物的絮凝包被作用，充分利用固控设备，控制钻井液的自然密度小于$1.10g/cm^3$。

（4）表层使用聚合物钻井液时，漏斗黏度不得低于80s，地表属于黄土层的地表区域，漏斗黏度宜控制在100s以上，以减少对井筒的冲刷；对于岩性较差易掉块、垮塌地层，一次性加入3%以上防塌剂，确保井壁稳定，防止垮塌及卡钻事故的发生。

（5）对于石膏质泥岩，在钻进时加入适量的硅酸钾，提高钻井液的pH值至9～10，防止石膏对钻井液性能影响。

（6）随着井深增加，加入足量的降滤失剂，控制合适的滤失量。

（7）上部井段长裸眼施工，最好配制胶液时，补充一部分随钻堵漏剂和超细碳酸钙，减少渗漏量。

（8）每钻进300～500m进行一次短程起下钻，及时修整井壁，同时加入1%的润滑剂和清洁剂，增强钻井液的润滑性，防止PDC钻头泥包和卡钻事故的发生。

（二）KCl聚磺钻井液体系

KCl聚磺钻井液指的是以磺化处理剂及少量聚合物作为主处理剂配制而成的水基钻井液，适用于塔里木油田各构造中下部深层井段地层，可用于水敏性强的易塌泥页岩层，可适用于造浆较强的黏土及软泥岩地层，能获得较低的固相含量，较小的钻井液密度，有利于提高钻速。

1.体系特点

（1）对水敏性泥岩、页岩具有较好的防塌效果。

（2）抑制泥页岩造浆能力较强。

（3）对储层中的黏土矿物具有稳定作用。

（4）能形成较致密的高质量滤饼，具有较强的护壁能力。

（5）具有较强的抗温能力。

2.体系配方及性能指标

KCl聚磺钻井液体系配方及性能见表6-3、表6-4。

表 6-3 KCl 磺化不分散低固相钻井液配方

序号	材料名称	浓度（kg/m³）
1	膨润土	35～50
2	烧碱	3～5
3	纯碱	2～4
4	磺甲基酚醛树脂 SMP	30～40
5	褐煤树脂 SPNH（磺化腐殖酸 PSC）	20～30
6	磺化单宁 SPC	5～10
7	增黏剂 80A-51（聚丙烯酰胺钾盐 KPAM）	0.5～2
8	润滑剂	10～20
9	阳离子沥青粉	10～20
10	乳化沥青胶体	20～30
11	乳化剂 SP-80	5～10
12	重晶石加重至需要密度	

表 6-4 KCl 聚磺钻井液性能

密度（g/cm³）	1.10～1.50	膨润土含量（g/L）	35～50
漏斗黏度（s）	40～60	含砂量［%（体积分数）］	≤0.3
动切力（Pa）	5～20	pH 值	9～10.5
塑性黏度（mPa·s）	10～40	黏滞系数	<0.1
静切力 10″/10′（Pa）	1～5/5～15	固相含量［%（体积分数）］	10～30
FL/滤饼（mL/mm）	<5/0.5	Cl⁻（mg/L）	
FL_{HTP}/滤饼（mL/mm）	<10/2～3	Ca²⁺（mg/L）	<400

3. 维护处理措施

（1）在原聚合物钻井液的基础上，逐步转化成聚磺钻井液体系。

（2）钻井液维护以补充胶液为主，加足 KCl 至 7% 以上，随钻补充 KCl。加入抗高温能力强的 SMP、SPNH、降低钻井液滤失量 FL 小于 5mL，高温高压滤失量 FL_{HTP} 小于 12mL，提高钻井液抗高温能力。

（3）控制合适的膨润土含量，调整钻井液的流变性，适当提高六速旋转黏度计 R_3、R_6 的读数，使钻井液具有良好的携带和悬浮钻屑的能力。

（4）调整钻井液的 pH 值保持为 8.5～9.5。

（5）对于存在微裂缝的，易坍塌、掉块的泥页岩地层，加入1%～2%超细碳酸钙和2%～5%具有一定软化点沥青类防塌剂，进行封堵防塌。

（6）随着井下温度的升高，钻井液处理剂的降解，逐步补充抗高温处理剂，提高钻井液的抗温性，保持钻井液性能的稳定。若温度超过所用聚合物的抗温极限，则停止使用。原则上下部井段（温度大于120℃）及目的层井段，应停止使用大分子聚合物。

（三）KCl聚合物轻钻井液体系

2006年，针对上部地层提速问题，通过研究地层岩石在钻井液中浸泡前后强度的变化，证实了在强包被不分散聚合物钻井液体系中加入KCl、聚合醇及乳化石蜡等材料能够有效地降低地层坍塌压力，使钻井液密度在原来基础上降低$0.2\sim0.3g/cm^3$，从而实现降低密度快速钻井。该项技术在羊塔克地区的3口开发井上部地层试验应用，取得了明显的效果，形成了塔里木深井长裸眼提速KCl聚合物轻钻井液技术。

1. 体系特点

（1）通过提高钻井液抑制性（KCl）和封堵能力（EP），降低地层坍塌压力，从而降低所用钻井液密度。

（2）具有良好的润滑性和抑制性，可稳定井壁、保护储层。

（3）能形成较致密的高质量滤饼，具有较强的护壁能力。

（4）固相含量很低、滤失量小、滤饼薄，对保护储层、减少地层伤害有很好的作用。

（5）塔中地区现场试验表明，密度控制在$1.05\sim1.15g/cm^3$，明显低于邻井，机械钻速相较邻井提高12%左右，平均井径扩大率低于10%，钻井周期平均减少8～12天。

2. 体系配方及性能指标

KCl聚合物轻钻井液体系配方及性能见表6-5、表6-6。

表6-5　KCl聚合物轻钻井液体系配方

材料名称	加量（kg/m³）
烧碱	1～3
膨润土	10～30
聚合醇（PEG）	10～15
大分子聚合物	2～3
降滤失剂（JMP、CMF、EP-Ⅱ）	5～10

材料名称	加量（kg/m³）
提切剂（PF-PRD）	5～10
防塌降滤失剂	10～20
润滑剂（TYRF-1）	5～10
KCl	30～50
加重剂（碳酸钙）	按设计要求
颗粒较小的乳化沥青或纳米封堵材料	按设计要求

表 6-6　KCl 聚合物轻钻井液体系性能指标

密度（g/cm³）	1.05～1.28	固相含量（%）	2～17
漏斗黏度（s）	40～60	膨润土含量（g/L）	10～30
动切力（Pa）	5～16	含砂［%（体积分数）］	≤0.3
塑性黏度（mPa·s）	4～20	Cl⁻（mg/L）	≤20000
静切力 10″/10′（Pa）	1～4/5～15	FL_{HTP}（mL）	≤12
pH 值	8～10	滤饼（mm）	≤0.5
FL（mL）	≤5	摩阻系数	≤0.1

3. 维护处理措施

（1）上部地层采用 KCl、聚合醇及乳化石蜡等进一步增强体系抑制性、封堵性，降低地层坍塌压力实现低密度钻进；加足大分子包被剂 80A51 或 KPAM，加强岩屑的包被和抑制；由于钻速快，每天必须补充大量胶液，胶液以大、中、小分子复配，比例 3∶1∶1；同时要控制适当的膨润土含量以确保悬砂和携砂能力；固控是关键，振动筛使用 60 目以上筛布，除砂器、除泥器必须使用，离心机每天使用不少于 4h，充分发挥离心机等固控设备作用，以确保低密度低固相实现快速钻井。

（2）进入下部地层及时加入磺化材料 SMP-Ⅰ、SPNH 和 FT-1 等，随着钻井深度的增加，裸眼段加长，体系必须加强抑制性和防塌能力，可加入阳离子乳化沥青与聚合醇等材料，必要时也可配合使用氯化钾进一步增强抑制泥页岩水化能力。

（四）全阳离子钻井液体系

长裸眼井施工中，聚合物—聚磺钻井液还存在深部地层泥页岩水化引起井壁失稳，地层温度高，导致钻井液性能变差，维护困难等问题。为此，开发了具有塔里木油田超深井特色的真正意义上的阳离子水基钻井液体系，并通过现场应用形成了全阳离子钻井液技术（李宁等，2015年），钻井液体系的电动电位和地层电动电位之间趋于平衡状态，抑制性能强，很好地解决了地层稳定问题，提高了机械钻速，节约了钻井成本。

1. 体系特点

（1）抑制性强，性能稳定。

该体系有效抑制了上部井段软泥岩的水化膨胀，快速钻进阶段钻井液性能稳定，始终保持低黏切、强抑制及强包被特性，未发生泥包钻头现象，起下钻顺利。

（2）具有独特的流变性，高温下悬浮携带能力强。

HA 601-5 井井底温度 163℃（6705m），钻井液流变性及高温高压滤失量稳定，钻井液未出现高温增稠情况，体系高温下的独特的流变性，保障了钻井液悬浮携砂能力，保证了每趟深井起下钻的顺畅与井底清洁。

（3）抗钙抗水泥污染能力较强。

钻塞过程中钻井液性能稳定，受水泥及固井添加剂影响较小。

（4）防塌效果好，井壁稳定，井眼规则。

钻进后期起下钻顺利，中完地质卡层砂样清晰，代表性好，无掉块；中完电测、下套管通井，无掉块、沉砂；电测井眼规则，井径扩大率满足设计要求。

（5）处理剂品种简单，功能明确，性能稳定，易于维护处理。

2. 体系配方及性能指标

全阳离子钻井液体系配方见表6-7和表6-8。

表 6-7　适合塔北地区使用的淡水、中低密度全阳离子水基钻井液配方

材料名称	浓度（kg/m³）
膨润土	15～30
烧碱	2～3
CPI	5～15
CPH-2	4～6（上部地层）
CPH-1	4～8（下部地层）
CPF-1	5～10
CPF	10～25（下部地层）
CPA	10～20（下部地层）
CPN	固井之后和石膏地层时使用依设计规定使用量
润滑剂	

表 6-8　适合英买力地区中高密度、中高矿化度全阳离子水基钻井液配方

序号	材料名称	浓度（kg/m³）
1	膨润土	15～30
2	烧碱	2～3
3	CPI	5～15
4	CPH-2	5～8（上部地层）
5	CPH-1	4～8（下部地层）
6	CPF-1	5～10
7	CPF	10～25
8	CPA	10～20
9	CPN	固井之后和石膏地层时使用依设计规定使用量
10	润滑剂	

适合塔北哈拉哈塘、金跃、跃满、热普、新垦等地区使用的淡水、低矿化度盐水中低密度全阳离子水基钻井液性能见表 6-9。

表 6-9　淡水、低矿化度盐水中密度全阳离子水基钻井液性能表

密度（g/cm³）	1.15～1.28	膨润土含量（g/L）	20～35
漏斗黏度（s）	38～45	固相含量［%（体积分数）］	10～13
动切力（Pa）	2～10	含砂量［%（体积分数）］	≤0.5
塑性黏度（mPa·s）	12～18	pH 值	7～9
静切力 10″/10′（Pa）	0.5～3.5/0.5～9	黏滞系数	≤0.1
FL（mL）	≤10	Cl⁻ 含量（mg/L）	23130～48500
FL_{HTP}（mL）	≤18	阳离子浓度（mg/L）	≥10000

适合英买力地区复合盐膏层使用的中高密度、中高矿化度全阳离子水基钻井液性能见表 6-10。

表 6-10　中高密度、中高矿化度全阳离子水基钻井液性能表

密度（g/cm³）	1.65～1.85	固相含量（g/L）	32～42
黏度（s）	45～65	含砂量［%（体积分数）］	≤0.3
塑性黏度（mPa·s）	45～55	膨润土含量［%（质量分数）］	2.5～3.5
动切力（Pa）	10～15	pH 值	8～9
静切力 10″/10′（Pa）	1～5/5～15	黏滞系数	<0.1
FL（mL）	<8	Cl⁻ 含量（mg/L）	80000～180000
FL_{HTP}（mL）	<12	阳离子浓度（mg/L）	>8000

3. 维护处理措施

（1）上部疏松地层所用钻井液漏斗黏度为40s～50s，使其具有良好的造壁性。一般CPI和CPH-2加量不宜过大、适度抑制和包被即可，阳离子浓度约为2000mg/L。宜采用稠浆携砂，大排量循环洗井、井底垫入高黏防卡钻井液，以备固井。

（2）下部地层要提高钻井液的抑制和包被能力。CPI加量提高到0.6%～1.0%、CPH-2的加量提高到0.8%～1.0%，润滑剂加量提高到0.5%～1.5%；每天至少测试阳离子浓度一次，阳离子浓度控制在6000 mg/L左右。

（3）振动筛尽可能细（80目、100目）、除泥器100%使用率、离心机80%以上使用率。强化固控能力和钻井液净化率。动塑比控制在0.3以下，采用大排量强化对井壁的冲刷。

（4）在进入分散性较差的页岩地层（如白垩系）以前，或进入复合盐膏层较厚地层以前（Cl⁻浓度高于12000mg/L以上）、或进入比较高井温（100℃）以前、CPH-2的包被作用可能丧失或包被要求相对减弱的情况下，应减少CPH-2的加量，而增加CPH-1的用量，直至完全取代CPH-2，继续维持0.8%以上的CPI加量。每天检测阳离子浓度1～2次，使阳离子浓度达10000mg/L以上。

（5）进入白垩系后逐步加大CPF用量，维持2%～3%的浓度，使其高温高压滤失量达设计指标；并逐步加大封堵剂CPA的用量，一般1%～2%为宜，视地层裂隙发育情况可提高用量（CPA的使用，最好和润滑剂、少量乳化剂配合使用，按CPA：润滑剂：乳化剂=1：1：0.2为宜同时加入胶液罐中混合，以减少CPA对振动筛的糊筛）。

（6）在进入大段盐层或复合盐膏层前，应将适量NaCl加入胶液罐中，使Cl⁻浓度达到平衡地层复合盐膏层的要求。

（五）饱和盐水钻井液体系

饱和盐水钻井液体系的主要处理剂有：磺化酚醛树脂SMP-Ⅱ、SMP-Ⅲ、抗高温抗盐降滤失剂SPNC/BARANEX、磺化腐殖酸铬PSC-2、ENEDRIM-O-205FHT、成膜封堵剂等。现场应用结果表明，该体系能够满足井下温度160～180℃的钻井需要，已在博孜101井、博孜102井、大北203井、克深5井、克深8井、克深202井、迪那1区块等复杂井成功应用。

1. 体系特点

（1）强抑制性。

体系中含有的钾离子能够在黏土的渗透膨胀阶段与完全分散的黏土进行层间阳离子交换，因此能有效抑制地层泥岩的渗透膨胀和分散，能够控制地层造浆，同时能够抑制钻井液中膨润土高温分散。

（2）强封堵性。

严格控制体系中的膨润土含量，复配优质沥青类材料，同时加入成膜封堵剂，对地层实行有效封堵，保证该体系在钻完井过程中能够对井壁微孔隙、微裂缝进行有效封堵，提高地层承压能力。

（3）优良的稳定性。

该体系的主处理剂均为抗高温能力很强的处理剂，其抗温能力均达到180℃。

（4）优良的抗污染能力。

该体系的主处理剂均为抗钙、抗盐能力很强的处理剂，可有效应对复合盐膏层对体系的污染。

2. 体系配方及性能指标

体系配方及性能指标见表 6-11、表 6-12。

表 6-11　饱和盐水钻井液体系配方表

材料名称	功能作用	浓度（kg/m³）
膨润土	造浆护壁	15～25
烧碱	调 pH 值	5～10
磺甲基酚醛树脂 SMP-Ⅱ/SMP-Ⅲ	降虑失	40～50
降黏剂 SPNC/BARANEX	降滤失剂	20～30
磺化酚腐植酸树脂 PCS-2	降滤失剂	20～30
沥青胶体 SY-A01	防塌封堵	10～20
乳化剂 SP-80	乳化剂	3～6
KCl	抑制剂	50～80
NaCl	抑制剂	100～150
聚合醇（GEM GPN）	抑制剂	根据需要
成膜封堵剂	封堵抑制	根据需要
高密度重晶石	加重剂	根据密度

表 6-12 饱和盐水钻井液体系性能参数表

钻井液体系	饱和盐水钻井液体系	Cl⁻（mg/L）	17×10^4 左右
密度（g/cm³）	2.10～2.35	黏滞系数	0.1～0.15
漏斗黏度（s）	45～75	含砂量［%（体积分数）］	≤0.2
塑性黏度（mPa·s）	33～81	膨润土含量（g/L）	10～25
动切力（Pa）	3～12	pH 值	8.5～11
静切力 10″/10′（Pa）	2～5/5～15	固含［%（体积分数）］	31～48
FL/滤饼（mL/mm）	≤5/0.5	摩阻系数	≤0.1
FL_{HTP}/滤饼（mL/mm）	≤10/1		

3. 现场配制及维护处理

（1）流变性的调整。

配制好特种稀释剂碱液（稀释剂：KOH=3∶1，特殊情况下，用2∶1或1∶2），浓度5%～20%，让特种稀释剂在高碱性的条件下充分作用（1h 左右）。在此基础上加入5%～8% 的 SMP-Ⅲ（或高温抗盐降滤失剂）形成混合胶液，用以控制流变性。

（2）滤失量的控制。

日常维护时宜采用胶液的方式控制滤失量，胶液配方：水 +0.5%～2%KOH+4%～6% 高温抗盐降滤失剂 +2%～4%SMP-Ⅲ。滤失量有增大趋势时，增加混合胶液中高温抗盐降滤失剂和 SMP-Ⅲ 的加量，必要时可配合 DYFT-Ⅱ 使用，确定钻井液滤失量调整方案。

（3）防塌能力的控制。

当地层温度较低时，使用液体防塌剂润滑封堵剂，可避免糊振动筛；当地层温度超过 140℃时，配合使用粉剂防塌材料 DYFT-Ⅱ。

（4）劣质固相含量的控制。

钻进过程中及时补充 KCl 维持体系的抑制能力，降低劣质固相的分散。使用好四级固控设备，尤其是振动筛的使用必须是 100%，其筛布目数 120 目以上。

（5）酸碱度的调整。

在欠饱和盐水钻井液中，要提高胶液中 KOH 的加量，必要时直接使用 NaOH 或 KOH 碱液提高钻井液碱度。

（六）欠饱和盐水钻井液体系

欠饱和盐水钻井液也就是一般盐水钻井液，是指 NaCl 含量自 1%（质量百分数浓度，Cl^- 含量约为 $0.60 \times 10^4 mg/L$）至饱和（NaCl 含量 36%，Cl^- 含量约为 $18.90 \times 10^4 mg/L$）前的钻井液。体系可以根据需要控制欠饱和、饱和或加入盐结晶抑制剂，使体系中的盐达到过饱和，以防止无机盐因在地面重结晶而影响井下安全。

1. 体系特点

（1）由于矿化度较高，因此具有较强的抑制性，能有效抑制泥页岩水化，保持井壁稳定。

（2）具有较强的抗盐侵能力，能有效抗钙侵和抗高温，适于钻复合盐膏层。

（3）由于其滤液性质与地层原生水较接近，因此对油气层伤害较小。

（4）钻出的岩屑在水中不易分散，因此比较容易清除，从而有利于保持较低的固相含量。

（5）能有效抑制地层造浆，流动性好，性能较稳定。

2. 体系配方及性能指标

体系配方及性能指标见表 6–13、表 6–14。

表 6–13　欠饱和盐水钻井液体系配方

材料名称	浓度（kg/m³）
膨润土	15～25
NaOH	3～15
磺甲基酚醛树脂 SMP	40～60
褐煤树脂 SPNC/PSC–2	20～35
阳离子乳化沥青粉 EFD–2	20～30
乳化沥青胶体	10～20
润滑剂	10～15
NaCl	200
KCl	≥70
重晶石	按需要

表 6-14 欠饱和盐水钻井液体系性能指标

密度（g/cm³）	2.10~2.30	FL（mL）	<5
漏斗黏度（s）	55~75	膨润土含量（g/L）	15~25
动切力（Pa）	5~15	含砂［%（体积分数）］	<0.5
塑性黏度（mPa·s）	25~70	固含［%（体积分数）］	35~43
静切力 10″/10′（Pa）	1.5~5/5~20	黏滞系数	<0.10
pH 值	9.5~10.5	FL_{HTP}（mL）	<15
Cl⁻（mg/L）	>165000	Ca^{2+}（mg/L）	<400

3. 维护处理措施

（1）严格控制膨润土的含量。膨润土含量应控制在 15~20kg/m³ 之间。

（2）保持一定量的 KCl 含量（7% 以上），增强体系的抑制能力，提高劣质固相的容量限，但 KCl 加量过大时，滤失量随之增大，需要大量的护胶剂来保证性能的稳定与平衡，推荐护胶材料胶液浓度 8% 以上。

（3）维护适当的含盐量。根据现场地层情况，钻井液体系中的 Cl⁻浓度应控制在（16~19）× 10⁴mg/L。

（4）保持钻井液适当的 pH 值。

（5）控制和处理地层对钻井液的污染。地层对钻井液的污染主要表现为盐岩、膏岩对钻井液的盐侵和钙侵，表现在性能上出现钻井液的黏度和切力升高、滤失量增大、pH 值下降等，处理时应及时补充硅酸钾。

（6）充分重视钻井液的固控工作。钻盐层时使用的筛布在 120 目以上，最大限度地发挥一级固控的效率。

（七）有机盐钻井液体系

有机盐钻井液体系由复合有机盐（BZ-WYJ-Ⅰ、BZ-WYJ-Ⅱ、BZ-WYJ-Ⅲ）、抗盐膏抗高温提切剂 BZ-VIS、抗盐膏抗高温抑制防塌剂 BZ-YFT、抗盐膏抗高温抑制润滑剂 BZ-YRH 和抗高温抗盐膏降滤失剂 BZ-REDU 等系列处理剂，用重晶石粉或其他惰性加重材料加重形成的一种"双保、双无"型水基钻井液体系。

1. 体系特点

（1）强抑制性。

水活度极低，对易水化泥岩抑制能力极强，其抑制性大大高于常规水基钻井液，与油基钻井液相当。

（2）抗污染能力强。

控制有机盐基液的浓度，石膏钻屑在有机盐钻井液中会保持原状，该体系抗盐可达饱和，抗石膏污染强。

（3）良好的稳定性和抗温性。

复合有机盐基液能较好地保护处理剂，使处理剂不降解，通过其协同增效的作用，提高钻井液体系抗温能力达200℃。

（4）较好的润滑性。

有机酸根具有很强的表面活性，本身就是很好的润滑剂，并能吸附在金属或黏土表面，形成润滑膜；低固相含量能有效地降低摩擦系数；良好的BZ-YRH以及BZ-YFT形成致密的光滑滤饼，易于消除，卡钻事故发生的概率显著降低。

（5）腐蚀性很弱。

复合有机盐钻井液中存在大量的有机酸根阴离子，可通过配位键吸附于金属表面，保护金属不被腐蚀。复合有机盐钻井液不含溶解氧，与橡胶不反应，不会氧化橡胶使其老化，其较强的还原性可保护橡胶不被腐蚀与破坏，实现对金属管串和橡胶件的良好保护。

（6）较好的储层保护性。

体系中不含二价以上离子，滤液与地层水接触时，不产生化学污垢，无沉淀物析出，消除堵塞；没有或低固相，避免了固相沉积及堵塞对储层的伤害；当有机盐类溶液的密度为1.04g/cm³时，需氧菌和厌氧菌两种细菌难以生存和繁殖，避免完井过程中细菌对储层的伤害。

（7）环境友好。

BZ-WYJ系列水溶液、各种处理剂、典型钻井液的药物安全性指标（EC50）均大于 3×10^4 mg/L，属无毒，实现对环境的保护。

2. 体系配方及性能指标

体系配方及性能指标见表6-15至表6-17。

表6-15 密度1.80～2.50g/cm³ 有机盐钻井液体系配方表

材料	加量（kg/m³）	
	抗温180℃	抗温200℃
纯碱	3	3
BZ-VIS	30	30
BZ-HXC	0.5	0.5
BZ-Redu-I	10	22

材料	加量（kg/m³）	
	抗温180℃	抗温200℃
BZ-Redu-Ⅱ	20	22
BZ-YFT	50	80
BZ-YRH	40	60
BZ-WYJ-Ⅰ	0～50	0～50
BZ-WYJ-Ⅱ	50～100	50～100
重晶石	根据密度	根据密度

表6-16 抗温180℃，密度1.80～2.50g/cm³的有机盐钻井液体系性能表

温度（℃）	密度（g/cm³）	表观黏度（mPa·s）	塑性黏度（mPa·s）	动切力（Pa）	静压力（Pa/Pa）	FL（mL）	FL_{HTP}（mL）	pH值	备注
70	1.80	60.0	54.0	6.0	1.0/1.5	3.0	13.0	8.5	180℃×16h
70	2.10	68.0	62.0	6.0	1.0/1.5	3.6	12.8	8.5	180℃×16h
70	2.50	82.0	75.0	7.0	1.0/1.5	4.5	11.0	8.5	180℃×16h
70	2.50	79.0	72.0	7.0	1.5/2.5	4.8	13.2	8.5	180℃×100h

表6-17 抗温200℃，密度1.80～2.50g/cm³的有机盐钻井液体系性能表

温度（℃）	密度（g/cm³）	表观黏度（mPa·s）	塑性黏度（mPa·s）	动切力（Pa）	静压力（Pa/Pa）	FL（mL）	FL_{HTP}（mL）	pH值	备注
70	1.80	55.0	50.0	6.0	0.5/2.5	2.4	11.0	8.5	200℃×16h
70	2.10	62.5	55.0	7.5	1.5/3.5	3.5	13.0	8.5	200℃×16h
70	2.50	75.0	67.0	8.0	2.0/3.0	4.8	13.8	8.5	200℃×16h
70	2.50	80.0	72.0	8.0	2.0/3.5	4.6	14.0	8.5	200℃×100h

3. 现场配制及维护处理

（1）常规维护。

维护时配制等浓度混合胶液，细水长流的加入钻井液中。黏切高时可在井浆中加入1%～1.5%的BZ-DEVIS。黏切低时可加入0.1%～0.4%的BZ-HXC或者水化好的BZ-VIS胶液。

（2）滤失量的控制。

日常维护时宜采用胶液的方式控制滤失量，滤失量有增大趋势时，增加混合胶液中 BZ–REDU 和 BZ–YFT 的含量。

（3）防塌润滑能力的控制。

该体系的润滑剂是 BZ–YRH，通过调整 BZ–YRH 的浓度，能很好地满足井下对钻井液润滑性的要求。

（4）劣质固相含量的控制。

使用好四级固控设备，尤其是振动筛的使用必须是 100%，其筛布目数 120 目以上。

（5）酸碱度的调整。

体系各处理剂在弱碱性条件下，效能更好，而且复合盐本身偏弱碱性，注意控制碱度。

（八）油基钻井液体系

油基钻井液是以柴油为基础油形成的油包水钻井液体系，目前在塔里木油田主要应用了 INVERMUL 油基钻井液体系、VERSACLEAN 油基钻井液体系和国产 CPET 油基钻井液体系三套。

1. 体系特点

（1）高温条件下（200℃以上）乳化剂稳定性强，确保体系良好的流变性能、滤失性能和滤饼质量。

（2）优良的抗污染性，良好的流变性，超强抑制性，井壁稳定性更好，井眼更规则。

（3）优良的润滑性，防腐抗磨性能好，对井下工具、泵和管线的伤害降到最低。

（4）配浆及维护简单，日常维护量小，回收重复利用，降低综合成本。

（5）循环压耗低，避免了过大激动（抽吸）压力造成的井下复杂，有利于高压窄窗口气层钻井。

（6）简化钻井复杂，与其他钻井液体系相比，在处理井下复杂情况时施工过程更安全，施工工艺更灵活便捷，处理方法更有效，特别适合含高压盐水的复合盐膏层钻进。

2. 体系配方及性能指标

体系配方及性能指标见表 6–18 至表 6–20。

表 6-18 油基钻井液主要处理剂配比表

功能作用	浓度（kg/m³）
基础油	430～500
辅乳化剂	20～35
主乳化剂	20～35
降滤失剂	15～25
增稠剂	5～8
润湿剂	2～5
加重剂	根据需要
氯化钙盐水	根据油水比

表 6-19 复合盐膏层高密度钻井液性能指标

参数	数值	参数	数值
密度（g/cm³）	2.15～2.35	静切力 10″/10′（Pa）	2～6/5～12
漏斗黏度（s）	70～100	FL_{HTP}/滤饼（mL/mm）	5～10/0.5～1
动切力（Pa）	8～17	塑性黏度（mPa·s）	30～60
电稳定性 ES	500～900	过量石灰（mg/L）	8～12
Cl⁻ 含量（mg/L）	（2～3）×10⁴	Ca²⁺ 含量（mg/L）	（0.7～0.9）×10⁴

表 6-20 目的层钻井液性能参数指标

参数	数值	参数	数值
密度（g/cm³）	1.85～2.15	静切力 10″/10′（Pa）	2～5/5～10
漏斗黏度（s）	60～90	FL_{HTP}/滤饼（mL/mm）	1～5/0.5～1
动切力（Pa）	6～12	塑性黏度（mPa·s）	25～45
电稳定性 ES	400～600	过量石灰（mg/L）	8～12
Cl⁻ 含量（mg/L）	（2～3）×10⁴	Ca²⁺ 含量（mg/L）	（0.7～0.9）×10⁴

3. 维护处理措施

（1）注意观察岩屑质量，如有必要，可调整矿化度。如需要加 $CaCl_2$，可直接在循环系统中加入。乳化剂用于调整乳化稳定性和高温高压滤失量，钻井作业时，乳化剂会有明显的消耗，根据需要补充加入乳化剂或胶液。

（2）用主乳化剂和辅乳化剂控制钻井液的乳化性，注意石灰的消耗量。

（3）用降滤失剂降低钻井液的滤失量，严格控制钻井液滤失量。

（4）根据需要调整钻井液密度，保持油水比在适当的范围（80：20～90：10），防止盐水污染钻井液，加强氯离子监测工作，调整好钻井液密度及黏切、滤失量等性能。

（5）高温高压滤失量有增大趋势或滤液中含有自由水，应立即将主乳化剂、辅乳化剂直接加入体系或预混合后加入体系。

（6）因提高密度需要在钻井液中加入重晶石时，应随时补充乳化剂和润湿剂，以保持重晶石的润湿性；用细目的振动筛筛布，控制固相含量。

（7）目的层钻进过程中，需要降低密度，控制油水比在（75：25～80：20），破乳电压维持在 400V 以上。若渗漏较严重可加入随钻堵漏剂，如果发生井漏，按油气层堵漏方案进行堵漏；保持过量的石灰有助于降低酸性气体对钻井液的影响；严格控制钻井液滤失量，保证滤饼质量，依靠适度的粒度分布来达到暂堵目的。

二、深井超深井钻井液技术

（一）深井长裸眼快速钻进钻井液技术

塔里木油田的深井长裸眼优快钻井液技术是从轮南地区钻井难题攻关形成的上部地层低固相强"包被"不分散聚合物钻井液体系上发展起来的。

1989—1991 年，轮南地区钻井中遇到了上部地层严重阻卡和下部地层坍塌难题，上部地层阻卡严重时一周内接连发生多口井卡钻，如 1989 年 12 月至 1990 年 1 月，轮南 9 井、轮南 22 井、轮南 26 井、轮南 210 井、轮南 18 井 5 口井接连发生卡钻；下部地层井壁垮塌掉快引起井眼扩大，造成中测坐封困难，固井质量难以保证。针对上述难题，技术人员认真分析，积极探索，上部地层阻卡难题在经历了从提高排量、降低黏切增强钻井液对井壁的冲刷能力到使用 KCl 抑制泥岩水化膨胀等探索过程后，仍不能从根本上解决问题，一直到 1991 年初，通过大量现场实践分析总结，并结合室内研究，终于探索出在上部地层采用低固相强"包被"不分散聚合物钻井液体系，下部地层采用 KCl 聚磺钻井液体系，成功地解决了塔里木盆地上部巨厚强胶性砂泥岩地层阻卡和下部含有少量伊/蒙混层的非膨胀硬脆性泥页岩地层坍塌的钻井难题，使得在上部地层钻井中由过去的经常卡钻和每钻进 50～100m 需短起下钻一次改善到每钻进 500～800m 短起下钻一次也不发生阻卡；下部地层井径扩大率也由过去的20% 以上降到了 10% 以内，井下复杂大幅度减少。突破了塔里木油田深井钻井液技术的第一道难关，形成了塔里木油田深井钻井液技术的基础体系。此后这套技术又相继在塔中地区、东河塘地区、哈得逊地区和英买力地区等台盆区全面推广应用，技术与经济效益显著。

1998 年，为了降低钻井成本，在牙哈、轮南、塔中、东河塘、哈得和英买力等地区开发井相继开展简化井身结构实施优快钻井，仍然采用这套钻井液技术在钻速高达 10～30m/h 情况下顺利地钻成了裸眼长达 5000m 左右的深井，多次创造裸眼长度纪录（图 6-1）。由此，这套技术发展成为塔里木深井长裸眼快速钻进钻井液技术。

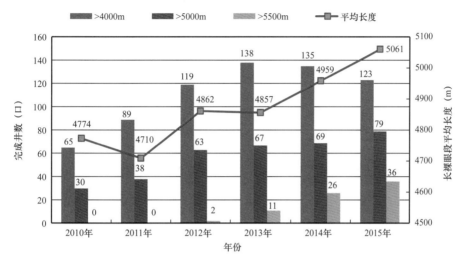

图 6-1　塔里木油田 2010—2015 年长裸眼井钻井数量统计

2006 年，油田针对上部地层提速问题，开展了"降低地层坍塌压力的优快钻井液技术研究"，该项目通过研究地层岩石在钻井液浸泡前后强度的变化，证实了在强包被不分散聚合物钻井液体系中加入 KCl、聚合醇及乳化石蜡等材料能够有效地降低地层坍塌压力，使钻井液密度在原来基础上降低 0.2～0.3g/cm³，从而实现低密度优快钻井。该项技术在羊塔克地区的 3 口开发井上部地层试验应用，取得了明显的效果，形成了塔里木深井长裸眼优快钻井液技术。

2010 年，针对哈拉哈塘、金跃、跃满、热普和富源区块碳酸盐岩低成本建井问题，面对二开 5000～6000m 超长裸眼，快速钻进钻井液技术需要更好的完善和集成，结合钻机配套装备水平的整体提升，尤其是高压钻井液泵、高目数高频振动筛和离心机的推广使用，钻井液体系选择继续采用上部地层使用低固相强"包被"不分散聚合物钻井液技术，下部地层使用 KCl 聚磺钻井液体系，研发了全阳离子钻井液技术，重点突出钻井液不分散功能和固控使用效率，整体提升钻井效果（表 6-21），形成了哈拉哈塘地区优快钻进钻井液技术。

表 6-21　全阳离子钻井液应用井指标情况

区块	实验应用井数（口）	全阳离子钻井液试验井			同区块对比井		
		钻井周期（d）	平均机械钻速（m/h）	事故复杂总时间（h）	钻井周期（d）	平均机械钻速（m/h）	事故复杂总时间（h）
哈拉哈塘	10	86.56	8.46	100.76	108.62	6.85	248.80
热普	3	118.82	6.87	469.67	107.26	7.49	228.17
新垦	3	74.78	8.97	13.28	96.43	6.9	38.32
哈得、其格	2	84.08	8.34	0	112.33	6.71	89.7
平均 / 合计	18	89.70	8.27	136.47	106.77	6.95	192.60
变化		↓ 15.99%	↑ 18.99%	↓ 29.14%			

1. 技术难点

（1）上部地层普遍存在（新近系至 3700m 左右）阻卡严重，主要原因是由于上部地层成岩性差，以泥岩、砂岩、泥质砂岩和砂质泥岩、粉砂岩为主，黏土矿物组分中伊蒙无序间层含量很低，主要是伊利石、绿泥石，此类黏土矿物膨胀不大，但由于成岩性差，遇水分散性十分强烈，钻屑形成的泥质软胶团具有很强的粘附力，在聚合物加量不够时，易互相粘结成假滤饼，在渗透性好砂岩井段易形成厚滤饼，造成起下钻严重阻卡。

（2）下部地层（白垩系、侏罗系、三叠系等地层）井壁坍塌，坍塌原因主要有两方面：一是下部地层硬脆性泥页岩层理裂缝发育，同时也存在着易水化膨胀分散的泥岩，因水化膨胀程度的不均衡而引起剥落掉块造成井塌；二是由于钻井液液柱压力低于泥页岩孔隙压力，井壁受力不平衡引起井塌。

2. 技术关键

（1）要解决上部地层的砂泥岩水化强烈分散和下部地层的坍塌问题。

（2）要满足低密度、低固相快速钻进的要求，解决携砂和包被问题。

（3）要提高抑制性，保证长裸眼井段井壁稳定，为实施优快钻井创造有利条件。

3. 钻井液体系选择

上部地层采用低固相强"包被"不分散聚合物钻井液体系；3800～4000m以后采用抗温性好的聚磺钻井液体系或聚合物氯化钾聚磺钻井液体系，极易水化分散、井壁严重失稳的地层选择强抑制性的全阳离子钻井液体系。

4. 钻井液处理维护要点

（1）上部地层采用 KCl、聚合醇及乳化石蜡等进一步增强体系抑制性、封堵性，降低地层坍塌压力实现低密度钻进；加足大分子包被剂 80A51 或 KPAM，加强岩屑的包被和抑制；由于钻速快，每天必须补充大量胶液，胶液以大、中、小分子复配，比例为 3∶1∶1；同时要控制适当的膨润土含量以确保悬砂和携砂能力；固控是关键，振动筛使用 60 目以上筛布，除砂器、除泥器必须使用外，离心机每天使用不少于 4 小时，充分发挥好离心机等固控设备作用，以确保低密度低固相实现优快钻井。

（2）进入下部地层及时加入磺化材料 SMP-1、SPNH 和 FT-1 等，随着井眼的加深，裸眼段加长，体系必须加强抑制性和防塌能力，可加入阳离子乳化沥青与聚合醇等材料，配合使用氯化钾进一步增强抑制泥页岩水化能力。

（二）大斜度井／水平井钻井液技术

1994 年，塔中 4 油田采用大斜度定向井／水平井技术开发，钻井液技术在开发方案设计阶段论证时，借鉴了胜利油田水平井钻井液技术，并在轮南油田攻关形成的技术体系基础上引入正电胶与混油技术，斜井段、水平段采用抑制性和携砂能力强的正电胶混油体系或油基钻井液体系，使塔中 4 油田成功地钻成了一批开发水平井与大斜度井，此后又在轮南油田、哈德油田、牙哈凝析油气田等开发水平井和大斜度定向井中推广应用。进入 21 世纪以后，又在 KCl 聚磺钻井液体系中引入聚合醇与乳化沥青使得体系抑制性、润滑性和防塌能力大幅度提高，各项性能进一步优化，钻井速度不断提高（表 6-22），技术更加成熟，形成了塔里木油田的深井大斜度井／水平井钻井液技术。

表 6-22　定向井／水平井技术攻关前后钻井周期对比

序号	井号	井型	井深（m）	钻井周期（d）	平均周期（d）	备注
1	TZ 4-17-H4	水平井	4293	206	204	技术攻关前
2	TZ 4-27-H14	水平井	3270	203		
3	TZ 4-27-10	定向井	3805	104	107	
4	TZ 4-28-12	定向井	3890.5	110		
5	TZ 4-7-H23	水平井	4097	65	69	技术攻关后
6	HD 4H	水平井	5522	72		
7	LN 26-3	定向井	5139.5	39	38	
8	TZ 4-6-3	定向井	3860	37		

1. 斜井段、水平段钻井难点

（1）井壁稳定问题。

水平井的井壁失稳主要是由化学作用和力学作用引起的，虽然这种情况同样发生在直井中，但水平井有其更特殊的一面。斜井段、水平段中易塌地层裸露段比对应的直井内要长，裸露面积要大，滤液侵入地层的面积加大，坍塌可能性增加；井斜角加大以后上覆地层产生一个径向压力，该力随着井斜角的加大而增大，引起坍塌。

（2）井眼净化问题。

斜井段、水平段钻屑易形成岩屑床，斜井段钻屑的重力被分解为一个垂直井壁，一个沿环空向下的力，所以随着井斜的增加（大于40°），垂直井壁的力越来越大，此时钻井液返速及携砂能力如果不足，则易形成岩屑床；水平段钻屑重力的分解不再存在，钻屑会沉淀在低的井壁上形成岩屑床。岩屑床一旦形成则很难破坏。

（3）摩阻问题。

在水平井中，井眼是弯曲的，在重力作用下，钻具总是靠着下井壁，因此钻具在旋转和起下钻时，钻具和井壁间的摩擦阻力比直井要大得多。

2. 技术关键

（1）为了保证井壁稳定，钻井液体系必须有很强的抑制和封堵能力；严格控制斜井段和水平段的高温高压滤失量；钻井液密度走设计上限。

（2）为尽量减少岩屑床的厚度（尤其是35°～55° 井斜段），必须加强体系的携砂能力，维持体系的低黏高切流变性；加大排量。

（3）提高钻井液的润滑性，降低扭矩和摩阻。

3. 钻井液体系选择

直井段采用成本较低的聚合物或正电胶钻井液体系；斜井段和水平段采用抑制性和携砂能力强的 KCl 聚磺混油钻井液体系或油基钻井液体系。

4. 钻井液处理维护要点

（1）控制适当的膨润土含量以获得良好的流变性和携砂能力，尤其是低剪切速率下的结构要强，R_3、R_6 读值≥8.5；充分使用四级固控设备，清除无用固相。

（2）加足抗高温降滤失剂 SMP-1、SPNH，降低滤失防泥岩吸水膨胀，维持密度达到设计上限，保证井壁稳定。

（3）若使用水基钻井液体系，则加入 10%～12% 的原油 +0.3% 乳化剂，提高钻井液的润滑性，降低钻具的摩阻。

（三）破碎性地层防塌钻井液技术

塔参 1 井超深井段奥陶和寒武系破碎性白云岩、迪北地区侏罗系煤层、哈得地区二叠系火成岩和玄武岩等是典型破碎性地层。破碎性地层坍塌压力高，漏失压力低，钻进中极易发生严重井壁坍塌和井漏，往往造成恶性卡钻事故。如依深 4 井曾因煤层垮塌造成 4 次恶性卡钻事故，损失时间 77 天。

迪北区块侏罗系克孜勒努尔组煤层发育，煤层存在大量层理、裂缝，吸水吸油性强，抗压强度低（平均内聚力 8.3MPa），井壁稳定性差。1998 年 4 月，在依南 2 井、依南 4 井钻探中遇到了侏罗系不同厚度的大段煤层和薄煤层，由于煤层及所夹碳质泥岩的严重垮塌造成了井下复杂和事故。通过开展煤层坍塌机理及防塌钻井液技术研究，现场采取合理钻井液密度以支撑井壁、选用合适软化点及粒度的阳离子乳化沥青胶体与多元醇、氯化钾配合抑制水化、加强封堵等技术措施，较好地解决了依南地区破碎性煤层坍塌钻井难题，2013—2017年在迪北 104 井和迪北 105X 井应用，使侏罗系煤层井径扩大率从平均 20% 下降到 5% 以下，进一步优化了侏罗系煤层以 KCl 聚磺钻井液为基础的防塌钻井液技术。

破碎性地层防塌是一个世界级技术难题，塔里木油田通过攻关成功地解决了这一难题，形成了破碎性地层防塌钻井液技术。

1. 技术难点

（1）破碎性地层本身就容易垮塌。

（2）破碎性地层层理、节理以及裂缝发育，钻井液中自由水沿层理和裂缝进入很容易引起地层岩石水化、膨胀和分散，加剧了坍塌。

（3）煤岩本身密度低、强度低、脆性大，弹性模量一般在 2000MPa 左右，远低于一般泥岩，受外来压力的挤压易形成新的裂缝。

（4）库车前陆区多次造山运动形成的构造应力没有完全释放，井眼钻开后应力释放。

（5）泥岩本身的吸水膨胀也会加剧破碎性地层的垮塌。

（6）破碎性地层坍塌压力高，漏失压力低，密度低极易发生严重井壁失稳，提高密度极易发生严重井漏。

2. 技术关键

（1）选择合适的钻井液密度，平衡地层坍塌压力。

（2）采用强抑制强封堵材料，抑制泥页岩的水化膨胀分散，通过物理与化学相结合的封堵技术，加强对破碎性地层裂缝的封堵。

（3）封堵材料必须选择与微裂缝尺寸匹配的细颗粒沥青类材料，同时软化点与地层温度要相匹配。

（4）严格控制钻井液活度，加足氯化钾抑制泥质水化膨胀。

（5）必须严格控制高温高压滤失量。

3. 钻井液体系

采用强抑制强封堵聚合醇聚磺钻井液体系，该体系的主要特点是抑制封堵能力极强。选用软化点与地层温度匹配的沥青类防塌剂，配合利用聚合醇的浊点特性和分子链上的羟基集团加强封堵和抑制。体系中的处理剂组成充分考虑了物理、化学、物理化学三方面的防塌技术，对破碎性地层进行有效防塌。使用效果明显。

4. 钻井液处理维护要点

（1）二叠系火成岩、玄武岩防塌钻井液技术。

针对台盆区二叠系火成岩、玄武岩垮塌，形成了在二叠系前转换成 KCl 聚磺钻井液体系，提高抑制性、封堵性、防塌性。

采取的主要防塌关键技术措施：

① 选择合适的钻井液密度，平衡地层坍塌压力；

② KCl 加量控制在 7%～10%，提高钻井液抑制性；

③ 钻井液 pH 值控制在 9 左右，降低钻井液分散性；

④ 封堵材料必须选择与微裂缝尺寸匹配的细颗粒沥青类材料，同时软化点与地层温度要相匹配，加量大于 5%；

⑤ 必须严格控制高温高压滤失量和中压滤失量。

（2）侏罗系煤层防塌钻井液技术。

采取的主要防塌维护要点：

① 控制合理钻井液密度；

② 加强抑制性，氯化钾加量 7%～10%，钾离子含量 4×10^4 mg/L 以上，配合使用聚合醇加强抑制性；

③ 加强防塌性，优选与地层温度匹配的沥青防塌剂，最好沥青胶体和沥青粉复配，沥青防塌剂加量 5% 以上；

④ 引入纤维类和细颗粒随钻堵漏材料加强封堵，配合使用纤维堵漏剂 SQD-98（细）（1%～2%）和超细碳酸钙（1%～2%）加强封堵；

⑤ 严控高温高压滤失量（小于 8mL）。

（四）复合盐膏层钻井液技术

塔里木盆地复合盐膏层分布广、埋藏深、类型全，即有潟湖陆相沉积的新近系、古近系分盐膏层，也有滨海相沉积的石灰系和寒武系复合盐膏层，埋藏深度不一，从盆地边缘局部地区出露头到深至 8000m 都有分布。复合盐膏层钻井是一项世界级技术难题，由复合盐膏层引起的井下复杂情况或由它诱发的各种井下恶性事故，对钻井工程危害性极大。钻井液技术是安全钻穿复合盐膏层的关键，它直接影响钻井作业的成败，其核心是钻井液密度的确定、钻井液体系的选择和钻井液性能的维护。

塔里木油田自 1986 年南疆石油勘探公司在南喀 1 井古近系钻遇复合盐膏层以来，随着对复合盐膏层危害性认识的不断深化和对复合盐膏层钻井液等配套技术进行持续攻关，钻井液技术从初的引进国外麦克巴和 IDF 钻井液公司饱和盐水钻井液技术和材料，通过技术攻关与现场实践逐步发展到使用国产材料和技术，并经过不断发展改进、优化完善，形成了塔里木油田成熟的盐膏层钻井液技术。

1. 技术难点

（1）库车前陆区复合盐膏层普遍较厚，而且埋深最深达到 8000m，部分区块发育两套复合盐膏层。

（2）复合盐膏层压力系数高存在盐间薄弱层，多套压力系统共存，钻井液密度窗口窄。

（3）克深地区盐间普遍发育高压盐水，压力系数高，最高压井液密度达 $2.85g/cm^3$。

（4）井漏、溢流、卡钻事故频发。

2. 钻井液密度确定

钻井液密度的选择对复合盐膏层井眼稳定至关重要，多数复合盐膏层卡钻和复杂情况的产生都应归咎于钻井液密度不合适。复合盐膏层钻井液密度主要以地层压力剖面、盐层蠕变规律绘制钻井液密度图版为基础来确定，并根据实际情况进行调整，新近系、古近系及寒武系复合盐膏层钻井液密度图版如图 6-2 至图 6-6 所示。

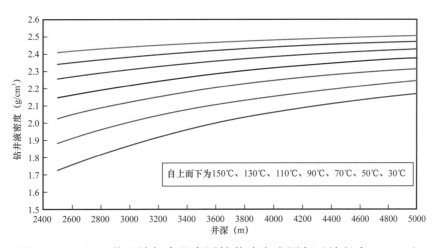

图 6-2　吐北 1 井区域复合盐膏层钻井液密度图版（缩径率 0.1%/h）

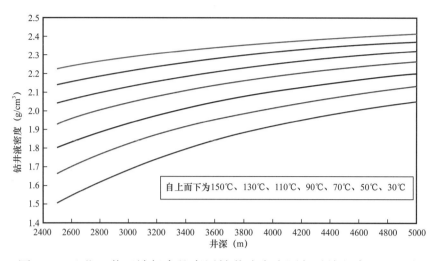

图 6-3　吐北 1 井区域复合盐膏层钻井液密度图版（缩径率 0.5%/h）

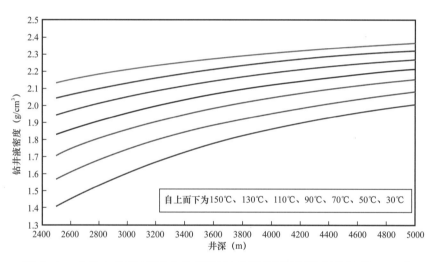

图 6-4　吐北 1 井区域复合盐膏层钻井液密度图版（缩径率 1%/h）

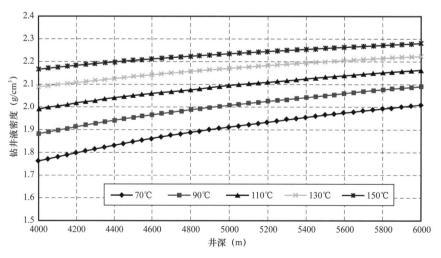

图 6-5　康 2 井区域复合盐膏层钻井液密度图版（缩径率 0.1%/h）

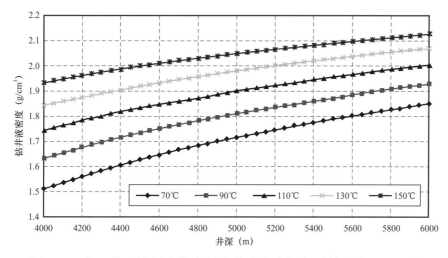

图 6-6 康 2 井区域复合盐膏层钻井液密度图版（缩径率 0.5%/h）

3. 钻井液体系的确定

复合盐膏层对钻井液体系的选择和使用提出了非常严格的要求，因此复合盐膏层钻井液体系设计应遵循以下原则：抗盐侵、抗高温，能有效抑制盐溶和水敏性地层水化膨胀，以保证井眼和钻井液性能的稳定；高温高密度条件下，钻井液仍能保持良好的流变性能；高温高压下仍具有较低的滤失量，能形成薄而韧、压缩性好的滤饼；具有良好的防塌性、润滑性；对岩屑具有较好的悬浮和携带能力；具有抗高压低渗含盐量较低的地层水污染的能力。饱和盐水钻井液还需具有抑制钻井液中盐重结晶的能力。

塔里木油田复合盐膏层钻井液体系主要是根据所钻井复合盐膏层的区域分布、盐层特性和埋藏深度，并结合井身结构设计、钻井液密度图版、钻井液体系特点等因素综合考虑来确定。经过 30 年研究与实践，形成了以氯化钾 / 氯化钠聚磺饱和盐水钻井液、欠饱和盐水钻井液、有机盐钻井液和油包水乳化钻井液四套体系为主的复合盐膏层钻井液体系。

对于复合盐膏层段钻井液密度低于 2.3g/cm^3、厚度不超过 300m、密度窗口较宽、盐膏层蠕变压力较小、井漏压力低、且事故复杂较少的井，可考虑饱和盐水体系、欠饱和盐水体系、有机盐体系，饱和盐水钻井液体系在使用过程中还要考虑抗盐结晶的问题。

对于复合盐膏层段钻井液密度超过 2.3g/cm^3、厚度大、盐间发育高压盐水、存在井漏和高压盐水溢流等事故复杂、钻井液密度窗口较窄的井。这类井往往事故复杂频发，漏失量大，特别是压井液密度超过 2.45g/cm^3 的井往往需要配合使用控压放水降压和精细控压钻进等措施，处理复杂时间长，适合选用油基钻井液体系。油基钻井液体系具有极强的润滑性和良好的流变性，对高压盐水侵污容量限大于30%，稳定性强，是处置高压盐水层的最好选择。

（五）高密度、超高密度钻井液加重技术

通常密度在 2.3～2.5g/cm³ 的钻井液称为高密度钻井液，密度超过 2.5g/cm³ 的钻井液称为超高密度钻井液。塔里木油田现场应用最高钻井液密度的为 2.64g/cm³（KeS 9-2 井），最高井底温度为 181.5℃（克深 131 井）。塔里木油田超高密度钻井液应用环境对钻井液耐温性能要求较高，要求密度达到 2.50g/cm³ 以上，抗温度 180℃ 以上。对加重剂和钻井液体系性能提出了更高的要求，普通重晶石加重和水基钻井液体系无法满足超高密度钻井液需要。塔里木油田超深、高温、高压气井的钻井，要求钻进过程中钻井液循环及加重系统能实现快速配制大量高密度、超高密度钻井液，为此开发出了超高密度钻井液加重技术。

1. 加重材料基本性能

国内外常用的加重材料包括：普通重晶石、高纯重晶石（密度大于 4.4g/cm³）、菱铁矿（$FeCO_3$，密度 3.7～3.9g/cm³）、四氧化三锰（常规）、赤铁矿粉（Fe_2O_3 密度 4.9～5.3g/cm³）、方铅矿（PbS 密度 7.5～7.6g/cm³）等，为了进一步改善超高密度钻井液性能，引入新型加重材料超微重晶石、微锰矿粉（Mn_3O_4 密度 4.7～4.9g/cm³）、微钛铁矿（$FeTiO_3$ 密度 4.6～4.8g/cm³）等，并进行了关键性能评价，获得了各加重材料的综合性能评价结果（表 6-23）。

2. 超高密度油基钻井液加重配方及加重方案

针对密度 2.35g/cm³、2.45g/cm³、2.55g/cm³、2.65g/cm³ 钻井液，采用耐高温性能较好的油基钻井液作为基础配方，配置出 4 套超高密度油基钻井液加重方案。

1）加重方案设计

复配加重方案优化设计时，应该遵循以下原则。

（1）经济合理：复配配方的成本应在合理、可接受范围；

（2）性能可靠：复配出的钻井液基本性能、综合性能应满足现场要求。

根据研究结果，所用各类加重剂成本及性能排序如下：

（1）成本排序：普通重晶石粉＜超微重晶石粉＜赤铁矿粉＜微钛铁矿粉＜微锰矿粉；

（2）性能排序：普通重晶石粉＜超微重晶石粉≈赤铁矿粉＜微钛铁矿粉＜微锰矿粉。

实际应用时，优先选择成本低廉的加重剂，然后在性能需要提升时，再逐渐增加高成本高性能加重材料的使用比例，最终达到经济合理、性能可靠的目的。

表 6-23 超高密度加重材料关键性能评价结果

加重剂	供货厂家(简称)	主要矿物	密度(g/cm³)	粒度中值(μm)	比表面积(m²/g)	摩尔硬度	润湿角(°)	磨蚀性(%)	微观形态	沉降速率(cm/d)	比磁化率(10^{-6}cm³/g)
普通重晶石粉	塔运司	$BaSO_4$	4.19	18.1	0.478	2.8	22.3	0.92	板条状	30.15	-0.25
	库车互力	$BaSO_4$	4.17	19.2	0.501	2.6	23.1	0.86	板条状	29.23	-0.31
	塔北助剂厂	$BaSO_4$	4.21	19.2	0.489	2.9	21.4	0.89	板条状	31.05	-0.26
	库车宏业	$BaSO_4$	4.23	18.3	0.486	3.4	20.1	0.95	板条状	30.64	-0.33
	库尔勒华欣	$BaSO_4$	4.18	20.9	0.491	3.5	19.8	1.00	板条状	28.09	-0.38
	库尔勒迪马	$BaSO_4$	4.19	21.0	0.474	3.1	24.5	0.95	板条状	31.04	-0.34
	库尔勒同益	$BaSO_4$	4.20	19.1	0.478	3.0	21.6	0.97	板条状	30.85	-0.41
高密度超微重晶石粉	塔运司	$BaSO_4$	4.35	2.55	2.946	3.1	20.9	0.86	碎块状	28.81	-0.45
	塔北助剂厂	$BaSO_4$	4.38	2.49	2.950	3.2	19.8	0.85	碎块状	24.41	-0.30
	塔北助剂厂	$BaSO_4$	4.35	2.51	2.961	3.1	22.3	0.86	碎块状	29.15	-0.29
	塔油建	$BaSO_4$	4.30	2.53	2.941	3.3	23.6	0.84	碎块状	30.65	-0.31
	中环辉腾	$BaSO_4$	4.32	2.49	2.898	3.2	24.5	0.85	碎块状	25.19	-0.28
赤铁矿粉	塔运司	Fe_2O_3	5.15	12.65	0.187	6.3	26.6	0.90	多面体	45.60	589
	塔油建	Fe_2O_3	5.14	12.86	0.192	6.2	25.8	0.95	多面体	44.78	534
	新疆同益	Fe_2O_3	5.14	16.32	0.194	6.2	27.9	0.96	多面体	44.59	604
微锰矿粉	塔北助剂厂	Mn_3O_4	4.82	1.14	4.76	5.6	55.0	0.27	微球体	0.20	10
	科麦仕	Mn_3O_4	4.78	1.15	4.72	5.5	54.8	0.21	微球体	0.21	11
	塔油建	Mn_3O_4	4.81	1.16	4.70	5.6	54.6	0.33	微球体	0.19	13
	新疆鹿鸣	Mn_3O_4	4.80	1.14	4.80	5.4	55.4	0.28	微球体	0.21	15
微钛铁矿粉	安县华西	$FeTiO_3$	4.63	5.30	4.21	5.2	74.0	0.47	圆弧钝化	3.85	90
	茂名众鑫汇	$FeTiO_3$	4.60	5.21	4.19	4.9	68.0	0.31	圆弧钝化	3.79	120
	物华天宝	$FeTiO_3$	4.59	4.80	4.18	5.3	70.8	0.30	圆弧钝化	3.81	263
	广西防城港	$FeTiO_3$	4.57	4.72	4.10	5.5	64.5	0.29	圆弧钝化	3.79	158

2）超高密度油基钻井液加重方案

根据实验结果，在不排除其他加重材料的基础上，油基钻井液推荐选用的加重方案如下：

（1）主体加重剂。

选用严格质量控制的高品质普通重晶石粉加重，形成加重方案。

（2）耐高温加重剂。

① 密度 $2.35g/cm^3$、$2.45g/cm^3$ 油基钻井液。

建议在 210℃时添加 1/5 或 1/6 微钛铁矿粉，降低体系固相含量，减少加重剂颗粒及其他处理剂分子搭桥絮凝的概率，从而达到更好的加重效果。

② 密度 $2.55g/cm^3$ 油基钻井液。

建议在 150℃以上时考虑选用普通重晶石粉：微钛铁矿粉（3：1）或超微重晶石粉，降低体系固相含量，减少加重剂颗粒及其他处理剂分子搭桥絮凝的概率，从而达到更好的加重效果。

③ 密度 $2.65g/cm^3$ 油基钻井液。

建议在 180℃以上时选用普通重晶石粉：超微重晶石粉：微钛铁矿粉（1：2：1）复配形成加重方案，更好地利用不同粒径加重材料的加重潜力，控制体系固相含量，减少加重剂颗粒及其他处理剂分子搭桥絮凝的概率，从而达到更好的加重效果。

实际应用过程中，由于钻井液密度经常处于可调范围，因此，密度 $2.35g/cm^3$、$2.45g/cm^3$、$2.55g/cm^3$、$2.65g/cm^3$ 油基钻井液整体加重配方推荐见表 6-24。

表 6-24　不同密度不同温度条件下现场加重配方推荐

温度 ＼ 密度	$2.35g/cm^3$	$2.45g/cm^3$	$2.55g/cm^3$	$2.65g/cm^3$
150℃	普通重晶石粉	普通重晶石粉	普通重晶石粉	普通重晶石粉：微钛铁矿粉（3：1）
180℃	普通重晶石粉	普通重晶石粉	普通重晶石粉：微钛铁矿粉（3：1）或超微重晶石粉	普通：超微重晶石粉：微钛铁矿粉（1：2：1）
210℃	普通重晶石粉：微钛铁矿粉（4：1）	普通重晶石粉：微钛铁矿粉（3：1）	普通重晶石粉：微钛铁矿粉（3：1）或超微重晶石粉	普通：超微重晶石粉：微钛铁矿粉（1：2：1）

现场实际作业时，为简化作业难度，制定了加重操作图版（表 6-25 至表 6-27）。该图版区分温度和密度进行了加重设计，目标是在现场完成 $1m^3$ 加重钻井液的配制工作。

表格中计算得到的数据，用于针对原浆进行加重，计算方法主要依据直接加重法和体积扩容法。直接加重法适用于加重前后钻井液中所含加重剂种类不发生明显变化。体积扩容法主要针对加重前后钻井液中所含加重剂的比例和重量发生变化的情况，一般做法是等比例获取部分原浆，保证其中一到两种加重剂含量不变，再采用直接加重法公式计算等效待用加重剂密度，计算出各种加重材料的总质量及各组分质量。

表 6-25 150℃条件下不同原浆密度加重配方配制建议

加重后密度　　　　　原钻井液密度	$2.45g/cm^3$ 普通重晶石粉	$2.55g/cm^3$ 普通重晶石粉	$2.65g/cm^3$ 普通：超微重晶石粉：微钛铁矿粉（1：2：1）
$2.35g/cm^3$ 普通重晶石粉	直接加重法 239.8kg 普通重晶石粉	直接加重法 444.4kg 普通重晶石粉	体积扩容法（$1/4m^3$ 原浆扩充成 $1m^3$） 128.8kg 超微重晶石粉 64.4kg 微钛铁矿粉
$2.45g/cm^3$ 普通重晶石粉	—	直接加重法 222.2kg 普通重晶石粉	体积扩容法（$1/4m^3$ 原浆扩充成 $1m^3$） 85.8kg 超微重晶石粉 42.9kg 微钛铁矿粉
$2.55g/cm^3$ 普通重晶石粉	—	—	体积扩容法（$1/4m^3$ 原浆扩充成 $1m^3$） 42.9kg 超微重晶石粉 21.5kg 微钛铁矿粉

表 6-26 180℃条件下不同原浆密度加重配方配制建议

加重后密度　　　　　原钻井液密度	$2.45g/cm^3$ 普通重晶石粉	$2.55g/cm^3$ 普通重晶石粉：微钛铁矿粉（3：1）	$2.65g/cm^3$ 普通超微重晶石粉：微钛铁矿粉（1：2：1）
$2.35g/cm^3$ 普通重晶石粉	直接加重法 239.8kg 普通重晶石粉	体积扩容法 （$3/4m^3$ 原浆扩充成 $1m^3$） 333.3kg 微钛铁矿粉	体积扩容法 （$1/4m^3$ 原浆扩充成 $1m^3$） 128.8kg 超微重晶石粉 64.4kg 微钛铁矿粉
$2.45g/cm^3$ 普通重晶石粉 微钛铁矿粉（4：1）	—	体积扩容法 （$3/4m^3$ 原浆扩充成 $1m^3$） 166.7kg 微钛铁矿粉	体积扩容法 （$1/4m^3$ 原浆扩充成 $1m^3$） 85.8kg 超微重晶石粉 42.9kg 微钛铁矿粉
$2.55g/cm^3$ 普通重晶石粉：微钛铁矿粉（3：1）	—	—	体积扩容法 （$1/3m^3$ 原浆扩充成 $1m^3$） 65.8kg 超微重晶石粉 21.9kg 微钛铁矿粉

表 6-27　210℃条件下不同原浆密度加重配方配制建议

原钻井液密度 \ 加重后密度	2.45g/cm³ 普通重晶石粉： 微钛铁矿粉（4：1）	2.55g/cm³ 普通重晶石粉： 微钛铁矿粉（3：1）	2.65g/cm³ 普通超微重晶石粉： 微钛铁矿粉（1：2：1）
2.35g/cm³ 普通重晶石粉	体积扩容法 （4/5m³ 原浆扩充成 1m³） 171.3kg 微钛铁矿粉	体积扩容法 （3/4m³ 原浆扩充成 1m³） 336.3kg 微钛铁矿粉	体积扩容法 （1/4m³ 原浆扩充成 1m³） 128.8kg 超微重晶石粉 64.4kg 微钛铁矿粉
2.45g/cm³ 普通重晶石粉： 微钛铁矿粉 （4：1）	—	体积扩容法 （15/16m³ 原浆扩充成 1m³） 15.3kg 微钛铁矿粉	体积扩容法 （5/16m³ 原浆扩充成 1m³） 122.5kg 超微钛铁矿粉 45.9kg 超微重晶石粉
2.55g/cm³ 普通重晶石粉： 微钛铁矿粉 （3：1）	—	—	体积扩容法 （1/3m³ 原浆扩充成 1m³） 122.5kg 超微钛铁矿粉 40.8kg 超微重晶石粉

3. 维护处理要求

对于超深高温高压井段特殊施工作业时，现场应准备好两套 350m³ 钻井液罐，并且连接到位，保证两套钻井液罐都能参与大循环。采用上部井段钻井液钻水泥塞，并在循环罐上直接加入小苏打，防止水泥严重污染钻井液，钻完水泥塞后，利用四级固控设备将钻井液中的有害固相彻底清除，将多余的钻井液收入储备罐，作为储备浆，同时按上述配方及顺序将钻井液按设计转换成高密度抗高温油基钻井液体系，密度加至设计下限，全井替换为油基钻井液体系。

（1）维护原则。

① 根据井下需要维持钻井液密度在 2.35～2.65g/cm³，按照设计要求维护好电稳定性（ES 值），油水比为 80：20～90：10；

② 钻进复杂井段时推荐保持六速仪 $R6$ 转读数为 3～6，塑性黏度应保持尽量低，动切力 YP 保持在 3～8Pa 以足以悬浮重晶石，控制钻井液流变性以减小 ECD 和压力激动；

③ 使用 M–I SWACO 水力学软件 VH 计算井下各水力参数，在现场可随时利用此软件来进行实时监控；

④ 保持未溶石灰为 5～9kg/m³；

⑤ 保持高温高压滤失量小于 5mL（210℃）以内，密切注意钻井液的静切力，防止钻井液长时静止时重晶石发生沉降或体系过度胶凝，可以加入 HRP 调节钻井液的流变性或者加入 VERSACOAT HF 改善重晶石的润湿性；

⑥ 保持尽可能低的 ECD 值和密切关注抽汲和压力激动；

⑦ 注意观察岩屑质量，如有必要，可调整矿化度。如需要加 $CaCl_2$，可直接在循环系统中加入；

⑧ 乳化剂用于调整乳化稳定性和高温高压滤失量，钻井作业时，乳化剂会有明显的消耗，根据需要补充加入乳化剂，补充胶液保证有足量钻井液满足钻井需要；

⑨ 用乳化剂 VERSAMUL、VERSACOAT HF 控制钻井液的乳化，注意石灰的消耗量；

⑩ 用 VERSATROL 降低钻井液的滤失量，严格控制钻井液滤失量。如需要可以加入 SACK BLACK 改善滤饼质量，严格控制组钻井液滤失量。

（2）循环及加重系统配置。

① 地面循环系统配备要求：地面钻井液循环罐应按相应型号钻机配备要求配备足够循环罐，满足井控实施细则密度要求储备足够的储备加重钻井液。如钻遇高压盐水，则应多配备 200～400m³ 的循环罐，来倒换和调整钻井液。

② 加重系统配备要求：应配备足够的加重泵和剪切泵，配备气动加重系统。

第四节　防漏堵漏技术

一、漏失类型

复杂的地质条件决定了塔里木油田漏失层位具有多变、复杂等特性，根据统计，塔里木油田井漏类型主要有以下 7 种。

（1）浅表层欠压实粗砾岩、粗砂岩等地层的大裂隙贯通性漏失。

库车前陆区、塔北隆起、塔西南坳陷地表粗砾岩、粗砂岩发育的区块，导管施工或导管下深不足的钻进过程中，常发生表层贯通性漏失，表层贯通性漏失程度往往较为严重。

（2）砾岩、粗中砂岩地层的渗透性漏失。

井筒液柱压力超过砾岩、粗中砂岩地层的孔隙压力时，常发生渗透性漏失。砾岩、粗中砂岩地层的渗透性漏失遍布塔里木油田各区域，此类漏失程度相对较轻、易处理。

（3）深部砂岩、泥砂岩、泥岩地层天然裂缝性漏失。

库车前陆区及塔西南凹陷采用中低密度钻井液钻进时发生的漏失多属此类型，少部分井采用高密度钻井液钻进时发生的漏失也属此类型。发生砂岩、泥岩天然裂缝性漏失时，漏失量一般不大，漏失易处理，有时漏失量达到一定程度会自动停止漏失。

（4）多压力系统下，采用高密度钻井液钻进时漏失。

库车前陆区采用高密度钻井液钻深部井段砂岩、泥砂岩、泥岩地层、复合盐膏层及高压盐水层、高压油气层时发生的井漏多属诱导裂缝或受迫延伸裂缝性漏失，此类井漏发生概率高，相对不易处理。

（5）低压潜山石灰岩地层的天然（或诱导）裂缝和天然溶洞性漏失。

台盆区石炭系、奥陶系石灰岩（或泥灰岩）地层发生的漏失多属于此类井漏，石灰岩漏失对井筒压力（尤其是钻井液密度）敏感性强，相对不易处理。

（6）二叠系火成岩低承压地层的裂缝或孔隙性漏失。

存在二叠系火成岩地层的区块，普遍存在火成岩裂缝或断层及破碎性地孔隙性漏失，火成岩漏失对井筒压力（或钻井液密度）敏感性强。

（7）奥陶系碳酸盐岩裂缝性地层漏失。

主要分布在塔中地区奥陶系，漏深普遍大于4000m，少数在1000～2000m，发生井漏的钻井液密度较低，一般为$1.05～1.25g/cm^3$，发生漏失时漏速一般在$10m^3/h$以上，甚至失返。

二、漏失特点及性质

塔里木油田钻井漏失特点及性质如下所述。

（1）漏失层位主要为新生界新近系、古近系（占63%）和中生界白垩系（占31%），个别发生在侏罗系层位。

（2）漏失层位岩性。古近系主要是复合盐膏层上部和下部欠压实的膏泥岩、泥岩、灰质泥岩、泥膏岩、粉细砂岩。白垩系为细砂岩及含砾砂岩，侏罗系为煤层，奥陶系为含膏云灰岩。

（3）漏失层段地层孔隙压力和坍塌压力系数较高，大多在$1.4～2.1g/cm^3$当量钻井液密度，破裂压力梯度较低，最低都在$2.0g/cm^3$左右当量钻井液密度。

（4）漏失层段钻井液一般密度较高，黏切较大，易产生压力激动。密度大多为$2.0～2.3g/cm^3$，少数在$1.70g/cm^3$左右；黏度大多为60～100s，少数为100～150s；切力大多为5Pa/10～20Pa，少数为5～10Pa/20～40Pa。

（5）发生漏失的工况。大多是在钻进过程中发生（占75%），少数是在起下钻、划眼、提高钻井液密度、压井等情况下发生（占20%），个别是在开泵、憋压、试压时发生。

（6）漏速、漏量方面。泥岩、膏泥岩、泥膏岩、泥灰岩等发生漏失时一开始漏速就很大，大多在$50m^3/h$左右和有进无出，漏量$50m^3$至上百立方。粉、细砂岩和砂砾岩漏失，开始漏速一般较小，$0.5～2m^3/h$，然后逐渐增大，总漏量在数十立方左右较多。

（7）库车前陆区钻井液漏失的地质特征主要是：钻遇大断裂破碎带引起的井漏、浅层松散砾石层造成的井漏、库车西部古近系复合盐膏岩及东部新近系吉迪克组复合盐膏岩地层承压能力不足造成井漏、目的层裂缝性储层井漏等类型（杨宪彰等，2009）。

三、漏失机理

塔里木油田漏失机理主要归纳为五类：裂缝型、孔隙型、洞穴型、孔隙裂缝型、洞穴裂缝型等，后两种类型是前三种类型的组合。

（一）裂缝型漏失

库车前陆区井漏失一般是高密度钻井液压裂地层中的裂缝或薄弱面形成诱导性裂缝造成漏失，包括高陡构造强挤压应力形成断层构造裂缝、微裂缝，盐下异常高压形成的高压非构造裂缝，膏泥岩弱的胶结面、薄弱的膏泥岩层，超高压高产盐水层压裂复合盐膏层中的裂缝，裂缝的类别见表6-28。

表6-28 裂缝类别

碳酸盐地层		砂、砾岩地层	
裂缝的类别	开度（μm）	裂缝类别	开度（μm）
大裂缝	>15000	大裂缝	>100
宽裂缝	4000~15000	小裂缝	50~100
中裂缝	1000~4000	微裂缝	10~15
细裂缝	60~1000	毛细管裂缝	<10
毛细管裂缝	0.25~60		
超毛细管裂缝	<0.25		

裂缝按倾角大小可分为垂直裂缝（倾角为70°~90°）、斜交裂缝（20°~70°）、水平裂缝（0°~20°）、网状裂缝（各种裂缝交叉成网）。

裂缝按其成因可分为构造裂缝和非构造裂缝。构造裂缝都是在一定的岩石应力作用下产生的，根据直接形成的应力可将其分为张性缝、剪切缝和张剪性裂缝三种。

（二）孔隙型漏失

孔隙型漏失通道的基本形态是以孔隙为基础，由喉道连接而成的不规则的孔隙体系。孔隙按其大小分为大、中、小，喉道可分为粗、中、细、微细，其划分标准见表6-29。

表 6-29　孔隙结构类型划分标准

孔隙级别	孔隙平均孔宽（μm）	喉道级别	喉道平均直径（μm）	最大连通半径（μm）	主要连通平均喉道半径（μm）
大	>100	粗	>50	>100	>100
中	20～100	中	10～50	55～100	30～100
小	<20	细	1～10	5～55	5～30
		微细	<1	<5	<5

（三）洞穴型漏失

1.裂缝型漏失通道特点

洞穴型漏失通道其洞穴形状不规则、大小长宽不等，其空间形态主要有四种即廊道型、厅堂型、倾斜型和迷宫型。

2.洞穴型漏失通道分布规律

洞穴大多分布在碳酸盐岩、黄土及煤层所形成的烧变岩中，其分布非均匀性很强，而碳酸盐洞穴的主要分布在新元古界到中三叠系统海相碳酸盐岩中。大洞主要在石灰岩中，白云岩中形成小洞型溶蚀网。质纯、粗结构的碳酸盐岩以及构造角砾碳酸盐岩中洞穴最为发育。

四、井漏控制方法

发生井漏后，应根据地质构造特征、地层岩性特性、地层压力系数、钻井液密度、漏失速度，及漏层位置进行综合分析，对漏点和漏失特性做出正确判断，然后采取针对性强的井漏控制措施。塔里木油田常用井漏控制与处理的技术有井漏预防、随钻堵漏、停钻堵漏和强钻。

井漏预防一般是通过合理井身结构设计、降低井筒液柱压力及欠平衡钻井等措施来实现。表层井漏，在条件允许的情况下，首选采用高黏度钻井液快速强钻，强钻条件不具备，采用粗颗粒为主的高浓度桥浆进行桥堵；桥堵失效，注水泥浆堵漏。

五、常用堵漏材料及性能评价

（一）常规堵漏材料及性能评价

用国家标准对塔里木油田已使用的 28 种桥堵及随钻堵材料粒径进行了干筛分析实验检验，并根据堵漏材料的性状、功能及粒径、片径大小分布进行分类。

1. 根据堵漏材料的性状、功能可分为六类

（1）弹性片状堵漏材料：即蛭石、云母类五种，片厚为 0.02～1.0mm，片长、宽为 0.5～10mm。

（2）刚性粒状堵漏材料：即果壳类粗、中、细三种及 GFD-A、GFD-B、GFD-C、GFD-D 四种，粒径范围为 0.2～2mm。

（3）弹性粒状堵漏材料：即橡胶粒类四种，粒径范围为 0.25～25mm。

（4）以石棉纤维与不同粒径石灰石粉为主等混合而成：有 SQD-98 及 SLD 两个系列。SQD-98 有中粗及细两种，粒径范围为 0.074～4.2mm；SLD 有 SLD-1、SLD-2、SLD-3 三种，粒径范围为 0.045～8mm。

（5）草木纤维状堵漏材料：即 LCP-2000、棉籽壳、锯末、甘蔗渣、花生壳等。LCP-2000 粒径为 0.1～3.1mm。锯末粒径为 0.1～3.1mm。棉籽壳厚 0.1mm 左右，长、宽约为 2～6mm；甘蔗渣主要为针状纤维长为 0.5～20mm，宽 0.5～2mm；花生壳为厚 2mm 左右，长宽为 1～15mm。

（6）粉末类随钻堵漏材料：如 FLC-2000、DF-56、LR-999、JYW-1、JYW-2、EL-1、GFD-D 等。这类材料主要为纤维和石英砂细末，粒径在 1.0mm 以下。

2. 按粒径及片大小分布可分为四类

（1）粒径及片长宽尺寸较大且分布较集中。

① 粗果壳：硬木质粒状，粒径分布为 0.5～8mm。

② 特粗蛭石：胶卷状，片厚 1mm 左右，长、宽为 1.4～10mm。

③ 粗蛭石：胶卷状，片厚 0.5～1mm，长、宽为 1.4～8mm。

④ 云母：弹性薄片状，片厚 0.1mm 左右，长、宽为 1.4～10mm。

⑤ 棉籽壳：凹形软壳，厚 0.1mm 左右，壳外有棉绒易粘在一起，壳长、宽为 2～6mm。

⑥ 甘蔗渣：针状纤维，长为 1～20mm，直径为 0.5～2mm。

⑦ 花生壳；凹形软壳，厚 2mm 左右，长宽为 1～15mm。

⑧ 特粗橡胶粒：粒径分布不规则，粒长、宽、厚为 4～25mm。

⑨ 粗橡胶粒：粒径分布不规则，粒长、宽、厚为 4～7mm。

⑩ GFD-A 类：刚性粒子，粒径分布为 0.9～2mm。

（2）粒径尺寸中等且分布较集中。

① 中果壳：硬木质粒状，粒径分布为 0.5～4.2mm。

② 中粗橡胶粒：粒径不规则，粒径分布为 2.5～5.0m。

③ 锯末：软木末状，粒径分布为 0.1～3.1mm。

④ 中粗蛭石：片长宽为 1～3mm。

⑤ SQD-98 中粗：石棉纤维与石粉粒为主，含少量蛭石与皮屑末，粒径分布为 0.125～4.2mm。

⑥ LCP-2000：径为 0.1～3.1mm。

⑦ GFD-B、C 类：刚性粒子，粒径分布为 0.45～0.9mm。

（3）粒片径尺寸较小且分布较集中。

① 细蛭石：片厚 0.02mm 左右，长、宽为 0.3～1.0mm。

② 细橡胶粒：粒径不规则，长、宽、厚为 0.2～2.5mm。

③ 细果壳：硬木质粒状，粒径分布为 0.1～2.5mm。

④ 粉末类随钻堵漏材料：FLC-2000、DF-56、LR-999、JYW-1、JYW-2、EL-1、GFD-D 等。这类材料主要为纤维细末，粒径在 1.0mm 以下。

（4）粒径尺寸分布较宽，大小颗粒都有的是 SQD-98 细及 SLD 型堵漏剂。

① SQD-98 细：石棉纤维与石粉粒为主，含少量蛭石与皮屑末，粒径分布为 0.045～2.5mm。

② SLD 类有三个规格 SLD-1、SLD-2 及 SLD-3，组成相同，主要是由不同粒径的石粒粉与碎石棉纤维组成。粒径分布范围很宽，为 0.045～10mm，区别在于 SLD-1 和 SLD-2 粒径小于 0.5mm 的比例较多，占 50%～65%，而 SLD-3 则较少，占 20% 左右。

（二）高强度高酸溶率堵漏材料

裂缝封堵层的结构受堵漏材料性能参数影响，堵漏材料性能参数包括几何参数、力学参数和化学参数等指标。其中，几何参数主要有堵漏材料形状、粒度分布、圆球度等，力学参数主要有摩擦系数、抗压能力等，化学参数主要有抗温能力、酸溶率等。堵漏材料的关键性能参数评价体系如表 6-30 所示。

表 6-30　堵漏材料关键性能参数

序号	参数类型	评价类型	评价亚类
1	几何参数	形貌分析	外观
2			形状
3		粒度分析	激光粒度法
4			筛析法
5			图像分析法
6		圆球度评价	

序号	参数类型	评价类型	评价亚类
7	力学参数	摩擦系数评价	最大静摩擦系数
8			平均滑动摩擦系数
9		抗磨蚀能力评价	
10		抗压能力评价	
11		膨胀性能评价	
12		分散性评价	
13	化学参数	酸溶率评价	
14		抗高温能力评价	高温粒度降级评价
15			高温强度降级评价
16	物理参数	密度	体积密度

1. 高强度高酸溶率堵漏材料形貌

根据堵漏材料的几何分类方法，对 55 种国内外常用的高强度高酸溶率堵漏材料进行分类，结果见表 6-31，圆度测定结果见表 6-32。

表 6-31 高强度高酸溶率堵漏材料形貌分析结果

序号	材料名称	类型	序号	材料名称	类型
1	石油工程纤维 FCL	纤维	11	LCC100-8（4～6 目）	圆球状
2	石油工程纤维 FCL-10	纤维	12	LCC100-8（5～7 目）（偏灰）	圆球状
3	GYD- 粗	复合状	13	LCC100-8（7～10 目）	圆球状
4	GYD- 中粗	复合状	14	LCC100-8（10～16 目）	圆球状
5	GYD- 细	复合状	15	LCC100-8（16～30 目）	圆球状
6	SHD	圆球状 + 纤维	16	LCC100-8（30～60 目）	圆球状
7	BYD	圆球状	17	LCC100-8（5～7 目）（黑色）	圆球状
8	KGD-2	圆球状	18	LCC100-8（7～10 目）有机高分子	圆球状
9	KGD-3	圆球状	19	LCC100-8（10～16 目）有机高分子	圆球状
10	LCC100-8（3～4 目）	圆球状	20	LCC100-8（30～60 目）有机高分子	圆球状

序号	材料名称	类型	序号	材料名称	类型
21	LCC200（5MM）	纤维状	39	超级纤维 NT-2（3.175mm）	纤维状
22	LCC200（8MM）	纤维状	40	GT-MF	圆球状 + 纤维
23	合成纤维 LCC-200	纤维状	41	GT-HS（粗）	复合状
24	LCC300	片状	42	GT-HS（中粗）	复合状
25	LCC400（7～10目）	圆球状	43	GT-HS（细）	复合状
26	LCC400（10～16目）	圆球状	44	GT-DS	圆球状
27	LCC400（16～30目）	圆球状	45	贝壳（细）	片状
28	LCC400（30～60目）	圆球状	46	贝壳（粗）	片状
29	LCC400（60～120目）	圆球状	47	BZ-PRC	多种圆球状
30	SDL	圆球状	48	BZ-SRC	圆球状 + 纤维
31	GT-SM（粗）	圆球状	49	BZ-SRC Ⅱ	圆球状 + 纤维
32	GT-SM（中粗）	圆球状	50	BZ-SRC Ⅲ	圆球状 + 纤维
33	GT-SM（细）	圆球状	51	BZ-STA Ⅰ	多种圆球状
34	NTS-M（中粗）	片状	52	BZ-STA Ⅱ	多种圆球状
35	NTS-M（粗）	片状	53	碳酸钙（10-16目）	圆球状
36	NTS-S（Ⅰ型，粗）	片状	54	碳酸钙（16-30目）	圆球状
37	NTS-S（Ⅱ型，中粗）	片状	55	SQD-98	圆球状 + 纤维
38	超级纤维 NT-2（12.7mm）	纤维状			

表 6-32 高强度高酸溶率堵漏材料圆度测定结果

序号	材料名称	圆度	圆度级别
1	GYD- 粗	0.42	中等偏低
2	GYD- 中粗	0.41	中等偏低
3	GYD- 细	0.53	中等偏低
4	LCC100-8（4～6目）	0.84	中等偏高

序号	材料名称	圆度	圆度级别
5	LCC100-8（5～7目）（偏灰）	0.82	中等偏高
6	LCC100-8（7～10目）	0.85	中等偏高
7	LCC100-8（10～16目）	0.53	中等偏低
8	LCC100-8（16～30目）	0.77	中等
9	LCC100-8（30～60目）	0.77	中等
10	LCC100-8（10～16目）有机高分子	0.49	中等偏低
11	LCC100-8（30～60目）有机高分子	0.56	中等偏低
12	LCC300	0.57	中等偏低
13	LCC400（7～10目）	0.85	中等偏高
14	LCC400（10～16目）	0.86	中等偏高
15	LCC400（16～30目）	0.88	中等偏高
16	LCC400（30～60目）	0.91	中等偏高
17	LCC400（60～120目）	0.96	中等
18	SDL	无法测量	无法测量
19	NTS-M（中粗）	0.65	中等
20	NTS-M（粗）	0.88	中等
21	GT-MF	无法测量	无法测量
22	GT-HS（粗）	0.49	中等偏低
23	GT-HS（中粗）	0.48	中等偏低
24	GT-HS（细）	0.59	中等偏低
25	GT-DS	无法测量	无法测量
26	贝壳（细）	0.7	中等

2. 高强度高酸溶率堵漏材料粒度

保证堵漏材料的粒度分布和裂缝宽度的匹配性，是实现有效漏失控制和安全高效钻井的前提。堵漏材料的粒度分布对裂缝封堵层的结构、裂缝封堵层的承压能力有着直接的影响，在选择堵漏材料进行漏失控制施工时，应首先保证堵漏材料的粒度分布合理，粒度分布是固相颗粒类堵漏材料评价的重要指标之一。对粒径在 2mm 以下的固相颗粒状堵漏材料采用马尔文激光粒度分析仪（MS2000）进行粒度分析，粒度分析结果见表6-33。

表6-33　高强度高酸溶率堵漏材料几何性能参数

序号	材料名称	D_{50}（μm）	D_{90}（μm）
1	GYD-粗	5245.1	6836.2
2	GYD-中粗	3075.6	4207.9
3	GYD-细	2061.6	2715.3
4	LCC100-8（4～6目）	43.8.2	5830.1
5	LCC100-8（5～7目）（偏灰）	4446.1	5556.7
6	LCC100-8（7～10目）	3384.6	4363.4
7	LCC100-8（10～16目）	2295.6	3529.7
8	LCC100-8（16～30目）	1481.3	2729.5
9	LCC100-8（30～60目）	803.9	1092.7
10	LCC100-8（10～16目）有机高分子	2230.3	3220.0
11	LCC100-8（30～60目）有机高分子	760.8	1154.6
12	LCC300	3576.3	6043.3
13	LCC400（7～10目）	2780.1	4153.0
14	LCC400（10～16目）	2338.2	3223.0
15	LCC400（16～30目）	1702.3	2149.9
16	LCC400（30～60目）	764.8	1078.5
17	LCC400（60～120目）	313.5	417.3
18	SDL	33.0	156.5
19	NTS-M（中粗）	2295.6	3311.3
20	NTS-M（粗）	3194.8	6236.5
21	GT-MF	38.3	272.0
22	GT-HS（粗）	5495.5	7036.3
23	GT-HS（中粗）	2968.6	4797.6
24	GT-HS（细）	3023.6	4077.5
25	GT-DS	22.3	332.2
26	贝壳（细）	608.6	1430.6

3.高强度高酸溶率堵漏材料酸溶率

向钻井液中加入酸溶性的堵漏材料，在裂缝处形成裂缝封堵层是漏失控制是主要方法。裂缝封堵层形成后，可以在一定程度上避免天然裂缝宽度张开，控制钻井液中的固相和液相侵入储层，达到储层保护的目的。同时，该裂缝封堵层能在后期酸化解堵过程中达到有效解除的效果，不影响储层的高效开发。堵漏材料的酸溶率对漏失井的产能高低有着直接的影响，因此，有必要开展堵漏材料酸溶性评价。

堵漏材料酸溶率评价标准是建立在该材料与100%的土酸溶液反应后的基础上，具体评价标准见表6-34，实验结果见表6-35。

表 6-34　高强度高酸溶率堵漏材料酸溶率评价标准

酸溶率（%）	$R_A \leqslant 20$	$20 < R_A \leqslant 40$	$40 < R_A \leqslant 60$	$60 < R_A \leqslant 80$	$R_A > 80$
酸溶率	低	中等偏低	中等	中等偏高	高

表 6-35　高强度高酸溶率堵漏材料率评价结果

序号	材料名称	酸溶率（100%）					酸溶率级别
		20% 土酸	40% 土酸	60% 土酸	80% 土酸	100% 土酸	
1	KGD-3	22.75	42.85	63.47	70.92	100.00	高
2	LCC400（10~16目）	80.34	81.49	85.91	88.12	100.00	高
3	LCC400（16~30目）	20.45	41.97	56.41	58.90	100.00	高
4	LCC400（30~60目）	24.80	41.24	57.85	61.90	100.00	高
5	LCC400（60~120目）	25.05	41.88	59.44	62.44	100.00	高
6	碳酸钙（16~30目）	41.61	42.67	47.11	55.55	100.00	高
7	SQD-98	31.36	46.51	60.10	66.21	100.00	高
8	碳酸钙（10~16目）	50.05	50.05	54.37	55.00	94.94	高
9	BZ-SRC	23.79	51.77	72.28	75.89	87.58	高
10	BZ-STA Ⅱ	17.46	31.91	49.94	79.59	86.41	高
11	BZ-SRC Ⅲ	20.46	38.59	60.32	70.86	85.81	高
12	KGD-2	22.48	48.21	45.83	59.24	83.82	高
13	贝壳（细）	20.83	27.63	37.70	49.98	82.21	高
14	BZ-SRC Ⅱ	15.83	43.70	51.49	67.01	81.71	高
15	贝壳（粗）	19.05	25.83	35.49	48.61	80.16	高

序号	材料名称	酸溶率（100%）					酸溶率级别
		20%土酸	40%土酸	60%土酸	80%土酸	100%土酸	
16	SDL	21.74	53.11	54.72	58.00	78.67	中等偏高
17	GT-MF	81.12	81.46	88.22	92	92.47	高
18	GT-DS	25.33	36.99	45.78	57.94	73.06	中等偏高
19	LCC200（5MM）	0.82	1.54	58.09	59.52	67.09	中等偏高
20	GT-HS（粗）	70.59	72.80	74.04	78.00	78.65	中等偏高
21	GT-HS（中粗）	70.62	72.20	73.78	78.00	78.84	中等偏高
22	BZ-STA Ⅰ	11.39	11.77	13.00	37.42	52.93	中等
23	GYD-细	90.13	94.16	95.87	96.00	98.68	中等
24	BZ-PRC	23.43	26.87	38.64	41.95	44.91	中等
25	GYD-中粗	91.31	92.63	93.18	96.00	96.75	中等
26	BYD	23.71	25.37	26.65	30.76	43.39	中等
27	GT-HS（细）	70.23	70.58	71.46	78.00	78.32	中等偏高
28	LCC100-8（30～60目）有机高分子	15.45	16.42	38.09	39.65	40.02	中等
29	GYD-粗	91.85	91.93	94.36	96.00	98.39	高
30	LCC100-8（10～16目）有机高分子	12.35	20.98	26.93	27.08	36.75	中等偏低
31	石油工程纤维 FCL	6.61	12.87	23.41	31.54	34.84	中等偏低
32	LCC200（8MM）	0.42	1.24	15.91	28.23	34.75	中等偏低
33	SHD	0.29	2.88	5.50	25.89	29.38	中等偏低
34	超级纤维 NT-2（3.175mm）	3.54	5.48	19.92	25.47	26.71	中等偏低
35	超级纤维 NT-2（12.7mm）	2.88	5.42	15.59	22.34	23.99	中等偏低
36	LCC100-8（5～7目）（偏灰）	6.72	10.64	12.03	17.72	17.79	低
37	LCC100-8（7～10目）	6.35	2.86	2.72	15.99	17.07	低
38	LCC300	3.56	11.65	13.48	15.09	16.76	低
39	LCC100-8（30～60目）	7.38	9.13	10.15	10.71	13.17	低
40	LCC100-8（3～4目）	1.21	1.25	7.02	8.22	11.72	低
41	LCC100-8（16～30目）	5.85	7.63	9.41	9.91	10.93	低

序号	材料名称	酸溶率（100%）					酸溶率级别
		20%土酸	40%土酸	60%土酸	80%土酸	100%土酸	
42	LCC100-5（10～16目）	19.28	24.27	24.79	25.02	30.45	低
43	LCC100-8（5～7目）（黑色）	41.06	41.82	2.38	6.29	8.84	低
44	LCC100-5（7～10目）	22.52	23.26	25.33	28.65	29.65	低
45	LCC100-5（4～6目）	30.73	31.92	32.36	32.68	37.68	低
46	合成纤维 LCC-200	0.05	2.20	2.43	3.22	3.98	低
47	石油工程纤维 FCL-10	2.08	2.38	2.43	2.37	2.52	低
48	NTBASE	80.56	81.54	82.67	83.00	88.56	中等偏高
49	NTS-M（中粗）	11.88	12.25	13.76	14.78	20.52	低
50	棉籽壳	37.76	38.77	39.56	40.01	41.33	中等偏低
51	NT-T	57.21	58.44	59.97	60	61.45	中等

六、井漏预防技术

井漏预防一般是通过合理井身设计、降低井筒液柱压力及欠平衡钻井等措施来实现。井漏预防的关键是有效降低井筒液柱压力，最好的办法是采用欠平衡钻井。除此以外，可以通过综合调整优化钻井液性能、加入随钻堵漏材料、降低环空循环压耗、降低钻井液密度以及应用合理的井身结构和恰当的钻井工程措施来实现井漏预防。

（一）随钻防漏堵漏配方

随钻防漏堵漏配方：钻井液中加入 3%～5% 随钻防漏剂，随钻防漏剂主要由 C 级、D 级刚性粒子组成，其基本配比为 1∶1。如果漏速较大，可再加入 1%～3%B 级防漏剂，需根据需要不断补充，随钻防漏剂各级粒子粒径分布见表 6-36。

表 6-36　粒子级别与粒径对应关系

序号	粒径级别	粒径范围（mm）
1	A 级	2.00～0.9
2	B 级	0.9～0.45
3	C 级	0.45～0.30
4	D 级	0.30～0.20

（二）降低井筒压力措施

（1）降低井筒压力主要是通过调整、优化钻井液性能，降低钻井液密度、降低环空循环压耗，并结合恰当的钻井工程措施和井身结构设计，降低井筒压力。

（2）降低钻井液密度要充分掌握地层坍塌压力系数、地层孔隙压力系数，在近平衡钻井中，保证钻井液密度略高于地层坍塌压力系数和地层孔隙压力系数，而低于地层破裂压力系数。

（3）加重钻井液时，应按循环周采用循序渐进的方式，防止钻井液密度突然出现波动（升高）。

（4）在井身结构设计上，钻进深部地层，尽可能扩大井筒尺寸（套管和裸眼），避免小井眼钻井。

（5）在满足携砂要求的前提下，降低钻井液泵排量。

（6）优化钻井液流变参数，降低钻井液环空黏度，尤其要调整好钻井液动切力，深井要求钻井液动切力不大于15Pa。

（7）尽可能降低钻井液的高温高压滤失量，防止因厚滤饼造成环空狭窄。

（8）钻进至井筒压力（或钻井液密度）敏感性强的目的层时，为了最大限度地保护油气层，减少（或避免）井漏，推荐使用欠平衡钻井。

七、堵漏技术

根据不同漏失类型选择合适的井漏处理措施，有利于提高堵漏成功率，经过多年摸索总结出了根据不同漏失类型的井漏处理原则。

（1）在非目的层井段，发生孔隙性渗漏、天然裂缝（或溶洞）性漏失及诱导裂缝性漏失，首先降低排量试循环观察，漏失不缓解或缓解不明显，则静置堵漏2h左右，然后再试循环观察，若静置堵漏无效，则进行停钻桥浆堵漏，桥堵无效，注水泥浆堵漏。

（2）目的层发生漏失，若选用桥堵，则用具有保护油气层作用的桥浆进行堵漏；由工程措施引起的井漏，可利用降低排量及起钻静止两种方法试处理，井漏不缓解，采用桥浆堵漏；因压井、加重钻井液等因素造成的井漏，多为压裂性漏失，应首选高浓度桥浆堵漏，桥堵无效，注水泥浆堵漏。

选用的处理方法，必须保证井下安全，时效短，成功率高，两种或多种堵漏方法均可采用，且处理效果接近时，则优先选用堵漏成本低、使用方便、现场应用较熟悉的方法。堵漏成本包括施工时间、材料费用、设备费用、运输费用等与堵漏有关的综合费用，不同漏速下的井漏处理详见表6-37。

表 6-37 不同漏速下推荐井漏处理措施

漏失程度	漏速（m³/h）	漏层	推荐措施
严重漏失	失返，或>40	宽裂缝、溶洞、粗砾岩	①停钻，连续吊灌钻井液，将钻具提至安全井段（或套管内）； ②试循环，停钻，根据钻头水眼尺寸，先采用粗颗粒浓度相对较低的桥浆，进行一次桥浆堵漏； ③粗颗粒浓度较低桥浆堵漏无效，起钻换堵漏钻具，下钻至安全井段，进行高浓度桥浆堵漏； ④连续3次桥堵失败，水泥（纤维水泥）堵漏； ⑤水泥（纤维水泥）堵漏无效，研究采用特殊堵漏技措
一般性漏失	15～40	裂缝、小溶洞、渗透性好的砂砾岩	①降排量，循环观察，若漏速降低明显，可试钻进； ②降排量，漏速不减，适当降密度，循环观察，若漏速降低明显，可试钻进； ③降密度后，若漏速不降或增大，提钻至安全井段（或套管内），静止堵漏1～2h，逐渐提高排量循环，若漏速降低明显或不漏，可下钻试钻进； ④静止堵漏后，若漏速不降或增大，立即停钻桥堵；连续3次桥堵失败，水泥堵漏
小漏	5～15	小裂缝，砂砾岩渗漏	①降低排量试钻进，若漏速降低明显或不漏，逐渐提高排量钻进； ②若降排量后漏速不减，条件许可前提下，适当降密度，试钻进； ③试钻进时，漏速不降或增大，提钻至套管内，静止堵漏1～2h，逐渐提高排量循环，若漏速降低明显或不漏，可下钻试钻进； ④若漏速不降或增大，根据现场实际，可进行随钻堵漏或停钻桥堵
微漏	<5	微裂缝，砂砾岩渗漏	①适当降低排量钻进，若不漏，逐渐提高排量恢复正常钻进； ②若提高排量后，漏失不缓解，条件许可前提下，适当降密度，恢复钻进； ③若降密度后，漏速不降，在上水罐调整40m³随钻堵漏钻井液，进行随钻堵漏； ④若随钻堵漏无效，提钻至安全井段（或套管内），进行停钻桥堵

（一）桥浆堵漏技术

桥接堵漏是将不同形状（颗粒状、片状、纤维状）、不同尺寸（粗、中、细）的惰性材料，以不同的配方混合于钻井液中，并直接注入漏层的一种堵漏方法。通常桥接堵漏材料的浓度为5%～30%，随基浆（用于配制堵漏浆的钻井液）密度的增加而减少。桥接堵漏材料在封堵漏失层的过程中属机械堵塞，其作用机理包括挂阻"架桥"作用、堵塞和嵌入作用、渗滤作用、滤饼"拉筋"、膨胀堵塞作用、卡喉作用等。

桥接堵漏适用范围较广，对于大漏、中漏、小漏、微漏，浅井、中深井、深井，渗透性漏失、裂缝性井漏、较小的洞隙性井漏，非产层和部分区域性产层，以及漏层位置清楚或不清楚、局部或满井眼堵漏施工等均有较好的效果，是目前应用较广泛的一种堵漏方法。

按照桥接堵漏的特点及桥接堵漏的使用经验，可优先考虑使用桥接堵漏方式堵漏的情况有：对于除微漏和恶性漏失外的大、中、小漏，发生井漏后的初次堵漏；同一裸眼中漏层性质比较接近的两个或多个漏层的堵漏；漏层位置不清楚时，大量堵漏浆实现自动"找漏堵漏"；产层井漏时实现"暂时封堵"，负压时可解堵；深井、中深井避免水泥堵漏的高风险时的堵漏；压井堵漏同时进行时；与其他堵漏配合实现"复合堵漏"等。但在同一裸眼既有漏层也有活动水层或水漏同层等情况时，一般不宜采用单纯的桥接堵漏。

堵浆配制根据钻井液密度、所钻层位、漏速等进行综合确定（表6-38至表6-41）。桥接堵漏浆液的数量通常以有效注入量为20~50m³作为配制标准。

表6-38　高密度（1.80g/cm³以上）桥堵配方

井漏程度	漏速（m³/h）	漏层判断	浓度（10kg/m³）								
			蛭石	粗果壳	中果壳	细果壳	棉子壳	锯末	中粗SQD-98	SLD-2	总浓度
严重漏失	失返	大裂缝溶洞	3~4	5~6	8	4	3	3~4			25~30
			3~4	5~6	8	4	3		6~8		28~33
			3~4	5~6	8	4	3			8~10	30~35
				8~10	8	4	2	2~3			25~27
		粗砾岩		8~10	8	4		3~4			23~26
				8~10	8	4			8~10		25~30
大漏	>50	较大裂缝	2~3	4~6	8	4		1~2	6~8		23~28
			2~3	4~6	8	4	3	2			21~23
				6~8	6~8	4	2~3	2			18~24
		砂砾岩		6~8	6~8	4		3~4			23~30
				6~8	6~8	4			8~10		21~25
中漏	20~50	中裂缝		6~8	6~8	4	2	3			24~30
				6~8	6~8	4		3~4			17~20
				6~8	6~8	4			8~10		20~24
		砂砾岩		4~6	6	4		3~4			20~22
				4~6	6	4			8		22~24

井漏程度	漏速（m³/h）	漏层判断	浓度（10kg/m³）								
			蛭石	粗果壳	中果壳	细果壳	棉子壳	锯末	中粗SQD-98	SLD-2	总浓度
小漏	10～20	砂砾岩微裂缝			4～6	6～8		3～4			13～18
					4～6	6～8		1～2	4～6		15～22
					4～6	6～8				5～8	15～22
微漏	＜10	砂砾岩渗漏						3～4			3～4
									4～6		4～6
					2～4	4～6		2			8～12

表6-39　中密度（1.50～1.80g/cm³）桥堵配方

井漏程度	漏速（m³/h）	漏层判断	浓度（10kg/m³）								
			特粗蛭石	粗果壳	中果壳	细果壳	棉子壳	锯末	中粗SQD-98	细SQD-98	总加量
严重漏失	失返	大裂缝溶洞	3～4	5～6	8～10	8～10	2～4	2～4	6～8		34～46
				8～10	8～10	8～10		2～4	8～10		35～45
				8～10	8～10	8～10			6～8	6～8	36～46
		粗砾岩		6～8	6～8	6～8		2～4	6～8	6～8	32～44
				6～8	6～8	6～8		2～4	8～10		29～39
				6～8	6～8	6～8			6～8	6～8	30～40
大漏	＞50	大裂缝	2～3	4～5	6～8	6～8	2～4	2～4	6～8		28～40
				6～8	6～8	6～8		2～4	8～10		28～38
				6～8	6～8	6～8			6～8	6～8	30～410
中漏	20～50	粗砂岩粗砾岩		6～8	6～8	4～6		2～4	8～10		27～37
				6～8	6～8	4～6		2～4	6～8	4～6	28～40
				6～8	6～8	4～6			6～8	6～8	29～40
		中裂缝	2～3	4～6	6～8	4～6	2～4	2～4	6～8		26～3
				6～8	6～8	4～6		2～4	4～6	4～6	26～36
				6～8	6～8	4～6			6～8	4～6	27～37
		粗砂岩中砾岩		6～8	6～8	4～6		2～4	6～8		25～35
				6～8	6～8	4～6		2～4	4～6	4～6	26～34
				6～8	6～8	4～6			6～8	4～6	27～38

井漏程度	漏速（m³/h）	漏层判断	浓度（10kg/m³）								
			特粗蛭石	粗果壳	中果壳	细果壳	棉子壳	锯末	中粗SQD-98	细SQD-98	总加量
小漏	10～20	小裂缝		4～6	4～6	4～6	2～4	2～4	4～6		20～32
				4～6	4～6	4～6		2～4	4～6	4～6	22～34
				4～6	4～6	4～6			6～8	4～6	23～34
		细砾粗砂岩		4～6	4～6	4～6		2～4	4～6	4～6	22～34
				4～6	4～6	4～6		2～4	6～8		20～30
				4～6	4～6	4～6			4～6	4～6	23～34
微漏	小于10	微裂缝			2～4	4～6		2～4	3～4	3～4	14～22
					4～6	6～8		2～4	6～8		18～26
					4～6	4～6			4～6	4～6	17～26
		粗砂岩中砂岩			2～4	4～6		2～4	3～4	3～4	14～22
					2～4	4～6		2～4	6～8		14～22
					2～4	4～6			4～6	4～6	15～24

表6-40 中低密度（1.50g/cm³以下）桥堵配方

井漏程度	漏速（m³/h）	漏层判断	浓度（10kg/m³）										
			特粗蛭石	粗果壳	中果壳	细果壳	棉子壳	锯末	中粗SQD-98	细SQD-98	膨润土	80A51	总浓度
严重漏失	失返	大裂缝溶洞	3～4	5～6	8～10	8～10	2～4	2～4	8～10		0.5～1	0.1～0.2	37～48
				8～10	8～10	8～10		4	10～12				38～46
				8～10	8～10	8～10			8～10	6～8			38～48
		粗砾岩		6～8	8～10	6～8		2～4	6～8	6～8	0.5～1	0.1～0.2	31～40
				6～8	8～10	6～8		2～4	10～12				32～42
				6～8	8～10	6～8			8～10	6～8			35～45
大漏	>50	大裂缝	3～4	5～6	6～8	6～8	2～4	2～4	8～10		0.5～1	0.1～0.2	34～46
				6～8	6～8	6～8		4	10～12				33～41
				6～8	6～8	6～8			8～10	6～8			33～43
		粗砂岩粗砾岩		6～8	6～8	4～6		2～4	8～10				27～37
				6～8	6～8	4～6		2～4	6～8	4～6	0.5～1	0.1～0.2	28～40
				6～8	6～8	4～6			8～10	8～10			32～42

井漏程度	漏速（m³/h）	漏层判断	浓度（10kg/m³）										
			特粗蛭石	粗果壳	中果壳	细果壳	棉子壳	锯末	中粗SQD-98	细SQD-98	膨润土	80A51	总浓度
中漏	20~50	中裂缝	2~3	4~6	6~8	4~6	2~4	2~4	8~10		0.5~1	0.1~0.2	28~41
				6~8	6~8	4~6		2~4	6~8	4~6			28~40
				6~8	6~8	4~6			8~10	6~8			31~41
		粗砂岩中砾岩		6~8	6~8	4~6		2~4	6~8	4~6	0.5~1	0.1~0.2	28~40
				6~8	6~8	4~6		2~4	8~10				27~36
				6~8	6~8	4~6			6~8	6~8			28~38
小漏	10~20	小裂缝		4~6	4~6	4~6	2~4	2~4	8~10		0.5~1	0.1~0.2	25~37
				4~6	4~6	4~6		2~4	6~8	4~6			25~37
				4~6	4~6	4~6			8~10	6~8			26~36
		细砾粗砂岩		4~6	4~6	4~6		2~4	8~10		0.5~1	0.1~0.2	22~32
				4~6	4~6	4~6		2~4	6~8	4~6			24~32
				4~6	4~6	4~6			8~10	6~8			27~37
微漏	<10	微裂缝	2~4	2~4	4~6			2~4		6~8	0.5~1	0.1~0.2	16~24
					4~6	6~8			8~10				19~25
					4~6	6~8			8~10	6~8			24~30
		粗砂岩中砂岩		2~4	4~6			2~4			0.5~1	0.1~0.2	16~24
				2~4	4~6				8~10				17~21
						4~6			10~12	8~10			22~28

表6-41　目的层桥堵配方

井漏程度	漏速（m³/h）	漏层判断	浓度（10kg/m³）					
			粗大理石颗粒	中粗大理石颗粒	细大理石颗粒	中粗SQD-98	细SQD-98	总浓度
严重漏失	失返	大裂缝溶洞	8~10	8~10	4~10	2~10	2~8	28~48
		粗砾岩	8~10	6~8	4~6	2~8	2~6	25~45
大漏	>50	大裂缝	4~8	6~8	4~6	6~10	2~8	25~42
		中砾、粗砂岩	6~8	6~8	4~6	8~10	2~10	21~40
中漏	20~50	中裂缝	6~8	6~8	4~6	8~10	2~8	20~40
		细砾、粗砂岩	6~8	6~8	4~6	6~8	3~8	20~38
小漏	10~20	小裂缝				5~10	2~8	15~35
		粗砂岩				5~10	5~8	15~32
微漏	<10	微裂缝、中粗砂岩				4~10	2~6	5~25

钻具的下入深度根据具体情况，一般在漏层顶部 10～100m 位置，注替挤排量一般根据具体情况采用单泵或双泵，蹩压压力一般为钻井液当量密度为基准。

目的层井漏，桥浆堵漏配方未按钻井液密度区分，根据井漏类型和实际情况，相应桥堵配方结合酸溶率等灵活选用。

（二）高滤失复合堵漏技术

高滤失复合堵漏技术适用于非大溶洞的其他所有类型的井漏，尤其对承压堵漏极其有效，具有配制及施工工艺简单等特点，堵后不回吐，形成滤饼的速度可调，其滤饼的强度大，在地层温度压力下，最大可达 40MPa 以上，其最高配制密度可达 2.35g/cm³ 以上。

1. 工作原理

高滤失堵漏剂是一种由纤维材料、金属盐、絮凝剂复配而成的乳白色粉末纤维混合物，是一种集高滤失、高强度和高酸溶率于一体的高效堵漏剂，用该产品配置的堵漏浆，进入漏失通道，在压差作用下快速滤失（最快的在几秒钟内），很快形成具有一定初始强度的厚滤饼而封堵漏层，其初始承压能力可达 4MPa 以上。在地温和压差作用下，所形成的滤饼逐渐凝固，其承压能力大幅度提高，24h 可达 20MPa，最高承压可达 40MPa 以上，酸溶率可达 80%，有利于保护产层。

2. 推荐配方

（1）中小漏失。

清水 +15%～35% 高效堵漏剂 +BaSO₄。

（2）大漏。

清水 +15%～40% 高效堵漏剂 +3% 云母 +BaSO₄。

（3）失返。

清水 +15%～40% 高效堵漏剂 +3% 云母 +2%～4% 核桃壳（细）+BaSO₄。

（4）中小裂缝。

清水 +15%～40% 高效堵漏剂 +1%～3% 云母 +2%～4% 核桃壳（中粗）+BaSO₄。

（5）大裂缝（失返）。

清水 +20%～40% 高效堵漏剂 +2%～3% 云母 +2%～4% 核桃壳（粗）+BaSO₄。

3. 使用方法及加量

（1）漏速小于 5m³/h。

可采用随钻堵漏，直接加入各种体系的钻井液中即可，加量 2%～3%。

（2）漏速在 5～20m³/h。

清水 +15%～30% 高效堵漏剂配制成堵漏浆进行堵漏。

（3）漏速在 30～60m³/h。

清水 +25%～40% 高效堵漏剂 +2%～4% 核桃壳 +1%～3% 云母配制成堵漏浆进行堵漏。

（4）漏速大于 60m³/h 或失返。

可与水泥或其他堵漏剂（如各种凝胶堵漏剂）配合进行综合堵漏，其配方依地层特性而定。

（5）如需对堵漏浆进行加重，低盐度条件下，必须加 0.1%～0.3% 的提黏剂；使用该堵漏剂，其最高堵漏浆密度可配制 2.35g/m³ 以上。

4. 现场堵漏施工工艺

（1）简化钻具结构，将钻具下入漏层顶部。

（2）小排量泵入高效堵漏剂堵漏浆，当高效堵漏剂堵漏浆达到钻具出口加大排量，直至高效堵漏剂堵漏浆在钻具内外相平。

（3）起钻至堵漏浆面（钻具安全位置）。

（4）记录泵入量、返出量、堵漏浆漏失量等。

（5）按桥接堵漏法的挤压、泄压再挤压的施工工艺进行施工，根据井下情况确定上述施工的要点。

（6）能够憋压稳压，尽可能保持憋压稳压状态，候堵 16～24h。

（三）高承压堵漏技术

高承压堵漏剂是经过高压压制的层片状桥接堵漏材料，适用于钻井及固井作业中的漏失，特别适用于常规堵漏剂不能起作用的严重漏失，包括裂缝性漏失、破碎性地层漏失及恶性漏失。

高承压堵漏机理主要有以下三个方面，堵漏机理示意图如图 6-7 所示。

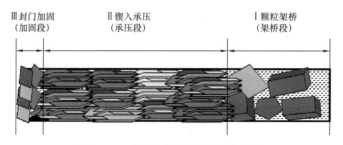

图 6-7　高承压堵漏机理示意图

（1）颗粒架桥：较大颗粒堵漏材料架桥，在裂缝中形成屏障，形成部分封堵。

（2）锲入承压：后面紧跟的颗粒锲入到前面堆积的颗粒中，压差作用后锲紧，形成稳定高承压层。

（3）封门加固：片状颗粒覆盖在漏失层段表面，封门加固，进一步降低漏失，提高承压能力。

克深7井采用超强堵漏剂高承压堵漏技术，承压能力逐步提高，最高承压值达15MPa，折算当量钻井液密度为2.69g/cm³，钻至井深7830m中途完井，期间未再发生漏失。克深201井由于下部有可能钻遇高压盐水层，需要对薄弱地层提高当量密度至2.50g/cm³以上，采用超强堵漏剂承压一次性成功，继续钻进至中途完井井深6453m未发生漏失现象。

（四）沉淀隔离法压井堵漏技术

沉淀隔离法压井堵漏技术即用与油基钻井液同密度的饱和盐水磺化水基钻井液通过钻具入井实施沉淀隔离，将盐水与漏层隔开，一方面水基钻井液可以加速沉淀，桥接堵漏材料在水基钻井液中更容易膨胀，从而提高堵漏成功率；另一方面利用了水基钻井液和油基钻井液在一定温度和比例下混合增稠的特性，实现了沉淀隔离盐水层和封堵漏层。该技术既能防止油基钻井液大量损失，又能提高上部薄砂岩的承压能力，实现了沉淀隔离盐水层和封堵漏层的双重目的。沉淀隔离压井堵漏技术要确定高密度水基钻井液堵漏配方和水基堵漏浆与油基钻井液混合比例。水基堵漏浆配方见表6-42。

表6-42　高密度水基钻井液堵漏浆配方

堵漏材料名称	浓度（kg/m³）	作用
核桃壳（粗）	50	阻挡通道和吸水膨胀作用
核桃壳（中粗）	60	阻挡通道和吸水膨胀作用
雷特材料（片状）	50	片状充填，提高承压能力
STEELSEAL（钢封）-400	30	球形充填，提高承压能力
STEELSEAL（钢封）-1000	30	球形充填，提高承压能力
SQD-98	40	纤维充填，提高稠度
锯末	10	较长纤维充填

注：总浓度为270kg/m³，密度为2.53g/cm³。

克深7井复合盐膏层采用油基钻井液钻进至7764.16m时发生盐水溢流，用密度2.50g/cm³油基钻井液压井，上部夹薄砂层地层7094～7189m发生井漏，形成地下"井喷"（图6-8）。按照INVERMUL油基钻井液堵漏预案，采用专业配套堵漏材料，即配密度为2.50g/cm³、浓度为25%的油基桥浆25m³，注入

19m³，桥浆全部推出钻头，到达漏层7094m附近，7110~7388m夹薄砂岩层，发生漏失，立压、套压无反应，继续往井底7764m推进，也无反应。判定漏层为7087~7200m井段，主力漏层为7094m。此外由于高压水层压力系数高，且水层在漏层下面，因此承压的最高值定为密度在2.60g/cm³以上，承压堵漏难度极大，且配套油基钻井液堵漏材料现场应用两次均未见效果。为此在该井应用了沉淀隔离法压井堵漏技术，取得了明显效果。

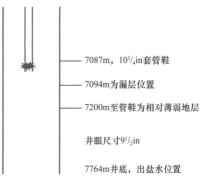

7087m，10³/₄in套管鞋

7094m为漏层位置

7200m至管鞋为相对薄弱地层

井眼尺寸9¹/₂in

7764m井底，出盐水位置

图6-8　克深7井发生盐水溢流、井漏复杂时井况示意图

克深7井现场应用实例表明，在油基钻井液钻遇复杂情况时，用水基钻井液与油基钻井液加速沉淀隔离水层的方法进行高压盐水层处理和堵漏施工是可行的，尤其是高压盐水引起的井漏复杂，还可减少成本较高的油基钻井液损失。

（五）高强度（全酸溶）堵漏技术

高强度（全酸溶）堵漏使用的暂堵剂是酸溶性暂堵剂，全酸溶堵漏要求随钻堵漏材料、停钻堵漏材料和加重材料均可酸溶，目前油田主要应用可酸溶的随钻堵漏材料和加重材料。

目的层使用酸溶率达95%以上的酸溶性堵漏剂进行随堵，主要有两种类型：粒状的KGD系列、片状的NTS系列和复合纤维SQD-98系列。常用酸溶性高密度加重暂堵剂有细目或超细目碳酸钙、微锰矿、氧化铁等粉末。库车前陆地区在储层钻进过程中使用方解石类可酸溶的随钻堵漏材料，应用微锰矿和超细碳酸钙等酸溶率高的加重材料，部分替代重晶石，提高滤饼及进入储层孔喉裂缝固相的酸溶率。实验表明，微锰矿粉在盐酸中80℃反应2h的酸溶率为99.76%，在土酸中80℃反应1h的酸溶率为99.97%，在保证堵漏效果的前提下，实现储层保护，并提高酸化效果。加入不同含量的微锰矿粉后滤饼酸溶率试验结果见表6-43。

表6-43　不同含量微锰矿粉滤饼酸溶率试验结果

固相种类	样品	平均酸溶率（%）
湿滤饼	纯重晶石加重	22.22
	8%微锰矿加重	43.06
	25%微锰矿加重	49.17

固相种类	样品	平均酸溶率（%）
烘干滤饼	纯重晶石加重	30.40
	8% 微锰矿加重	34.00
	25% 微锰矿加重	46.69
灼烧滤饼	纯重晶石加重	30.86
	8% 微锰矿加重	33.43
	25% 微锰矿加重	45.53

KeS 2-1-6 井应用该技术，仅用 284m³ 酸液酸化，用 ϕ8mm 油嘴求产，油压 89.12MPa，套压 27.77MPa，日产气 74.6×10^4m³，日排液 9.5m³；用 ϕ9mm 油嘴求产，油压 87.55MPa，套压 32.39MPa，日产气 85.3×10^4m³，日排液 12.7m³，储层保护效果较常规堵漏技术有大幅度提高，解放了油气层；而常规井若要达到该效果，需要使用 1000～1400m³ 酸液。KeS 2-1-6 井全酸溶理念的应用，为塔里木油田储层钻井防漏堵漏和储层保护提供了新的思路和手段。

（六）FCL 工程纤维复合堵漏技术

碳酸盐岩油气藏钻井易漏失且量大，漏失主要出现在奥陶系和二叠系，塔北地区奥陶系碳酸盐岩井平均单井漏失钻井液 603m³，平均单井损失 69h，漏失主要发生在奥陶系，占全井总漏失的 77.5%，其次是二叠系占 9.5%。

FCL 工程纤维复合堵漏剂主要为特殊纤维，为圆柱状，平均长度 6～12mm，直径 10～20μm（降解型和非降解型），这种细的形状和材料类型使之具有良好的柔韧性，是理想的与钻井液和水泥浆混合的材料（图 6-9）。FCL 工程纤维进入高渗透性地层（天然裂缝性地层、孔洞地层）能很快形成纤维网状结构，实现软架桥，与钻井液中的固相形成复合体，封堵漏失层，并预防或阻止漏失，堵漏技术原理如图 6-10 所示。

图 6-9　FCL 工程纤维图

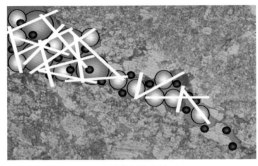

FCL纤维堵漏技术原理

加入纤维与不加纤维，高滤失滤饼图

图 6-10　FCL 工程纤维堵漏技术原理

2011—2018 年，FCL 工程纤维复合堵漏技术共施工 52 口井，成功 42 口井，成功率达到 80.77%。其中，中古 52 井放空 1.03m，一次堵漏成功（放空段沟通性差）；哈得 281C 井放空 3m，2 次堵漏成功（漏层以上形成坚硬的桥塞）。失败 10 口井（其中 7 口井放空，2 口井液面超过 1000m 以上，1 口井与溶洞沟通），失败率 19.23%。放空段超过 1.3m 以上堵漏成功率不高，如热普 1 井放空段 5m，HA11-6 井放空段 10.79m，HA6011 井放空未探底，哈得 28 井放空段 10.48m，YM2-12-5 井放空段 2.5m，XK8-6 井放空段 1.38m，RP14-2X 井放空段 1.5m；环空液面超过 1000m 以上的井堵漏成功率也不高，如 HA601-11C 井环空液面高 1734-1751m，HA11-1C 环空液面高 1187-1290m；通过酸压与旁边的溶洞沟通井堵漏成功率也不高，如 RP11-1 井。

通过近几年堵漏实践证明，FCL 工程纤维复合堵漏封堵裂缝、溶洞能力强，承压强度高，成功率高，FCL 工程纤维复合堵漏技术是控制碳酸盐岩缝洞体漏失的一种有效的方法，堵漏效果见表 6-44。

表 6-44　FCL 工程纤维复合堵漏情况统计

序号	时间	井号	井深（m）	井漏性质	漏失井段（m）	漏失层位	岩性	堵漏次数	承压（MPa）	备注
1	2010.7.2	LG 7-12	5306.4	缝洞	5304～5306	O	石灰岩	2	9	成功
2	2010.8.22	TZ 26-H6	5592	裂缝	4331	O_3l	石灰岩	1	9	成功
3				裂缝	5592	O_3l	石灰岩	1	0	失败
4	2011.1.22	哈 9C	6710	缝洞	6526～6710	$O-O_2Y$	石灰岩	1	3	成功
5	2011.3.24	哈 803	6666	溶洞	6632～6666	O	石灰岩	3	0	失败
6	2011.6.9	HA 601-18	5365	裂缝	5360～5365	P	凝石灰岩	1	2	成功
7	2011.7.10	HA 601-11	7096.5	溶洞	6985～7096	O_2Y	石灰岩	1	16	成功
8	2011.8.8	HA 11-1C	6965	裂缝	6845～6965	O_2Y	石灰岩	1	0	失败

序号	时间	井号	井深（m）	井漏性质	漏失井段（m）	漏失层位	岩性	堵漏次数	承压（MPa）	备注
9	2011.8.21	ZG 52	4800	溶洞	4563～4564	O_3l	石灰岩	1	11	成功
10	2011.9.4	HA 16-1	6835	缝洞	6635～6655	$O_{1-2}Y$	石灰岩	2	19.2	成功
11			6725		6642～6726	$O_{1-2}Y$	石灰岩	3	17.5	成功
12	2011.9.13	XK 601	7019	缝洞	7007～7019	O_2Y	石灰岩	1	15.5	成功
13	2011.10.4	热普 1	6971	溶洞	6960～6971	O_2Y	石灰岩	1	0	失败
14	2011.10.6	热普 2	6975	裂缝	6955～6975	O_2Y	石灰岩	1	18	成功

（七）碳酸盐岩水平井投球堵漏技术

2012 年开发塔中 1 号气田中古区块鹰山组碳酸盐岩油气藏时采用三开水平井，钻至鹰山组普遍发生溶洞型恶性失返或放空漏失，漏失量大，普通桥浆堵漏难以应对，严重影响了钻完井周期。2013—2014 年，塔中地区 32 口碳酸盐岩水平井发生了漏失，平均单井漏失钻井液 $2368m^3$，平均单井损失 281h，19 口井因井漏被迫提前完钻，提前完钻比例高达 59.4%；2015 年开展了碳酸盐岩水平井投球堵漏技术的应用，提前完钻比例降低至 30%，逐渐形成了碳酸盐岩水平井投球堵漏技术。

投球堵漏技术通过投球设备投一定粒径或级配的树脂球（图 6-11），树脂球通过初步架桥将大的缝、洞改变为小的缝隙；后泵入堵漏浆，使堵漏浆中的碳酸钙颗粒和其他粗、中粗颗粒架桥，细颗粒进行填充封堵，有效封堵漏失通道，建立循环，原理如图 6-12 所示。

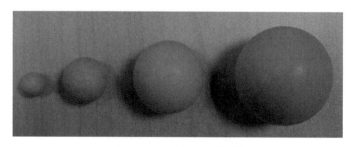

图 6-11　树脂球外形

1. 技术特点

（1）采用"三步法"施工工艺，通过使用树脂球和可酸溶性架桥颗粒分步进行二次架桥，进行合理填充和封堵，可提高大型缝洞的堵漏成功率。

（2）树脂球形状规则，体积较大，可降低试油返排时堵塞管柱孔眼的风险。

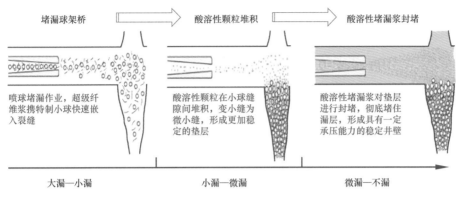

图 6-12 投球堵漏机理示意图

（3）堵漏材料可酸溶率高，配方的总酸溶率达到 80% 以上。

2. 施工工艺

（1）根据井下漏失情况确定堵漏球的尺寸及数量，使用储球装置将选定规格的小球装入连续油管内。

（2）将带喷头的堵漏钻具下至漏层以上 3～10m 的位置，用固井泵车配合投球器通过循环管线三通旁路将装在连续油管内的堵漏球泵入堵漏钻具内，同时通过主循环管线泵送浓度为 0.15%～0.3% 的超级纤维浆，以携带堵漏球进入井底，通过投球喷头高速喷出堵漏球，使小球快速嵌入裂缝或孔洞中（图 6-13）。

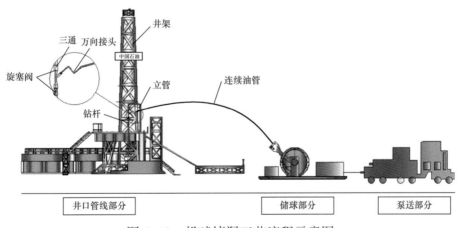

图 6-13 投球堵漏工艺流程示意图

（3）将钻具起出，下光杆钻具至套管鞋处（套管鞋以上 400m，预留一定的挤注量），泵入含有大量中细颗粒堵漏材料的堵漏浆，关井憋挤，堵漏浆进入漏层，使中细颗粒堵漏材料在小球缝隙间堆积填充，变小缝为微小缝，形成稳定的架桥垫层。

（4）继续泵入含酸溶性堵漏材料的堵漏浆对垫层进行封堵，彻底堵住漏层，形成具有一定承压能力的致密封堵层。

3. 现场应用

ZG503-H1 井钻至 6177m，发生溶洞、洞穴型严重失返漏失，共计漏失量 593m³，多次桥浆堵漏未成功，试验了投球堵漏技术进行堵漏，投砾石共计 0.7m³，其中粒径 $\phi 50 \sim 55mm$ 投入 0.2m³，$\phi 30 \sim 50mm$ 投入 0.2m³，$\phi 10 \sim 30mm$ 投入 0.3m³，投入 $\phi 19mm$ 堵漏球 4000 颗，环空液面高度 190～215m，期间环空共计吊灌 1.36g/cm³ 钻井液 4m³，下钻至井深 810.92m 出口返浆正常。

第五节　储层保护技术

一、储层伤害主要原因和类型

一般认为储层伤害可以归纳成两个方面的原因：一是外来流体（包括液体、固体甚至气体）侵入储层，产生各种不利的物理、化学作用，造成固体物的堵塞或液体性质的改变，降低了油气相渗透率；二是在钻开储层和油气开采过程中，由于温度、压力和流速的改变等因素，破坏了地层原有的平衡状态而引起岩石性质改变造成伤害。同时油气藏类型不同，储层岩石骨架颗粒和填隙物等岩矿组织结构、成分、含量、分布也不同，储层孔隙结构和喉道特征不同，储层中的流体类型、成分、含量和流体压力等也不尽相同，这些储层的基本特征是影响和决定储层伤害的内在因素。以下主要介绍常见的砂岩储层、碳酸盐岩储层和致密储层的伤害原因与类型。

（一）砂岩储层

砂岩是一种沉积岩，主要由砂粒胶结而成，包括碎屑颗粒、杂基、胶结物和孔隙四种组成部分，砂岩的性质直接决定了储层岩石的基本特征。

砂岩储层伤害的主要类型和原因如下。

1. 主要类型

砂岩储层伤害有固相侵入、结垢、岩石润湿性反转、微粒运移、乳化效应等 5 种类型。

2. 伤害原因

（1）固相入侵的原因是井筒内的各种固体微粒的侵入使砂岩储层发生一定程度的堵塞，钻完井液中固相含量越高，对储层伤害越大，固相对储层伤害的大小决定于固相微粒的形状、大小及性质和级别。

（2）结垢的主要原因是盐沉淀。地层水与岩石及原油接触，或由于古沉积条件使地层含有各种金属盐类、H_2S 及其他有机酸。进入储层的外来流体也常含有各种离子及化学添加剂，外来流体所含离子进入储层后，储层的原始沉淀溶解平衡被打破，由于离子溶度积的改变而生成沉淀，另外，外来流体进入储层，打破岩石表面的静电平衡，使固相表面带负电，加上孔壁易构成引力场，易吸引和促进微晶产生而引起结垢，堵塞储层。

（3）岩石润湿性反转的现象是指水润湿变为油润湿或由油润湿变为水润湿。许多化学添加剂，与地层流体发生有害反应，从而改变了油水界面张力并导致润湿性转变。这种变化能降低碳氢化合物在近井壁附近侵入带的有效渗透率，伴随这些表面性能和界面性能改变而来的是外来油与地层水或外来水相流体与地层中的油相混合，形成油或水作为外相的乳化物，这些乳状液在有乳化剂、微粒或黏土颗粒时能稳定存在，比孔喉尺寸大的乳状液滴能堵塞孔隙、增加黏度，降低碳氢化合物的有效流动能力，伤害产层产能。

（4）微粒运移是一种微粒运移、转移的现象。储层中一般都有许多细小、松散的固体颗粒，随着流体在砂岩储层孔隙中的流动，这些微粒会发生运移，它们在孔隙的喉道处淤积起来，造成堵塞，使储层渗透率大大降低。流速、矿化度、润湿性及表面张力、pH 值等都会影响微粒运移。

（5）由于外来流体侵入，或注水开发及现场施工中的压力激动，在砂岩储层内部形成乳状液，乳状液对储层的伤害是不容忽视的。外来流体或地层水在乳状液中被油分割成为无数个不连续的小液珠，比喉道尺寸大的小液珠通过孔隙喉道时产生堵塞，这就是贾敏效应。

（二）碳酸盐岩储层

碳酸盐岩储层有两组空间组成：孔隙、裂缝。孔隙以容纳气为主，也起联通作用，孔隙分为微孔隙、中等孔隙和大孔隙；裂缝的渗透率是很高的，大孔隙的连通作用也是很好的。因此裂缝及较大的孔隙通道对高产起着十分重要的作用。从碳酸盐岩储层本身来说，其伤害主要受孔隙和裂缝两组空间系统因素的控制，与砂岩相比其储集空间比较复杂，次生变化非常明显。使碳酸盐岩储层具有岩性变化大、孔隙—裂缝类型多、物性参数无规则以及孔隙—裂缝多次变化等特点。

碳酸盐岩储层伤害的主要类型和原因如下。

1. 主要类型

碳酸盐岩储层伤害主要有固相侵入、应力敏感、水锁效应、结垢等 4 种类型。

2. 伤害原因

（1）固相颗粒是造成碳酸盐岩裂缝型油气层伤害的主要因素。固相入侵的原因是无机物、有机物微粒的侵入使储层堵塞。

（2）油气层岩石在井下受上覆岩石压力、孔隙流体压力和岩石骨架支撑的共同作用而处于平衡状态。当碳酸盐岩储层地层原始平衡状态被打破，地层骨架的有效应力增加，岩石颗粒发生形变，胶结物的结构也发生变化，改变了孔隙大小和结构，导致油气层渗透率下降，造成应力敏感性伤害。应力敏感性引起的伤害对具有孔隙和裂缝的碳酸盐岩储层尤为明显。

（3）在钻井、完井、增产措施等施工过程中，近井地层大量吸水，造成井底附近含水饱和度增加，侵入的水滴在孔喉处造成堵塞；同时还产生毛细管力，亲水性毛细管力方向与油的渗流方向相反，阻碍油从储层向井底渗流，即增加了油流阻力，引起油相渗透率下降，形成水锁伤害。低渗的碳酸盐岩储层和砂岩储层已发生水锁伤害。

（4）碳酸盐岩气藏中天然气往往含 H_2S、CO_2 等，这对外来流体（各种工作液）来说要比储层流体液相的不配伍性更大，外来流体所含离子进入储层后，储层的原始沉淀溶解平衡被打破，由于离子溶度积的改变而生成沉淀。

（三）致密裂缝性储层

致密裂缝性储层因储层致密、低孔、渗透性差而低产难采，故属非常规资源。致密油气的储层除最常见的砂岩外，还包括致密碳酸盐岩和火成岩、变质岩等，但在实际勘探开发工作中仅指最常见的砂岩类。致密砂岩储层具有岩性致密、低孔低渗透、气藏压力系数低、圈闭幅度低、自然产能低等典型特征。

致密油气层伤害的类型和原因如下。

1. 主要类型

主要有固相侵入、高分子堵塞、应力敏感、酸敏性伤害等 4 种类型。

2. 伤害原因

（1）库车前陆区白垩系储层是典型的高压低渗致密油气藏，该储层存在一定的微裂缝，因此，钻完井液中的固相颗粒（主要来自膨润土、加重材料以及钻井过程中未除去的岩屑）较易进入储层的微裂缝中，从而造成油气流动阻力的增加。

（2）在库车前陆区白垩系储层中，钻井液中的高分子聚合物随滤液侵入储层后，在孔道壁上会被吸附，造成储层孔喉半径缩小，这对于低孔低渗透储层的伤害尤其显著。

（3）当原始储层有效应力被打破，地层骨架的有效应力增加，岩石颗粒发生形变，胶结物的结构也发生变化，改变了孔隙大小和结构，导致油气层渗透率下降，造成应力敏感性伤害。低渗透致密储层具有较强的应力敏感性，并且随着渗透率降低，应力敏感性变强。

（4）储层中含有一定量的敏感性矿物可以诱发储层伤害。碳酸盐岩矿物如方解石、铁白云石分布于致密砂岩中。铁方解石、铁白云石等为盐酸敏感性矿物，在酸化过程中与 HCl 反应释放出 Fe^{2+}、Fe^{3+}。在富氧流体中，Fe^{2+} 还会转化为 Fe^{3+}。当液体 pH 值升高到一定程度时，会生成铁絮状沉淀而堵塞喉道，造成储层伤害。此外，一些高含钙和镁的矿物对 HF 较为敏感，如方解石、白云石、钙长石等与氢氟酸反应后，矿物溶解释放出的钙离子与氟离子作用生成不溶解的氟化钙，并能滞留在孔隙中降低渗透率。同时一些氧化硅及硅酸盐矿物，如石英、长石、黏土等，与氢氟酸作用后，在一定条件下可形成氟硅酸盐、氟铝酸盐及硅凝胶沉淀物，进而形成结垢，堵塞喉道，降低渗透率。

二、保护储层的钻井液技术措施

储层钻进过程一般要维持一段时间，对储层的伤害应包括从钻开储层起一直到固井完成为止的全过程中多个环节。保护储层对提高产量至关重要，塔里木油田规定储层岩心的渗透率恢复值不低于 85%。

（一）与钻井液有关的储层伤害因素

1. 钻井液中的固相含量及固相粒子的级配

固相含量愈高，对储层伤害愈大，颗粒愈小，侵入深度愈大，固相粒子对裂缝油藏影响更为突出，应尽量降低钻井液中膨润土和无用固相的含量，减少因级配不合理造成堵塞油气层。

2. 钻井液与储层岩石的配伍性

水敏储层应采用不引起黏土水化膨胀的抑制性钻井液，盐敏储层控制矿化度应在两个临界矿化度之间，碱敏储层应尽量控制钻井液 pH 值在 7～8 范围内，对于速敏储层应尽量降低压差和严防井漏，乳化剂宜选用非离子型，避免发生润湿反转。

储层中黏土的水化膨胀、分散、运移是造成储层水敏伤害的根本原因，钻井液对黏土水化的抑制性愈强，则储层水敏伤害愈弱。

3. 钻井液与储层流体的配伍性

钻井液液相与地层流体，若经化学作用产生沉淀或形成乳状液，都会堵塞储层，其中水基钻井液滤液与地层水的不配伍能形成各类沉淀，从而造成常见的结垢伤害。

4.各种钻井液处理剂对储层的伤害

各类钻井液处理剂随滤液进入储层都将与储层发生作用，所用各种处理剂应对储层渗透率影响小，并尽可能降低各种状态下的滤失量及滤饼渗透率。

（二）保护油气层对钻井液的要求

（1）密度可调，能满足不同压力油气层近平衡压力钻井的需要。

（2）降低钻井液中固相颗粒对油气层的伤害。

（3）钻井液体系必须与油气层相配伍。

（4）钻井液滤液组分必须与油气层中流体相配伍。

（5）钻井液的组分与性能都能满足保护油气层的需要。

（6）流变性满足井下需要。

（7）钻开油气层时，提高钻井液的抑制性，控制较低的滤失量，形成致密的滤饼。

（8）钻开油气层前加入储层保护剂。

（9）在条件允许的情况下，尽量采用油基钻井液钻开油气层。

（10）采用新技术提高钻井各个环节的时效，降低浸泡时间。

（11）尽量避免大幅度处理钻井液，确保井壁稳定。

（12）研发对油气层伤害较小的新型钻井液体系，在可控的条件下，采用欠平衡钻井打开油气层。

（13）严格执行钻开油气层后的塔里木油田井控实施细则，防止井喷、井漏对油气层的伤害。

三、常规碎屑岩屏蔽暂堵储层保护技术

目前塔里木油田广泛使用屏蔽暂堵保护油气层钻井液技术，屏蔽暂堵技术是根据储层孔喉尺寸及其分布规律，在钻遇储层 20～50m 前将钻井液中的固相颗粒调整到与之相匹配，即加入高纯度、超细目、多级配的刚性架桥、充填粒子和变形粒子等固相颗粒，有意识地在很短时间内在储层距井壁很小的距离内产生严重的暂时堵塞，使渗透率急剧下降，从而有效地阻止钻井液和后续施工对储层造成的伤害，最后用射孔穿透来解堵使储层的渗透率恢复到原始水平。它是利用钻进油气层过程中对油气层发生伤害的两个不利因素（压差和钻井液中的固相颗粒），将其转变为保护油气层的有利因素，达到减少钻井液、水泥浆、压差和浸泡时间对油气层伤害的目的。

（一）屏蔽暂堵技术特点

选用颗粒级配与储层孔喉尺寸及分布相匹配的超细碳酸钙作为架桥粒子，

用油溶性数值作为填充剂，易于酸化和返排，对于裂缝性油气层可采用广谱暂堵剂。改造后的钻井液经室内动态模拟实验证明：屏蔽暂堵效果好，屏蔽暂堵后内滤饼深度浅，为 $2\sim3$cm，渗透率恢复值在 75% 以上；屏蔽暂堵技术实施时，需要 2MPa 以上的正压差作用于目的层井壁，欠平衡钻进时不宜采用该技术。

屏蔽暂堵技术应用时，针对不同储层特点，在改造钻井液时加入不同粒级的超细碳酸钙、油溶性暂堵剂、广谱暂堵剂。在预探井目的层钻进中还可使用不影响岩屑录井的低荧光油溶性暂堵剂。

（二）屏蔽暂堵技术的技术关键

（1）测定油气层孔喉分布曲线及孔喉的平均直径。

（2）按 $1/2\sim2/3$ 孔喉直径选择架桥粒子（如超细碳酸钙、单向压力暂堵剂等）的颗粒尺寸，使其在钻井液中含量大于 3%（可用粒度计检测钻井液中固相的颗粒粒径分布和含量）。

（3）按颗粒直径小于架桥粒子（约 1/4 孔喉直径）选用充填粒子，其加量大于 1.5%。

（4）加入可变形的粒子，如磺化沥青、氧化沥青、石蜡、树脂等，加量一般为 1%～2%，其粒径与充填粒子相当。变形粒子的软化点应与油气层温度相适应。

（三）现场钻井液技术措施

（1）针对储层岩性和物性，选用合适的钻井液体系。

（2）调整好钻井液流变性和其他性能，尤其是严格控制高温高压滤失量，加入沥青类软化粒子材料，加强滤饼质量。

（3）进入储层前 100m 根据设计加入屏蔽暂堵剂对钻井液进行改造。

（4）钻井液改造完成后，室内用本地区的储层岩心对钻井液做渗透率恢复实验，根据实验结果调整暂堵配方。

（5）钻进过程中取井浆进行粒度分析和渗透率恢复实验，根据实验调整暂堵配方。

（6）完井后取井浆进行粒度分析和渗透率恢复实验，评估储层保护效果。

（7）储层钻进时若发生井漏，加入可酸溶的随钻堵漏剂进行随堵；若随堵失败，则进行停钻堵漏，堵漏剂用可酸溶的材料，以便将来对储层进行酸化解堵。

（8）目的层钻进时钻井液加重剂的选择：

$\rho\leqslant1.25$g/cm^3，一律采用易酸化的石灰石粉加重。

$\rho \leq 1.50\text{g/cm}^3$，加重材料使用 2/3 重晶石 +1/3 石灰石粉。

$\rho > 1.51\text{g/cm}^3$，则使用重晶石 + 活化重粉加重。

$\rho > 2.0\text{g/cm}^3$，使用铁矿粉 + 活化重粉。

四、致密裂缝性砂岩储层保护技术

库车前陆区致密裂缝性砂岩气藏上覆巨厚复合盐膏层，埋深 6500～8023m，温度 150～180℃、压力 120～140MPa，压力系数 1.75～1.95，属于超深高温高压气藏；岩性为长石岩屑砂岩，延伸压力梯度 1.8～2.7MPa/100m，改造难度大；储层基质孔隙度为 1.0%～5.0%，渗透率为 0.005～0.035mD，属于典型的超致密储层（表 6-45 和图 6-14）；地层水高矿化度，总矿化度 20～21 万 mg/L，$CaCl_2$ 水型。

表 6-45　大北克深区块巴什基奇克组储层特征

区块	储层层位	孔隙度（%）	渗透率（mD）	孔喉半径（μm）	基质类型
大北	巴什基奇克组	0.94～7.39	0.002～0.12	0.017～0.131	低孔、特低渗透
克深 2、克深 8	巴什基奇克组	3.09～10.89	0.002～0.068	0.017～0.217	低孔、特低渗透
克深 6	巴什基奇克组	3.02～6.55	0.046～0.68		低孔、低渗透
克深 5、克深 9	巴什基奇克组	1.0～5.0	0.004～0.035	0.09～0.66	低孔、特低渗透

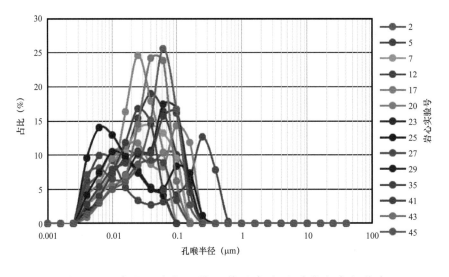

图 6-14　大北、克深区块巴什基奇克基质孔喉半径分布

库车前陆区致密裂缝性气藏裂缝—微裂缝发育，基质渗透率低，传统液测渗透率基本测不出来，敏感性分析、钻完井液伤害无法开展。储层纳微米级孔喉与毫米（厘米）级裂缝共存，渗流通道复杂，漏失严重，工程作业复杂，伤害大，储层保护难度极大。

（一）技术特点

采用油基钻井液作为克深、大北地区储层钻井液体系，钻进过程预测和控制合理钻井液密度，井漏发生后采用全酸溶防漏堵漏剂进行堵漏和随钻防漏，严格控制漏失量作为裂缝性致密砂岩气藏储层保护首要任务。储层加重剂采用微锰、铁矿粉与重晶石粉复配，使滤饼酸溶率最高达到 60% 以上。基于 D90 规则和理想填充理论，优选超细碳酸钙进一步加强滤饼质量，提高滤饼酸溶率。完井后采用重晶石螯合解堵技术，解除重晶石粉堵塞造成的伤害。

（二）关键技术措施

（1）针对储层岩性和物性特征，选用合适的钻井液体系。

（2）加强孔隙压力、坍塌压力、破裂压力预测，控制合理钻井液密度，减少漏失。

（3）提高防漏堵漏效果，储层钻进时若发生井漏，加入可酸溶的随钻堵漏剂进行随堵；若随堵失败，则进行停钻堵漏，堵漏剂用可酸溶的材料，以便将来对储层进行酸化解堵。

（4）提高滤饼酸溶率，一是进入目的层前 100m 根据设计加入屏蔽暂堵剂对钻井液进行改造；二是采用可酸溶的加重剂如铁矿粉、微钛铁矿复配重晶石粉进行加重。

（三）应用效果

裂缝性致密砂岩储层保护技术在克深 9 区块开展现场试验，其中，克深 907 井钻至 7485.6m 发生漏失，漏速 0.2m³/h。采用循环降密度将钻井液密度由 1.75g/cm³ 降至 1.72g/cm³，采用低密度钻开液并添加随钻堵漏，配方为：1%ZDS-1+1%ZDS-2+0.3% 雷特酸溶性堵漏剂（细）+0.5% 雷特随钻堵漏剂 +0.2%SQD-98（细），总共漏失 3.4m³；克深 905 井钻至 7422.2m 发生漏失，漏速 4.2m³/h，采用循环降密度将钻井液密度由 1.8g/cm³ 降至 1.73g/cm³，采用低密度钻井液并添加随钻堵漏漏，配方为：1%ZDS-1+3%ZDS-2+2%ZDS-3，共漏失 101m³。钻井液配方改进后滤饼酸溶率达到 80% 左右，渗透率恢复值达到 75.53%，见表 6-46。

表 6-46　克深 9 区块储层钻井液渗透率恢复实验数据

井号	岩样	气测渗透率（mD）	缝宽（μm）	滤失量（mL）	循环 / 返排			
					循环正压差（MPa）	突破压力（MPa）	最大恢复率（%）	最大恢复率压差（MPa）
克深907	KeS 1-12	1168.0	65.72	0	3.5	3.0	68.33	4.5
	KeS 1-13	1103.0	64.77	0	3.5	0.5	81.09	2.0
	KeS 5-7	835.4	59.68	0	3.5	1.5	77.16	2.0
克深905	KeS 1-1-13	4164	100.86	0	3.5	0.3	62.25	3.5
	KeS 2-2-F	1462	69.97	0	3.5	0.3	67.58	0.3
	KeS 6-1-2	2106	78.96	0	3.5	0.3	68.64	0.3

裂缝性致密砂岩储层钻完井保护技术在克深地区应用 41 井次，平均单井漏失量从 484.07m³ 下降到 164.32m³，产生巨大经济效益。

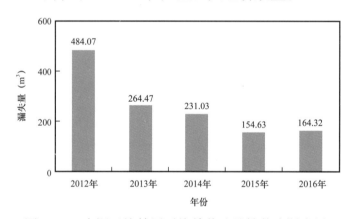

图 6-15　克深区块储层平均单井油基钻井液漏失量

第六节　钻井液环境保护控制技术

钻井液主要由加重剂、黏土、化学处理剂、水、油及钻屑等组成的胶体 – 悬浮体体系，含有多种导致环境污染的成分，如高 pH 值、油类、重金属类（铜、汞、镉、锌、镍、铬、铅、钡等）、盐类、化学添加剂、高分子有机化合物降解时产生的低分子有机化合物和碱性物质等。

2015 年 1 月 1 日新《中华人民共和国环境保护法》实施，塔里木油田针对钻井过程产生的废弃物，开展了源头材料控制、过程减量化控制、终端废弃物无害化处置等措施。为解决钻井废弃物无害化处理技术、钻井废弃物排放标准制定的问题，开展了"钻完井废弃物排放标准及含油污泥处理规范研究""钻完井废弃物环保处理技术现场试验评价"项目研究，优选出高温热裂解作为钻井固体废弃物的达标处理技术，并根据研究成果规划建设了6座环保处理站，作为钻井废弃物达标处置的最终场所。配合新疆维吾尔自治区制定了地方标准DB65/T 3997—2017《油气田钻井固体废弃物综合利用污染控制要求》，解决了钻井废弃物无害化处置后的排放难题。

一、钻井液废弃物源头控制措施

钻井液废弃物源头控制要根据井位所在环境敏感区域、钻井液体系选择、钻井液材料环保控制标准方面入手，实施材料毒性控制和检测，杜绝有毒有害材料的入网和使用。

钻井液废弃物源头控制原则：

（1）采用小尺寸井眼钻井工艺，减少废钻井液和钻屑的产生量；

（2）根据不同环境敏感区优选合适的钻井液体系；

（3）应用聚合物体系，尽可能在钻井液设计中提高应用聚合物体系的井深，延迟聚磺钻井液体系转换深度，减少有害的废弃物排放量；

（4）钻井过程中不使用含有毒有害物质的材料；

（5）加强固控设备使用和维护，提高钻井液清除固相能力，减少固相排放；

（6）钻井过程全程采用不落地、高效分离装置和系统，有效分离固体和液体，尽可能回用分离出的液体废弃物；

（7）完井后进行钻井液回收和再利用，进一步减少废弃物排放量。

二、钻井液废弃物减量化措施

（一）聚合物钻井液体系深部应用

聚合物钻井液体系由于使用材料少，受有机物污染小，因此能够得到地方环保部门的认可，该体系废弃物可采用机械脱水方式使固态泥沙含水率脱水达到80%，脱出废水用于井场资源化利用，固态泥沙可就地填埋或用于修路、铺垫井场。因此聚合物钻井液体系深部应用成为废弃物减量化的有效手段。

早期，塔里木油田聚合物钻井液体系普遍应用在一开和二开上部地层，井深2000～3600m，应用原则是台盆区在白垩系顶为分界线进行转换为磺化体系，库车前陆区以密度1.30g/cm³为界进行转换为磺化体系。2015年以后在台盆区开展聚合物体系深部应用，HA701-2 井在白垩系中部 4200m 转换为磺化体系，HA601-23X 井在白垩系中部 4500m 左右转换为磺化体系。库车前陆区尝试钻井液密度达到 1.44g/cm³ 后转换为磺化体系，应用深度增加了 600～900m，减量效果明显。

（二）提高钻屑和废液分离效率

2014 年以前，钻井废弃物经固控设备分离后大部分用水冲洗至同一个废弃钻井液池中，废水再重复冲洗钻屑和泥沙，钻屑、泥沙、钻井液、废水造成交叉污染，钻屑经长期浸泡还发生膨胀，造成体积增加。环保的聚合物钻井液废弃物与磺化钻井液废弃物混合排放，交叉污染严重。由于振动筛不经常清洁，频繁糊筛造成跑浆现象，分离效率很低，单井平均钻井废弃物达到 2500～4000m³。

为了解决环保的聚合物钻井液废弃物与磺化钻井液废弃物混合排放、交叉污染的问题，2015 年塔里木油田推广应用聚合物钻井液废弃物和磺化钻井液废弃物分离收集和处理。聚合物钻井液废弃物经简单固液分离后进行填坑，磺化钻井废弃物进行不落地分离收集。实施后聚合物钻井液废弃物控制在 400～1000m³，磺化钻井废弃物控制在 800～1500m³，大大减少了废弃物总量。

2015 年开始引进和试验现场不落地分离收集系统，主要试验了离心机、压滤机、振动筛＋离心机工艺、振动筛＋化学水洗工艺、振动筛＋压滤机等 5 种分离工艺，其中振动筛＋压滤机工艺分离效率最好，其次是振动筛＋离心机工艺。在井口振动筛分离的钻屑、钻井液混合物，再用高频振动筛进行二次分离，钻屑基本可以进行晾晒。离心机、除砂器、除泥器分离的固态泥沙、罐底清污的污泥等，通过加水稀释、加絮凝剂破胶，用压滤机进行压滤，产生的滤饼含水率降到 40% 左右，晾晒后再拉运至环保处理站进行集中无害化处理。

（三）钻井液回收利用

钻井施工会产生大量废弃钻井液，其中含有重金属、碱、盐、油、有机物等多种污染物质，特别是废混油钻井液，油含量很高。目前，含油废物已被列入国家危险废物名录。废钻井液长期遗弃在井场会因雨水的冲刷造成外溢，其中有害物质不可避免地会影响到周围的土壤、农作物、地表水、地下水等。

1.水基钻井液回收再利用

塔里木油田水基废弃钻井液一般集中回收至废弃水基钻井液站，在水基钻井液站做进一步处理以便再回收利用。

2. 油基钻井液回收再利用

针对油基钻井液采用图 6-16 所示流程，首先建立一个储备站，主要包括储备罐、离心机、振动筛、除砂器、搅拌器以及加料漏斗等，当完井后，现场油基钻井液回收至储备站，然后通过预处理，主要目的是清除现场使用过的油基钻井液中的钻屑等无用固相，清理出的废弃物送至处理中心进行处理。预处理后的油基钻井液还需要进一步处理，主要包括调整油水比、补充乳化剂和润湿剂、补充有机土和氧化沥青等有机胶体含量等，当其性能调整至合理范围内时，则可继续应用。这样就实现了油基钻井液的循环利用，并节约了成本，提高了油基钻井液大面积推广的可能性。

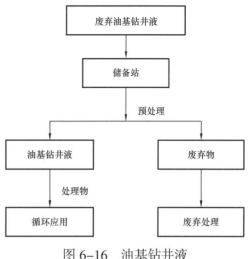

图 6-16 油基钻井液
回收利用流程

三、钻井液废弃物无害化处理技术

（一）磺化水基钻井液废弃物无害化处理

2015 年，针对没有达标的磺化钻井液固体废物的无害化处理问题，塔里木油田开展了"钻完井废弃物环保处理技术现场试验评价"研究，对 17 套装置系统和 3 种处理工艺进行监测、环保评价，优选处高温热裂解（氧化）技术作为合格达标的处理技术。高温热裂解（氧化）技术是利用高温将钻屑中的水分、有机物、油类、重金属等进行分解、氧化等实现钻屑深度无害化处理。

1. 工艺技术

高温热裂解（氧化）技术是将废弃钻井液（包括钻屑、废钻井液）经过传输系统传至收集箱，而后进入进料腔，在进料腔采用自动加料装置使料浆进入一级烘干炉进行脱水干化，而后进入高温深度氧化炉（800～1000℃）进行热氧化处理。从深度氧化炉出来的物料采用急冷装置进行冷却后出料，再用传输带送至堆放点。有毒有害废气在二燃室焚烧装置、急冷塔装置、消石灰和活性炭喷射装置、脉冲布袋除尘器、喷淋喷雾洗涤塔等技术工艺流程后外排，高温热裂解（氧化）装置如图 6-17 所示。

图 6-17　设备现场布局全景图

2. 处理效果

从全分解评估结果（表 6-47）可以看出，高温热裂解装置处理磺化钻井液废弃前除砷超标外，其他各监测指标满足标准要求。从处理效率来看，该装置对含水率、石油类、COD 等有机类污染物去除效果显著，去除率依次为 99.88%、98.24%、99.2%；产生的二次污染物废气各项监测指标均达到相关控制标准要求。处理后达标的还原土颜色接近普通砂土（图 6-18），满足了铺路、填坑、铺垫井场的综合利用标准要求。

表 6-47　废弃水基钻井液处理装置全分解与水浸监测结果

序号	类别	全分解监测污染物参照标准（mg/kg）	全分解监测值（mg/kg）	
			处理前	处理后
1	汞	0.8	0.4	0.012
2	镉	3	1.07	0.275
3	铅	375	34.9	27.9
4	锌	600	244	104
5	铜	150	97.6	33.1
6	砷	40	81.5	17.1
7	铬	300	77.0	208
8	镍	150	23.6	103
9	含水率	≤40%	11.33%	0.014%
10	石油类	≤2%	0.454%	0.008%

序号	类别	污水综合排放二级标准（mg/L）	钻井液水浸监测值	
			处理前	处理后
以下指标均为水浸后的浓度值（mg/L）				
11	色度	80（无量纲）	200 倍	16 倍
12	化学需氧量	150	314	2.5

图 6-18　磺化水基钻井液废弃物处理前后对比图
（a）未处理废弃物；（b）（c）还原土；（d）回收重晶石粉

（二）油基钻井液废弃物无害化处理

油基钻井液废弃物采用现场收集拉运至油基钻井废弃物集中环保处理站，采用 LRET 技术处理，处理后固相全部达标排放，油基钻井液回收率达 99.3%，固废物中可回收的油基钻井液体积比 22%～28%，回收钻井液已分配在各井利用。经过试验检测，回收钻井液可直接回用于生产，同时避免了对环境的污染，经济环保效益显著。

LRET 技术基于三级物理分离的综合回收技术，在不破坏油基钻井液物理化学性质的前提下，实现废弃油基钻井液及钻完井废弃物的综合利用。该技术首先利用变频多效离心专有装备与工艺系统回收昂贵的油基钻井液，并得到低含油固体物（含油率＜10%）；然后利用专有溶剂浸取工艺和专有特殊装备技术实现固液分离，回收低含油固体物吸附的柴油，同时通过相变循环系统实现溶剂循环；浸取处理后固体物含油率小于 2%，达到环保排放标准，工艺流程如图 6-19 所示。

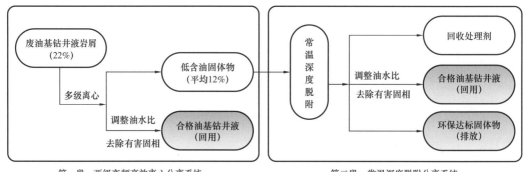

第一段：两级变频高效离心分离系统　　　　　　　第二段：常温深度脱附分离系统

图 6-19　LRET 技术工艺流程图

1. LRET 技术的核心

（1）变频高效离心系统。

针对废弃油基钻井液中固相颗粒粒径范围分布广、固相物密度差异大的特点，将离心过滤和离心沉降过程耦合并采用德国洪堡公司技术进行专门设计，既能有效分离并回收大量油基钻井液，又有较强的耐磨损和抗堵塞能力。

（2）高效浸取溶剂。

专门针对柴油基含油钻屑废物研发的专利高效浸取溶剂，既能快速有效溶解钻屑中的柴油，又能够快速与柴油分离。

（3）高效浸取设备。

能在常温常压下实现溶剂和钻屑的高效混合，同时设计中有效地防止了厚滤饼层的形成，促进液固分离。

（4）全套处理工艺与设备经专门设计、现场制造与监制，并形成了专利技术。

与国内外其他现有油基废钻完井液及固体物处理技术相比，LRET 技术具有钻井液回收率高、柴油可回收、不产生二次污染、专用溶剂对柴油溶解性能强、溶剂与柴油易分离、装备工艺针对性极强和操作条件缓和等特点，适用于处理各种油基废钻完井液及固体物。

2. LRET 技术及现场应用

（1）LRET 技术第一级（两级离心分离系统）。

LRET 技术第一级为高效离心分离系统，废弃油基废弃物通过该系统分离成含油钻屑，并回收油基钻井液。离心分离系统包括：变频离心过滤设备、二相卧螺多效沉降离心设备（图 6-20、图 6-21）。

| 图 6-20　变频离心过滤设备 | 图 6-21　二相卧螺多效沉降离心设备 |

　　变频离心过滤主要利用离心力，通过特殊介质的拦截，实现颗粒钻屑和油基钻井液的分离。二相卧螺多效沉降离心设备是采用德国洪堡公司技术专门针对油基废物设计研制的装备技术，基于离心沉降原理，在转鼓内，固相颗粒在离心力作用下快速沉降到转鼓内壁，并通过螺旋输料系统，实现固液的分离。

　　（2）LRET 技术第二级（浸取—分离系统）。

　　LRET 技术第二级为浸取—分离系统，现场试验装置为橇装设计，尺寸为 9.7m×3m×2.2m，配有可拆卸底座支架。装置由三个基本单元（浸取、传质、高悬浮 μm 固相高效分离）和若干辅助设备组成（图 6-22）。

图 6-22　LRET 技术浸取现场装置

　　浸取单元采用两个浸取器，容积为 1m³/ 个，内部配有可调节高度的桨式搅拌系统，以减小滤饼层的厚度；并配有孔径不同的筛网，以减少进入液相的颗粒数量；在浸取器底部还设置有反吹系统，以避免细颗粒堵塞滤网，加快液固分离速度；配有高悬浮 μm 固相高效分离装置，浸取器顶部可与冷凝器相连，可将浸取过程中极少量气化的溶剂回收。干燥和蒸发单元分别采用刮板式干燥器和单效蒸发器。液体和固体物料分别采用污水泵和螺旋推料器，换热和冷凝设备为常规列管式。图 6-23 为处理前油基钻井液废弃物，图 6-24 为采用 LRET 技术处理后达标回收材料和钻井液对比。

图 6-23　含油钻屑罐底油泥废弃杂物

(a) 处理后达标岩屑　　　(b) 处理后达标水泥及堵漏材料　　(c) 回收的合格油基（钻井液、压井液等）

图 6-24　采用 LRET 技术处理后达标回收材料和钻井液对比图

第七章 深井超深井固井技术

塔里木油田自勘探开发初期开始，基于对地层特征和固井难题的不断深化认识，在引进国外先进固井技术、水泥浆体系及配套固井工具的同时，持续推动相关产品及固井工具的国产化，不断强化顶替效率并优化固井技术，基本实现固井科学化设计，并逐步关注固井屏障长期密封性问题，经过30年的固井实践经验积累，形成了具有塔里木油田特色的超深油气井固井技术。

第一节 技术发展历程

一、初步认识阶段（1986—1992年）

初步认识阶段以东秋4井、牙肯2井为代表，初步认识到库车前陆区深井复杂地层特征与固井难点，依靠进口固井工具和水泥浆体系完成固井作业，重点在于消化吸收。在固井水泥浆外加剂方面，引进了哈里伯顿、菲利普和斯伦贝谢公司的水泥浆体系。

二、深化认识阶段（1992—1998年）

1992年后对深层复合盐膏层和储层的分布、埋深、类型、复杂性和危害性有了深刻认识，开始在表层和技术套管固井中试用国产OMEX水泥浆体系，并逐步实现了水泥外加剂的国产化，但油气层、复合盐膏层、高密度水泥浆依然依靠进口外加剂。

三、集成规范阶段（1998—2010年）

2000年开始，塔里木油田开始自主研发高强度厚壁套管，推广应用国产LANDY水泥浆体系，同时引进国外特殊水泥浆体系。2001年，固井水泥浆主要使用国产LANDY油井水泥外加剂体系，并在柯深102井成功进行了高密度水泥浆现场试验，但油气层固井、复合盐膏层固井仍使用进口油井水泥外加剂。2003年，油气层固井推广使用国产LANDY油井水泥外加剂体系，至此，塔里木固井开始普遍使用国产水泥外加剂，同时还引进和试验一些国外公司的特殊油井水泥外加剂体系，如斯伦贝谢公司的Gasblok D700高温防气窜水泥浆体系，哈里伯顿的 Super CBL EXP 水泥浆体系。

四、成熟推广阶段（2010—2018 年）

这一阶段固井水泥浆体系全部实现国产化，部分尾管悬挂器、分级箍、浮箍、浮鞋等固井工具已实现从完全依靠进口到由国内公司提供，大幅节约了固井成本。

在固井设计方面，随着对顶替机理的不断深入认识，同时借助专业设计软件的优化设计，基本实现了科学化固井设计，提高了对固井质量的把控能力。此外，考虑到深井超深井温度高、压力高的问题，固井设计思路已开始关注井屏障长期密封性能，对保证顶替效率和水泥石长期强度稳定性提出了针对性技术措施，并逐步推广应用。

第二节　老区碎屑岩固井技术

碎屑岩油藏是塔里木盆地主要原油储集层之一，目前原油主要产区在轮南、桑塔木、哈得逊、东河塘、塔中 4、塔中 10、塔中 16 等区块，开发主要层位为三叠系、石炭系和志留系。塔里木油田老区碎屑岩油藏一般具有油水关系复杂、油水隔层薄、部分区块底水活跃、部分储层渗透率相对较高、孔隙和裂缝发育、漏失风险较高等特点，对固井封隔要求较高。

一、老区碎屑岩油藏固井难点

（一）提高储层段顶替效率困难

部分井区二叠系火成岩孔隙和裂缝发育，漏失风险高，大排量顶替措施受限，影响顶替效率。斜井、水平井提高顶替效率困难，目前部分石炭系碎屑岩油藏水平井水平段一般在 600～800m 之间，水平井段受管柱居中、钻井液性能、施工排量等因素影响，顶替效率难以保证。

（二）碎屑岩油藏边底水活跃，层间压差大，层间封隔质量要求高

台盆区碎屑岩油藏油水关系复杂，边底水活跃，长期注水开采，导致油水层间压差大（最大压差系数 0.35），固井过程中容易发生水窜，对固井质量造成不利影响。

（三）碎屑岩储层孔渗相对较高，降低了储层水力胶结质量

固井候凝过程中，水泥浆在高孔渗储层中易渗漏导致环空水力胶结弱化，影响储层段封固质量。

针对上述难题，塔里木油田在探明了层间封隔失效机理的基础上，形成了老区碎屑岩油藏固井技术，为有效解决老区碎屑岩层间封隔难题，遏制水窜，提高老区碎屑岩油藏开发效益奠定了技术基础。

二、自愈合水泥浆技术

针对老区碎屑岩油藏固井难点和水泥浆性能要求，通过研制防窜剂、自愈合剂及配套外加剂，开发了相应的防窜自愈合水泥浆体系，满足了老区碎屑岩固井对水泥浆性能的要求，提高了水泥环自愈合封堵性能，有效封堵硬化的水泥环损坏引起的窜流通道，保障水泥环长期封固性能。根据井下流体特点及水泥石窜流机理，对聚合物分子结构进行设计，研制可膨胀的核壳型聚合物；通过聚合工艺和聚合物功能基团优化，使聚合物在油气中具有显著的膨胀能力，同时保证聚合物在水泥浆中的可分散性，防止出现漂浮或沉降现象发生导致水泥浆体系不稳定、影响水泥环自愈合性能的问题。

（一）自愈合剂形貌表征

自愈合剂扫描电镜照片和粒径分布如图 7-1 和图 7-2 所示，从图中可以看出，自愈合剂为直径约 100μm 的球型产物，粒径分布相对较窄，有利于水泥浆紧密堆积设计和改善水泥浆流变性能。

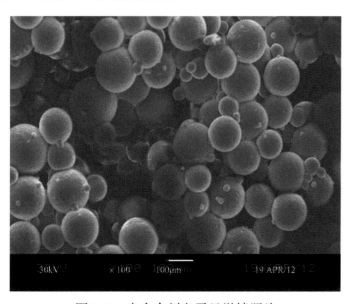

图 7-1　自愈合剂电子显微镜照片

自愈合剂在不同模拟介质中膨胀性能数据见表 7-1，从表中可以看出，自愈合剂在模拟介质中均具有很好的体积膨胀性能，即使在液化气中也具有一定的膨胀能力，保证自愈合剂通过体积膨胀封堵油气窜流通道。

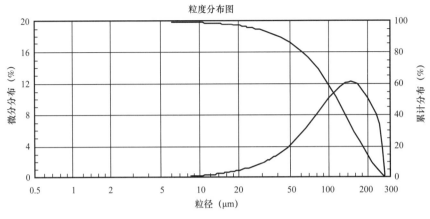

图 7-2　自愈合剂粒径分布图

表 7-1　自愈合剂在不同介质中膨胀比例

介质类别	测试介质	膨胀比例
芳香烃类	二甲苯	2.1
	甲苯	2.4
液态烷烃类	正己烷	1.2
混合烃类	柴油	1.4
气态烷烃类	液化气	1.05

（二）自愈合水泥浆性能

1. 水泥浆沉降稳定性

自愈合剂主要功能单体为亲油性基团，因此材料过度疏水会导致自愈合剂颗粒在水泥浆中无法分散，极易从水泥浆中上浮，造成水泥浆分层现象。通过在自愈合剂中引入极性功能单体，使自愈合剂颗粒表面具有两亲性，即保持适当的亲油性，又保持自愈合剂颗粒良好的分散性。自愈合剂加量10%时水泥石不同位置密度数据可以看出（表7-2），自愈合剂在水泥浆中的分散均匀，没有出现上浮现象。

表 7-2　加量 10% 自愈合剂的水泥石沉降实验数据

序号	1	2	3	4	5	6	7	8
水泥石密度（g/cm³）	1.75	1.73	1.72	1.72	1.73	1.72	1.72	1.75

注：水泥浆配方：阿克苏 G 级水泥 800g+ 降滤失剂 BXF-200L（AF）24g+ 自愈合剂 80g+ 淡水 328g；水泥石养护条件：80℃养护，常压。

2. 水泥浆滤失性能

不同自愈合剂加量对水泥浆滤失量（FL_{cs}）性能的影响见表 7-3，自愈合剂加量（质量分数）为 0%、5% 和 10%，从表中可以看出自愈合剂具有辅助降滤失性能，这是因为自愈合剂粒径很小，且具有一定的变形能力，可以有效填充滤饼中的空隙，阻止流体渗流。

表 7-3　自愈合剂加量对水泥浆滤失量影响

自愈合剂加量［%（质量分数）］	水泥浆滤失量（mL）
0	60
5	48
10	38

注：水泥浆配方：阿克苏 G 级水泥 800g+ 降滤失剂 BXF-200L（AF）24g+ 自愈合剂 + 水；混合水 / 灰：0.44；试验温度：90℃。

3. 水泥浆综合性能

不同温度、配方的自愈合水泥浆综合性能见表 7-4，从表中的综合性能可以看出，自愈合水泥浆稠化时间可调，抗压强度及滤失量等均可以满足固井施工要求。图 7-3、图 7-4 分别是自愈合水泥浆在 90℃和 150℃时的稠化曲线，稠化曲线平稳无异常，由此说明自愈合剂加入水泥浆中不会导致水泥浆性能异常，可以保证固井施工正常泵送，满足施工要求。

表 7-4　自愈合水泥浆综合性能数据

温度（℃）　　　　　　水泥浆组分	70	70	85	85	90	90	100	110	120	150
阿克苏 G 级水泥（g）	800	800	600	600	600	600	600	600	600	600
硅粉（g）	0	0	210	210	210	210	210	210	210	210
降滤失剂 BCG-200L（g）	44	44	30	30	30	30	30	30	30	30
缓凝剂 BCR-200L（g）	0	0.1	0.4	0.6	0	0	0	0	0	0
缓凝剂 BCR-260L（g）	0	0	0	0	2.4	1.6	3.8	4.8	6	15
自愈合剂 BCY-200S	40	40	40	40	40	40	40	40	40	40
分散剂 BCD-210L（g）	0	0	15	15	15	15	15	15	15	15
淡水（g）	344	343.9	317.6	317.4	315.6	316.4	314.2	313.2	312	303
水泥浆密度（g/cm³）	1.86	1.86	1.86	1.86	1.86	1.86	1.86	1.86	1.86	1.86
FL_{cs}（mL）	36	38	42	46	41	45	42	44	43	48
稠化时间（min）	105	135	202	239	246	159	421	321	242	483

温度（℃） 水泥浆组分		70	70	85	85	90	90	100	110	120	150
水泥浆流变性	n	0.76	0.63	0.79	0.76	0.81	0.72	0.78	0.74	074	0.76
	K（Pa·s^n）	0.87	1.96	0.75	0.48	0.44	1.01	0.63	1.05	0.94	0.84
沉降稳定性（g/cm³）		0.01	–	–	0.01	0.01	–	0.02	–	0.02	0.03
抗压强度（MPa），24h		22.3	–	–	21.3	21.9	22.8	20.5	21.4	20.3	23.2
7天抗压强度（MPa），24h		–	–	–	–	–	–	–	32.5	36.3	43.9

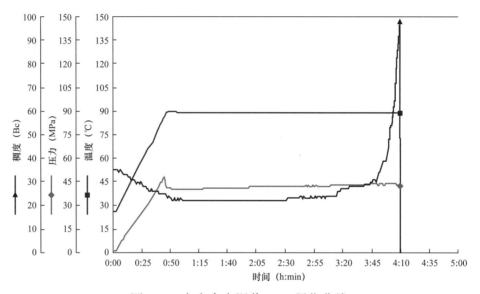

图 7-3　自愈合水泥浆 90℃稠化曲线

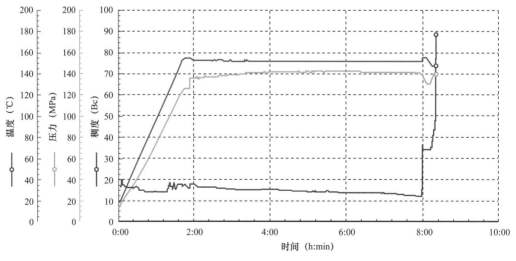

图 7-4　自愈合水泥浆 150℃稠化曲线

4. 水泥石的自愈合性能

为了考察水泥石的自愈合性能，选用空白水泥石和加量 10% 自愈合剂水泥石进行对比，利用三轴试验机在单轴条件下对水泥柱加载，当加载到水泥柱出现微裂缝时停止加载，然后再将卸载后的水泥柱放入高压釜内并施加 3MPa 围压，水泥柱的一段加 2MPa 的孔压，另一端与大气压相连，测量孔隙流体分别为清水和原油时通过水泥柱的流体流量变化。测试结果如图 7-5 和图 7-6 所示，从图中流体流量变化曲线可以看出，掺有自愈合剂的水泥石可以很快封堵裂缝，防止流体继续渗流；而空白水泥石在相同条件下无法实现微裂缝封堵。由此可见，自愈合水泥石可以用于固井后气窜问题。

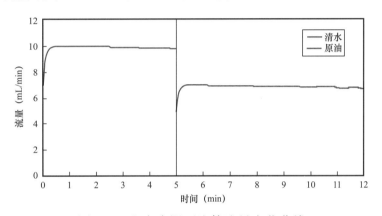

图 7-5　空白水泥石流体流量变化曲线

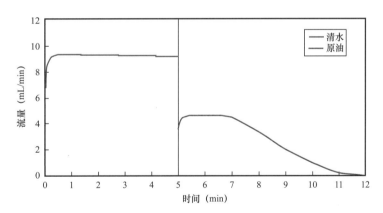

图 7-6　加量 10% 自愈合剂水泥石流体流量变化曲线

三、老区碎屑岩固井工艺

（一）完钻漏失压力评估

准确确定地层漏失压力是水泥浆密度和施工参数设计的重要依据之一，通过综合运用工程地质力学、油藏物理原理及实钻资料，建立碎屑岩储层漏失压力动态评估方法；从减小渗透率漏失、提高顶替效率、保证层间封隔能力三方面针对性地提出了碎屑岩固井技术对策。

除了防止地层流体进入井筒外，注水泥期间还必须防止环空液柱压力超过储层或渗透层的渗透性漏失压力。实践表明：井底当量密度变化 0.05g/cm³ 就可以使胶结测井结果出现优质与不合格的差异。

基于上述方法，根据区块实钻及固井资料对漏失压力进行校核，建立了老区碎屑岩储层漏失压力表（表 7-5），表中所示漏失压力普遍比钻前预测的破裂压力 1.6～1.7g/cm³ 低 0.2g/cm³，准确的漏失压力预测是满足固井施工和保护储层的需要。

表 7-5　塔里木油田部分碎屑岩储层漏失压力评估结果

油田	层位	漏失压力（g/cm³）
塔中 10	石炭系	1.43
	志留系	1.45
塔中 16	石炭系	1.52
塔中 4	石炭系	1.48
轮南	三叠系	1.48
桑吉	石炭系	1.50
哈得	石炭系	1.44
东河	石炭系	1.37

（二）固井关键技术

以完钻后储层漏失压力评估为基础，围绕优先确保储层段固井质量的目标，综合考虑老区碎屑岩储层的工程地质特点，结合影响碎屑岩储层固井质量的主导因素，从井眼准备、钻井液性能调整、管柱居中设计、注替参数优化、辅助封隔工具应用等方面出发，以确保全过程压稳地层、提高储层段顶替效率、保证层间有效封隔、减小储层渗透性漏失风险为核心，提出解决碎屑岩储层固井顶替效率和候凝过程中层间窜流难题的关键技术，即堵住"地层—井筒"和井筒内部窜流通道。首先根据储层物性、电测解释、录井资料、射孔井段、油水层压力和实钻资料，确定油水关系和压力系统，通过全过程压稳水层和减小水泥浆渗漏或消除水层流体与井筒之间的流体交换，通过提高顶替效率消除井筒内流体交换。

1. 确保全过程压稳水层

（1）根据储层物性、电测解释、录井资料、射孔井段、油水层压力和实钻资料，确定油水关系和压力系统。

（2）对于射孔段为油水层同层或无连续隔层井、水层位于射孔段顶部井，主要矛盾在于顶替；对于射孔段含底水及存在连续隔层井，顶替与压稳并重。

（3）满足条件情况下，采用两凝浆柱结构，领浆应无触变性，领尾浆稠化时间差应大于120min，确保环空压力在尾浆候凝过程中有效传递至井底；尾浆封固至储层以上100m；设计浆柱结构时应充分保证尾浆失重时压稳水层，密度附加量参照井控标准。

（4）射孔段含底水且层间压差较大，当隔层大于3m时，建议在隔层加管外裸眼封隔器；当隔层小于3m时，提高地层近井地带钻井液和水泥浆的封堵性。

2. 减少水泥浆渗透性漏失

（1）降低环空水泥浆液柱压力。

在储层漏失压力评估的基础上，合理设计环空浆柱结构，保证固井后静液柱压力不超过储层漏失压力。

（2）减少渗漏时间。

在满足工程需要的条件下，尽量缩短储层段尾浆稠化时间，一般在尾浆施工时间的基础上附加30min（尾管固井为60min）。

（3）增加尾浆候凝过程的渗流阻力。

提高水泥浆稠度，在满足顶替要求的前提下，适度提高尾浆稠度，一般控制在20～30Bc。

3. 消除井筒内水窜流

（1）通井时，阻卡井段短起划眼，确保录井无阻卡显示；充分循环且启动四级固控除砂，保持井眼清洁。

（2）下套管前注入封闭浆，对于二叠系漏失风险较高井，适当降低封闭浆黏度（40～50s左右），同时保证钻井液具有良好的携砂性能，防止井底沉砂。

（3）关键层位每1根套管安放1只扶正器，确保套管居中，下套管速度依据钻井液性能和薄弱层漏失压力等具体情况制定，确保下套管产生的激动压力不压漏地层。

（4）套管下至二叠系以上100m和造斜点附近，分段循环且启动四级固控除砂，保持井眼清洁。

（5）套管下到位后，小排量顶通，缓慢提排量至钻进时最大排量，对于二叠系漏失风险高的井，固井前控制循环排量，调整钻井液性能满足固井要求，钻井液密度低于1.30g/cm^{3}时，屈服值不大于5Pa；钻井液密度为1.3～1.8g/cm^{3}时，屈服值不大于8Pa。

（6）采用占环空高度300～400m黏性冲洗液，利于充分稀释钻井液。

（7）水泥浆和钻井液不存在相容性问题时，采用高水灰比水泥浆作为隔离液，利用胀塑性流体特性，提高偏心环空顶替效率。

（8）提高水泥浆领浆的流动性能，初始稠度一般10～20Bc，保证水泥浆可全部充满环空。

（9）前置液、领浆过储层段环空返速不小于1.2m/s，顶替后期根据设备能力和地层承压能力调整顶替排量。

（10）采用遇油膨胀的自愈合水泥浆，确保井筒的长期密封能力。有条件情况下采用憋压候凝，憋压压力一般为水泥浆注替过程的环空摩阻，但不得超过裸眼段薄弱地层的承压能力。

四、应用效果

该技术已在轮南、桑塔木、塔中4、塔中12等碎屑岩油气藏应用45井次，储层段固井合格率为84.9%，优质率67.3%，油水层间有效封隔井比例从2014年74.2%提升至2018年96.7%。

以TZ12-H7井碎屑岩固井为例，介绍老区碎屑岩固井技术及应用效果。

（一）基本情况

TZ12-H7井是一口开发井水平井（采油井），该井采用塔标Ⅲ三开井身结构，三开采用ϕ171.5mm钻头钻至5093m，ϕ127mm尾管下至5093m。三开自上而下钻遇志留系上3亚段，储层段平均孔隙度9.58%，渗透率8.8mD；井底静止温度为115℃，温度系数为0.80，固井循环温度为90℃；裸眼井径平均ϕ178.19mm，平均井径扩大率3.93%，最大井径ϕ223mm/4945.4m，最小井径ϕ171.5mm/4703.6m；最大井斜90°/4538m，最大狗腿度7.52°/4464m；井液类型为聚磺钻井液体系（表7-6）。

表7-6　固井前钻井液性能

密度（g/cm³）	表观黏度（mPa·s）	塑性黏度（mPa·s）	FL（mL）/滤饼（mm）	屈服值（Pa）	初切/终切（Pa）	FL_{HTP}（mL）/滤饼（mm）
1.30	60	21	4.8/0.5	8	1/5	10/1.5
pH值	MBT（g/L）	含砂[%（质量分数）]	固含[%（质量分数）]	Ca^{2+}（mg/L）	Cl^-（mg/L）	
9.5	—	0.1	16	—	14500	
流变参数			黏度计读值			
流性指数 n	稠度系数 K（Pa·s^n）	剪切应力 Ty（Pa）	R_{600}	R_{300}	R_{200}	R_{100}	R_6	R_3
0.56	0.65	0.65	66	45	35	26	6	4

（二）主要固井难点

（1）带扶正器的套管安全下入有一定难度。

（2）水平段长 510m，提高顶替效率难度相对较大。

（3）分段压裂的改造方式对水平段固井质量要求高。

（三）固井关键技术措施

（1）通井方式：采用双扶正器钻具组合（ϕ127mm 钻铤，ϕ168mm 扶正器）进行通井，采用雷特纤维携砂，确保套管顺利下到位。

（2）扶正器方案：水平段 1 根套管 1 只 ϕ168mm 扶正器，其他井段 1 根套管 1 只 ϕ162mm 扶正器。重合段居中度约为 40%，其余部分套管居中度在 25%～45%。

（3）下套管前调整钻井液流变性能，使初/终切为 2Pa/5Pa，漏斗黏度 45s 左右。套管下至井底后，调整钻井液流变性能，使动切力为 3Pa，塑性黏度不大于 18mPa·s，漏斗黏度为 37s。先导钻井液密度为 1.30g/cm^3，动切力为 1Pa，塑性黏度不大于 18mPa·s，高温高压滤失量不大于 10mL。

（4）浆柱结构：1.30g/cm^3 先导钻井液 40m^3+1.32g/cm^3 隔离液 6m^3+1.86g/cm^3 领浆 11m^3+1.86g/cm^3 尾浆 9m^3，先导浆摩阻小于钻井液，可充分稀释钻井液，有利于钻井液驱替；隔离液用量为 42m^3（流性指数 n=0.71，稠度系数 K=0.12Pa·s^n），其摩阻介于隔离液和水泥浆之间，既可有效驱替先导浆，又易被领浆驱替。

（5）水泥浆流型较好（流性指数 n=0.82，稠度系数 K=0.48Pa·s^n），有利于充填偏心环空，摩阻较隔离液高，有利于驱替隔离液。

（6）固井顶替排量为 1.1～1.4m^3/min，平均返速为 1.6～2.1m/s；水平段水泥浆平均壁面剪应力为 72Pa，按平均井径 ϕ176mm 排量 1.5m^3/min 计算水平段水泥浆最小壁面剪应力为 41Pa，按最大井径 ϕ198.4mm 排量 1.5m^3/min 计算水平段水泥浆最小壁面剪应力为 42.7Pa；实际井底动态当量密度 1.62g/cm^3，小于地层承压能力 1.70g/cm^3。

（7）施工安全顺利，关井憋压 5MPa 候凝。

（四）固井质量

全井固井合格率为 87%，优质率为 67%；水平段固井合格率 90%，优质率 67%；喇叭口试压 20MPa，稳压 30min，不降合格；分 10 段压裂，油压稳定（下降约 1.6～3.4MPa），表明段间封隔良好。

第三节　台盆区大温差长封固段固井技术

台盆区钻井广泛采用塔标Ⅲ井身结构，二开技术套管的封固段长达5000～7000m，可能钻遇二叠系厚约400m、漏失压力系数1.37～1.5的砂泥岩夹火山喷发岩地层，安全密度窗口窄，固井一次上返难度极大，曾广泛采用双级固井的方式来降低固井漏失风险，但防漏效果不佳。对于高气油比井、气井和含H₂S的油气井，分级箍的应用一方面会成为套管串上的薄弱环节影响井筒完整性，另一方面存在不能开孔和关孔不严的施工风险。同时，由于一级水泥浆返高的不确定性，固完井后套管柱中可能存在较长的自由套管，造成后期油气开采过程中自由套管的早期损坏。为此，台盆区采用塔标Ⅲ井身结构的井，二开固井中一般采用一次上返全封固的单级固井方案，在设计上大多采用双凝双密度水泥浆体系并按一次上返固井工艺准备。若固井时发生漏失，则待下部水泥浆凝固后，用常规密度水泥浆反挤进行补救，该固井方案虽对解决二叠系漏失问题有一定的帮助。但在固井上却面临固井井漏风险大，正注反挤补救比例高，自由套管长，严重影响封隔质量；低密度水泥浆体系因低密度材料与水泥等其他材料密度差异大，极易沉降分层，高温稳定性差；水泥浆从井底返至井口，跨越多个温度区域，上下温差达125℃，水泥浆顶部强度发展缓慢，易出现超缓凝现象等技术难题。

为此，塔里木油田自2011年开始开展了台盆区大温差低密度水泥浆技术及配套固井工艺的研究，研发出了一套可满足高温（120℃）、大温差（70～125℃）、长封固段（5000～7000m）、长期密封性能强的低密度1.30～1.60g/cm³水泥浆体系，配套形成了基于强化井眼准备、提高管柱居中度、优化注替参数等为核心的长封固段大温差固井技术，该项技术突破了大温差低密度水泥浆沉降稳定性差和顶部低温超缓凝两大难题，实现了全井一次性封固，多次刷新大温差长封固段的世界纪录。

一、大温差低密度水泥浆技术

大温差低密度水泥浆技术主要通过添加剂和外掺料优选，利用紧密堆积理论优化设计出综合性能满足大温差长封固段的低密度水泥浆配方，用于解决大温差低密度水泥浆沉降稳定性差和顶部低温超缓凝两大难题。

（一）外加剂和外掺料优选

1.减轻剂优选

水泥浆减轻剂按其减轻原理可划为两类：一类主要通过提高水泥浆体系

的水灰比降低水泥浆的密度，如膨润土、硅藻土、粉煤灰、硬沥青、膨胀珍珠岩、火山灰、水玻璃以及一些超细粉末等，该类减轻剂所配水泥浆的水灰比大，水泥浆体系的综合工程性能欠佳，游离液含量大、滤失量大、沉降稳定性差、水泥石的强度低而渗透率高；另一类主要是依靠自身非常低的密度降低水泥浆体系的密度，如空心微珠、漂珠、气体等，该类减轻剂自身密度非常低，降密度范围大，可将密度降低至 $1.0g/cm^3$ 以下。为满足长封固段大温差固井对水泥浆密度低至 $1.2\sim1.4g/cm^3$ 的要求，综合考虑各种减轻剂特点，选用漂珠作为低密度水泥浆减轻剂，目前常用的漂珠有国外 3M 漂珠和国产漂珠，3M 漂珠的耐压、耐温、抗剪切性能较国产漂珠优良，但价格昂贵。近年来随着国产漂珠生产技术的不断进步，其耐压能力和抗剪切破碎能力均有大幅度的提高，已逐步替代价格昂贵的 3M 漂珠。

2. 外加剂优选

（1）缓凝剂。

针对常规缓凝剂出现水泥浆顶部超缓凝的现象，经过长期的探索和实践，优选出了满足大温差低密度水泥浆体系的聚合物类缓凝剂，该种缓凝剂中的高分子聚合物在高温下分子链能有效铺展，并在水泥颗粒表面进行吸附、包裹，从而延缓水泥颗粒的水化反应进程；在低温下则能通过收缩分子链、减少对水泥颗粒的包裹吸附，降低对水泥颗粒的缓凝作用，从而有效避免了常规缓凝剂引起的顶部水泥浆超缓凝现象，辅以早强剂的使用，可满足长封固大温差低密度水泥浆顶部强度快速发展的要求。

（2）降滤失剂。

对深井超深井而言，由于井底温度压力高，需要降滤失剂具有良好的耐高温性能，以保证高温下不降解或降解程度在可接受的范围以内，防止降滤失剂失效导致水泥浆体系悬浮稳定性变差以及水泥浆大量滤失而性能急剧的变化。为此，塔里木油田优选了长链高分子聚合物降滤失剂，该种降滤失剂一方面通过溶解于水，增加液相黏度、增大渗流阻力而降低水泥浆的滤失量；另一方面通过吸附于水泥或外掺料的颗粒表面，改善颗粒外层的变形能力，实现刚性颗粒与弹性颗粒的合理搭配，形成致密的滤饼，达到控制水泥浆滤失量的目的，除具备良好的滤失控制能力外，还表现出良好的耐高温性能，对水泥浆的缓凝副作用小，基本不影响顶部水泥浆抗压强度的快速发展。

（3）稳定剂。

在低密度水泥浆中，低密度减轻材料与配浆水、水泥浆基浆之间的密度差大，很容易在浮力的作用下上浮而导致浆体分层，同时，在深井超深井的井底高温条件下，水泥浆的黏切大多会降低，会进一步加剧减轻材料的上浮。为此，塔里木油田根据多年的现场应用效果情况，优选出了通过增加水泥浆液相黏度来提高稳定性的稳定剂，并综合考虑体系的稳定性和流变性，推荐加量0.1%。

3. 颗粒级配设计

为提高大温差低密度水泥浆的强度、稳定性和降低滤失量，利用颗粒级配设计对大温差低密度水泥浆体系做了进一步的优化和强化，即尽量增加单位体积水泥浆内的固相含量，提高水泥浆体系的密实程度，从而改善体系的液态性能（水泥浆）和固态性能（水泥石）。

根据上述需求，优选了粒径分布与水泥和空心微珠有明显差异的微硅和超细水泥两种超细材料作为体系的主要外掺料，二者不仅与水泥和漂珠一起，通过颗粒级配优化了水泥浆的固相粒度组成，提高了长封固低密度水泥浆体系的密实度，同时，二者均具化学活性，可与粗颗粒水泥的水化产物胶结，增强体系的水化反应活性、提高水泥石的强度，从而大幅改善长封固大温差低密度水泥浆的综合工程性能。

根据颗粒级配原理，为大温差低密度水泥浆设计了四级粒度级配，即：微硅、超细水泥、水泥和漂珠（图7-7），四种材料主要粒径呈现数量级差，满足颗粒级配原理，基本实现了不同粒径球型粒子堆积空隙率最小，有效改善了水泥浆综合性能。对密度1.4g/cm³的低密度水泥浆进行了沉降稳定性试验，结果表明通过颗粒级配设计出的大温差低密度水泥浆沉降稳定性良好，上下密度差小于0.02g/cm³。

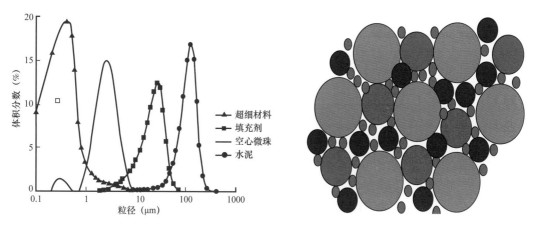

图7-7 低密度水泥浆的颗粒粒径分布与充填示意图

（二）水泥浆性能评价

利用优选出的外加剂和外掺料，通过大量的室内实验，研制出密度1.20～1.60g/cm³、抗循环温度125℃的低密度水泥浆配方，并按照API标准对水泥浆进行了常规性能测试，测试结果见表7-7。

表 7-7 不同密度配方及常规性能

密度（g/cm³）	G级水泥（g）	漂珠（%）	微硅（%）	超细水泥（%）	降滤失剂（%）	缓凝剂（%）	早强剂（%）	稳定剂（%）	流动度（cm）	游离液（%）	FL_{cs}（mL）	塑形黏度（Pa·s）	动切力（Pa）	流性指数（n）	稠度系数 K（Pa·sⁿ）
1.2	200	55	25	8	4.5	0.5	2	0.8	23	0	56	0.09	9.45	0.74	0.57
1.3	280	45	25	15	4	0.7	2	0.4	22	0	60	0.11	14.31	0.69	0.95
1.4	330	25	30	10	4	0.8	1.5	0	21	0	62	0.09	7.4	0.78	0.41
1.5	360	15	25	15	4	1.0	1	0	21	0	36	0.06	5.4	0.78	0.30
1.6	430	10	20	15	4	1.1	1	0	20	0	40	0.08	6.6	0.77	0.37

注：（1）漂珠、微硅和超细材料是占水泥的质量分数，其余外加剂是占总灰量的质量分数；（2）流变性试验和稳定性试验是水泥浆经 93℃常压养护 20min 测得，水泥浆滤失量实验条件是 125℃、6.9MPa。

由表 7-7 可知，该体系具有如下特点：

（1）在高温下兼顾了稳定性与流变性。游离液均为 0，滤失量低，黏度切力低，环空摩阻小；

（2）能有效控制滤失量。125℃条件下 API 滤失量均小于 100mL，有利于保护油气层。

该体系通过外加剂特别是降滤失剂和缓凝剂的各种基团相互作用，保证了缓凝剂的温度敏感性低和低温早强性。室内考察了该水泥浆体系稠化时间、水泥石顶部和底部抗压强度发展情况，实验条件：稠化实验条件 125℃×80MPa×80min；水泥石顶部抗压强度，模拟水泥浆返至地面（30℃）后的抗压强度发展；水泥石底部抗压强度，模拟封固井段的底部静止温度 120℃条件下的水泥浆强度发展，实验结果见表 7-8。

表 7-8 水泥浆体系稠化时间及水泥石强度发展

配方	密度（g/cm³）	稠化时间（min）	强度养护时间（h）	顶部强度（MPa）	底部强度（MPa）
1#	1.2	462	48	1.2	11.3
			72	2.3	14.8
2#	1.3	360	48	1.6	13.6
			72	3.8	16.8
3#	1.4	375	48	2.1	15.1
			72	5.4	18.9
4#	1.5	382	48	2.4	18.7
			72	5.4	24.5
5#	1.6	397	48	3.0	22.4
			72	9.4	26.8

由表 7-8 可以看出，在稠化时间满足现场施工要求的条件下，水泥石早期抗压强度高，能有效防止长封固段大温差顶部水泥超缓凝，除配方 1# 外，其余配方顶部 72 小时抗压强度均达到 3.5MPa，而底部 48 小时抗压强度为 11MPa 以上，表明大温差低密度水泥浆体系能够克服常规低密度水泥浆面临的强度发展缓慢难题，可满足 70～120℃温差范围内的长封固段大温差固井，避免了由于水泥浆强度发展缓慢而影响固井质量。

二、固井工艺

大温差低密度水泥浆体系的优化设计是提高台盆区二开固井质量的基础，而科学合理的配套固井工艺是水泥浆体系优化设计得以实现的重要保证，为此，根据大温差长封固一次上返的固井需求，配套了以"防漏"为技术核心，充分论证漏层承压能力，立足一次上返和反挤备用的原则制定固井方案，重点保证管鞋固井质量，实现全井段封固。

（一）井眼准备

钻进过程中优化钻具组合和钻井参数，确保井身质量，控制井径扩大率不超过 10%，不出现糖葫芦井眼。中完后采用单扶钻具组合通井到底，对阻卡段进行短起消除阻卡现象，确保套管顺利到位。通井钻具下到井底充分循环洗井 2 周以上，循环一周后泵入 30m³ 黏度不小于 100s 的高黏钻井液，再循环一周带出井底沉沙，并按照固井规范调整好钻井液性能。

（二）确定漏层承压能力

根据实钻漏失情况、承压情况、录井资料、邻井试油及地质资料，准确评估漏失压力，确定固井安全密度窗口，为浆柱结构和注替参数的优化设计提供设计依据。首先是结合地质设计和邻井试油情况初步判断二叠系的闭合压力和破裂压力；然后基于实钻漏失情况和承压情况，进一步确定二叠系的承压能力；最后通过下完套管后缓慢提排量循环的方法，确定漏失临界排量，并最终获得准确的地层承压能力。

（三）扶正器安放设计

根据井眼情况，合理优化扶正器安放位置，确保关键井段居中度不低于 60%。一般管鞋以上 500m 井段每 1 根套管加 1 只扶正器，管鞋以上 500～1000m 井段每 2 根套管加 1 只扶正器，重合段每 5 跟套管 1 只扶正器，其余井段每 5 至 10 根套管加 1 只扶正器。

（四）浆柱结构与工作液设计

采用双密度双凝浆柱结构（冲洗液＋前隔离液＋低密度领浆＋常规密度尾浆＋后隔离液），浆体密度根据钻井液密度并以压稳地层为原则来确定，浆体各项性能按照固井规范要求确定。下塞按 300m 考虑，水泥浆返出地面 10m³。常规密度快干水泥浆封固二叠系以下地层，确保管鞋固井质量；低密度领浆 1.30～1.40g/cm³ 封固二叠系以上井段，主要起防漏和水泥填充作用。

（五）顶替参数设计

立足固井全程压稳而不漏的原则，在确定好安全密度窗口后利用初定的浆柱结构、浆体性能、施工排量、扶正器安放方案等参数通过科学固井软件进行反复试算校核，确定能满足固井安全密度窗口条件下的最大顶替排量，最大限度增大水泥浆壁面剪应力，提高滤饼清除效果，确保第二界面胶结质量。通常要求环空返速不低于 1.2m/s，现场顶替参数可根据漏失情况和浆体在环空中的位置进行具体调整，重点控制好以下 4 个关键环节。

（1）密度较低的冲洗液完全进入环空时环空井底压力最低，此时要提高排量确保静液柱压力与环空循环压耗之和大于地层压力，以压稳地层、防止地层流体侵入。

（2）隔离液进入环空后，环空井底压力开始逐渐回升。

（3）水泥浆进入环空后，由于其密度较高，井底压力和漏层压力会快速上升，此时应合理控制注替排量，适当降低环空循环压耗，抵消环空静液柱压力的增加部分，确保环空井底压力不超过漏层的承压能力。

（4）当水泥浆即将顶替到位、准备碰压时，此时环空静液柱压力最大，应适时降低顶替排量，防止压漏地层。

三、应用效果

大温差长封固段固井技术在台盆区应用 100 余井次，所有井均实现长裸眼井段全封固，无自由套管，二开固井质量得到大幅提升，与未采用该技术井的固井质量相比较，全井固井质量合格率提升 15%，关键井段（二开管鞋以上 500m 井段）固井合格率提升 20%，在一定程度上解决了二叠系固井漏失问题，突破了常规低密度水泥浆沉降稳定性差和顶部低温超缓凝两大难题。2011 年中古 514 井 φ200.03mm 井眼国内外首次采用 1.40g/cm³ 低密度水泥浆一次上返 5767m，温差达 125.4℃，固井过程中无漏失，水泥浆成功返至地面，固井质量合格；2012 年 HA10-7 井实现了长达 6657.25m 的单级全封，刷新世界纪录，随后又在热普 501 井实现长达 6909m 单级全封，再次刷新世界纪录。

以塔中862H井二开固井为例，介绍塔里木油田大温差长封固段固井技术。

（一）基本情况

塔中862H井二开采用ϕ241.3mm钻头钻至井深6122m完钻，下ϕ200.03mm套管进行单级固井，一次上返封固段长达6122m。二开裸眼平均井径ϕ265.5mm，最大井径ϕ341.5mm/3050m，最小井径ϕ237.6mm/2850m，裸眼平均环容23.85L/m。

（二）井眼准备

本井采用单扶通井钻具组合通井顺畅，通井到底后，采用雷特纤维循环一周携砂，调整好钻井液性能，进出口密度均匀1.38g/cm³，屈服值9Pa，塑形黏度30mPa·s，漏斗黏度70s，性能优良，满足固井技术要求。

（三）漏失压力评估

该井钻井过程中未发生漏失，根据前期大量数据统计，该井区二叠系漏失压力当量密度约为1.50g/cm³。井深1509m做地破试验，钻井液密度1.10g/cm³，打压至11.1MPa未破，折当量密度为1.85g/cm³。

（四）扶正器安放设计

管鞋以上500m井段每1根套管加1只扶正器，管鞋以上500～1000m井段每2根套管加1只扶正器，重合段每5跟套管1只扶正器，其余井段每5～10根套管加1只扶正器。

（五）下套管速度控制

掌握地层承压能力后，根据下套管时的钻井液性能、井眼和套管的尺寸，以允许的激动压力为依据，计算下套管速度，单根套管最少下放时间为55s。下套管过程中严格控制下套管速度，顺利到位后未发生井漏。

（六）浆柱结构设计

本井漏层顶深3415m、底深4077m，根据漏层位置和井径数据，浆柱结构优化设计为：1.40g/cm³前隔离液14m³+1.43g/cm³低密度水泥浆75m³+1.88g/cm³常规密度水泥浆78m³+1.88g/cm³压塞水泥浆1m³+1.03g/cm³后隔离液4m³+1.70g/cm³重钻井液70m³。该浆柱结构注替到位后漏层静态ECD1.43g/cm³，为固井顶替预留0.07g/cm³窗口。

（七）顶替参数设计

根据浆柱结构和裸眼环容，在不压漏地层的前提下，本井注替排量为24L/s（裸眼环空返速1.1m/s），顶替后期降排量至15～20L/s。

（八）固井质量

固井施工期间漏层动态当量密度与漏失压力当量密度基本一致，实现了平衡压力固井，固井全程未漏，实现 6122m 长封固段一次上返，固井质量合格率78%，优质率 36%。

第四节　库车前陆区窄安全密度窗口固井技术

库车前陆区复合盐膏层和目的层安全密度窗口普遍在 $0\sim0.1g/cm^3$ 范围内，部分井甚至无安全密度窗口，导致钻井和固井过程中漏失频发。2017 年库车前陆区复合盐膏层固井漏失比例 46.7%，目的层固井漏失比例 27.3%，复合盐膏层胶结测井合格率仅 48.9%，复合盐膏层短回接补救比例约 50%，目的层合格率仅54.9%。固井过程中需解决因安全密度窗口窄造成的固井顶替排量受限、一次上返成功率低、压稳与防漏矛盾突出、顶替效率低等诸多难题。为此，经过近几年不断探索和实践，重点围绕地质和开发目标，运用精细评估漏失压力、强化顶替环境、优化浆体流变性能、最大化顶替排量等关键技术措施，形成了一套窄安全密度窗口固井技术，降低了固井漏失风险，大幅提升了固井质量。

一、高密度超高密度水泥浆技术

针对复合盐膏层压力系数高的问题，先后评价优选出常规加重材料铁矿粉、超细加重材料微锰、超高密度加重剂 GM-1 及高密度水泥浆外加剂体系，利用颗粒级配手段，提高胶凝材料比例，解决了超高密度水泥浆配制、流动性及沉降稳定性问题，密度范围覆盖 $2.2\sim2.75g/cm^3$，现场施工最大密度为 $2.65g/cm^3$。

（一）加重材料优选

高密度水泥浆固井施工作业，要求高密度水泥浆浆体稳定、滤失量较低、浆体具有一定的防气窜能力和较为理想的稠化过渡时间及水泥石强度。而高密度水泥浆的实现必须根据密度区间添加相应的加重材料，加重材料应满足以下几点要求：粒度分布应与水泥颗粒相补充，满足干混材料大小颗粒互补的原则；制浆过程中需水量少；在水化过程中呈化学惰性，不影响水泥水化进程，与其他添加剂有良好的相容性，不会改变浆体的基本性能（包括流变性、沉降稳定性、滤失性能等）。

1. 常规加重材料铁矿粉

为配制高密度水泥浆体系，引进了常规加重剂铁矿粉——互力铁矿粉，密度 4.5g/cm³（实测 4.2～4.5g/cm³），粒径 30～40μm（图 7-8），与水泥粒度相近，颗粒级配效果相对较差，一般用于密度 2.2g/cm³ 以下水泥浆配制。对于更高密度水泥浆体系，由于铁矿粉加量过大，水泥浆沉降稳定性难以解决。

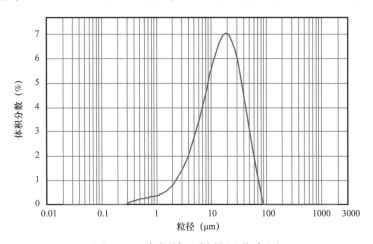

图 7-8　常规铁矿粉粒径分布图

2. 超细外掺料 Micromax（微锰）

为增加高密度水泥浆体系小粒径颗粒，提高水泥浆浆体稳定性及流变性，优选了超细外掺料 Micromax（微锰）。微锰是一种自稳定、高悬浮性加重剂，主要由球形四氧化三锰超细颗粒组成（图 7-9），密度 4.8g/cm³，平均粒径 1μm（图 7-10），可单独与水均匀混合。微锰可用于高密度钻井液、隔离液及高密度水泥浆的配制，因其本身为超细球形颗粒，具有良好的悬浮性和分散性，但价格昂贵，现在固井方面主要用于超膏密度隔离液配制，在超高密度水泥浆体系中可适量加入改善浆体流变性。

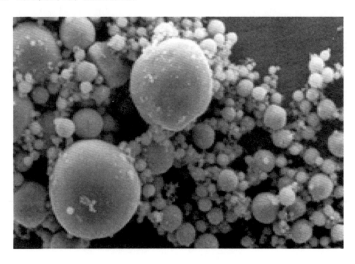

图 7-9　球型微锰颗粒

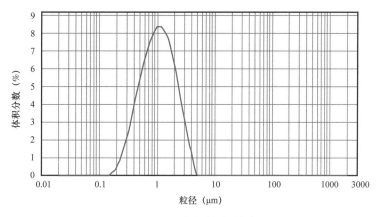

图 7-10 微锰粒径分布

3. 超高密度加重剂 GM-1

为配制更高密度水泥浆，引进了超高密度加重剂 GM-1（图 7-11），即还原铁粉，GM-1 是在铁矿石基础上通过化学手段进行还原处理，密度 7.5g/cm³，平均粒径 80μm 左右（图 7-12），主要用于高密度水泥浆、超高密度水泥浆配制，其具有加量少、流变性能易调节等优点，加重范围覆盖 2.20～2.75g/cm³。

500目GM高密度加重剂

颗粒多维尺寸利于流动

图 7-11　GM-1 颗粒结构

4. 新型高密度铁矿粉

针对水泥浆加重剂材料铁矿粉密度不足（实测 4.2～4.5g/cm³），无法加重密度 2.30g/cm³ 以上的高密度水泥浆，且 GM-1 价格居高不下，供货困难，缺口难以弥补等问题，通过调研国内高密度水泥浆加重材料，优选出密度为 5.05g/cm³、6.0g/cm³ 的两种铁矿粉，密度 5.05g/cm³ 铁矿粉平均粒径为 75μm（图 7-13），密度 6.0g/cm³ 铁矿粉平均粒径为 92μm（图 7-14），两种加重材料大小颗粒粒径分布适中，可与水泥灰形成良好的颗粒级配效果。通过实验，研

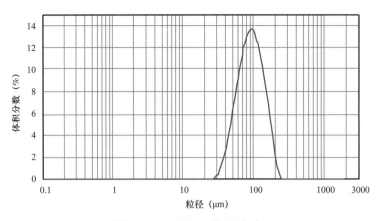

图 7-12　GM-1 粒径分布

究出密度 2.20～2.60g/cm³ 范围内的高密度水泥浆配方，实现 2.20～2.45g/cm³ 密度范围内完全替代 GM-1 加重材料，2.45～2.60g/cm³ 范围内部分替代 GM-1 加重材料，缓解了油田高密度超高密度水泥浆加重材料紧张形势，大幅度降低了固井成本。

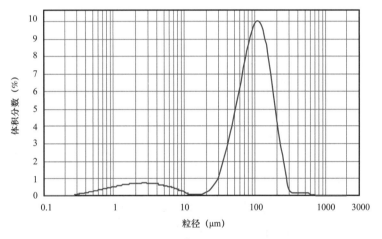

图 7-13　5.05g/cm³ 铁矿粉粒径分布图

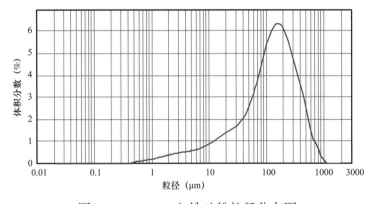

图 7-14　6.0g/cm³ 铁矿粉粒径分布图

（二）高密度水泥浆性能优化

通过大量的室内实验，目前已配制出密度 2.20~2.80g/cm³ 范围内的系列高密度超高密度水泥浆体系（表 7-9），密度 2.80g/cm³ 水泥浆的稠化曲线、静胶强度曲线如图 7-15 和图 7-16 所示，所有体系均能满足沉降稳定上下密度差小于 0.03g/cm³，水泥浆滤失量 FL_{cs} 控制在 50mL 以内，浆体流动度分别在 20~23cm，游离液不大于 0.2%，稠化时间利用缓凝剂的量可调，且过渡时间小于 20min，基本具有直角稠化的特点，水泥石 24h 抗压强度大于 8MPa。同时，通过添加防气窜剂使得高密度水泥浆具有良好的防气窜性能。

表 7-9　系列超高密度水泥浆体系性能（T=105℃）

序号	密度（g/cm³）	流动度（cm）	游离液（%）	FL_{cs}（mL）	稠化时间（30Bc/100Bc）（min）	24h 抗压强度（MPa）	水泥浆性能系数
1	2.40	22.5	0.1	32	345/370	14.8	3.8
2	2.45	22.5	0.1	32	324/341	15.1	2.7
3	2.50	22	0.2	24	391/410	10.5	2.0
4	2.55	22	0.2	24	370/402	10.9	3.5
5	2.60	21	0.1	24	329/352	13.2	2.7
6	2.65	21	0.1	24	278/312	11.7	4.3
7	2.70	20.5	0.1	20	271/309	12	4.0
8	2.75	20.5	0.1	20	258/278	13.8	2.2
9	2.80	20	0.1	20	243/267	14.5	2.7

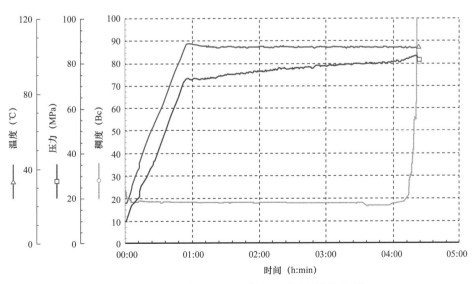

图 7-15　密度 2.80g/cm³ 水泥浆的稠化曲线

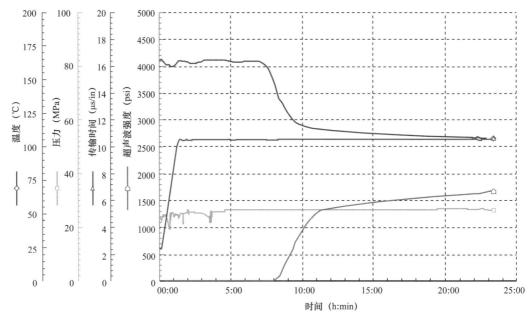

图 7-16　密度 2.80g/cm³ 水泥浆的静胶强度曲线

二、高温超高温水泥浆技术

针对库车前陆区高温超高温的井下工况（目的层井底静止温度普遍超150℃），从水泥浆的工程性能和长期强度稳定性两方面开展了评价研究，满足了库车前陆区高温超高温的固井技术需求。

（一）高温超高温水泥浆工程性能评价

库车前陆区目的层的井底温度普遍属于高温超高温范畴，如克深13区块目的层测井静止温度约170℃～180℃，对水泥浆抗高温性能提出了严峻挑战。鉴于此，油田通过优选高温缓凝剂、降滤失剂、悬浮剂等主要外加剂对水泥浆体系进行优化，形成了稳定的抗高温水泥浆配方，并对其抗高温工程性能进行了评价。

表7-10为抗200℃领浆配方及工程性能，表7-11抗200℃尾浆配方及工程性能。从表7-10和表7-11数据可看出，油田水泥浆体系能满足200℃的超高温工况，可确保油田库车前陆区目的层固井施工安全顺利。

（二）高温超高温水泥石长期强度稳定性评价

固井水泥环是井完整性的重要组成部件，确保水泥环的有效封隔一方面是提高固井顶替效率，实现水泥浆对环空的有效充填，形成完整水泥环；另一方面是阻止水泥石的高温长期强度衰退，确保水泥石的长期密封性。

表 7-10 抗 200℃领浆配方及工程性能

干混	加量			水泥浆类型	常规
名称	占水泥比例 ［％（质量分数）］	占干灰比例 ［％（质量分数）］	质量 （g）	水泥浆性能	
G级水泥	100.00	61.35	600.00	项目	结果
硅粉	60.00	36.81	360.00	密度（g/cm³）	1.86
油井水泥防窜剂	3.00	1.84	18.00	流动度（cm）	22
				FL_{cs}（mL）	42
干灰（小样）合计			978.00	游离液（％）	0
湿混	加量			正常点（min）	421
名称	占水泥比例 ［％（质量分数）］	占干灰比例 ［％（质量分数）］	质量 （g）	稳定性（g/cm³）	0.04
淡水	54.50	33.44	272.50	顶部强度 （48h/150℃）	24.2
油井水泥用降滤失剂	5.00	3.07	25.00		
油井水泥高温缓凝剂	7.80	4.79	39.00		
油井水泥减阻剂	4.00	2.45	20.00		
油井水泥悬浮剂	0.50	0.31	2.50		
油井水泥消泡剂	0.50	0.31	2.50		
配浆水（小样）合计			361.50		
液固比 （液体体积/灰质量）	0.42	造浆率 （m³/t 干灰）	0.77		

表 7-11 抗 200℃尾浆配方及工程性能

干混	加量			水泥浆类型	常规
名称	占水泥比例 ［％（质量分数）］	占干灰比例 ［％（质量分数）］	质量 （g）	水泥浆性能	
G级水泥	100.00	61.35	600.00	项目	结果
硅粉	60.00	36.81	360.00	密度（g/cm³）	1.86
油井水泥防窜剂	3.00	1.84	18.00	流动度（cm）	22
				FL_{cs}（mL）	42
干灰（小样）合计			978.00	游离液（％）	0

湿混	加量			稳定性（g/cm³）	0.04
名称	占水泥比例 [%（质量分数）]	占干灰比例 [%（质量分数）]	质量 （g）	正常点（min）	263
淡水	58.00	35.58	290.00	底部强度 （24h/200℃）	39.2
油井水泥用降滤失剂	5.00	3.07	25.00		
油井水泥高温缓凝剂	4.50	2.76	22.50		
油井水泥减阻剂	4.00	2.45	20.00		
油井水泥悬浮剂	0.50	0.31	2.50		
油井水泥消泡剂	0.50	0.31	2.50		
配浆水（小样）合计			362.50		
液固比 （液体体积/灰质量）	0.42	造浆率 （m³/t 干灰）	0.77		

　　塔里木油田在生产实践中发现当温度超过110℃，按行标推荐硅粉加量35%～40%已不能有效抑制水泥石长期强度衰退问题。如克深131井目的层水泥石在170℃条件下14天后发生了开裂现象，28天强度衰退70%（图7-17）。

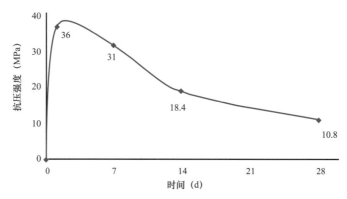

图7-17　克深131井目的层高温水泥石强度衰退曲线

　　为探明高温水泥石强度衰退原因，塔里木油田积极开展室内实验研究，通过近千组多因素分析实验发现硅粉掺量不足是高温条件下水泥石强度衰退的主因，且硅粉粒径越小纯度越高越有利于防止强度衰退。150℃下不同硅粉加量水泥石强度发展曲线如图7-18所示，150℃下不同硅粉粒径水泥石强度发展曲线如图7-19所示。

　　基于室内实验研究结果，针对不同温度段优选硅粉纯度和粒径并进行粗细搭配，形成了150～190℃不同温度段水泥石长期强度稳定性技术方案（表7-12），形成了塔里木油田企业标准，并进行现场规模应用。

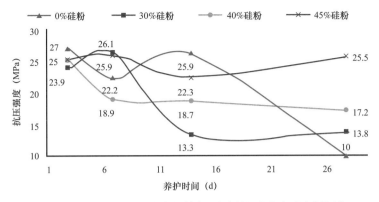

图 7-18 150℃下不同硅粉加量水泥石强度发展曲线

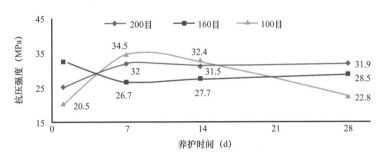

图 7-19 150℃下不同硅粉粒径水泥石强度发展曲线

表 7-12 抗高温水泥石强度衰退解决方案

	井底温度（℃）	硅粉掺量（%）	硅粉纯度（%）	粒径（目）
行业标准	>110	35~40	未要求	
塔里木油田抗高温水泥石强度衰退解决方案	110~150	35	>90	>160
	150~170	45	>90	>160
	170~190	60	>96	500

三、固井工艺

针对库车前陆区安全密度窗口窄的固井技术难题，通过漏失压力评估、浆体性能优化、顶替环境优化、顶替排量最大化等四方面的措施，降低了固井漏失风险，最大限度地提高了顶替效率。

（一）漏失压力精细评估

根据实钻漏失情况、承压情况、录井资料、邻井试油及地质资料，准确评估漏失压力，确定固井安全密度窗口。首先是结合地质设计和邻井试油情况初步判断裸眼地层的闭合压力和破裂压力；然后基于实钻漏失情况和承压情况，进一步确定裸眼地层的承压能力；最后通过下完套管后缓慢提排量循环的方法，确定漏失临界排量，并最终获得准确的地层漏失压力，以此作为固井施工设计的依据。

（二）顶替环境优化

固井顶替环境主要包括顶替物质环境和井眼几何环境，前者主要通过调整钻井液性能、增大隔离液和有效冲洗剂用量得以实现，后者主要通过提高管柱居中度实现。具体实施方法是：首先是固井前按固井规范调整钻井液性能，降黏降切，降低钻井液被顶替时的能量消耗；其次是增加隔离液和有效冲洗剂用量（确保隔离液接触时间 15～30min，有效冲洗剂用量不低于 30%），基于多倍置换原理（主要针对小间隙尾管固井），提高隔离液对井壁的冲刷效果；最后是利用固井软件并结合井眼质量设计合理的扶正器安放方案，提高关键井段的管柱居中度。目前库车前陆区目的层已推广 1 根套管 1 只扶正器的加放设计。

（三）浆体性能优化

固井浆体流变性能优化主要是提高隔离液和领浆的流性指数 n，降低隔离液和领浆的稠度系数 k。通常要求在确保浆体沉降稳定性的前提下隔离液 $n \geq 0.8$、$k \leq 0.3$，领浆 $n \geq 0.7$、$k \leq 0.6$。稀的隔离液用于稀释钻井液弱化滤饼强度，利于顶替；稀的领浆能降低循环摩阻，为施工排量留下足够的压力窗口，同时其趋于向窄边充填，能提高偏心环空的水泥浆充填率。

（四）顶替排量最大化

在确定好安全密度窗口后利用初定的浆柱结构、浆体性能、施工排量、扶正器安放方案等参数通过固井软件进行反复试算校核，确定能满足固井安全密度窗口条件下的最大化顶替排量，最大限度增大水泥浆壁面剪应力，提高滤饼清除效果，确保第二界面胶结质量。

四、应用效果

窄安全密度窗口固井技术在库车前陆区复合盐膏层、目的层应用 40 井次，其中复合盐膏层固井 23 井次，目的层固井 17 井次，2018 年复合盐膏层固井合格率 60.2%（2017 年 59.9%），目的层固井合格率 62.5%（2017 年 57.9%）。高压盐水封隔比例和目的层负压验窜合格率逐年上升，2018 年高压盐水层有效封隔率达到 91%（仅 1 口井短回接补救，2017 年 87.5%），目的层负压验窜合格率达到 100%（2017 年 83.3%），2017 年和 2018 年库车前陆区新投产 1 年无异常带压现象。

以克深 132 井复合盐膏层 ϕ206.38mm 尾管固井和大北 1101 井目的层为例，介绍窄安全密度窗口固井技术。

（一）克深 132 井复合盐膏层 ϕ206.38mm 尾管固井

库车前陆区复合盐膏层间高压盐水和薄弱层同存，通常采用无接箍或小接箍套管，无配套扶正器，影响其固井质量的主控因素是安全密度窗口窄和管柱居中度低，现场重点解决复合盐膏层易漏和偏心条件下的窜槽问题。

1. 基本情况

克深 132 井四开复合盐膏层采用 2.42g/cm^3 油基钻井液和 ϕ241.3mm 钻头钻至 7428.5m 中完，下入 ϕ206.38mm 无接箍厚壁套管封固复合盐膏层。该井钻进期间发生过溢流（井深 7187m，钻井液密度 2.40g/cm^3，排量 12L/s）和井漏（井深 7423m，钻井液密度 2.42g/cm^3，排量 13L/s）。

面临的主要固井难点为：

（1）裸眼段地层溢漏同存，未进行承压堵漏，下套管及固井漏失风险较大；

（2）裸眼段采用无接箍厚壁套管，无配套扶正器，管柱居中度难以保证，固井顶替窜槽风险高。

2. 漏失压力评估

根据溢流处理情况，判定盐水层地层压力为 2.41g/cm^3。下完套管后缓慢提排量循环，测得该井临界漏失排量为 15L/s，经固井软件反复计算漏层实际承压能力为 2.49g/cm^3，固井安全密度窗口为 0.08g/cm^3。

3. 顶替环境优化

重合段每 2 根套管加 1 只扶正器（悬挂器以下连续 3 根套管每根套管 1 只扶正器），重合段平均居中度达到 75%；裸眼段无配套扶正器，居中度约 30%。固井前调整钻井液性能，2.42g/cm^3 钻井液塑性黏度 62mPa·s，漏斗黏度 83s，屈服值 4Pa，性能优良。此外，增加隔离液用量至 20m^3，对裸眼段和重合段的冲洗时间为 23min（15L/s），增强了隔离液对井壁的冲刷作用和对钻井液的稀释作用，大幅降低钻井液滞留风险。

4. 浆体性能优化

通过固井设计软件的计算分析，优化了隔离液、水泥浆的流变性能，实际固井时浆体性能及用量见表 7-13。领浆壁面剪应力达 47Pa（排量 15L/s），可有效清除滤饼。

表 7-13　优化后的浆体性能

浆体	密度（g/cm³）	流性指数（n）	稠度系数 K（Pa·s^n）	用量（m³）
钻井液	2.42	0.98	0.04	—
前隔离液	2.42	0.83	0.21	15
领浆	2.45	0.82	0.29	17
尾浆	2.45	0.72	0.45	13
后隔离液	2.42	0.83	0.21	5

5. 顶替排量最大化

利用上述浆体性能和浆柱结构，通过反复试算确定最大化顶替排量 15L/s（环空返速 1.1m/s），井底最大动态压力当量密度 2.48g/cm³，略小于漏失压力当量密度 2.50g/cm³，实际固井全程未漏，满足安全密度窗口要求，顶替过程中井底静动态压力当量密度情况如图 7-20 所示。

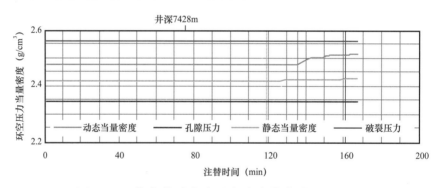

图 7-20　井底静动态当量密度变化曲线（15L/s）

6. 固井效果

该井固井过程中未漏，一次上返成功，全井段合格率和优质率均为 100%，有效解决易漏偏心环空下的顶替窜槽问题。五开降密度至 1.93g/cm³ 未出高压盐水，实现对高压盐水层的有效封隔。

（二）大北 1101 井目的层 ϕ127mm 尾管固井

库车前陆区目的层裂缝发育，油气显示活跃，且孔渗较高，虚滤饼相对较厚，影响其固井质量的主控因素是安全密度窗口窄和滤饼清除困难，主要通过最大化顶替排量解决目的层虚滤饼清除难题。

1. 基本情况

大北 1101 井目的层采用 1.67g/cm³ 水基钻井液和 ϕ149.2mm 钻头钻至 5977m 完钻，下入 ϕ127mm 尾管封固目的层。

主要固井难点：

（1）目的层裂缝较发育（取芯显示部分裂缝未充填或部分充填，5914m钻进时发生漏失），固井漏失风险高。

（2）裸眼段虚滤饼厚（1.5mm），清除困难，提高顶替效率难度较大。

（3）井斜较大（10°），气水隔层薄（仅10m），在管柱居中度难以保证的条件下，层间封隔要求高。

2. 漏失压力评估

该井固井前地层承压6.4MPa，折算漏层5914m承压能力当量密度$1.78g/cm^3$，固井安全密度窗口为$0.1g/cm^3$。

3. 顶替环境优化

重合段和裸眼段1根套管1只扶正器，管柱平均居中度大于60%，气水隔层5880～5890m管柱居中度约70%，固井施工前活动套管以破坏虚滤饼。固井前调整钻井液性能，$1.67g/cm^3$钻井液塑性黏度25mPa·s，漏斗黏度63s，屈服值7.5Pa，性能优良。增加隔离液用量至$15m^3$［接触时间15min（7L/s）］，提高对裸眼段及重合段的冲洗隔离效果。

4. 浆体性能优化

通过优化浆体流变性能，在满足安全密度窗口的条件下，尽可能提高水泥浆壁面剪应力保证对虚滤饼的顶替效果。实际固井时浆体性能及用量见表7-14，领浆壁面剪应力达51.4Pa（排量7L/s），可有效清除虚滤饼。

表7-14　优化后的浆体性能

浆体	密度（g/cm^3）	流性指数（n）	稠度系数K（$Pa·s^n$）	用量（m^3）
钻井液	1.67	0.67	0.26	—
前隔离液	1.68	0.65	0.15	15
领浆	1.88	0.87	0.26	8
尾浆	1.88	0.87	0.27	3
后隔离液	1.68	0.65	0.15	10

5. 顶替排量最大化

利用上述浆体性能和浆柱结构，通过反复试算需采用复合顶替技术完成顶替，前期最大顶替排量为8L/s（环空返速1.13m/s），水泥浆返至喇叭口后降排量至6L/s。整个过程井底最大动态压力当量密度$1.778g/cm^3$，略低于井底承压能力当量密度$1.78g/cm^3$，固井全程未漏，满足安全密度窗口要求，顶替过程中井底静动态压力当量密度变化情况如图7-21所示。

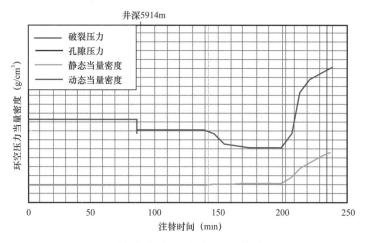

图 7-21　漏层静动态当量密度变化曲线（7～6L/s）

6. 固井效果

固井全程未漏，一次上返成功，负压验窜合格，全井段合格率 97.3%，优质率 79.4%，隔层段优质率 100%，固井质量胶结测井图如图 7-22 所示，有效地解决了该井水基钻井液条件下滤饼厚清除困难的问题。

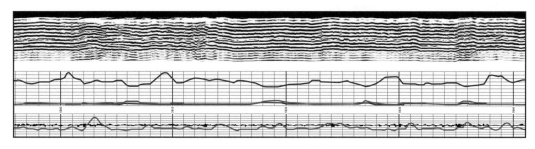

图 7-22　大北 1101 目的层固井质量胶结测井图

第五节　固井施工地面设备配套技术

一、高密度大排量固井施工技术

随着勘探开发的不断深入，固井混配水泥浆密度和施工泵压越来越高，地面施工配套工艺受到极大的挑战。由于钻井液安全密度窗口小，甚至没有窗口，因此，控制好现场高密度水泥浆的密度和排量是库车前陆区窄密度窗口固井施工的关键。

通过对供水系统、储灰系统、输灰系统、混浆系统、泵注系统、管汇系统进行完善与改进，形成了一整套地面施工工艺技术，解决水泥浆配制密度控制不均、排量不稳定等难题，实现了施工中水泥浆配制高效快捷，入井水泥浆浆体密度均匀、水化充分、流动性能良好，施工排量稳定且根据需要可调，保障了施工的连续、安全。

（一）固井水泥车

塔里木油田固井水泥车伴随地面施工压力和混配能力要求的不断提高，也不断向自动控制、高混比能的多功能集成固井设备发展，由勘探初期的 40MPa（SNC400 型）水泥车已经发展到施工压力最高达到 100MPa 的水泥车。塔里木油田油气层固井主要使用性能可靠的 CPT-800D 型双机双泵水泥车、CPT-986 型双机双泵水泥车和 SJX70-25 型双机双泵水泥车的配注水泥车组，沙漠腹地使用橇装固井机，其他型号的固井水泥车也在表层套管、技术套管固井中使用，塔里木油田主要固井设备性能见表 7-15。

表 7-15　塔里木油田主要固井设备性能

指标	SJX5290 TSN30	CPT-800D	CPT-986	SJX 70-25	ACF-700B	肯沃斯500 型	SJX5201	SNC-400 Ⅱ	SNQ50-30 橇装机
最高工作压力（前泵）（MPa）	99.7	71.68	48.3	70	68.7	49	34.6	39.4	49
最高工作压力下排量（后泵）（L/min）	267	170	170	144	156	329	400	261	329
最大排量（双泵）（L/min）	3047	2770	2980	1583	1910	2492	1530	1197	2492
最大排量下压力（前泵）（MPa）	17	16.39	13.7	15	5.4	13	8.6	8.6	13
最大排量下压力（后泵）（MPa）	8	18.64	11	8.5					

（二）配浆工艺

1. 托那多配浆工艺

托那多混合器是我国 20 世纪 80 年代末较先进的固井设备，在塔里木油田勘探初期起到主要作用。该工艺采用密闭输送水泥，可以进行一车打多罐水泥连接方式。从喷射泵中泵送出的清水经供水手轮控制，灰罐中的干水泥经过控制灰的手轮控制，按一定的量经过下灰管线到达混合管，水泥浆密度由水泥和水的比例而定，其配浆速率取决于水量和灰量的大小，两者由控水和控灰手轮控制。喷射泵配浆清水压力约为 0.02～0.04MPa，最大混浆量可达 1.5～1.8m³/min，最高密度 2.1g/cm³。

2. 直喷式气灰分离器配浆工艺

直喷式气灰分离器配浆工艺改变了传统下灰的配浆流程，经过渡罐的气灰分离后的低压下灰，在高速喷射水流产生较大的真空吸力和干灰在过渡罐中的重力作用下，在混合器中混配成水泥浆，较大提高了配浆剪切速率，使之水化均匀，通过高速喷射水压力，可满足不同的水泥浆体系的固井施工作业。配浆清水压力一般在 3～6MPa，常规下一般可控制水泥浆密度 1.0～2.5g/cm³，排量可达 2m³/min。

3. 高能混合器配浆工艺

为解决水化不允分、浆体流动性差的难题，从美国 TEM 公司引进的高混合自动混浆装置，水泥浆密度可达 2.70g/cm³，混浆排量可高达 2.3m³/min，利用再循环系统，计算机自动控制水泥浆密度到设计 ±0.02g/cm³，应用 150 余井次，水泥浆密度单点合格率达 90% 以上，是目前国内最先进的配浆工艺技术之一。

4. 气灰分离器再循环配浆工艺

在混合器上安装喷嘴，并形成配套 SNC400 型、CPT986 和 CPT800D 固井车组，钻井液泵泵注的清水通过 SNC400 型水泥车，产生高速射流，在混合器内形成真空，干水泥在重力和真空吸力的作用下与水混合，进入 CPT986 方盒经灌注泵循环，同时利用 CPT986 一台钻井液泵将水钻井液泵注到混合器上安装的喷嘴，进行再循环配浆，产生高速射流，使干水泥再次与水泥浆充分混合均匀，使之水化更加良好，增加水泥浆的流动性，通过另一 CPT986 钻井液泵泵注给 CPT800D 或其他水泥车泵注入井。该配浆工艺有效地解决了高密度、高稠度、高触变性水泥浆体系固井时配浆难的问题，提高了固井地面配浆工艺水平，显著提高了固井质量。

使用密度自动控制系统、批量混配和二次加重等工艺，保证水泥浆密度的均匀性，并达到设计要求。现场应用最高密度达到了 2.65g/cm³。

（三）地面配套设备

为提高配浆时配套的送水、下灰速度和减少入井泵压，保障地面供应管线系统的稳定安全，对地面配套设备也进行了改进完善（图 7-23、图 7-24）。制定了固井专用水罐的规范并研制了大功率供水泵，供水排量可达 2.5m³/min 以上；研制了新型储灰罐解决了固井储灰罐输灰流量小，单一出灰口易堵塞问题；研制了集灰输送器解决了固井输灰环节多，输灰管线易堵塞，下灰不同时的问题，下灰能力保持在 2.5t/min 以上，能满足水泥浆排量 4.0m³/min 的施工要求；采用大排量双管汇系统的优化组合，减少了地面泵入套管前的施工泵压，同时施工时一条管线有问题，另一条可作为备用。这些措施有力的保障了地面施工的顺利进行，排量达到设计要求，在大套管固井中注水泥浆排量在 3.0m³/min 以上，特别在 DN2-23 井的 φ339.7mm 套管单级施工中注水泥浆最高排量达到了 4.2m³/min。

(a) 新式高效水罐

(b) 大功率水泵

(c) 新式储灰罐

(d) 集灰输送器

(e) 双立柱泵注管线

(f) 双管线地面连接系统

图 7-23　地面配套设备改进完善

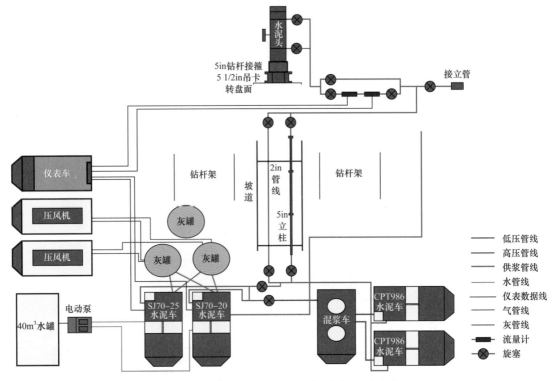

图 7-24　典型施工地面设备及布置示意图

二、大尺寸高吨位套管下入技术

库车前陆区油气藏埋深普遍超 6000m，在现有的塔标系列井身结构条件下，往往出现封固段长、套管尺寸大的问题，导致井口的载荷大，给下套管作业带来了许多难题，主要表现在以下几个方面：

（1）套管串本身重量大，下套管过程中有可能摩阻较大，对钻机提升系统和管串自身及其附件均提出严峻考验；

（2）由于裸眼段长，导致下套管施工时间长，对井眼安全时间要求极高；

（3）由于下套管时间非常长，井底温度高，井筒内钻井液长时间静止，对钻井液性能要求高，若其性能与下套管前相差大，对开泵及固井施工均有很大影响；

（4）井眼条件差，裸眼段长，地层蠕变缩径严重，每次起下钻均需要划眼才能通过，套管顺利下入井底的难度大。

针对大尺寸、高刚度、大吨位套管下入问题，利用大型有限元数值模拟分析，开展了下套管配套工具及相关设备的安全评价研究，提出了满足于大尺寸高吨位安全下套管的配套要求，并在现场实施应用，逐渐形成了长裸眼大尺寸高吨位下套管技术。2014 年 8 月克深 902 井 ϕ273.05mm 套管下深（7200m），

2014年9月克深901井顺利将ϕ273.05mm套管送至设计井深7360m，套管串空重高达650tf，浮重高达520tf，创中国石油下套管新纪录。

（一）下套管工具及校核

1.吊卡

吊卡是提升套管串的专用工具，而高吨位套管下入对吊卡性能提出了更高的要求。塔里木油田以往使用的吊卡最大额定载荷只有300tf，随着勘探开发向更深层领域的发展，吊卡也不断升级为500tf、650tf，最大达到750tf。目前所拥有的750tf吊卡均为宝石厂所生产，为侧开式套管吊卡（图7-25）。

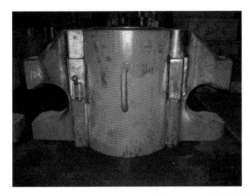

图7-25　侧开式套管吊卡实物图

750tf吊卡由于频繁在高吨位下使用，吊卡安全性显得尤为重要，为了解吊卡受力状况，利用有限元软件建模，模拟分析了其受力时应力分布情况（图7-26、图7-27），发现吊卡有四个应力集中的地方，其最大塑性变形发生在吊耳上面。在重复的使用过程中，这些应力集中区会产生疲劳与裂纹，因此要定期无损检测，特别关注应力集中的部位，确保使用过程的安全。

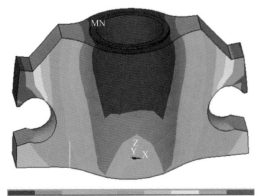

| 0 | 0.124×10⁻⁶ | 0.240×10⁻⁶ | 0.373×10⁻⁶ | 0.497×10⁻⁶ |

0.621×10⁻⁶　0.106×10⁻⁶　0.311×10⁻⁶　0.435×10⁻⁶

图7-26　750吊卡应变图（单位：MPa）

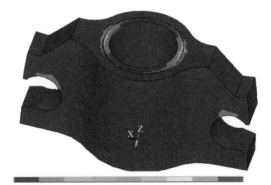

0.008831　200.274　400.539　600.804　801.07
100.141　300.407　500.672　700.937　901.202

图7-27　750吊卡等效应力图（单位：MPa）

2. 吊环

吊环是与吊卡配套使用的提升工具，塔里木油田目前配套使用的是单臂吊环，最大提升能力达到 750tf。同样对吊环开展了受力分析，由等效应力图（图 7-28、图 7-29）可以看出，吊环上有三个应力集中区，最大应力值产生在吊耳与卡盘相接触的作用面上，在重复的使用过程中，这些应力集中区会产生疲劳与裂纹，要在定期的无损检测关注中特别。

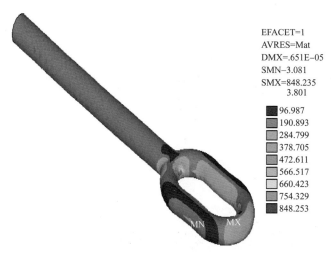

图 7-28　吊环的等效应力图（单位：MPa）

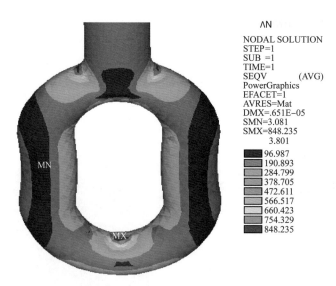

图 7-29　吊耳处局部放大的等效应力图（单位：MPa）

3. 卡盘

吊卡在使用方便性上明显高于卡盘，但使用吊卡时，套管所有吨位靠最后一根套管接箍承受，在超深井下套管作业中，由于套管吨位过重，接箍易发生弹性变形，导致上扣困难，严重时会造成套管的粘扣、脱落、密封失效的情况。为了避免以上情况，在超深井下套管作业中，当下悬重较大的套管后，一般把吊卡更换为卡盘，更换时间选择一般要在套管出裸眼前，这样可以满足更换时静止套管时间过长的安全需要。塔里木目前配备有500tf气动卡盘（图7-30）和750tf气动卡盘（图7-31）。

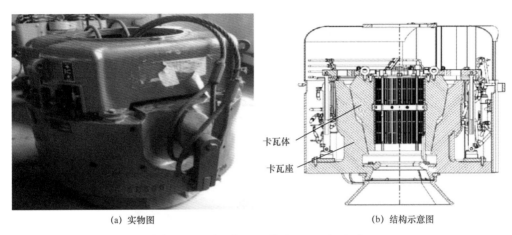

（a）实物图　　　　　　　　　　　　（b）结构示意图

图 7-30　气动 QD 型（SE500）卡盘

图 7-31　德国 Blohm+Voss 公司 BVE/S-750 型气动卡盘（适用外径 $4\frac{1}{2}\sim14\text{in}$）

由使用情况可知，卡盘在高吨位下使用频率更大，其安全性就更为重要。从卡盘关键部位结构强度分析（图7-32）看出有三个应力集中的地方需引起注意：上钳牙与承载环的接触部位、下钳牙下部和卡瓦体的接触部位、卡瓦座的底座弯曲部分。最大值出现在上钳牙与承载环的接触部位，是日常检查的重点。

大吨位套管下入的工具主要是吊卡、卡盘和吊环，但下入前还应对套管、钻机等进行安全校核，包括套管抗拉强度、屈服强度、螺纹强度和钻机提升能力的校核，另外由于超深井套管浮重大，为了减小浮重，降低下套管作业的风险，现场作业时，往往对套管的上部进行掏空，但是，掏空的长度必须控制在浮鞋和浮箍安全范围以内。

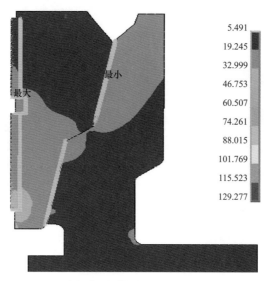

图 7-32　关键部位等效应力图（单位：MPa）

（二）下套管技术要点

（1）大尺寸套管下入前，采用四扶正器高刚度钻具组合通井，以解决大尺寸套管下入过程中的遇阻难题。

（2）针对复合盐膏层下套管，采用双扶正器高刚度钻具组合通井并测蠕变，必须静置下套管预计时间后再下入"模拟管柱"通井，若无法通过，则采用扩眼后再下套管技术措施，以解决复合盐膏层下套管难的问题。

（3）钻井液性能对下套管作业尤为重要，它是满足井眼稳定的基础，同时由于超深井下套管时间长，钻井液稳定性要好，特别是静切力要控制低，以满足长时间静置后开泵的需要。

（4）合理控制套管下放速度，避免井下漏失。遇阻时控制吨位至关重要，超深井下套管悬重大，必须考虑遇阻后钻机及提升系统的富余能力，不能强行下压。

（5）下套管时间长，要制定合理的中途循环措施，根据井下情况和钻井液性能变化，及时顶通循环，消除钻井液结构力，确保井底开泵顶通正常。

第八章　高压高产油气井井控技术

塔里木油田油气层埋藏深，油气层压力高，绝大部分为"高温、高压、高含硫"井作业范围，井控工作难度大、风险高。自油田公司成立以来，塔里木油田一直高度重视井控安全工作，不断加大井控科研攻关和井控装备更新力度，取得了一系列技术成果，基本形成了塔里木独具特色的高压高产油气井井控技术。尤其是 2006 年以来，塔里木油田提出了"发现溢流立即关井，怀疑溢流关井检查"的积极井控管理理念，井控管理和井控技术实现了新的突破，基本杜绝了井喷失控。

第一节　技术发展历程

塔里木油田高压高产油气井井控技术发展可分为三个阶段历程。

一、安全监管阶段（1989—2001 年）

这一阶段，塔里木油田钻探作业主要集中在轮南油田、塔中 4 油田、哈得逊油田等中深层油气藏钻探，地层压力一般低于 50MPa。针对地层压力状况，井控装备从会战初期开始就采用海洋钻井平台的井控装备配套要求，在井控装备的配套上基本选用了国际上比较知名厂家如卡麦隆公司、歇福尔公司、海德里尔公司的产品，早期压力级别主要以 35MPa 为主，其后逐渐提升至 70MPa，这一阶段油田所有的井控装备中，进口 35～70MP 压力级别防喷器占到 80% 左右。在井控管理方面，根据塔里木油田甲乙方体制的管理特点，甲方井控管理工作的重点主要是安全监管，通过制度的约束、装备的配套、技术的应用、规程的执行，井控管理和技术水平得到了快速提升。但是，技术、装备和管理还不能很好适应塔里木深井超深井井控的需要，这个阶段是井喷高发生期，井喷失控累计发生 12 次，平均每年 1 次。

二、装备和技术研发阶段（2002—2005 年）

这一阶段，塔里木油田的钻探工作进入了以克拉 2 气田、迪那 2 气田等为代表深层钻探阶段，地层压力达到 105MPa，井控装备压力级别随之也提升至了 105MPa。

在井控装备配套方面，2001年，塔里木油田的井控装备型号配备已比较齐全，共有各种防喷器194件，通径从$\phi179.39\sim\phi539.75$mm六种尺寸，压力级别从14～105MPa四个等级，进口设备和国产设备基本各占一半。2001年，迪那2井的井喷失控着火事故对塔里木油田井控工作提出了新的要求和挑战。井控工作迅速转移到以油田公司为主导的管理模式，开展了一系列井控装备和井控技术的研究，在此期间，研制了$\phi177.8$mm特殊四通、改制并推广应用了大处理量钻井液气体分离器、研制了电动节流控制箱、改进了单流阀和节流阀、研制了超高压氮气密封试验装置等井控装备。

在井控管理方面，2003年开始实行井控专业化服务模式，主要负责为油田统一提供防喷器、控制系统、管汇等井控装备的维修、配送及现场安装试压、欠平衡技术服务、溢流抢险等专业技术服务工作。从2005年开始，为强化现场技术服务工作，在原有工作基础上，完善了套管头、采油树安装标准的修订，并承担了油田对现场套管头采油树的安装、试压等技术服务工作，现场井口的安装标准得到了更一步完善。

三、积极井控管理理念阶段（2006—2018年）

随着克深气田的发现，塔里木油田步入了超深层钻探阶段，最高地层压力达到136MPa，井控装备压力级别随之也提升至了140MPa，这一阶段，井控装备实行了统一管理模式，实现了井控装备物资采购、井控装备维修、机械加工件加工、装备物资配套送井、装备现场安装试压维护、装备技术培训、现场装备管理监督、装备应急抢险等一体的专业化管理模式。在井控装备更新过程中主要以国产设备为主，主要增加了70MPa、105MPa级别设备，同时根据库车前陆区勘探需要还购买了FZ35-105、FZ54-35、FZ54-70、FZ68-14、FZ68-21、FZ28-140级别的防喷器。针对盐间高压盐水层发育情况，应用旋转控制头，增加了一个应对风险的手段。

在井控管理方面，积极汲取国内外以及油田井控事故的惨痛教训，突出加强以井控安全为核心的安全生产管理，牢固树立"发现溢流立即关井、怀疑溢流关井检查"的积极井控理念，大力实施全井筒、全过程、全生命周期井控管理。以油田公司为主导，始终坚持"统一井控管理、统一井控标准、统一井控装备、统一井控应急"的"四统一"井控管理模式，充分运用"联动、联管、联责"的三联管理机制，与承包商协同保障井控安全；配套形成了含H_2S井和高压气井压井技术、精细控压钻井技术、井下液面监测技术等系列井控工艺技术，确保井控装备可靠、井控险情可控。

第二节 井控装备配套技术

塔里木油田围绕提高井控装备适用于高压油气井等复杂条件的使用可靠性，对主要井控装备采取了降低零部件失效、提高性能的技术改造及技术措施等方面做了大量的工作，解决了现场实际问题，使塔里木油田井控装备的功能有了较大提高。

一、井控装备配置选择

钻井现场防喷器压力等级选择是井控装备配置的关键，防喷器压力等级应与相应井段的最高地层压力相匹配，同时综合考虑套管最小抗内压强度的80%、套管鞋处的地层破裂压力、地层流体性质等因素。根据塔里木油田《钻井井控实施细则》相关规定：风险探井、预探井防喷器压力等级应在与预测最高地层压力匹配的基础上，高配一个压力等级，同时应综合考虑套管抗内压强度的配套设计；其他井目的层根据预计最大关井压力 $p_关$ 来选择井控装备，下面以博孜 8 预探井井控设计为列说明现场钻井各开次井口装置要求。

（一）井口装置配置

1. 二开井口装置配置

根据地质预测博孜 8 井不排除存在浅层油气显示的可能，计算最高地层压力 35.2MPa，按气井考虑预计本段最大井口关井压力 24.5MPa，因此，选用35MPa 或以上（工作压力）防喷器组合，现场井口装置配置见表 8-1。

表 8-1 博孜 8 井二开井口装置配置

序号	井口装置名称	规格型号	备注
7	环形防喷器	FH54-14/70	
6	单闸板防喷器	FZ54-70	全封
5	单闸板防喷器	FZ54-70	ϕ149.23mm 半封
4	钻井四通	FS54-70	
3	升高短节	54-70	或占位四通
2	变压法兰	（54-35）×（54-70）	
1	套管头	TFϕ508mm×ϕ365.125mm-（54-35）	DD 级、卡瓦式

注：（1）当设计规格的防喷器组库存无法满足时，可使用大于或等于该层套管头上法兰的主通径和额定工作压力的防喷器组，高配的防喷器组应与原规格配置一致，并按照原规格试压，后同；

（2）若钻具尺寸改变，则闸板封芯应更换为与钻具相匹配的尺寸；

（3）根据现场和井控装备实际情况可对闸板封芯安装次序进行适当调整，但应评估调整后的井控风险，并制定控制措施，报主管部门批准。

2. 三开井口装置配置

根据地质预测，计算二开最高地层压力 126.8MPa，按盐水考虑预计本段最大井口关井压力约 49.4MPa，综合考虑井口套管强度等因素（ϕ365.125mm额定抗内压强度 50.4MPa），选用 70MPa（工作压力）或以上防喷器组合，现场井口配置见表 8-2。

表 8-2 博孜 8 井三开井口装备配置

序号	井口装置名称	规格型号	备注
9	环形防喷器	FH54-14/70	
8	单闸板防喷器	FZ54-70	全封
7	单闸板防喷器	FZ54-70	ϕ139.7mm 封芯
6	单闸板防喷器	FZ54-70	ϕ149.23mm 封芯
5	钻井四通	FS54-70	
4	升高短节	54-70	或占位四通
3	变径法兰	（54-70）×（43-70）	
2	套管头	TFϕ365.125mm×ϕ273.05mm-（43-70）	EE级、卡瓦式
1	套管头	TFϕ508mm×ϕ365.125mm-（54-35）	DD级、卡瓦式

注：（1）若库存不足，由生产组织单位组织评估、风险可控前提下，本开次防喷器组合中可去掉一个半封闸板防喷器，钻台上准备与 ϕ139.7mm 钻杆配合的防喷单根，但现场应加强维护保养，施工操作中平稳，确保在用半封的安全可靠，且提前制定好应对方案；

（2）若钻具尺寸改变，则闸板封芯应更换为与钻具相匹配的尺寸；

（3）根据现场和井控装备实际情况可对闸板封芯安装次序进行适当调整，但应评估调整后的井控风险，并制定控制措施，报主管部门批准。

3. 四开井口装置配置

根据地质预测，四开盐膏层可能发育高压盐水，按高压盐水压力系数 2.4、盐水密度 1.13g/cm³ 考虑，预计本段最大井口关井压力约 99.0MPa，选用 105MPa（工作压力）防喷器组合，现场井口配置见表 8-3。

4. 五开井口装置配置

根据地质预测，五开预计最高地层压力 144.7MPa，按目的层全井气体考虑本段预计最大井口关井压力 117.0MPa（邻井博孜 1 井中途测试 7006.15m 地层压力 125.5MPa；博孜 104 井在白垩系巴什基奇克组 6757～6850m 井段完井测试，7mm 油嘴，油压 81.2MPa；博孜 101 井关井油压 96.9MPa；博孜 102 井油压 86.2MPa；博孜 9 井 MDT 测试 7791m 位置地层压力 143MPa），因此选用 140MPa（工作压力）防喷器组合，现场井口配置见表 8-4。

表 8-3　搏孜 8 井四开井口装备配置

序号	井口装置名称	规格型号	备注
10	旋转控制头	（35-35）	
9	变径变压法兰	（35-35）×（28-70）	
8	环形防喷器	FH28-70/105	
7	单闸板防喷器	FZ28-105	剪切全封一体
6	双闸板防喷器	2FZ28-105	ϕ139.7mm 封芯（上）、ϕ149.23mm 封芯（下）
5	钻井四通	FS28-105	
4	变压法兰	28-105/140	
3	套管头	TFϕ273.05mm×ϕ206.375mm-（28-140）	EE 级、芯轴式
2	套管头	TFϕ365.125mm×ϕ273.05mm-（43-70）	EE 级、卡瓦式
1	套管头	TFϕ508mm×ϕ365.125mm-（54-35）	DD 级、卡瓦式

注：（1）本开次可能存在高压盐水层，建议井口安装旋转控制头；

（2）可根据井控装备库存实际情况，使用 35-105 防喷器组替代，若闸板封芯位置发生变化，应评估相应井控风险，并做好控制措施，报管理部门批准。

表 8-4　搏孜 8 井五开井口装备配置

序号	井口装置名称	规格型号	备注
11	旋转控制头	（35-35）	
10	变径变压法兰	35-35×28-70	
9	环形防喷器	FH28-70/105	
8	单闸板防喷器	FZ28-140	剪切全封一体
7	单闸板防喷器	FZ28-140	ϕ139.7mm 封芯
6	单闸板防喷器	FZ28-140	ϕ149.23mm 封芯
5	钻井四通	FS28-140	
4	双栽丝顶丝法兰	28-140	
3	套管头	TFϕ273.05mm×ϕ206.375mm-（28-140）	EE 级、芯轴式
2	套管头	TFϕ365.125mm×ϕ273.05mm-（43-70）	EE 级、卡瓦式
1	套管头	TFϕ508mm×ϕ365.125mm-（54-35）	DD 级、卡瓦式

注：（1）五开钻进过程中，钻台上准备与ϕ127mm 钻铤、ϕ101.6mm 钻杆配合的防喷单根以备井控关井使用；

（2）固完ϕ131mm 尾管钻塞前，钻台上准备与ϕ88.9mm 钻铤、ϕ73.025mm 钻杆以及ϕ101.6mm 钻杆配合的防喷单根以备井控关井使用；

（3）回接ϕ196.85mm+206.38mm 套管后钻塞前，钻台上准备与ϕ127mm 钻铤配合的防喷单根或立柱以备井控关井使用。

（二）井控管汇及控制系统配置

搏孜 8 井现场井控管汇及控制系统配置见表 8-5 及如图 8-1 所示。

表 8-5　搏孜 8 井井控管汇及控制系统配置

名称	规格型号	备注
压井管汇	二开、三开用 YG-70 及以上，四开用 YG105 及以上、五开用 YG-140	
控制系统	FKQ6406+ 备用储能器系统或 FKQ8006 或以上	
放喷管线	FGX103-35 或 FGX88-21	两条，各接出井口 100m 以远
节流管汇	二开、三开用 JG-70 及以上，四开用 105 及以上、五开用 JG-140	
液气分离器	ZQF-1200/0.862	

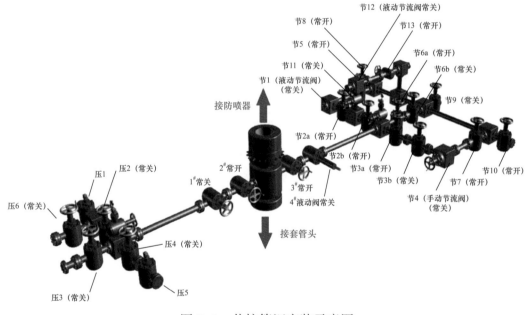

图 8-1　井控管汇安装示意图

二、井控装备研制与改进

（一）井控装备失效分析

据不完全统计，塔里木油田井控装备重大失效（故障）见表 8-6。

2001 年迪那 2 井井喷失控后，塔里木油田围绕提高井控装备适用于超高压气井等复杂条件的使用可靠性，对塔里木油田主要井控装备采取了降低零部件失效、提高性能的技术改造及技术措施等方面做了大量的工作，解决了现场实际问题，使塔里木油田井控装备的功能有了较大提高。

表 8-6 塔里木油田部分井控装备重大失效（故障）统计表

序号	失效部件	井号	时间	失效描述
1	节流阀	迪那 2 井	2001 年 4 月 29 日	阀板脱落失效，分离器软管爆裂，着火
2	13#FZ35-35 单闸板防喷器	HD1-18H	2002 年 10 月 3 日	多次上井试压未见异常，2002 年 10 月 3 日试压 12MPa 下壳体突然断裂
3	2# 双闸板防喷器	轮古 111 井	2003 年 8 月 31 日	闸板轴断裂
4	节流阀	东秋 8 井	2003 年	换第三只节流阀才压井成功
5	节流阀及短节	乌参 1 井	2003 年	阀体、双法兰短节刺坏
6	法兰螺栓	多次		多次在试压时断裂
7	28-105 双闸板防喷器	英深 1 井	2004 年 7 月	锁紧轴顶弯
8	5# 重矿 35-35 环形防喷器	车间试压	2004 年 11 月 29 日	在打压至 34.6MPa 时防喷器爆裂

（二）井控装备研制与改进

1.防喷器的改进

1）闸板防喷器

在引进国外先进防喷器的基础上，研制和推广应用闸板防喷器侧门浮动密封技术、液压自动锁紧技术和无侧门螺栓技术（图 8-2）。闸板防喷器侧门浮动密封技术（叶玉麟等，2015 年），大幅度提高了防喷器侧门密封的可靠性，同时侧门密封圈的平均使用寿命提高 2 年以上，维修工艺更加简单；液压自动锁紧技术提高了装备的自动化性能，锁紧及解锁更加快速可靠，简化了现场安装操作程序，避免了人工锁紧带来的误操作风险；闸板防喷器无侧门螺栓连接技术，使现场每次更换闸板总成的作业时间缩短 2 小时，同时劳动强度降低。该技术已全面推广应用，性能达到国外同类产品水平，实现 100% 国产化。

2）防喷器油路过滤装置

在对防喷器油路密封、防喷器控制系统油路阀件失效分析中发现，油路中含渣滓是失效的重要原因之一，在检维修过程中也发现油路含较多渣滓。为此研发了防喷器油路过滤装置（图 8-3）。该装置安装在管排架与井口防火胶管之间，装置额定工作压力 35MPa，滤网可随时清洗。

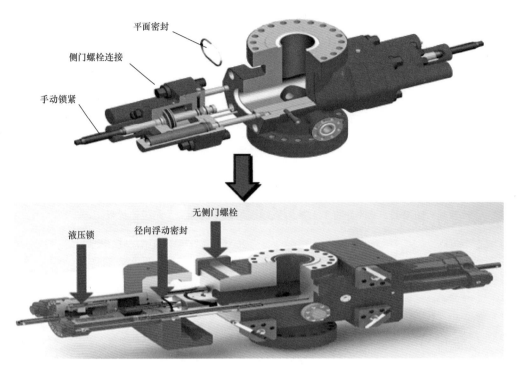

图 8-2　防喷器改进示意图

图 8-3　防喷器油路过滤装置现场实物图

3）闸板总成胶芯拆装工具

卡麦隆防喷器闸板胶芯在使用过程中，由于现场使用的工况复杂，高液压挤压使橡胶变形、高密度钻井液粘连、固定销子锈蚀，从而使闸板钢芯与橡胶密封件之间粘连，导致闸板胶芯人工拆卸困难甚至无法拆卸，拆卸效率低。

针对上述问题，塔里木油田自主研制了闸板总成胶芯拆装工具（图 8-4）解决了生产中的实际问题，能够快速拆卸卡麦隆闸板总成，特别是对老旧锈蚀的闸板总成非常有效。

图 8-4　闸板总成胶芯拆装工具实物图

4）闸板防喷器侧门螺栓拆装机

该装置研制前，防喷器维修靠人工拆装螺栓，工人劳动强度大，工作效率低，且容易损害螺栓。人工拆装时，均采用锤击扳手对侧门螺栓进行拆装，在遇到大型螺栓生锈或装配时预紧力过大等情况时，一个螺栓的拆卸可能花费很长时间、甚至拆不掉。为此，自主研制了拆装机，（图 8-5）拆装机采用了低速大扭矩扳手来代替人工操作，一个螺栓用较短时间便可拆卸掉。该设备主要适用于以下规格的闸板式防喷器：FZ28-70、FZ28-105、FZ35-35、FZ35-70、FZ35-105、FZ54-14、FZ54-35、FZ54-70。

图 8-5　闸板防喷器侧门螺栓拆装机示意图

2. 节流压井管汇的改进

1）防冲蚀短节

节流管汇工作压力高，易发生刺漏故障，防冲刺、抗御风险的能力较差，一直是井控安全工作的薄弱环节。为此塔里木油田研制了新型防冲蚀短节（图 8-6），现场试验后阀门主通径完好，下游防冲刺短节内部无明显冲蚀现象，具有很好的防冲刺效果，能够较好满足现场对于节流压井管汇防冲刺的要求。

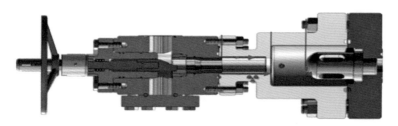

图 8-6　新型防冲蚀短节

2）全通径流道单流阀研制

为了解决老式单流阀易被冲蚀后失效的问题，研制了全通径流道单流阀，并将阀座的材质由 2Cr13 不锈钢改为硬质合金 YG8，将阀芯材质改为 2Cr13 不锈钢，表面喷焊 Ni60 合金，其硬度达到 HRC55—60。

使用过程中发现 YG8 硬质合金的阀座易破裂，于是又将阀座材质改为 2Cr13 不锈钢表面喷焊 Ni60 合金。室内实验成功后，塔里木油田又进行了现场实验，通过回收检查仍然完好，说明设计合理，现在塔里木油田的压井管汇全部配套使用全通径流道单流阀。

3）反循环压井六通

现场出现反循环压井等特殊工况时，需要在节流管汇的仪表法兰和仪表阀门之间安装三通，井内钻具或油管通过管线连接在三通上实现反循环压井作业。将六通（图 8-7）预留口可作为试压用等，作为节流管汇的标准化配套，可减少反循环压井作业的准备时间。

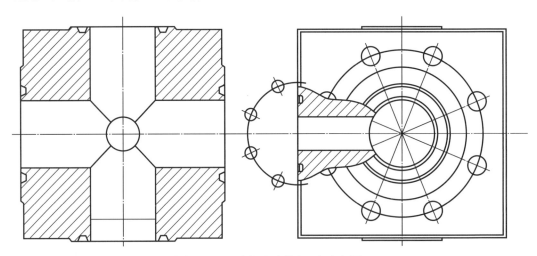

图 8-7　反循环压井六通示意图

4）多通道节流、压井管汇

针对碳酸盐岩储层的特性，研发了三通道节流管汇（图 8-8），提高了节流管汇的控制能力，同时对节流管汇增设了反循环作业时与钻柱水眼的连接通道，解决了采用正循环压井套压过高的风险，为压井作业开辟了新途径。

研制了五通道压井管汇（图 8-9），该压井管汇具备通过钻井泵反循环压井、压裂车反循环压井、钻井泵直接压裂车供浆等功能，保证了压井作业的连续性，提高了压井作业的效率。

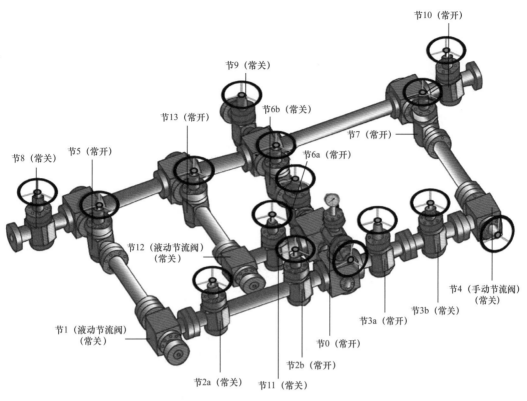

图 8-8　70MPa、105MPa 三通道平面节流管汇示意图

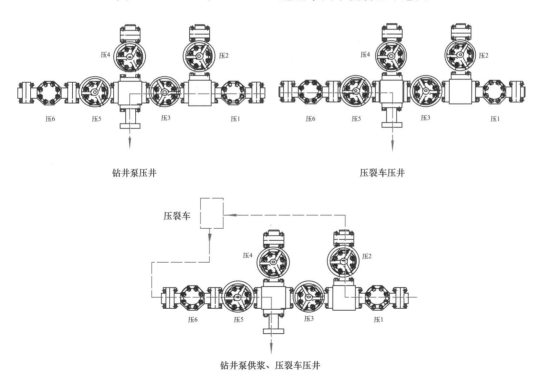

图 8-9　压井管汇三种工况流程示意图

针对超高压油气井压力控制技术难题，研制了多级节流压井系统（图 8-10），该系统由多级节流管汇、控制系统（节控箱及工控箱、控制软件）构成，能实现多级降压节流、多路通道选择、在线状态监测、压力程序控制、远距离压井操作等五大功能，具有安全性、可靠性和可操作性三个方面的优势。通过试验表明，在高密度（2.0g/cm³）和高固相介质（钛铁矿粉）的钻井液条件下，套压高达 50MPa，但通过三级节流，作用在节流阀的最大压降为 20MPa（仅为套压的 2/5），经过近 5 小时的节流压井作业，系统工作正常，节流阀阀芯、阀座均完好无损，保证了压井作业的顺利进行。与常规单级节流压井系统相比，使用寿命提高了 5～10 倍。多级节流压井系统后三项功能还可以方便地移植到常规节流压井系统，具有全面推广应用的潜力（刘绘新等，2007）。

图 8-10　多级节流管汇现场实物图

5）楔形节流阀研制

节流阀是节流循环压井控制井口压力的关键部件。影响节流阀性能的主要因素是阀芯与阀座的结构与材料，结构是否具有良好的线性特性，材料是否具有耐磨、耐冲蚀、长寿命等特点是重要指标。

针对普通阀存在的问题，新楔形节流阀阀芯采用带台阶的楔形结构，可以有效地将流体引向管道中央，如图 8-11 所示。阀芯的中部变径部分（$\phi50\text{mm}～\phi54\text{mm}$）采用 90° 直台阶，形成相对无害的轴向推力，解决了阀芯对阀座的膨胀力。用加长的硬质合金阀座来保护下游阀体，将阀座由原来的 50mm 加长到 205mm（图 8-12），使之兼具阀座和保护套双重功效。在下游法兰短节中增加抗冲蚀材料，在入口边缘喷焊硬质合金粉或镶嵌硬质合金套，增加寿命（图 8-13）。

该节流阀的使用寿命与普通阀相比提高了 10 倍，基本满足高压高产油气井节流压井的需要。楔形节流阀的研制成功，填补了国内的空白。

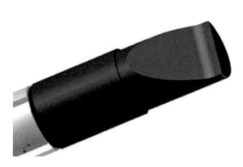
图8-11 楔形带台阶的节流阀阀芯

图8-12 改进后的加长阀座

(a) 楔形阀

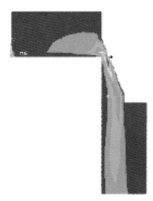
(b) 楔形台阶阀

图8-13 流体对阀座的冲蚀速度云图

3.应急管理系统改进

1）应急自动控制系统（一键关井系统）

当井口发生严重井涌、甚至井喷失控着火等极端工况，井口操作人员不能通过常规操作程序实施关井时，使用司钻房的紧急控制按钮（一键）或远程无线紧急遥控按钮，可快速实现放喷通道放喷、防喷器关闭、点火装置的自动操作，提高了井口的控制能力，达到了极端条件下保护人员和设备的目的。

一键关井系统（图8-14）主要由有线和无线按钮、发射器、接收器、电池阀、气管线和三通构成。三通安装在防喷器远程控制台内多个三位四通换向阀汽缸的开或关（根据设计开关的需要，如环形防喷器、闸板防喷器应为关，放喷阀应为开）的气路上，有线按钮安装在司钻操作台附近。其工作原理是操作有线或无线按钮，控制电池阀打开气源，气进入三位四通换向阀汽缸，三位四通换向阀手柄倒向开或关位，三位四通换向阀对应的井控设备进行开或关，完成关井操作，同时控制点火装置点火，一键关井系统与原控制系统的操作互不干扰。一键关井系统主要用于现场出现异常高压等紧急情况时，通过按一个按钮，就可安全、快速实施关井。

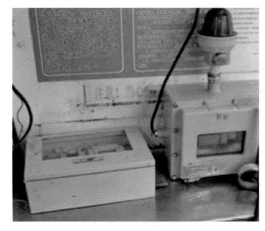

图 8-14 应急自动控制系统（一键关井）实物图

2）点火装置改进

原放喷时采用人工点火方式，这种方式不能满足 QSHE 的作业要求，存在较大风险。在压井施工过程中，返回的钻井液混杂着地层气体，需经液气分离器实现钻井液与气体的分离，钻井液循环利用，天然气需燃烧排放。特殊情况下放喷时，从放喷管线放喷出大量的含钻井液、油气等混合物，也应该将排放的天然气燃烧掉。改进后的新型点火装置（图 8-15）主要由各种电器元件组成的点火控制箱、油箱、点火器、气管线、油管线、燃烧器、遥控器等构成，其工作原理是操作有线或无线点火按钮，点火器打火，同时打开控制气源的电池阀，气进入油箱，经过雾化的柴油被点火器点燃，燃烧的柴油再点燃天然气、原油等及其混合物。

图 8-15 改进后的点火装置现场实物图

3）集成防喷器控制系统

研制了远程（无线遥控）电控液防喷器控制系统（图8-16），该系统具备在钻台面司钻操作、地面远控房直接操作、干部值班房远程操作、远程无线遥控操作（500m以远）四种操作控制方式，能够对防喷器的控制压力、开关信息进行存储读取，同时增设140MPa现场高压试压功能，解决了寒冷地区常规气控液控制系统冬季气路易冰堵、关井反应速度慢、控制方式及功能单一等问题。

远程控制台　　　　　　　　　　　　司钻控制台

辅助控制台　　　　　　　　　　　　无线控制台

图8-16　远程电控液防喷器控制系统

4. 氮气钻井专用井口装置

1）提高井控装备抗冲蚀性能，优化排砂测试流程

研制了抗冲蚀排砂四通（图8-17）和钻完井多功能四通（图8-18）；排砂管线按照"大、通、直、低、稳"的原则进行安装配套，提高了排砂管线的抗冲蚀、抗冲击能力；测试流程通过排砂四通进行测试，保证了多功能四通的完整性。氮气钻井地面流程如图8-19所示。

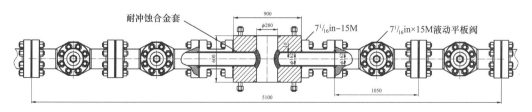

图8-17　抗冲蚀排砂四通

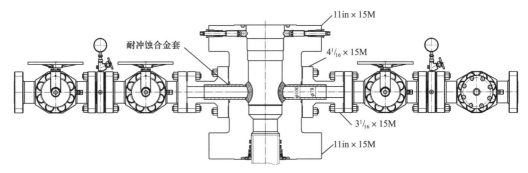

图 8-18　抗冲蚀钻完井多功能四通

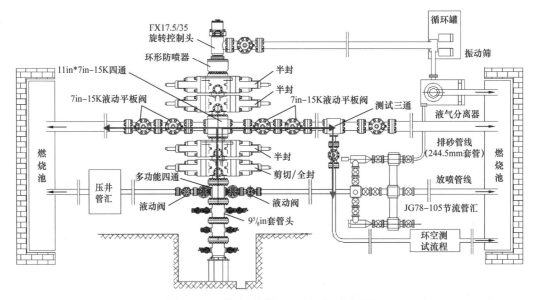

图 8-19　氮气钻井地面流程示意图

2）优化井口装备配套，提高井口控制能力

井口组合分别配套旋转控制头、环形防喷器、对应尺寸的半封闸板、剪切闸板，丰富了控制手段；井架底座以内排砂四通及管线与防喷器压力等级一致，提高了排砂管线的安全性能；钻具内配套齐全箭形止回阀、投入式止回阀、旋塞阀，为钻进、起下钻、完井等措施提供了安全保障。

5. 井口装备

1）钻完井一体式抗硫油套管头

使用传统的套管头和采油（气）井口装置需要多次换装井口装置和防喷器组，与节流管汇和压井管汇多次连接等改变地面设施的过程，换装一次需重新对防喷器组和地面设施进行试压，花费时间和成本。从安全考虑，虽然井内有内防喷器，但井口没有，所以在换装井口时安全风险很大，曾经发生在换装井口过程中，由于井底高压气体迅速窜到井口，而井口无防喷器组导致井喷失控事故。

钻完井一体式抗硫套管头（图 8-20）是将套管头、油管头以及钻井四通合为一体，一次性安装后不需要更换井口装置和改变地面设施，就可以完成钻井、固井及井下测压、洗井、压裂酸化等试油完井特种作业；整体式套管头安装完成后不需要穿换井口，减少了井口、防喷器组和节流压井管汇重新安装、试压的时间，减少起下钻具或油管柱的程序，避免起下钻及换装井口时井口无防喷器组带来的风险，同时节省大量的时间和成本。

图 8-20　钻完井一体式套管头装置示意图

2）抗硫多功能四通

抗硫多功能四通（图 8-21）具有钻井四通和采油四通的特性，减少了钻井转试油期间换井口的程序，提高了井控安全，目前广泛用于碳酸盐岩地区。抗硫多功能四通具有常规钻井四通的功能，可以安装加长防磨套，用于保护套管和试压密封面；可以在其下腔安装试压塞，对防喷器组、节流压井管汇、内防喷管线等进行试压；具有油管头的功能，可以直接悬挂管柱和安装采油树。

3）新型 140MPa 芯轴式悬挂套管头

随着库车前陆区 8000m 级别超深、超高压气井数量的不断增加，出现了一批关井压力超过 105MPa 的超高压气井，这些超高压气井一旦发生油管柱泄漏，A 环空将直接承受井口油压，井控安全将面临严峻的考验，通过调研论证，使用了 140MPa 国产芯轴式套管头，并将油管头压力级别整体提升至 140MPa，与常规套管头相比，除压力级别的提升外，这种新型套管头密封部分采用金属 + 橡胶复合密封结构，具有更稳定的耐高温、耐腐蚀的特点，可以有效解决超高压气井在开发生产后期因密封失效造成环空带压的屏障风险问题。克深 14 井应用，成功坐挂 255t，试压 117MPa 无渗漏。

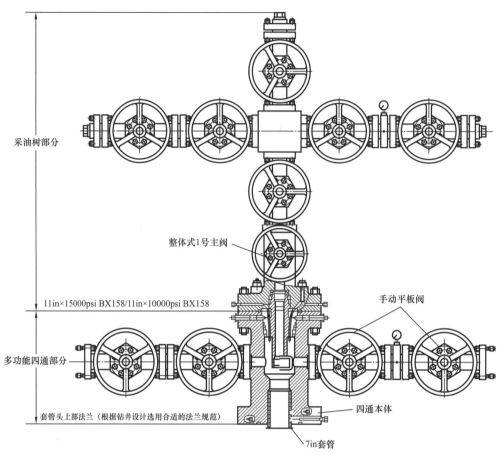

图 8-21　抗硫多功能四通结构图

第三节　井控技术

一、高压气井压井技术

处理高压气层溢流时，用常规的正循环压井方法会把气体在同一时间更多地带到井口，造成井口套压过高，而配套的井控设备额定工作压力通常为70MPa、105MPa，少数为140MPa。压井过程中过高的井口套压，不仅对技术人员指挥压井造成巨大的心理压力，而且会威胁到井口设备的安全，导致井喷失控。为了避免在压井过程中出现套管压力异常高压等危险局面，应根据溢流实际情况，采取灵活多变的压井方法，才能取得好的效果。

（一）反循环压井工艺

针对库车前陆区超高压油气井钻井周期长，存在套管磨损严重、套管强度低等问题，若采用传统的正循环压井法施工作业，当井内气体上升井口时套压最大，井口井控装置和套管均承受很高的压力，甚至超过套管的承压范围，为了规避这种风险，一般使用反循环压井法。但使用反循环压井方法必须是在井内钻柱上无内防喷工具的情况下，还需要连接钻台到地面节流管汇的硬管线并试压，井口还必须安装旋塞以应急管线刺漏时关井使用，现场压井准备时间长，导致该方法在现场使用时可操作性受到一定的局限。

超高压油气井一旦发生溢流关井后，由于关井压力较高，使用不同的压井方法对井口、套管的抗内压和裸眼段地层的承压能力都有不同的要求，只有根据油气井的具体情况选择合适的压井方法，才能保证二次井控的压井施工安全顺利地进行。因此必须对正、反循环压井法进行优选评估。塔里木油田某井发生溢流后用不同的压井方法现场取得套、立压数据见表8-7。

表8-7 正、反循环压井法立、套压对比

压井方法	溢流量（m³）	最大套压值（MPa）	最大套压时刻（min）	最大立压值（MPa）	最大立压时刻（min）
司钻法	2	24.5	75.2	9.03	0
	4	31.7	70	9.03	0
	6	36.5	65.5	9.03	0
反循环司钻法	2	12.33	0	14.16	16.1
	4	12.33	0	17.19	15.4
	6	12.33	0	19.34	14.8

由表8-7可以看出，即使在溢流量很小，正循环压井的套压也高于反循环压井。对于深井、超深井，套管有一定的磨损、承压能力较低时，可以考虑采用反循环压井。如果发现早，处理及时，采用反循环压井一方面可以降低套管的承压，另一方面可以大大降低套管和地层承受高压的时间，有益于降低井控风险。

反循环压井方法具有以下优点：减少同一时间到达井口的气量，从而降低压井过程中的井口套压，有利于压井工艺的顺利实施，减小井控作业风险；压井过程中，排除高压油气溢流所需的时间较短，钻井液池的增量较少。

采用钻杆作为溢流物传送至井口抗压通道，由于溢流物在钻杆内部膨胀，溢流压力上升至最大值时，其压力远低于钻杆抗内压值（钻杆抗内压值：ϕ127mm钻杆为117.9MPa，ϕ88.9mm钻杆为177MPa），因此对于钻杆来说也是安全的，同时避免了因上部技术套管内壁磨损，造成井筒承压能力大为降低和井口装置无法承受过高井口套压的问题。

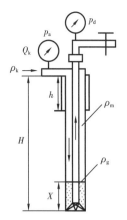

图 8-22　反循环压井流程示意图

p_d—立管压力；p_a—套管压力；Q_k—压井排量；
ρ_k—压井液密度；H—井深；p_j—节流压力；
x—溢流在井底高度；ρ_m—原浆密度；ρ_g—溢流密度；
A_a—环空截面积；h—套管鞋井深

1. 压井流程

发生溢流后，关井，取得相关数据，压井钻井液以压井排量经压井管汇进入环形空间，推动环空钻井液下行，溢流经钻头水眼进入钻柱内上返，同时调节节流阀保持井底压力不变且略大于地层压力。溢流在钻柱内上行至井口转换接头、地面管汇、节流管汇，最后经节流阀从放喷管线排出。溢流排完后，继续泵入压井钻井液，将井内及钻柱内的原钻井液顶替出地面，井内充满压井钻井液，停泵、关井，确认是否将井压稳，压井完成后即可加重钻井液恢复钻进。反循环压井法压井时井筒内流程如图 8-22 所示。

2. 使用条件

钻井周期较长，套管磨损严重或抗内压低的井；套管分级箍关闭不严，井筒承压能力低的井；套管下深裸眼段较长，井下其他地层承压能力低。

3. 反循环管汇

钻具至节流管汇必须连接反循环管汇，且达到规定的承压标准，压井钻井液可以通过压井管汇经环空注入井内。105MPa 反循环管线连接如图 8-23 所示。

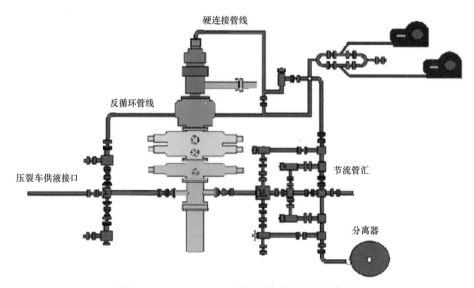

图 8-23　105MPa 反循环管线连接示意图

（二）压回法压井工艺

压回法压井指在关井条件下，用压井钻井液将环空和钻具内的钻井液及溢流物全部推入地层，使井筒内的压力重新处于平衡状态。该方法压井速度快，但钻井液损耗量较大，同时井口容易出现高压。使用压回法压井的总原则是：泵压不能超过井口最高关井许可压力。压回法压井工艺示意图如图8-24所示。

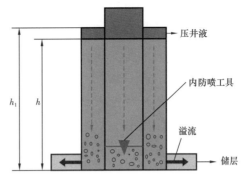

图8-24 压回法压井法示意图

1.压回法压井的适用条件

压回法压井适合于压力敏感性储层，这类储层在实施正循环节流压井时容易发生井漏。当发生溢流时，如果采用正循环压井，会在压井过程中发生井漏，使得井内压力进一步降低，溢流进一步加大，形成一种恶性循环，增加了压井控制难度，导致压井失败。采用压回法压井，通过向地层（漏层）推注钻井液，将井内的钻井液和溢流气体推进地层，实现全井筒装满钻井液，最终建立井内压力平衡，避免了井内压力复杂变化，降低了压井控制难度，可以确保压井成功。从施工效果看，针对压力敏感性这类特殊地层，同常规正循环节流压井相比，使用压回法压井成功率较高。

压回法压井也适用于预防出现高套压的情况。在溢流发生初期，如果采用正循环节流压井，不能及时将溢流排除。溢流量越来越大，溢流气体随着循环不断上升、膨胀，并且向上滑脱，在井筒内占据的空间越来越大，直接导致液柱压力越来越低，套压越来越高。高套压的出现将加大刺坏井口设备的可能性。如果套压进一步上升，一旦超过井口装置的额定工作压力，最终将导致更复杂的情况出现。在这种情况下，采用压回法可以尽早地将溢流压回入地层，规避复杂情况出现，也能节约大量的压井钻井液，降低钻井施工成本。

压回法压井特别适合于压力敏感性高含硫化氢储层，如果在深井高含硫化氢储层发生溢流，硫化氢气体会对钻具造成腐蚀。当硫化氢气体上升至井口时，处理复杂的难度将更大。一旦一定浓度的硫化氢溢出井口，将立即污染空气，严重威胁到井场工作人员以及井场周围群众的生命安全。为减少含硫化氢溢流物在井内的浸泡时间（如正在进行起下钻或电测作业等），防止井内钻具的氢脆破坏，并且消除硫化氢上升至井口将带来的一系列的复杂情况，应当首先采用压回法压井，可以在最短的时间内将含硫化氢溢流压回入地层，避免钻井事故的发生。

2. 压回法压井措施

压回法压井是在不循环的状态下进行的压井方法，因此压回法对井口装置和套管鞋处地层的承压能力要求较高。当钻井液容易被推入地层时，井口施工压力不会很高，但当地层不容易推进钻井液时，井口便会出现高压力。鉴于此情况，一般应在井场配置压裂车，利用压裂车进行压井。

使用压回法压井，在将溢流物从环空压回地层的同时，部分溢流物也会进入钻杆，同样会对压井控制带来困难。因此，在环空挤压的同时，还应使用平推法用压井液把进入钻杆内的地层流体推入地层，从而在钻杆内也形成完全液柱，确保压井作业安全。

由于压回法压井不是在循环畅通条件下进行的，而是通过井口加压强行推注的，所以在深井条件下，采用压回法压井会漏掉环空的大量钻井液，因此，采用该方法的前提条件是要储备足够的钻井液。

压回法压井的特点决定了施工时在井口容易出现比较高的推注压力。该推注压力必须符合以下三个方面的要求：

（1）推注压力能将井筒内的溢流物和钻井液顺利压回入地层；

（2）推注压力应该小于井口额定工作压力、套管的抗内挤压力和套管鞋的破裂压力三者的最小值；

（3）不能因为推注压力过高而使得井底压力同钻柱内的液柱压力差值超过钻杆内防喷工具的额定工作压力。

当实施压回法时，必须要选择一个合理的压井排量。在压力允许的条件下，排量可适当增大，直到压力过高将对压回法实施产生坏的影响。一般情况下排量越大越好，它能尽可能快的将溢流物压回。并且排量越大，越能阻止气体的上窜。根据现场使用压回法施工经验有，压井排量一般为正常钻井排量的 1/2 或比 1/2 稍大。

为了确保将所有的溢流物全部压回入地层并压稳重建平衡，所用的压井液量一般应准备井筒容积的 1.5～2 倍。当关井压力较高，为避免节流循环压井出现过高套压峰值而带来的井控风险，可根据实际情况选用压回法 + 节流循环压井法结合的措施，先用 2～3 倍溢流量的压井液压回溢流物，降低压力，再用节流循环压井重建平衡。

二、缝洞型碳酸盐岩储层井控工艺技术

（一）正常作业过程井控工艺技术

1. 井筒液面监测技术

在缝洞型碳酸盐岩储层作业过程中，因频繁井漏而液面经常不在井口。井下液面监测仪能够在井漏失返、液面不在井口的情况下，实时监测环空和钻具水眼内的液面变化，通过定时吊灌适量钻井液，维持井下液面高度，保持液柱压力始终大于储层油气压力，避免溢流发生，为后续作业创造了条件。

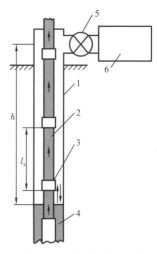

图 8-25 声呐测深仪测量液面原理示意图
1—套管；2—油管；3—接箍；4—油液；5—安装位置；6—发射枪

目前塔里木油田广泛应用的井下液面监测仪是声呐测深仪监测液面。测量原理是远传非接触监测方式测试井内液面动态，测深仪与油套环空相通，采用便携式非爆炸气源（气压枪）作为动力源，用预先准备的氮气瓶里的氮气做动力，计算机定时控制测深仪声呐发射系统发出声呐脉冲波，脉冲波通过环空传至井下液面，声呐遇到井下液面便向地面返回一个脉冲波，通过特有处理软件系统对各种噪声信号进行过滤、分析处理，得到反映液面位置的曲线，快速计算液面井深，并在计算机上记录深度变化曲线，所得数据是在线的、实时的（图 8-25）。现场一般安装在套管头上的阀门外[图 8-26（a）]、封井器盲板处[图 8-26（b）]、钻杆（油管）上[图 8-26（c）]。

（a）套管头上的阀门外

（b）封井器盲板处

（c）钻杆（油管）上

图 8-26 井下声呐测深仪安装位置

液面监测仪应用于井漏失返工况下液面实时监测和溢流检测，具有实时、准确的特点，从而为钻井过程中井下压力变化的分析，溢流的判断提供了可靠技术手段。图 8-27 是针对漏失井中古某井开展液面监测情况，在井口未见液面的情况下，液面监测仪实时测量并记录环空液面位置，为井控措施的制定创造了条件。

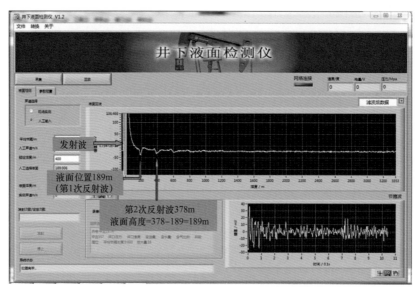

图 8-27　中古某井环空液面监测图

2. 吊灌技术

吊灌技术是指在钻井作业过程中，发现井漏以后，静液面不在井口，定时定量地向井内灌注钻井液，从而维持井内动压力相对平衡，防止井喷的一项井控技术。对于碳酸盐岩高压气井，作业时发生井漏，此时钻井液静液面不在井口，井内液柱压力降低，容易造成井筒压力系统失去平衡，如果不采取措施，会导致井内高压气体被置换出来，甚至造成溢流、井涌等复杂。采取吊灌技术能够有效控制地层中的天然气进入井筒，即使天然气有少量进入井筒，通过吊灌钻井液也能有效控制气体向上运行或者将其压回地层中去。吊灌钻井液的量需要根据井内的压力情况、钻井液密度、井筒容积精确计算，不合理的吊灌容易诱发工程问题：灌浆太多引起钻井液大量漏失，可能会导致井底油气与井筒钻井液的置换加剧；少灌则会产生溢流、井涌等复杂情况。

3. 重浆帽技术

缝洞型碳酸盐岩储层钻进时采用控压钻井进行作业，但起下钻时必须停泵，导致环空摩阻消失，需要提高静液柱压力或井口回压以补偿环空摩阻，恢复井底压力平衡。起钻过程中，可以通过旋转控制头上提钻杆，结合地面回压泵和节流管汇系统稳定井底压力，实现带压起钻作业。这种起下钻方式动用装备多，时间长，操作难度大，另外下部钻具组合中的钻铤、螺杆钻具和钻头变径明显，使得井口回压控制难度更大。因此在起钻到套管鞋上方预定高度，需注入高密度钻井液，即重浆帽，使得静液柱压力升高，补偿因停泵造成的环空压力损失，实现起下钻过程中井底压力平衡。

重浆帽的工艺流程为：在起钻时，首先控制井口回压将钻头起到套管鞋以上的某一位置，注入一定量的高密度钻井液驱替钻头以上的井浆，形成重浆帽，保证起完钻后仅依靠静液柱压力就能平衡地层压力。在下钻时，先将钻头下到重浆帽底部，将重浆帽进行循环排出，通过控制井口回压下钻到井底。具体工艺流程如图 8-28 所示。

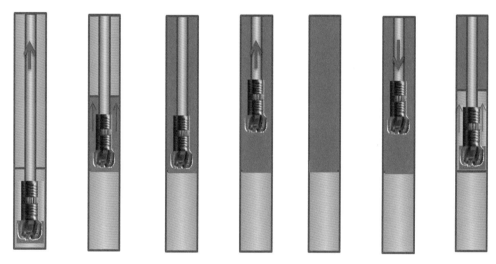

图 8-28　控压钻井重浆帽工艺流程

现场实际作业过程中，注入重浆帽作业需要遵循以下原则：

（1）打完重浆帽之后井口回压为 0，仅靠钻井液静液柱压力就能维持井底压力恒定；

（2）重浆帽中起下钻产生的波动压力要小于井底压力允许的波动范围；

（3）重浆帽高度的选取要考虑地面重浆帽补偿罐 / 回收罐的容积大小；

（4）重浆帽尽量维持在上层套管内，以免伤害裸眼地层；

（5）重浆密度与原钻井液密度之间差值不能过大，一般要小于 0.4g/cm³（$\rho - \rho_m$ 小于 0.4g/cm³），以减少两种不同密度钻井液的混浆量。

4. 分段循环排污控制技术

碳酸盐岩储层裂缝性较发育的井（喷漏同存）、气油比高的井，在井底节流循环，会加剧油气置换，导致井口压力增高，而且由于井底不停地产生置换，会使整个井筒的液柱压力降低，环空受污染的钻井液无法排除，导致节流循环期间井口高套压持续不降。

针对这种情况，采用分段循环排污控制技术，主要的操作程序为：

（1）环空注入高密度钻井液，致使套压达到能够使用旋转控制头控压起钻的合适套压。

（2）将钻具提离储层顶部进行节流循环，排除上部受污染的钻井液。

5. 凝胶段塞分隔技术

对于高压、高含硫气井，进行起钻或其他钻井液不循环的井下作业时，因安全密度窗口很窄，如果钻井液密度稍高，则可能发生井漏；如果钻井液密度稍低，气体则可能进入井眼向上滑脱累积，就可能造成井涌、井喷等重大安全事故。面临这个难题：一方面必须压住地层流体以保证起下钻及相关作业的安全，另一方面要阻止或延缓井筒气体滑脱上升，尽量减少钻井液进入储层带来的伤害。目前所用的传统钻井技术很难解决这个相互矛盾的问题，"井底凝胶封隔"技术是塔里木油田为解决这个难题创新提出的一种新方法。

针对塔里木油田的实际应用工况，对"井底凝胶封隔"技术提出以下要求：

（1）井底温度高，要求凝胶抗温 140℃；

（2）凝胶要求有很高的黏度和很好的剪切稀释能力；

（3）要求凝胶有很好的封堵能力，隔开地层流体（油、气、水）与井筒的联系，在井下形成一面墙（凝胶黏弹性强、产生过喉道膨胀充满整个漏层空间、排出漏层中的水或钻井液，隔开地层流体与井筒的联系）；

（4）要求凝胶材料与钻井液配伍混合后不影响钻井液性能（如果凝胶与钻井液混合后引起钻井液性能恶化会引发井下事故）；

（5）要求此段塞可加重到与钻井液密度相当又要保持凝胶的性能不发生变换（凝胶黏度高、结构力强，加重到高密度难度大）；

（6）要求凝胶可"破胶"、可返排（常用高黏切钻井液返排难度大，开泵循环难度大）；

（7）要求凝胶对储层伤害低。

通过大量实验优选出了特种凝胶 ZND，该凝胶具有高效增黏性、足够的悬浮性、良好的剪切稀释特性、较强黏弹性和触变性、良好的抗温抗盐性，其基本特性满足凝胶封隔技术提出的基本性能要求，基本配方见表 8-8。

该配方的主要特点是：特种凝胶 ZND 中加入膨胀颗粒或 Gel-PRD 可进一步提高其封隔能力，与 CX-215 复配可进一步增强其抗温能力；能够用于 110～140℃高温环境；与常用钻井液体系配伍，可加重、可破胶。

表 8-8 抗高温凝胶配方

序号	钻井液材料名称	材料代号	配方比例
1	膨润土		1%～2%
2	抗盐抗高温环保增稠剂	CX-215	1.5%～2%
3	提切剂	PRD	1.5%～2%
4	凝胶	ZND	1%～2%
5	加重剂		根据密度

图 8-29 介绍了起钻注凝胶段塞及下钻破胶步骤：

（1）安全起钻到指定井深位置；

（2）注凝胶段塞，在规定时间内静止候凝成胶；

（3）开泵循环 1～2 周，观察后效，确认分隔效果；

（4）如果分隔成功，进行后续作业。

破胶步骤：

（1）安全下钻到注凝胶段塞顶部位置；

（2）分段注入破胶剂，旋转钻具搅动破胶；

（3）泵循环，排放凝胶液混合钻井液；

（4）破胶成功，进行后续作业。

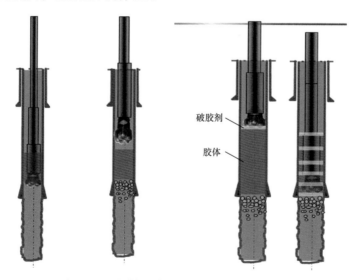

图 8-29 起钻注凝胶段塞及下钻破胶步骤

6. H_2S 监测、防护技术

由于碳酸盐岩储层多数含有 H_2S，为了及时发现 H_2S，减少 H_2S 对现场人员的伤害，严格执行 SY/T5087-2017《硫化氢环境钻井场所作业安全规范》要求，尽量避免或减少 H_2S 等有毒气体进入井眼、溢出地面，最大限度地减少对井内管材、工具和地面设备造成的损坏，避免人身伤亡和环境污染。制定了《塔里木油田钻井井控实施细则》《关于对含硫地区钻（修、试油）井辅助作业队伍 H_2S 监测仪器及安全护品的配备规定》（包括正压式呼吸器、H_2S 监测仪、防爆轴流风机、风向标等）等标准，进一步规范含 H_2S 井的钻井作业。

含 H_2S 井钻探时，钻井队需要配备 4 台以上的便携式 H_2S 监测仪。便携式 H_2S 监测仪由作业人员随身携带。录井队的固定式电化学式气体传感器 H_2S 监测仪通常安装在钻台、圆井、振动筛和循环罐等位置，同时配备不少于 12 套正压式呼吸器，1 套声光报警装置。

井上常备除硫剂，在含 H_2S 气体的井段钻进，保证钻井液 pH 值不小于 9.5，钻井液中应提前加入除硫剂，并制定防 H_2S 的应急救援预案；在钻井过程中，为了防止 H_2S 大量进入井眼、导致钻具氢脆以及保证人身安全，采用压稳油气层作业方式；发现溢流后要立即关井，避免溢流量增多；并采取防顶措施；溢流后压井，优先采用压回法将地层流体压回地层，再节流循环加重；如无法实施压回法压井，则尽快采取循环压井的方法，当含 H_2S 气体的钻井液到井口时，通过分离器分离，用自动点火装置点火，若需人工点火时，应由专人佩带防护用品点火，将气体烧掉；一旦含 H_2S 的井发生井喷失控，启动防 H_2S 应急救援预案。

（二）缝洞型碳酸盐储层压井技术

1. 压回法压井

碳酸盐岩储层溢流需采用压回法压井。2006 年塔中 83 井、2011 年中古 151 井碳酸盐岩储层溢流，采用节流循环的压井方法，发生钻具氢脆，钻具落井。

压回法，即向水眼、环空注入一定量的压井液，把油气污染钻井液压回缝洞储层，重新建立井下压力平衡。充分利用裂缝性储层井筒的连通性特征，采用压回法通过把溢流物及受污染的钻井液压回储层，有效的排除溢流，确保井筒清洁，在井筒压力动态平衡条件下，恢复和重建压力平衡。规避节流压井作业过程中溢流的重复发生，把复杂的问题简单化，大幅度提高压井成功率。

2. 碳酸盐岩定容体溢流压井

碳酸盐岩由于长期深埋与成岩作用，大多数洞穴之间的通道发生垮塌充填或为胶结物充填，连通性差，产生相对独立的洞穴单元，油气充注后形成孤立的洞穴型油气藏。洞穴型油气藏具有统一的温压系统与流体性质，油气水界面明显，底水发育，油气产出受洞穴规模控制，定容特征明显。

对于定容储集体，随着挤入压井液体积的增加，储集体内的油气被压缩，储层压力升高，施工泵压升高，停泵后关井压力升高，压井失败。如果继续采用高密度压井液压井，储集体内的压力会继续增加，造成不断提高压井液密度，始终不能压稳油气层。陈忠实等的《典型小储量气井井控技术难点及处理实践》提出了对于小储量气井溢流放喷泄压的处理方法，该技术对于不含 H_2S 的油气层是有效的处理手段。但塔里木油田奥陶系碳酸盐岩储层普遍含 H_2S，利用钻具或套管放喷泄压，钻具有氢脆风险。同时井口防喷器、节流压井管汇不抗硫，存在 H_2S 腐蚀失效风险。2014 年 7 月塔北奥陶系碳酸盐岩某评价井，溢流关井后，采用套管放喷的方法试采，在分离器取样口监测到 7.6～22.8mg/m^3 的 H_2S 气体 22 小时后，井内 4in S135 钻具在井深 642m 氢脆，钻具上弹，造成管内短时失控，发生井控险情。因此，在没有采用防硫钻具、套管和井口装置，进行充分的工艺安全分析的情况下，奥陶系碳酸盐岩定容储集体溢流，不能用钻具和防喷器放喷泄压。

对于定容储集体，采用在油气层上部节流循环的方法，排除污染浆，建立井内压力平衡，是处理裂缝性油气藏的有效手段。裂缝性油气层井内压差没有安全窗口，取而代之的是一个很小的重力置换窗口。裂缝性油气井溢流，在油气层中节流循环，即使控制的井口套压大于关井压力，油气也会不断侵入井筒，表现为循环泵压时高时低，井下始终存在漏失，在多个循环周内始终有油气侵，环空钻井液始终有污染，造成压井失败。采取在裂缝性油气层上部循环，能够避免循环时油气侵入井筒，有效地建立液柱压力。

第九章　超深油气井钻井装备配套技术

塔里木盆地在勘探初期，钻井装备从均是从国外引进的小型钻机和小尺寸小钻具，钻探能力有限，仅能钻探一些浅层构造，20世纪80年代末，原中国石油天然气总公司调动全国的深井钻机到塔里木参加会战，主要是6000m机械钻机及少量7000m电动钻机。随着塔里木油田勘探开发的不断深入，钻探深度、难度不断增加，当时的钻井装备越来越难以满足勘探开发的需求，为此，塔里木油田联合国内科研院所、钻机生产厂家，开展了钻机的改进升级，研发了8000m电动钻机、9000m四单根立柱钻机、ϕ127mm塔标钻杆等一批新型钻井装备，塔里木油田的钻探能力提升到了9000m，极大地推动了塔里木盆地超深油气藏领域的勘探开发。

第一节　技术发展历程

一、塔里木油田钻机发展历程

塔里木油田的钻机伴随勘探开发钻探的深度、难度而不断发展进步，总体历经了四大阶段。

（一）深井钻机引进阶段（1989年）

1989年，原中国石油天然气总公司调动全国的深井钻机到塔里木参加会战，基本上全是进口钻机。主要钻机类型有美国E2100、C–II–2型7000m电动钻机和C–III–2型9000m电动钻机，罗马尼亚F320型6000m机械钻机和F400型7000m机械钻机。

（二）深井钻机国产化研究阶段（1990—1996年）

1990年，当时原中国石油天然气总公司组织兰州石油机械厂和宝鸡石油机械厂开始研究国产沙漠边缘ZJ70LB机械钻机，1991年国家重大项目攻关办又组织国内厂家研究制造出我国第一台沙漠电动钻机ZJ70DS，这部钻机1995年初在塔中投用，为国产钻机及配套装备的发展打下了基础。

（三）深井进口钻机的国产化改造阶段（1996—2000年）

1996年以后，罗马尼亚F320钻机不断老化，逐渐不能满足塔里木油田深井、超深井钻井的需要，国内一些钻机制造厂如四川宏华钻机制造厂等企业，开始对 F320 钻机进行整体技术升级改造，将原来的分组驱动改为统一驱动，将井架、底座及传动箱进行更新，只保留了原来的绞车，钻机的性能大大提升。

（四）超深井钻机全面国产化阶段（2000 年以后）

2000 年以后，国内钻机制造企业如雨后春笋，设计制造能力大幅提高，自行设计制造了一大批机械和电动钻机，2013 年塔里木油田联合中国石油工程院等单位研发了 9000m 新型电动钻机（四单根立柱，最大提升能力 675t），起下钻速度提高 30%～40%。

目前塔里木油田使用的钻机主要有 ZJ70L、ZJ70LDB、ZJ70DB、ZJ80DB、ZJ90DB 等型号（表 9-1），钻探能力提升至 9000m，大幅度提升了深井超深井钻井能力。配置了 52MPa 双立管高压循环系统，为各种提速工具的应用提供了保障。全面推广顶部驱动装置，大幅度提升了复杂处理能力。

表 9-1 塔里木油田在用 ZJ70、ZJ80、ZJ90 钻机性能参数对比

参数		ZJ70	ZJ80	ZJ90
补心高		10.5m	10.5m	12m
立根合容积	φ114mm 钻杆	250 柱（7000m）	285 柱（8000m）	320 柱（9000m）
名义钻探范围	φ114mm 钻杆	4500～7000m	5000～8000m	6000～9000m
转盘通孔直径		φ698.5mm	φ952.5mm	φ952.5mm
承载能力		4500kN	585kN	675kN
钻井液泵		3 台 1600hp	3 台 1600hp，选配 2200hp	3 台 1600hp，选配 2200hp
承压能力	水龙头	35MPa	52MPa	52MPa
	水龙带	70MPa	70MPa	70MPa
	钻井液管汇	70MPa	70MPa	70MPa
钻井液罐	循环灌	550m³	550m³	600m³
	储备灌	200m³	200m³	240m³
固井水罐		160m³	200m³	240m³

二、高性能钻具技术发展历程

随着勘探开发钻探深度和难度的不断增加，钻具技术主要围绕钻具失效、预防和小井眼安全钻进而开展，主要经历了两大阶段。

（一）引进应用阶段（1989—1999 年）

这一阶段钻具技术以引进、使用厂家成熟产品和现成技术为主。

1989年，钻具管理采用成套管理模式，不同级别的钻杆一起混合使用，每次使用完对钻具进行简单的探伤和判修。采用手磨刀具修理钻具，修复质量难以保证。1996年由于钻具失效事故频发，为了降低钻具失效，开始推广数字扣和LET扣技术，采用了成型刀具进行修理钻具。针对钻铤螺纹疲劳积累严重的情况进行切头赶扣、转移螺纹疲劳积累部位等方式，使得钻具失效得到有效控制。钻具成套管理模式由于钻具使用效率不高，不同级别钻杆混合使用难以满足不同工况要求而被钻具分级管理模式所取代。

（二）自主研发与集成应用阶段（2000年以后）

随着油田勘探开发的不断发展，引进的钻具不能完全满足深井超深井需要，从2000年开始针对不同需求开展了钻具技术攻关和钻具失效预防技术的研究。这一阶段是对钻具失效机理与预防的基础性研究和应用，摸索到了一套行之有效的超深井小井眼安全钻进钻具管理、配套和相关技术保障措施，基本满足油田勘探开发的需要。

2001年开展了钻杆刺漏失效机理及高寿命钻具稳定器的研究，开始使用了钻杆防磨技术。2002年针对钻杆制造过程中出现的产品质量问题，与厂家共同研究制定了补充订货技术条件，使油田钻杆质量有了大幅度提升，并推动国产钻杆质量的提高。2005年开展了适用塔里木油田的非标钻杆研究，形成了具有塔里木油田自主知识产权的高性能技术集成钻杆，是对API标准的补充和提高。2006年开始了钻铤断裂防治措施研究、钻具形位尺寸的全息测量及螺纹无损检测新方法研究、磁记忆检测和评价钻杆疲劳强度技术研究。2007年针对库车前陆区深井超深井小井眼钻进中存在的钻具抗扭强度不足的问题，研发了钻铤双台肩接头技术，并在小尺寸钻铤上推广应用。针对小井眼安全进行了小尺寸钻杆安全性和新型小钻杆的研究，研制了 $\phi88.9mm$、$\phi73.03mm$ 和 $\phi60.33mm$ 小接头钻杆。2008年引进了 $\phi147mm$ 铝合金钻杆、$\phi146mm$ 铝合金钻杆、$\phi103mm$ 铝合金钻杆，解决固井难题和兼顾酸性气田钻井钻具防硫难题，为处理固井事故和含硫油气井钻井开辟了一条新途径；2012年研发了 $\phi101.6mm$ "油钻杆"用于氮气钻完井一体化试验；2013年引进 $\phi149.23mmV150$ 钢级高强度钻杆；2015年引进 $\phi101.6mm$ 小接头 V150 钢级高强度钻杆替代 $\phi88.9mmS135$ 钢级钻杆在超深井 $\phi177.89mm$ 套管内作业使用，为深井管柱强度不足的问题提供了解决方案。2014年开展塔里木库车前陆区超深井小井眼高强度钻杆技术研究，研制了 $\phi139.7mmUH165$ 高钢级钻杆并进行了现场试验。

通过30年的技术攻关，形成了适应油田深井超深井复杂工况需要的塔标钻杆、小尺寸双台肩钻铤、非标小接头钻杆等系列技术。

第二节　超深井钻机配套规范

塔里木油田目前的钻井深度除少部分属中浅井外，大部分超6000m，根据塔里木油田不同的区域地质特征及钻井需求，主要介绍了适用于库车前陆区7000m以上钻机的基本配套规范。

一、7000m 电动钻机配套规范

（一）配套要求

库车前陆区7000m钻机必须配套直流电动或交流变频7000m钻机。

库车前陆区7000m电动钻机的基本配套要求见表9-2。

在钻机配套时，其部件、组件的功能参数不应低于表9-2中的要求值。

表 9-2　库车前陆区使用的 ZJ70 电动钻机配套表

序号	部件名称	数量	依据标准	功能参数及技术要求	配置	备注
一、井架及底座						
1	井架	1套	SY/T 5025 SY/T 6724	（1）最大载荷≥4500kN； （2）有效高度≥45m，K 型	必配	
2	井架附件					
2.1	死绳固定器	1套		（1）最大死绳拉力≥410kN； （2）输出压力6.83MPa	必配	
2.2	套管扶正台	1套		能满足ϕ（60.325～508）mm所有型号油、套管扶正要求	选配	
2.3	井架笼梯	1套		梯棍与井架主体之间应设有120～150mm间隙	选配	
2.4	登梯助力器	2套		含导绳轮、平衡器、安全带、配重块、钢丝绳等	必配	
2.5	防坠落装置	2套		最大负荷130kg	必配	
2.6	二层平台	1套		由台体、操作台，外挡风墙及内栏杆组成；三面设有挡风板；在台体边缘均设有挡脚板；操作台可向上翻起，避免与游动系统碰撞	必配	
2.7	二层台逃生装置	1套		最大下滑载荷130kg，允许下滑高度100m	必配	
2.8	立根盒	1套		立根容量250柱，7000m（ϕ114mm钻杆,28m立根,含ϕ254mm钻铤4柱,ϕ203.2mm钻铤6柱）	必配	含挡杆架

序号	部件名称	数量	依据标准	功能参数及技术要求	配置	备注
2.9	B 型钳及平衡重	2 套		（1）适合管径 ϕ（85.725～323.85）mm； （2）额定扭矩 75kNm	必配	
2.10	风动绞车	2 套		≥50kN	必配	
2.11	避雷装置	1 套		按 GB 50169—2006《电气装置安装工程接地装置施工及验收规范》第三章第五节要求执行	必配	
3	底座	1 套	SY/T 5025 SY/T 6724	（1）转盘梁最大载荷≥4500kN；（2）立根载荷≥2200kN；（3）钻台面高度≥10.5m，转盘梁底面高度≥9m	必配	
4	底座附件					
4.1	逃生滑道	1 套		与水平方向的夹角应≥45°	必配	
4.2	坡道	1 套		与水平方向的夹角应≥45°	必配	
4.3	猫道	1 套		（1）配 1 台 50kN 气动绞车；（2）设钻杆缓冲装置	必配	
4.4	钻台挡风幕墙	1 套		四面	冬季必置	
4.5	底座挡风幕墙	1 套		三面	选配	
4.6	小鼠洞	1 根		ϕ244.475mm	必配	
4.7	小鼠洞卡钳	1 套		适应钻具规格 ϕ101.6mm～ϕ127mm	必配	
4.8	大鼠洞	1 根		ϕ339.725mm	必配	
4.9	钻井液伞	1 套		转盘梁下需设置钻井液伞或类似的钻井液回收装置	必配	
4.10	货物升降机	1 套		≥1.5t	选配	
4.11	钻台偏房	2 套		（10000×2800×2800）mm	必配	
4.12	钻台扶梯	3 套	SY/T 6228	梯子与水平方向的夹角应小于 45°，扶梯扶手高度应在 1000mm 左右，中间有横栏，扶手立桩的间距不得超过 1000mm，扶梯过长时，应加中间梯台	必配	
二、提升系统						
1	天车	1 台	SY/T 5112		必配	
2	游车	1 台	SY/T 5112	最大钩载≥4500kN	必配	
3	大钩	1 台	SY/T 5112		必配	

序号	部件名称	数量	依据标准	功能参数及技术要求	配置	备注
4	吊环	1 副	SY/T 5035	最大钩载≥4500kN	必配	
5	水龙头	1 台	SY/T 5112	（1）最大钩载 4500kN； （2）额定工作压力≥35MPa	必配	
6	水龙带	1 台	SY 5469	（1）最大工作压力≥70MPa； （2）胶管最小弯曲半径应≤1400mm	必配	
7	顶驱	1 台	SY/T 6726	（1）承载负荷 4500kN；（2）转速 0～220r/min； （3）中心管通孔额定压力≥35MPa	按照业主要求	
三、转盘						
1	转盘	1 台	SY/T 5080	（1）通孔直径≥ϕ698.5mm；（2）最大工作扭矩 27459Nm；（3）最高转速 300r/min	必配	
2	电驱动电动机	1 套		功率≥800kW	必配	
四、绞车						
1	绞车	1 台	SY/T 5532	（1）名义钻探范围 4500～7000m（ϕ114mm 钻杆）； （2）额定功率≥1470kW；（3）最大提升速度不低于 1.4m/s	必配	
2	驱动电动机	1 套		功率≥1600kW	必配	
3	刹车	1 套	SY/T 5533 SY 6727	（1）交流变频钻机：盘刹和能耗制动组合； （2）直流电动钻机：主刹，盘刹；辅助刹车，电磁刹车或伊顿刹车	必配	
4	钻井钢丝绳	1 套	SY/T 5170	ϕ38mm，最小破断拉力≥910kN	必配	
5	倒绳机	1 套		额定输出扭矩≥10kN·m	必配	
6	防碰保护装置			（1）须安装过卷阀式、电子数字式和重锤式； （2）须安装防碰缓冲块，加装安全链或安全绳	必配	
五、动力系统						
1	柴油发电机组	4 台		主动力功率≥4400kW	必配	
2	无功补偿装置	1 套		直流电动钻机配备无功补偿装置	必配	
六、传动系统						
1	电传动	1 套		（1）交流变频钻机：VFD； （2）直流电动钻机：SCR	必配	

序号	部件名称	数量	依据标准	功能参数及技术要求	配置	备注
七、司钻控制系统						
1	司钻控制房	1间		（1）正压防爆；（2）配置防爆空调	必配	
2	钻井八参数仪	1套	SY/T 5097	包括大钩悬重、钻压、钻井泵冲次、转盘转速、扭矩、立管压力、钻井液返回量、吊钳扭矩	必配	
3	指重表	1套	SY/T 5320	含传感器	必配	
4	自动送钻装置	1套		37kW/45kW	必配	
5	视频监视系统	1套		最少四个点：二层平台、绞车滚筒、钻井泵、振动筛	必配	
八、钻井液循环系统						
1	钻井泵	3台	SY/T 5138	（1）额定功率≥1600hp；（2）最大排出压力≥35MPa	必配	
2	灌注泵	3台		电动机功率≥55kW	选配	
3	灌浆泵	1台		电动机功率≥25kW	必配	
4	钻井液管汇	1套	SY/T 5244	（1）额定工作压力≥70MPa；（2）双立管；（3）正灌和反灌管线应有隔断阀门、互不干涉；（4）配置抗震压力表，每根立管安装1个，位置要便于司钻观察	必配	
5	振动筛	4台	SY/T 5612	（1）高频振动筛；（2）清除粒度为74μm以上的固相；（3）处理量≥180m³/h，60目筛网，钻井液1.85g/cm³；（4）筛网目数：60～200目；（5）振动形式：直线、平动或椭圆形	必配	
6	除砂器	1台	SY/T 5612	（1）清除粒度为44～74μm的固相；（2）处理量≥200m³/h，钻井液1.85g/cm³	必配	可以配置一体机
7	除泥器	1台	SY/T 5612	（1）清除粒度为15～44μm的固相；（2）处理量≥200m³/h，钻井液1.85g/cm³	必配	
8	除气器	1台	SY/T 5612	（1）处理量≥200m³/h，钻井液1.85g/cm³；（2）真空度：-0.05MPa	必配	
9	离心机	2台	SY/T 5612	（1）清除粒度为2～15μm的固相；（2）中速（或高速）离心机和高速离心机各1台，转速均在2000r/min以上；（3）处理量：中速离心机≥60m³/h、高速离心机≥40m³/h	必配	

序号	部件名称	数量	依据标准	功能参数及技术要求	配置	备注
10	循环罐	1套		（1）有效容积≥550m³，不包含锥形罐；（2）罐与罐之间采用开口明槽连接；（3）将一个循环罐分隔为前后仓，其中一仓容积为30～45m³，能够与钻井泵、加重泵连接，用以堵漏和配解卡剂	必配	
11	储备罐	1套		（1）有效容积≥200m³； （2）配备独立循环加重系统	必配	
12	液面监测和报警装置			（1）所有参与循环的固控罐需安装直读液面标尺；（2）上水罐配备液面监测和报警装置	必配	
13	化学剂处理罐	1个		设置胶液罐，容积（20～30）m³，使用剪切泵（剪切泵管线不能与加重管线混用）配制胶液	必配	
14	搅拌器		SY/T 5612	（1）电动机功率≥15KW，双层叶轮； （2）固控罐容积每25m³配备一个搅拌器，如40m³罐容配备2个，50～70m³配备3个	必配	
15	加重混合系统	2套	SY/T 5612	（1）每套处理量≥240m³/h； （2）每套配备75kW电动机2台	必配	
16	悬臂吊	1套		（1）额定起重重量≥3t；（2）料台载物面积≥120m²；（3）吊装时移动平台和吊臂能够平移和旋转；（4）移动平台和固定平台在同一平面上；（5）料台承重不小于500t	必配	
17	座岗值班房	1间		≥（2200×1600×2400）mm	必配	

九、井口机械化设备

序号	部件名称	数量	依据标准	功能参数及技术要求	配置	备注
1	钻杆动力钳	1套	SY/T 5074	（1）适用管径φ88.9mm～φ203.2mm； （2）最大扭矩≥125kN·m	必配	
2	液压猫头	2套		每套最大拉力≥160kN	必配	
3	组合液压站	1套		（1）机具泵：额定压力16MPa； （2）盘刹泵：额定压力6MPa	必配	或分开设置
4	气动卡瓦	1套		（1）承载能力≥4500kN； （2）适用管径φ60.325mm～φ355.6mm； （3）牙板与管柱采用360°全包围结构，最大载荷情况下管柱残留牙痕深度≤0.3mm； （4）须经过塔里木油田试用，并有书面认证文件	选配	
5	防喷器吊装装置	1套		提升能力≥50t	选配	

序号	部件名称	数量	依据标准	功能参数及技术要求	配置	备注
十、供气、供电系统						
1	压气机	2套		（1）容积流量≥5.6m³/min； （2）排气压力≥1.0MPa	必配	
2	干燥机	1套		处理量≥6m³/min	必配	
3	储气罐	1套		总容积≥6m³	必配	
4	低气压报警	1套		低于0.6MPa时，空压机自动启动及报警（设备自带）	必配	
5	MCC	1套		400V/230V、50Hz	必配	
十一、检测仪器设备						
1	接地电阻检测仪	1套		测量范围：0～100Ω	必配	
2	快速油质分析仪	1套		通过测定油样介电常数的增减来反映油品理化性质的变化，重复误差：≤±3%	必配	
3	润滑油加注过滤装置	1套		粗、中、细三级过滤，冬季可拆除细滤	必配	
4	充氮装置	1套		额定压力≥14.7MPa	必配	
十二、外围配套						
1	柴油储备罐	1套		容积≥120m³	必配	
2	废油回收罐	1个		容积≥20m³	必配	
3	软化水罐	1个		容积≥15m³	选配	
4	清水罐	1套		容积≥40m³	必配	
5	固井水罐	1套		（1）容积≥160m³；（2）配备直读标尺；（3）每20m³配7.5kW搅拌器1台，叶片大小满足固井添加剂在水中搅拌均匀的要求；（4）水罐能够实现加热和保温；不漏电、不漏水；各个水罐之间的阀门能够完全隔离；（5）出口排水阀门尽量接近罐底，罐底有（10°～12°）角朝向出口倾斜	必配	
6	钻井监督房	1间		（长×宽×高）≥（12000×3500×2980）mm	必配	
7	地质监督房	1间		≥（9000×3135×2980）mm	必配	
8	干部值班房	1间		≥（9000×3135×2980）mm	必配	
9	钻井工程师房	1间		≥（9000×3135×2980）mm	必配	

序号	部件名称	数量	依据标准	功能参数及技术要求	配置	备注
10	钻井液化验房	1间		≥（9000×3135×2980）mm	必配	
11	钻工房	1间		≥（9000×3135×2980）mm	必配	
12	材料房	2间		≥（9000×3135×2980）mm	必配	
13	橡胶件材料房	1间		（1）≥（9000×3135×2980）mm； （2）配置空调	必配	
14	油品房	1栋		（1）通风良好，密闭房采用无动力排风扇； （2）采用照明，必须防爆； （3）油品标示必须明确	必配	
15	甲方材料房	1间		≥（9000×3135×2980）mm	必配	
16	岩心房	1间		≥（6300×2900×2900）mm	必配	
17	消防房	1间		≥（6300×2900×2900）mm	必配	
18	门岗房	1间			必配	
19	移动卫生间	1栋		男女各1	必配	
20	爬犁			（1）数量≥2个，带护栏；（2）便于运输	必配	
21	防沙棚	1套		动力区、泵房区、固控系统	必配	
22	电伴热装置	1套		水、柴油、气、钻井液管线及相关阀件	冬季配置	
23	供暖锅炉	2台		（1）额定蒸发量≥1t/h；（2）工作压力≥1.0MPa；（3）工作温度≥170℃	冬季配置	
24	组合式营房	1套		（1）床位≥120个；（2）满足《塔里木油田钻修井承包商野营房配套和技术要求》	必配	
十三、安全设施（执行相关标准）						
1	监测设施			按照塔里木油田钻井井控实施细则执行	必配	
2	消防设施（井场）			按照塔里木油田钻修井队消防管理办法执行	必配	
3	消防设施（营地）				必配	
4	卫生健康设施					
4.1	简易医务室	1间			必配	
4.2	急救包	4个			必配	
4.3	救护担架	1副			必配	
4.4	药品柜	2个			必配	

序号	部件名称	数量	依据标准	功能参数及技术要求	配置	备注
4.5	洗眼器	1套			必配	
4.6	开水炉	2套			必配	
4.7	消毒柜	2个			必配	
5	环保设施					
5.1	废料箱	1套			必配	
5.2	垃圾桶	1套			必配	
5.3	围栏	1套			必配	
5.4	HSE 标识牌	1套			必配	
5.5	路标牌	1套		转弯必备	必配	
5.6	队号牌	1套		转弯必备	必配	

（二）钻井液系统配置要求

1. 净化（固控）系统配置

（1）振动筛。

电动机功率不小于 $2 \times 2.2kW$，防爆等级 dⅡBT4；筛网与支架必须密封良好，应有防溅装置，便于随时检查筛布的使用情况；倾角的调节应采用液压助力无极调节装置。

（2）除砂除泥器。

宜使用高效一体机，额定工作压力 0.2～0.4MPa 时，能连续正常运转。如果采用除砂除泥一体机，可以从缓冲槽连接一根管线导流钻井液到一体机上，作为备用振动筛。

（3）离心机。

配置两台离心机，第一台为中速离心机，钻井液处理量不低于 $60m^3/h$，第二台为无级调速高速离心机，钻井液处理量不低于 $40m^3/h$，清洗离心机时的清水排出时不能进钻井液罐。

2. 钻井液动力源配置

（1）钻井泵。

其中一台应与加重系统直接相连，为加重系统提供动力。

（2）加重泵。

循环系统、储备系统各配置一套，电动机功率 75kW，砂泵和电动机功率必须匹配，至少配两个漏斗，上水和排液管线不小于ϕ152.4mm。

（3）剪切泵。

电动机功率55kW，配置单独的管线进胶液罐，独立进行胶液配制。

（4）搅拌器。

每个钻井液罐至少配置3台，功率15kW，两层叶片，每层4个叶片；配堵漏钻井液罐要求叶片三层，每层3个叶片；最上层叶片旋转直径ϕ800mm以上，上层叶片略大、下层叶片略小，下层叶片离罐底为150mm，相临两层叶片间距最大800mm；分隔罐搅拌器功率大小和叶片大小分开设计，40～50m³罐配15kW搅拌器2台，20～30m³罐配15kW搅拌器1台，最好采用变频搅拌器，搅拌器需硬连接、不能皮带连接。

（5）除砂除泥器供液泵的排量必须满足旋流器的处理量要求（泵功率55kW、上水管线ϕ203.2mm、排液管线ϕ152.4mm）。

（6）动力系统需全部防爆，防爆等级达到dⅡBT4。

3. 钻井液调配系统配置

库车前陆区7000m电动钻机钻井液循环系统平面布置图如图9-1所示。

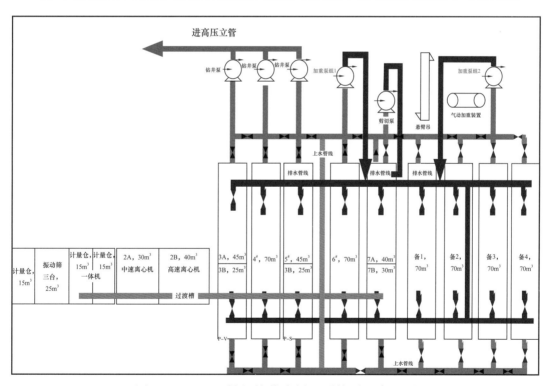

图9-1　7000m钻机钻井液循环系统平面布置图

（1）罐总容积。

有效总容积不低于750m³（不包含1#沉砂罐），罐数量13个。

（2）罐群功能布置。

$1^{\#}$罐（70～80m³，长度根据需要设计）分4格，第1格为计量罐15m³（锥形罐下方装灌浆泵，同时循环罐钻井液要能通过一定方式倒至计量罐），第2格锥形罐25m³，上面装4台振动筛，第3格15m³上面装除气器。

$2^{\#}$罐分2A、2B两格，2A上面摆放除砂除泥一体机，罐面摆放2～3m³小胶液罐，2A接中速离心机上水，2B接高速离心机上水。

$3^{\#}$罐和$4^{\#}$罐作为上水罐，$3^{\#}$罐和$5^{\#}$罐分格为A30～45m³和B两仓，靠近钻井泵一端的A仓用于堵漏、配解卡液，另一仓用于加重压水眼等特殊作业。

$6^{\#}$～$8^{\#}$罐作为膨润土浆罐或储备钻井液。

$9^{\#}$罐作为胶液罐，分9A（25～40m³）和9B，9A配胶液，9B储存胶液或进行膨润土浆护胶。

$10^{\#}$～$13^{\#}$罐作为加重钻井液储备罐，13号罐分13A（30m³）、13B（45m³）两格。

$1^{\#}$罐和$2^{\#}$罐横向摆放，靠沉砂池和钻机两边加宽走道板，$3^{\#}$～$13^{\#}$罐纵向"一"字形摆放（或$3^{\#}$～$9^{\#}$循环罐与$10^{\#}$～$13^{\#}$储备罐以"L"形摆放），可以缩短循环槽行程和上排水管线行程。

（3）循环管线。

各循环罐之间上水管线全部用等径管线，宜法兰连接，使用明管线；罐可以通过上水管线连接，上水管线前后两排分别与两套加重泵连接，前排与钻井泵连接；钻井泵上水口距罐底要尽量低，同时设计成锯齿形，可以提高钻井液利用率、且不会堵上水口。在$5^{\#}$罐和$6^{\#}$循环罐之间接一根管线，将前后两排上水管线连通，可以实现钻井泵和第一组加重泵抽后仓的目的。排液管线与上水管线相似设置，前后排液管线之间连通的管线可以放到$7^{\#}$罐边沿。上水管线管径ϕ304.8mm，排液管线管径ϕ203.2mm。所有罐面钻井液流动管线必须开明槽，循环槽要有适当坡度，必须直行流经$1^{\#}$～$6^{\#}$罐，槽面全部有活动盖板。循环槽经过的每个罐、每个隔仓都要有：进出两个口子，有三个挡板与对应的三组插槽，其中有两个挡板与插槽和进出的两个口子对应。高架槽下面应连接有专用排混浆管线，通过闸阀控制混浆不进入锥形罐，直接排出到罐外；锥形罐放浆口要求实现即开即关，在任何工况下都可以排放锥形罐里的沉砂。钻井液罐清罐口，要求密封且方便开关操作，挡板采用胶皮平面密封＋销子。

4. 其他要求

各钻井液罐应配备直读式罐容标尺；罐面必须有可活动盖板，便于取样和观察，必须使用钢格板；罐与隔仓之间应通过连通管线达到整体使用的目的。

二、8000m 电动钻机配套规范

（一）配套要求

8000m 电动钻机的基本配套要求见表 9-3。在钻机配套时，其部件、组件的功能参数不应低于表 9-3 中的要求值。

表 9-3　库车前陆区 8000m 电动钻机配套表

序号	部件名称	数量	依据标准	功能参数及技术要求	配置	备注
一、井架及底座						
1	井架	1 套	SY/T 5025 SY/T 6724	（1）最大载荷≥5850kN； （2）有效高度≥45m，前开口型	应配	K 型井架
2	井架附件					
2.1	死绳固定器	1 套		（1）最大死绳拉力≥460kN； （2）输出压力 6.83MPa	应配	
2.2	套管扶正台	1 套		能满足 ϕ60.325mm～ϕ508mm 所有型号油、套管扶正要求	应配	
2.3	登梯助力器	2 套		含导绳轮、平衡器、安全带、配重块、钢丝绳等	应配	
2.4	井架笼梯	1 套		梯棍与井架主体之间应设有 120～150mm 间隙	应配	
2.5	防坠落装置	2 套		最大负荷 130kg	应配	
2.6	二层平台	2 套		由台体、操作台，外挡风墙及内栏杆组成；三面设有挡风板；在台体边缘均有挡脚板；操作台可向上翻起，避免与游动系统碰撞	应配	
2.7	二层台逃生装置	1 套		最大下滑载荷 130kg，允许下滑高度 100m	应配	
2.8	挡杆架	1 套		立根容量 285 柱，8000m（ϕ114mm 钻杆，28m 立根，含 ϕ254mm 钻铤 4 柱 ϕ203.2mm 钻铤 6 柱）	应配	
2.9	B 型钳及平衡重	2 套		（1）适合管径 ϕ85.725mm～ϕ323.85mm； （2）额定扭矩 75kN·m	应配	
2.10	避雷装置	1 套		按 GB 50169—2006《电气装置安装工程接地装置施工及验收规范》第三章第五节要求执行	应配	
3	底座	1 套	SY/T 5025 SY/T 6724	（1）转盘梁最大载荷≥5850kN；（2）立根载荷≥2700kN；（3）钻台面高度≥10.5m，转盘梁底面高度≥9m	应配	双升式或旋升式
4	底座附件					

序号	部件名称	数量	依据标准	功能参数及技术要求	配置	备注
4.1	逃生滑道	1套		与水平方向的夹角应≥45°	应配	
4.2	坡道	1套		与水平方向的夹角应≥45°	应配	
4.3	猫道	1套		（1）配1台50kN气动绞车；（2）设钻杆缓冲装置	应配	
4.4	钻台挡风幕墙	1套		四面	冬季必置	
4.5	底座挡风幕墙	1套		三面	选配	
4.6	小鼠洞	1根		ϕ244.475mm	应配	
4.7	小鼠洞卡钳	1套		适应钻具规格ϕ101.6mm～ϕ127mm	应配	
4.8	大鼠洞	1根		ϕ339.725mm	应配	
4.9	钻井液伞	1套		转盘梁下需设置钻井液伞或类似的钻井液回收装置	应配	
4.10	货物升降机	1套		≥1.5t	应配	
4.11	钻台偏房	2套		（10000×2800×2800）mm	应配	
4.12	钻台扶梯	3套	SY/T 6228	梯子与水平方向的夹角应小于45°，扶梯扶手高度应在1000mm左右，中间有横栏，扶手立桩的间距不得超过1000mm，扶梯过长时，应加中间梯台	应配	
二、提升系统						
1	天车	1台	SY/T 5527		应配	
2	游车	1台	SY/T 5527	最大钩载≥5850kN	应配	
3	大钩	1台	SY/T 5527		应配	
4	吊环	1副	SY/T 5035		应配	
5	水龙头	1台	SY/T 5530	（1）最大钩载5850kN；（2）额定工作压力≥52MPa	应配	
6	水龙带	1台	SY 5469	（1）最大工作压力≥70MPa；（2）胶管最小弯曲半径应≤1400mm	应配	
7	顶驱	1台	SY/T 6726	（1）承载负荷5850kN；（2）连续钻井扭矩60kN·m；（3）中心管通孔额定压力≥52MPa	选配	
三、转盘						
1	转盘	1台	SY/T 5080	（1）规格ZP375Z；（2）通孔直径ϕ952.5mm；（3）最高转速300r/min；（4）最大静载荷6750kN	应配	

序号	部件名称	数量	依据标准	功能参数及技术要求	配置	备注
2	驱动电动机	1套		功率≥800kW	应配	
四、绞车						
1	车	1台	SY/T 6724	（1）名义钻探范围5000～8000m（φ114mm钻杆）；（2）额定功率≥2000kW；（3）最大提升速度不低于1.4m/s；（4）最大快绳拉力≥553kN	应配	
2	驱动电动机	2套		单台连续功率≥1000kW	应配	
3	刹车	1套	SY/T 5533 SY/T 6727	（1）交流变频钻机：盘刹和能耗制动组合；（2）直流电动钻机：主刹，盘刹；辅助刹车，电磁刹车或伊顿刹车	应配	
4	钻井钢丝绳	1套		φ38mm，超强犁钢级或压实股；φ42mm，普通	应配	
5	防碰保护装置	3种		（1）须安装过卷阀式、电子数字式和重锤式；（2）须安装防碰缓冲块，加装安全链或安全绳	应配	
五、动力系统						
1	主柴油发电机组			（1）进口机组，功率≥4800kW，4台；（2）国产机组，功率≥5500kW，5台	应配	
2	辅助发电机组	1台		功率≥400kW	应配	
3	无功补偿装置	1套		直流电动钻机配备无功补偿装置	应配	
六、传动系统						
1	电传动	1套		（1）交流变频钻机：VFD；（2）直流电动钻机：SCR	应配	
七、司钻控制系统						
1	司钻控制房	1间		（1）正压防爆；（2）配置防爆空调	应配	
2	钻井参数仪	1套	SY/T 5097	大钩悬重、大钩高度、转盘扭矩、转盘转速、泵冲、立管压力、钻井液出口流量、吊钳扭矩、钻井液池体积、补偿池体积、钻时、井深、钻井液池体积差等	应配	
3	指重表	1套	GB/T 24263 SY/T 5320	含传感器	应配	
4	自动送钻装置	1套		≥45kW	应配	
5	视频监视系统	1套		最少4个点：二层平台、绞车滚筒、钻井泵、振动筛	应配	

序号	部件名称	数量	依据标准	功能参数及技术要求	配置	备注
八、钻井液循环系统						
1	钻井泵及其驱动电动机	3台	SY/T 5138	（1）额定功率≥1600hp；（2）最大排出压力≥52MPa	应配	可选配2200HP
2	灌注泵	3台		电动机功率≥55kW	选配	
3	灌浆泵	1台		电动机功率≥25kW	应配	
4	钻井液管汇	1套	SY/T 5244	（1）额定工作压力≥70MPa；（2）双立管；（3）正灌和反灌管线应有隔断阀门、互不干涉；（4）配置抗震压力表，每根立管安装1个，位置要便于司钻观察	应配	
5	振动筛	5台	SY/T 5612	（1）高频振动筛；（2）清除粒度为74μm以上的固相；（3）处理量≥180m³/h，60目筛网，钻井液1.85g/cm³；（4）筛网目数：60～200目；（5）振动形式：直线、平动或椭圆形	应配	
6	除砂器	1台	SY/T 5612	处理量≥300m³/h，钻井液1.85g/cm³	应配	可配置一体机
7	除泥器	1台	SY/T 5612	处理量≥300m³/h，钻井液1.85g/cm³	应配	
8	除气器	1台	SY/T 5612	（1）处理量≥200m³/h，钻井液1.85g/cm³（2）真空度 -0.05MPa	应配	
9	离心机	2台	SY/T 5612	（1）中速离心机（或高速离心机）和高速离心机各1台，转速均在2000r/min以上；（2）处理量：中速离心机60m³/h、高速离心机≥40m³/h	应配	
10	循环罐	1套		（1）有效容积≥550m³，不包含锥形罐；（2）罐与罐之间采用开口明槽连接；（3）将一个循环罐分隔为前后仓，其中一仓容积为30～45m³，能够与钻井泵、加重泵连接，用以堵漏和配解卡剂	应配	
11	储备罐	1套		（1）有效容积≥200m³；（2）配备独立循环加重系统	应配	
12	液面监测和报警装置			（1）所有参与循环的固控罐需安装直读罐容标尺；（2）上水罐配备液面监测和报警装置	应配	
13	化学剂处理罐	1个		设置胶液罐，容积≤20m³，使用剪切泵（剪切泵管线不能与加重管线混用）配制胶液	应配	
14	搅拌器		SY/T 5612	（1）电动机功率≥15kW，双层叶轮；（2）固控罐容积每25m³配备一个搅拌器，如40m³罐容配备；2个，50～70m³配备3个	应配	

序号	部件名称	数量	依据标准	功能参数及技术要求	配置	备注
15	加重混合系统	2套	SY/T 5612	（1）每套处理量≥240m³/h； （2）每套配备75kW电动机2台	应配	
16	座岗值班房	1间		≥（2200×1600×2400）mm	应配	
九、井口机械化设备						
1	钻杆动力钳	1套	SY/T 5074	（1）适用管径φ88.9mm～φ203.2mm； （2）最大扭矩≥125kN·m	应配	
2	液压猫头	2套		最大拉力≥160kN	应配	
3	组合液压站	1套		（1）机具泵：额定压力16MPa； （2）盘刹泵：额定压力6MPa	应配	或分开设置
4	风动绞车	2台		提升能力50kN	应配	
5	气动卡瓦	1套		（1）承载能力≥4500kN；（2）适用管径φ60.325mm～φ355.6mm；（3）牙板与管柱采用360°全包围结构，最大载荷情况下管柱残留牙痕深度≤0.3mm；（4）须经过塔里木油田试用，并有书面认证文件	选配	
6	防喷器吊装装置	1套		提升能力≥50t	应配	推荐液压式
十、供气、供电系统						
1	空压机	2套		（1）容积流量≥5.8m³/min； （2）排气压力≥1.0MPa	应配	
2	空气干燥机	1套		处理量≥6m³/min	应配	
3	储气罐	1套		总容积≥6m³	应配	
4	低气压报警	1套		低于0.6MPa时，空压机自动启动及报警（设备自带）	应配	
5	MCC	1套		400V/230V、50Hz	应配	
十一、检测仪器设备						
1	接地电阻检测仪	1套		测量范围：0～100Ω	应配	
2	快速油质分析仪	1套		通过测定油样介电常数的增减来反映油品理化性质的变化，重复误差：≤±3%	应配	
3	润滑油加注过滤装置	1套		粗、中、细三级过滤，冬季可拆除细滤	应配	
4	充氮装置	1套		额定压力≥14.7MPa	应配	

序号	部件名称	数量	依据标准	功能参数及技术要求	配置	备注
十二、外围配套						
1	柴油储备罐	1套		容积≥140m³	应配	
2	废油回收罐	1个		容积≥20m³	应配	
3	软化水罐	1个		容积≥15m³	选配	
4	清水罐	1套		容积≥60m³	应配	
5	固井水罐	1套		（1）容积≥200m³；（2）每20m³配7.5kW搅拌器1台，叶片大小满足固井添加剂在水中搅拌均匀的要求；（3）水罐能够实现加热和保温；不漏电、不漏水；各个水罐之间的阀门能够完全隔离；（4）出口排水阀门尽量接近罐底，罐底有10°～12°角朝向出口倾斜	应配	
6	钻井监督房	1间		（长×宽×高）≥（12000×3500×2980）mm	应配	
7	地质监督房	1间		≥（9000×3135×2980）mm	应配	
8	干部值班房	1间		≥（9000×3135×2980）mm	应配	
9	钻井工程师房	1间		≥（9000×3135×2980）mm	应配	
10	钻井液化验房	1间		≥（9000×3135×2980）mm	应配	
11	钻工房	1间		≥（9000×3135×2980）mm	应配	
12	材料房	2间		≥（9000×3135×2980）mm	应配	
13	橡胶件材料房	1间		（1）≥（9000×3135×2980）mm；（2）配置空调	应配	
14	油品房	1栋		（1）通风良好，密闭房采用无动力排风扇；（2）照明必须防爆；（3）油品标示必须明确	应配	
15	甲方材料房	1间		≥（9000×3135×2980）mm	应配	
16	岩心房	1间		≥（6300×2900×2900）mm	应配	
17	消防房	1间		≥（6300×2900×2900）mm	应配	
18	门岗房	1间		≥（6300×2900×2900）mm	应配	
19	移动卫生间	1栋		男女各1栋	应配	
20	爬犁			（1）数量≥2个，带护栏；（2）便于运输	应配	
21	防沙棚	1套		动力区、泵房区、固控系统	应配	
22	电伴热装置	1套		水、柴油、气、钻井液管线及相关阀件	应配	

序号	部件名称	数量	依据标准	功能参数及技术要求	配置	备注
23	组合式营房	1 套	Q/SYTZ0057	床位≥150 个	应配	
十三、特殊配套						
1	供暖锅炉	2 台		（1）额定蒸发量≥1.0t/h；（2）工作压力≥1.0MPa；（3）工作温度≥170℃	冬季配置	
2	悬臂吊	1 套		（1）额定起重≥5t；（2）料台载物面积≥120m²；（3）吊装时移动平台和吊臂能够平移和旋转；（4）移动平台和固定平台在同一平面上；（5）料台承重不小于500t	应配	
十四、安全设施（执行相关标准）						
1	监测设施			按照塔里木油田钻井井控实施细则执行	应配	
2	消防设施（井场）			按照塔里木油田钻修井队消防管理办法执行	应配	
3	消防设施（营地）				应配	
4	卫生健康设施					
4.1	简易医务室	1 间			应配	
4.2	急救包	4 个			应配	
4.3	救护担架	1 副			应配	
4.4	药品柜	2 个			应配	
4.5	洗眼器	1 套			应配	
4.6	开水炉	2 套			应配	
4.7	消毒柜	2 个			应配	
5	环保设施					
5.1	废料箱	1 套			应配	
5.2	垃圾桶	1 套			应配	
5.3	围栏	1 套			应配	
5.4	HSE 标识牌	1 套			应配	
5.5	路标牌	1 套		转弯必备	应配	
5.6	队号牌	1 套		转弯必备	应配	

（二）库车前陆区钻井液系统配置要求

1. 净化（固控）系统配置

（1）振动筛。

电动机功率不小于 2×2.2kW，防爆等级达到 dⅡBT4，筛网与支架必须密封良好，应有防溅装置，便于随时检查筛布的使用情况；倾角的调节应采用液压助力无极调节装置。

（2）除砂除泥器。

宜使用高效一体机，额定工作压力 0.2～0.4MPa 时，能连续正常运转。

（3）离心机。

离心机两台，第一台为中速离心机，钻井液处理量不低于 60m³/h，第二台为无级调速高速离心机，钻井液处理量不低于 40m³/h，清洗离心机时的清水排出时不能进钻井液罐。

2. 钻井液动力源配置

（1）钻井泵。

三台钻井泵，其中一台钻井泵应与加重系统直接相连，为加重系统提供动力。

（2）加重泵。

循环系统、储备系统各配置一套加重泵，电动机功率 75kW，砂泵和电动机功率必须匹配，至少配两个漏斗，上水和排液管线不小于 ϕ152.4mm。

（3）剪切泵。

剪切泵电动机功率 55kW，配置单独的管线进胶液罐，独立进行胶液配制。

（4）搅拌器。

每个钻井液罐至少配置 3 台搅拌器，功率 15kW，两层叶片，每层 4 个叶片；配堵漏钻井液罐要求叶片三层，每层 3 个叶片；最上层叶片旋转直径 ϕ800mm 以上，上层叶片略大、下层叶片略小，下层叶片离罐底为 150mm，相邻两层叶片间距最大 800mm；分隔仓搅拌器功率大小和叶片大小分开设计，40～50m³ 罐配 15kW 搅拌器 2 台，20～30m³ 罐配 15kW 搅拌器 1 台，2# 罐上 2～3m³ 小胶液罐配 5kW 搅拌器 1 台，最好采用变频搅拌器，搅拌器需硬链接不能皮带连接。

（5）除砂除泥器的处理量要求。

泵功率 55kW、上水管线 ϕ203.2mm、排液管线 ϕ152.4mm。

（6）防爆要求。

动力系统需全部防爆，防爆等级达到 dⅡBT4。

3. 钻井液调配系统配置

8000m 电动钻机钻井液调配系统摆放位置图如图 9-2 所示。

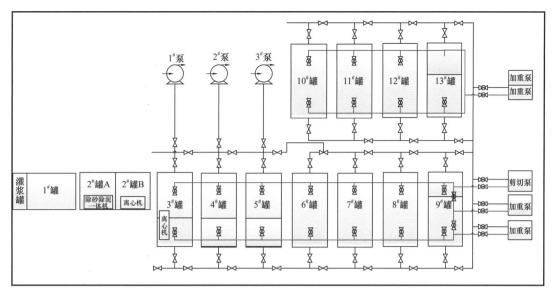

图 9-2　8000m 电动钻机钻井液调配系统摆放位置图

（1）罐总容积。

钻井液循环罐和储备罐（不包含 1# 沉砂罐）数量 13 个，有效总容积不低于 750m³。

（2）罐群功能布置。

1# 罐（70～80m³，长度根据需要设计）分 4 格，第 1 格为计量罐 15m³（锥形罐下方装灌浆泵，同时循环罐钻井液要能通过一定方式倒至计量罐），第 2 格锥形罐 25m³，上面装 4 台振动筛，第 3 格 15m³ 上面装除气器。

2# 罐分 2A、2B 两格，2A 上面摆放除砂除泥一体机，罐面摆放 2～3m³ 小胶液罐，2A 接中速离心机上水，2B 接高速离心机上水。

3# 罐和 4# 罐作为上水罐，3# 罐和 5# 罐分格为 A（30～45m³）和 B 两仓，靠近钻井泵一端的 A 仓用于堵漏、配解卡液，另一仓用于加重压水眼等特殊作业。

6#～8# 罐作为膨润土浆罐或储备井浆。

9# 罐作为胶液罐，分 9A（25～40m³）和 9B，9A 配胶液，9B 储存胶液或进行膨润土浆护胶。

10#～13# 罐作为重浆储备罐，13# 罐分 13A（30m³）、13B（45m³）两格。

1# 罐和 2# 罐横向摆放，靠沉砂池和钻机两边加宽走道板，3#～13# 罐纵向"一"字形摆放（或 3#～9# 循环罐与 10#～13# 储备罐以"L"形摆放），可以缩短循环槽行程和上排水管线行程。

（3）循环管线。

各循环罐之间上水管线全部用等径管线，宜法兰连接，使用明管线。罐可以通过上水管线连接，上水管线前后两排分别与两套加重泵连接，前排与钻井泵连接；钻井泵上水口距罐底要尽量低，同时设计成锯齿形，可以提高钻井液利用率、且不会堵上水口。在 5# 和 6# 循环罐之间接一根管线，将前后两排上水管线连通，可以实现钻井泵和第一组加重泵抽后仓的目的。排液管线与上水管线相似设置，前后排液管线之间连通的管线可以放到 7# 罐边沿。上水管线管径 φ304.8mm，排液管线管径 φ203.2mm。所有罐面钻井液流动管线必须开明槽，循环槽要有适当坡度，必须直行流经 1#～6# 罐，槽面全部有活动盖板。循环槽经过的每个罐、每个隔仓都要有：进出两个口子，有三个挡板与对应的三组插槽，其中有两个挡板与插槽和进出的两个口子对应。高架槽下面应连接有专用排混浆管线，通过闸阀控制混浆不进入锥形罐，直接排出到罐外。锥形罐放浆口要求实现即开即关，在任何工况下都可以排放锥形罐里的沉砂。钻井液罐清罐口，要求密封且方便开关操作，挡板采用胶皮平面密封＋销子。

4. 其他要求

各钻井液罐应配备直读式罐容标尺。罐面必须有可活动盖板，便于取样和观察，必须使用钢格板。罐与隔仓之间应通过连通管线达到整体使用的目的。

三、9000m 电动钻机配套规范

（一）配套要求

库车前陆区使用的 9000m 电动钻机必须配套直流电动或交流变频 9000m 钻机，基本配套要求见表 9-4，在钻机配套时，其部件、组件的功能参数不应低于表 9-4 中的要求值。

表 9-4 库车前陆区使用的 9000m 电动钻机配套表

序号	部件名称	数量	依据标准	功能参数及技术要求	配置	备注
一、井架及底座						
1	井架	1 套	SY/T 5025 SY/T 6724	（1）最大载荷≥6750kN；（2）有效高度≥48m，前开口型	必配	
2	井架附件					
2.1	死绳固定器	1 套		（1）最大死绳拉力≥720kN；（2）输出压力 9MPa	必配	
2.2	套管扶正台	1 套		能满足 φ60.325mm～φ508mm 所有型号油、套管扶正要求	选配	
2.3	登梯助力器	2 套		含导绳轮、平衡器、安全带、配重块、钢丝绳等	必配	
2.4	井架笼梯	1 套		梯棍与井架主体之间应设有 120～150mm 间隙	必配	

序号	部件名称	数量	依据标准	功能参数及技术要求	配置	备注
2.5	防坠落装置	2 套		最大负荷 130kg	必配	
2.6	二层平台	2 套		由台体、操作台，外挡风墙及内栏杆组成；三面设有挡风板；在台体边缘均设有挡脚板；操作台可向上翻起，避免与游动系统碰撞	必配	
2.7	二层台逃生装置	1 套		最大下滑载荷 130kg，允许下滑高度 100m	必配	
2.8	立根盒	1 套		立根容量 320 柱，9000m（ϕ114mm 钻杆，28m 立根，含 ϕ355.6mm 钻铤 2 柱、ϕ254mm 钻铤 4 柱、ϕ203.2mm 钻铤 6 柱）	必配	含挡杆架
2.9	B 型钳及平衡重	2 套		（1）适合管径 ϕ85.725mm～ϕ323.85mm；（2）额定扭矩 75kN·m	必配	
2.10	避雷装置	1 套		按 GB 50169—2006《电气装置安装工程接地装置施工及验收规范》第三章第五节要求执行	必配	
3	底座	1 套	SY/T 5025 SY/T 6724	（1）转盘梁最大载荷≥6750kN；（2）立根载荷≥3250kN；（3）钻台面高度≥12m，转盘梁底面高度≥10m	必配	
4	底座附件					
4.1	逃生滑道	1 套		与水平方向的夹角应≥45°	必配	
4.2	坡道	1 套		与水平方向的夹角应≥45°	必配	
4.3	猫道	1 套		（1）配 1 台 50kN 气动绞车；（2）设钻杆缓冲装置	必配	
4.4	钻台挡风幕墙	1 套		四面	冬季必置	
4.5	底座挡风幕墙	1 套		三面	选配	
4.6	小鼠洞	1 根		ϕ244.475mm	必配	
4.7	小鼠洞卡钳	1 套		适应钻具规格 ϕ101.6mm～ϕ127mm	必配	
4.8	大鼠洞	1 根		ϕ339.725mm	必配	
4.9	钻井液伞	1 套		转盘梁下需设置钻井液伞或类似的钻井液回收装置	必配	
4.10	货物升降机	1 套		≥1.5t	必配	
4.11	钻台偏房	2 套		（10000×2800×2800）mm	必配	

序号	部件名称	数量	依据标准	功能参数及技术要求	配置	备注
4.12	钻台扶梯	3套	SY/T 6228	梯子与水平方向的夹角应小于45°，扶梯扶手高度应在1000mm左右，中间有横栏，扶手立桩的间距不得超过1000mm，扶梯过长时，应加中间梯台	必配	
二、提升系统						
1	天车	1台	SY/T 5527	最大钩载≥6750kN	必配	
2	游车	1台	SY/T 5527		必配	
3	大钩	1台	SY/T 5527		必配	
4	吊环	1副	SY/T 5035		必配	
5	水龙头	1台	SY/T 5530	（1）最大钩载6750kN；（2）额定工作压力≥52MPa	必配	
6	水龙带	1台	SY 5469	（1）最大工作压力≥70MPa；（2）胶管最小弯曲半径应≤1400mm	必配	
7	顶驱	1台	SY/T 6726	（1）承载负荷6750kN；（2）连续钻井扭矩70kNm；（3）中心管通孔额定压力≥52MPa	按照业主要求	
三、转盘						
1	转盘	1台	SY/T 5080	（1）规格ZP375Z；（2）通孔直径ϕ952.5mm；（3）最高转速300r/min；（4）最大静载荷7250kN	必配	
2	驱动电动机	1套		功率≥800kW	必配	
四、绞车						
1	绞车	1台	SY/T 6724	（1）名义钻探范围（6000～9000）m（ϕ114mm钻杆）；（2）额定功率≥2237kW；（3）最大提升速度不低于1.4m/s；（4）最大快绳拉力≥643kN	必配	
2	驱动电动机	2套		单台连续功率≥1100kW	必配	
3	刹车	1套	SY/T 5533 SY/T 6727	（1）交流变频钻机：盘刹和能耗制动组合；（2）直流电动钻机：主刹，盘刹；辅助刹车，电磁刹车或伊顿刹车	必配	
4	钻井钢丝绳	1套		ϕ45mm，最小破断拉力≥1280kN	必配	
5	防碰保护装置	3种		（1）须安装过卷阀式、电子数字式和重锤式；（2）须安装防碰缓冲块，加装安全链或安全绳	必配	

序号	部件名称	数量	依据标准	功能参数及技术要求	配置	备注
五、动力系统						
1	主柴油发电机组	5台		功率≥6000kW	必配	
2	辅助发电机组	1台		功率≥400kW	必配	
3	无功补偿装置	1套		直流电动钻机配备无功补偿装置	必配	
六、传动系统						
1	电传动	1套		（1）交流变频钻机：VFD； （2）直流电动钻机：SCR	必配	
七、司钻控制系统						
1	司钻控制房	1间		（1）正压防爆；（2）配置防爆空调	必配	
2	钻井参数仪	1套	SY/T 5097	大钩悬重、大钩高度、转盘扭矩、转盘转速、泵冲、立管压力、套管压力、钻井液出口流量、吊钳扭矩、钻井液池体积、补偿池体积、钻时、井深、钻井液池体积差等	必配	
3	指重表	1套	GB/T 24263 SY/T 5320	含传感器	必配	
4	自动送钻装置	1套		≥45kW	必配	
5	视频监视系统	1套		最少4个点：二层平台、绞车滚筒、钻井泵、振动筛	必配	
八、钻井液循环系统						
1	钻井泵及其驱动电动机	3台	SY/T 5138	（1）额定功率≥1600hp； （2）最大排出压力≥52MPa	必配	可选配2200HP
2	灌注泵	3台		电动机功率≥55kW	选配	
3	灌浆泵	1台		电动机功率≥25kW	必配	
4	钻井液管汇	1套	SY/T 5244	（1）额定工作压力≥70MPa；（2）双立管；（3）正灌和反灌管线应有隔断阀门、互不干涉；（4）配置抗震压力表，每根立管安装1个，位置要便于司钻观察	必配	
5	振动筛	5台	SY/T 5612	（1）高频振动筛；（2）清除粒度为74μm以上的固相；（3）处理量≥180m³/h，60目筛网，钻井液1.85g/cm³；（4）筛网目数：60～200目；（5）振动形式：直线、平动或椭圆形	必配	

序号	部件名称	数量	依据标准	功能参数及技术要求	配置	备注
6	除砂器	1台	SY/T 5612	处理量≥300m³/h，钻井液 1.85g/cm³	必配	可以配置一体机
7	除泥器	1台	SY/T 5612	处理量≥300m³/h，钻井液 1.85g/cm³	必配	
8	除气器	1台	SY/T 5612	（1）处理量≥200m³/h，钻井液 1.85g/cm³；（2）真空度 −0.05MPa	必配	
9	离心机	2台	SY/T 5612	（1）中速离心机（或高速离心机）和高速离心机各 1台，转速均在 2000r/min 以上；（2）处理量：中速离心机≥60m³/h、高速离心机≥40m³/h	必配	
10	循环罐	1套		（1）有效容积≥600m³，不包含锥形罐；（2）罐与罐之间采用开口明槽连接；（3）将一个循环罐分隔为前后仓，其中一仓容积为 30～45m³，能够与钻井泵、加重泵连接，用以堵漏和配解卡剂	必配	
11	储备罐	1套		（1）有效容积≥240m³；（2）配备独立循环加重系统	必配	
12	液面监测和报警装置			（1）所有参与循环的固控罐需安装直读罐容标尺；（2）上水罐配备液面监测和报警装置	必配	
13	化学剂处理罐	1个		设置胶液罐，容积 20～30m³，使用剪切泵（剪切泵管线不能与加重管线混用）配制胶液	必配	
14	搅拌器		SY/T 5612	（1）电动机功率≥15KW，双层叶轮；（2）固控罐容积每 25m³ 配备一个搅拌器，如 40m³ 罐容配备 2 个，50～70m³ 配备 3 个	必配	
15	加重混合系统	2套	SY/T 5612	（1）每套处理量≥240m³/h；（2）每套配备 75kW 电动机 2 台	必配	
16	座岗值班房	1间		≥（2200×1600×2400）mm	必配	

九、井口机械化设备

序号	部件名称	数量	依据标准	功能参数及技术要求	配置	备注
1	钻杆动力钳	1套	SY/T 5074	（1）适用管径 φ88.9mm～φ203.2mm；（2）最大扭矩≥125kN·m	必配	
2	液压猫头	2套		最大拉力≥160kN	必配	
3	组合液压站	1套		（1）机具泵：额定压力 16MPa；（2）盘刹泵：额定压力 6MPa	必配	或分开设置
4	风动绞车	2台		提升能力 50kN	必配	

序号	部件名称	数量	依据标准	功能参数及技术要求	配置	备注
5	气动卡瓦	1套		（1）承载能力≥4500kN；（2）适用管径 ϕ60.325mm～ϕ355.6mm；（3）牙板与管柱采用360度全包围结构，最大载荷情况下管柱残留牙痕深度≤0.3mm；（4）须经过塔里木油田试用，并有书面认证文件	选配	
6	防喷器吊装装置	1套		提升能力≥50t	必配	

十、供气、供电系统

序号	部件名称	数量	依据标准	功能参数及技术要求	配置	备注
1	空压机	2套		（1）容积流量≥5.6m³/min；（2）排气压力≥1.0MPa	必配	
2	空气干燥机	1套		处理量≥6m³/min	必配	
3	储气罐	1套		总容积≥6m³	必配	
4	低气压报警	1套		低于0.6MPa时，空压机自动启动及报警（设备自带）	必配	
5	MCC	1套		400V/230V、50Hz	必配	

十一、检测仪器设备

序号	部件名称	数量	依据标准	功能参数及技术要求	配置	备注
1	接地电阻检测仪	1套		测量范围：0～100Ω	必配	
2	快速油质分析仪	1套		通过测定油样介电常数的增减来反映油品理化性质的变化，重复误差：≤±3%	必配	
3	润滑油加注过滤装置	1套		粗、中、细三级过滤，冬季可拆除细滤	必配	
4	充氮装置	1套		额定压力≥14.7MPa	必配	

十二、外围配套

序号	部件名称	数量	依据标准	功能参数及技术要求	配置	备注
1	柴油储备罐	1套		容积≥150m³	必配	
2	废油回收罐	1个		容积≥20m³	必配	
3	软化水罐	1个		容积≥15m³	选配	
4	清水罐	1套		容积≥80m³	必配	

序号	部件名称	数量	依据标准	功能参数及技术要求	配置	备注
5	固井水罐	1套		（1）容积≥240m³；（2）每20m³配7.5kW搅拌器1台，叶片大小满足固井添加剂在水中搅拌均匀的要求；（3）水罐能够实现加热和保温；不漏电、不漏水；各个水罐之间的阀门能够完全隔离；（4）出口排水阀门尽量接近罐底，罐底有10°～12°角朝向出口倾斜	必配	
6	钻井监督房	1间		（长×宽×高）≥（12000×3500×2980）mm	必配	
7	地质监督房	1间		≥（9000×3135×2980）mm	必配	
8	干部值班房	1间		≥（9000×3135×2980）mm	必配	
9	钻井工程师房	1间		≥（9000×3135×2980）mm	必配	
10	钻井液化验房	1间		≥（9000×3135×2980）mm	必配	
11	钻工房	1间		≥（9000×3135×2980）mm	必配	
12	材料房	2间		≥（9000×3135×2980）mm	必配	
13	橡胶件材料房	1间		（1）≥（9000×3135×2980）mm；（2）配置空调	必配	
14	油品房	1栋		（1）通风良好，密闭房采用无动力排风扇；（2）照明必须防爆；（3）油品标示必须明确	必配	
15	甲方材料房	1间		≥（9000×3135×2980）mm	必配	
16	岩心房	1间		≥（6300×2900×2900）mm	必配	
17	消防房	1间		≥（6300×2900×2900）mm	必配	
18	门岗房	1间		≥（6300×2900×2900）mm	必配	
19	移动卫生间	1栋		男女各1	必配	
20	爬犁			（1）数量≥2个，带护栏；（2）便于运输	必配	
21	防沙棚	1套		动力区、泵房区、固控系统	必配	
22	电伴热装置	1套		水、柴油、气、钻井液管线及相关阀件	必配	
23	组合式营房	1套		（1）床位≥150个；（2）满足《塔里木油田钻修井承包商野营房配套和技术要求》	必配	
十三、特殊配套						
1	供暖锅炉	2台		（1）额定蒸发量≥1.0t/h；（2）工作压力≥1.0MPa；（3）工作温度≥170℃	冬季配置	

序号	部件名称	数量	依据标准	功能参数及技术要求	配置	备注
2	悬臂吊	1套		（1）额定起重重量≥5t；（2）料台载物面积≥120m²；（3）吊装时移动平台和吊臂能够平移和旋转；（4）移动平台和固定平台在同一平面上；（5）料台承重不小于500t	必配	
十四、安全设施（执行相关标准）						
1	监测设施			按照塔里木油田钻井井控实施细则执行	必配	
2	消防设施（井场）			按照塔里木油田钻修井队消防管理办法执行	必配	
3	消防设施（营地）				必配	
4	卫生健康设施					
4.1	简易医务室	1间			必配	
4.2	急救包	4个			必配	
4.3	救护担架	1副			必配	
4.4	药品柜	2个			必配	
4.5	洗眼器	1套			必配	
4.6	开水炉	2套			必配	
4.7	消毒柜	2个			必配	
5	环保设施					
5.1	废料箱	1套			必配	
5.2	垃圾桶	1套			必配	
5.3	围栏	1套			必配	
5.4	HSE标识牌	1套			必配	
5.5	路标牌	1套		转弯必备	必配	
5.6	队号牌	1套		转弯必备	必配	

（二）井钻井液系统配置要求

1. 净化（固控）系统配置

（1）振动筛。

电动机功率不小于2×2.2kW，防爆等级达到dⅡBT4，筛网与支架必须密封良好，应有防溅装置，该装置应便于随时检查筛布的使用情况，振动筛倾角的调节应采用液压助力无极调节装置。

（2）除砂除泥器。

宜使用高效一体机，额定工作压力 0.2～0.4MPa 时，能连续正常运转。

（3）离心机。

离心机两台，第一台为中速离心机，钻井液处理量不低于 60m³/h，第二台为无级调速高速离心机，钻井液处理量不低于 40m³/h，清洗离心机时的清水排出时不能进钻井液罐。

2. 钻井液动力源配置

（1）钻井泵。

其中一台钻井泵应与加重系统直接相连，为加重系统提供动力。

（2）加重泵。

循环系统、储备系统各配置一套，电动机功率 75kW，砂泵和电动机功率必须匹配，至少配两个漏斗，上水和排液管线不小于 φ152.4mm。

（3）剪切泵。

电动机功率 55kW，配置单独的管线进胶液罐，独立进行胶液配制。

（4）搅拌器。

每个钻井液罐至少配置 3 台，功率 15kW，两层叶片，每层 4 个叶片；配堵漏钻井液罐要求叶片三层，每层 3 个叶片；最上层叶片旋转直径 φ800mm 以上，上层叶片略大、下层叶片略小，下层叶片离罐底为 150mm，相邻两层叶片间距最大 800mm；分隔仓搅拌器功率大小和叶片大小分开设计，40～50m³ 罐配 15kW 搅拌器 2 台，20～30m³ 罐配 15kW 搅拌器 1 台，2# 罐上 2～3m³ 小胶液罐配 5kW 搅拌器 1 台，最好采用变频搅拌器，搅拌器需硬链接不能皮带连接。

（5）除砂除泥器供液泵的排量必须满足旋流器的处理量要求（泵功率 55kW、上水管线 φ203.2mm、排液管线 φ152.4mm）。

（6）动力系统需全部防爆，防爆等级达到 dⅡBT4。

3. 钻井液调配系统配置

9000m 电动钻机钻井液调配系统摆放情况如图 9-3 所示。

（1）罐总容积。

有效总容积不低于 840m³（不包含 1 号沉砂罐），罐数量 14 个。

（2）罐群功能布置。

1# 罐（70～80m³，长度根据需要设计）分 4 格，第 1 格为计量罐 15m³（锥形罐下方装灌浆泵，同时循环罐钻井液要能通过一定方式倒至计量罐），第 2 格锥形罐 25m³，上面装 5 台振动筛，第 3 格 15m³ 上面装除气器。

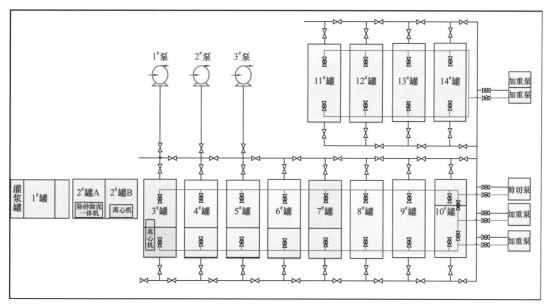

图 9-3　9000m 电动钻机钻井液调配系统摆放位置图

2#罐分 2A、2B 两格，2A 上面装除砂除泥一体机，罐面放 2～3m³ 小胶液罐，2A 中速离心机上水，2B 高速离心机上水。

3#罐和 4#罐作为上水罐，3# 和 5#罐分格为 A（45m³）和 B（25m³）两仓，靠近钻井泵一端的 A 仓用于堵漏、配解卡液，另一仓用于加重压水眼等特殊作业。

6#～9#罐作为膨润土浆罐或储备井浆。

10#罐作为胶液罐，分 10A（25～40m³）、10B 两格，10A 配胶液，10B 储存胶液或进行膨润土浆护胶。

11#～14#罐作为重钻井液储备罐，14#罐分 14A（30m³）、14B（45m³）两格。

1#罐和 2#罐横向摆放，靠沉砂池和钻机两边加宽走道板，3#～14#罐纵向"一"字形摆放（或 3#～10# 循环罐与 11#～14#储备罐以"L"形摆放），可以缩短循环槽行程和上排水管线行程。

（3）循环管线。

各循环罐之间上水管线全部用等径管线，宜法兰连接，使用明管线。罐可以通过上水管线连接，上水管线前后两排分别与两套加重泵连接，前排与钻井泵连接。钻井泵上水口距罐底要尽量低，同时设计成锯齿形，可以提高钻井液利用率又不容易堵上水口。在 5# 和 6# 循环罐之间接一根管线，将前后两排上水管线连通，可以实现钻井泵和第一组加重泵抽后仓的目的。排液管线与上水管线相似设置，前后排液管线之间连通的管线可以放到 7#罐边沿。上水管线管径 ϕ304.8mm，排液管线管径 ϕ203.2mm。所有罐面钻井液流动管线必须开明槽，循环槽要有适当坡度，必须直行流经 $1^{\#} \sim 6^{\#}$ 罐，槽面全部有活动盖板。循环槽经过的每个罐、每个隔仓都要有：进出两个口子，有三个挡板与对应的三组插槽，其中有两个挡板与插槽和进出的两个口子对应。高架槽下面应连接有专用排混浆管线，通过闸阀控制混浆不进入锥形罐，直接排出到罐外。锥形罐放浆口要求实现即开即关，在任何工况下都可以放锥形罐中的沉砂。钻井液罐清罐口要求密封且方便开关操作，挡板用胶皮平面密封＋销子。

4. 其他要求

各钻井液罐应配备直读式罐容标尺；罐面必须有可活动盖板，便于取样和观察，必须使用钢格板；罐与隔仓之间应通过连通管线达到整体使用的目的。

第三节　高性能钻具技术

一、ϕ127mm 塔标钻杆的研制

2004—2005 年，由于钻杆老化严重、钻井工况复杂以及钻井强化参数等原因，出现了大量钻杆失效，失效形式主要表现为加厚过渡带刺漏、断裂和接头热裂。通过失效分析，失效钻杆的机械性能指标和几何参数均符合 API 订货技术条件，但事实证明，根据相关标准订购的钻杆不能满足塔里木深井、超深井钻井工艺技术要求，需要在其基础上作针对性改进，提出更加严格的补充订货技术条件。

（一）ϕ127mm 塔标钻杆技术特点

2005 年塔里木油田研制出了具有自主知识产权的高性能技术集成的 ϕ127mm 塔标钻杆，该钻杆从解决当时的钻杆无法满足强化钻井参数出发，针对 ϕ127mmAPI 标准钻杆作了以下改进：

（1）优化了加厚过渡带结构，延长内锥面长度，有利于防止刺穿；采用了新型的近内平外加厚型，可以一次加热墩一粗成型，避免了以前三次加热三次镦粗所带来的金属学缺陷，减缓了内过渡带的表面突变，降低了应力集中，提高了钻杆防刺漏性能，ϕ127mm 塔标钻杆结构图如图 9-4 所示。

（2）加大了水眼尺寸，外螺纹接头水眼直径由 ϕ69.8mm 增加到 ϕ88.9mm，内螺纹接头内径由 ϕ88.9mm 增加到 ϕ100mm，改善了钻杆的水力性能，降低钻柱内压力损耗，充分利用水马力。

（3）增加了钻杆接头钢级，采用了自行设计的非 API NC52T 螺纹，在接头水眼大幅度增加的情况下确保了螺纹抗扭强度。

（4）增加管体壁厚，降低管体和加厚过渡带应力，提高钻杆的整体承载能力，延长钻杆使用寿命。

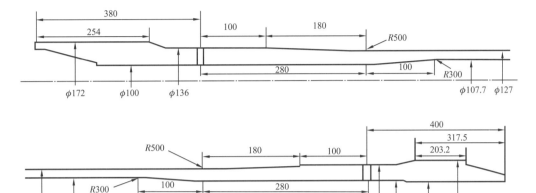

图 9-4　ϕ127mm 塔标钻杆结构图（单位：mm）

（二）ϕ127mm 塔标钻杆改进效果

通过有限元分析，改进后的内加厚消失处应力集中系数降低了 10%，并且整个加厚过渡带应力水平降低，应力分布均匀、合理，应力分布对比如图 9-5 所示。通过加厚过渡带小试样三点弯曲疲劳试验评价，改进后的塔标钻疲劳寿命就可以提高 97%～142%。

塔标钻杆研制获得了四项实用新型专利：一种钻杆接头及螺纹结构，一种外加厚圆弧过渡结构钻杆，一种钻杆接头减应力结构，近内平外加厚过渡带钻杆。

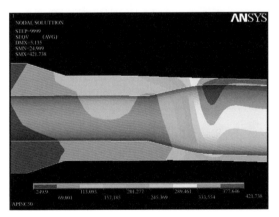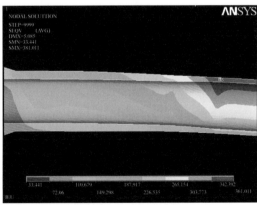

图 9-5　ϕ127mmAPI 钻杆与 ϕ127mm 塔标钻杆加厚过渡带应力分布对比

二、双台肩高抗扭钻具技术

塔里木油田使用的 ϕ120.65mm 钻铤绝大部分为进口钻铤，在使用过程中频繁断裂失效，原因是螺纹抗扭强度不足。为了提高钻铤螺纹的抗扭强度，设计了 DS35 双台肩接头，通过实验证实 DS35 双台肩螺纹比 API 标准螺纹抗扭强度提高 42%。

在 ϕ120.65mm 钻铤 DS35 双台肩螺纹技术成功应用的基础上设计了 ϕ88.9mm 钻铤 DS26 双台肩螺纹接头，为大北 3 井加工了 ϕ60.33mm 双台肩钻杆 230 根，ϕ88.9mm 双台肩钻铤 30 根，入井使用 5 套次，共计安全工作 28 天，纯钻时间 188 小时，进尺 162.87m，其中裸眼进尺 30.88m，完钻井深 7090.88m，经 5 次地面全面无损检测，螺纹、管体以及加厚过渡带均未发现裂纹，经受了超深井复杂地层环空间隙小、摩阻大、扭矩大等苛刻工况的考验。

双台肩技术在小尺寸钻铤上的成功应用在国内是首创，该技术现已推广应用。

三、非标小接头钻杆技术

小接头钻杆是采用双台肩技术提高接头抗扭强度，减小接头外径提高相应井眼内钻杆尺寸规格，提高钻杆整体强度和水力性能。根据上述要求，设计了 ϕ88.9mm、ϕ73.03mm、ϕ60.33mm 小接头钻杆，分别替代 API 钻杆在相应井眼内使用。经过改进后，新设计的 ϕ73.03mm 钻杆接头强度明显提高，强度对比见表 9-5。

表 9-5　新设计的 ϕ73.03mm 钻杆强度对比

序号	套管尺寸	ϕ127mm	
	钻杆类型	ϕ60.33mmAPI 钻杆	ϕ73.03mm 小接头钻杆
1	线重（lb/ft）	6.65	10.4
2	壁厚（mm）	7.112	9.195
3	接头连接型式	NC26	XT26
4	接头抗扭强度（kN·m）	10.98	20.62
5	接头抗拉强度（kN）	1572	1556
6	紧扣扭矩（kN·m）	6.59	12.37
7	管体抗扭强度（kN·m）	15.32	28.2
8	管体抗拉强度（kN·m）	1107	1717

同比分析小接头钻杆压耗，钻柱内压耗降低，环空压耗增加，总循环压耗降低。由于钻井时压耗主要在钻柱内部，该钻杆在相同泵压下，循环压耗明显降低。小接头钻杆水力参数对比见表 9-6。

表 9-6 小接头钻杆水力参数对比

尺寸规格	钻杆类型	钻柱压耗（MPa）	环空压耗（MPa）	总循环压耗（MPa）
φ88.9mm	常规 φ88.9mm	14.6	2.5	18.2
	小接头 φ101.69mm	10.8	3.1	14.8
	百分比	−26%	+24%	−19%
φ73.03mm	常规 φ73.03mm	22.5	3.5	27
	小接头 φ88.9mm	20.3	3.6	24.8
	百分比	−10%	0%	−8%
φ60.33mm	常规 φ60.33mm	25.2	5.9	32.0
	小接头 φ73.03mm	22.5	6.1	29.5
	百分比	−10%	0%	−8%

所设计的小接头钻杆实验室评价结果如下：

φ73.03mm 小接头钻杆 DS26 接头扭矩达到 1.68 倍设计抗扭强度时，接头轻微胀扣，没有断裂；φ88.9mm 小接头钻杆 DS31 接头扭矩达到 1.2 倍设计抗扭强度时，接头轻微胀扣，没有断裂。

四、φ101.6mm 氮气钻井专用"油钻杆"技术

2012 年研制了超级 φ101.6mm13Cr 氮气钻井专用"油钻杆"，是为了满足氮气钻井工艺要求而特制的 BT-S 13Cr110BGXT42M φ101.6mm"油钻杆"。其性能满足 API 最新版本及中国石油行业标准，其实物质量完全达到国际同类产品水平。

氮气钻井是以氮气作为钻井流体进行钻进的一种钻井方式，与空气钻井相比，其最大的特点是氮气与烃类的混合气体不可燃，避免井下燃烧，此外氮气钻井对于提高机械钻速、避免伤害储层、及时发现和准确评价油气层具有积极作用，广泛运用与储层钻进，为了使管柱能够达到钻井完井一体化，"油钻杆"应运而生，它既可以当钻杆使用用于氮气钻井作业，又可以作油管使用用于油管完井，替代了用钻杆钻井和油管采油气的工艺，13Cr 材质用在"油钻杆"上尚属首例，"油钻杆"的应用可以有效保护油气层和降低带压起钻风险。通过三口井的现场应用，证明超级 13Cr"油钻杆"能够满足氮气钻井的工艺需要，达到设计性能要求。

（一）超级 13Cr"油钻杆"特点

超级 13Cr"油钻杆"与普通 API 钻杆不同，借鉴了钻杆和油管的结构特点，加厚过渡区采用内平外加厚结构；为降低应力集中，减少钻杆刺穿失效的风险，

吊卡台肩部位采取 18° 斜坡形式；超级 13Cr"油钻杆"采用整体锻造成型，接头部位采用管体墩粗成型；螺纹采用 BGXT42M 钻杆粗牙螺纹，满足快速上扣的要求，另外螺纹设计双台肩并采用金属气密封，降低螺纹锥度，以提高抗扭强度。

（二）超级 13Cr 油钻杆现场使用情况

1. 现场使用防护措施

（1）超级 13Cr 材质对铁污染敏感，应避免钻杆与钢制材料接触。装车运输时，应使用专用支架捆绑整齐并带齐护丝，装车捆绑时与"油钻杆"接触的绳索应使尼龙带，不得使用钢丝绳。

（2）坡道以及管排架应铺好毛毡，使用专用支架捆绑，每层 4 根、每捆 3 层，层与层之间用硬质塑料隔开。

（3）用钢管作为垫杠时，应在钢管表面包裹一层毛毡，以免造成电偶或缝隙腐蚀。

（4）"油钻杆"螺纹清洗时，应使用轻质溶剂油清洗，并使用软质物品刷洗，如毛刷、棉纱等，不得使用钢丝刷等硬质物品刷洗。

（5）上下钻台时，公螺纹戴好护丝后，采用提丝配合气动绞车提拉油钻杆专用提丝上下钻台，座好吊卡放入小鼠洞，下钻时间与使用吊车相比，由每根 15min 降低到 5～6min，最快达到 4min。

（6）起下钻时，立柱最下面一根"油钻杆"应带好护丝。

（7）"油钻杆"钻台甩下后，应立即用清水冲洗管体残留杂物，以免在空气中富含氧气的环境下受氯化物和氧浓差腐蚀。

（8）"油钻杆"上扣时应使用专用引扣器，可以有效保护内螺纹的密封面和外螺纹的小端台肩发生碰撞、错扣。

2. 现场应用情况

（1）迪北 101 井。

该井是"油钻杆"成功应用第一口井，使用井段 4785～4837.07m，使用时间 10.5h，螺纹上扣扭矩为 29.02～31.86kN·m，现场测量管体钳牙咬痕部位牙痕深不超过 0.5mm，管体起出后未发现明显冲蚀，螺纹未发生粘扣等异常现象，"油钻杆"参与处理卡钻事故时，最大扭矩达 30kN·m，拉力 2886kN，经受住苛刻条件的考验。

（2）迪北 104 井。

该井是"油钻杆"成功应用的第二口井，使用井段 4768～4794.81m，纯钻时间 7.5h，上扣扭矩达到 30～32kN·m，牙痕深不超过 0.3mm，该井发现工业油气流，油钻杆未起出。

（3）迪北 103 井。

该井是"油钻杆"成功应用的第三口井，直井使用井段 4720～4890m，纯钻时间 34h，上扣扭矩设定最小 30kN·m，最大 38kN·m，最佳 33kN·m，数字扭矩仪显示实际上扣扭矩为 33～34kN·m，对油钻杆管体咬痕深约 0.1mm，在钻进过程中发生卡钻事故，活动范围 160～260t（原悬重 182t），正转 29 圈，扭矩 25kN·m，经受了考验；侧钻使用井段 4662～4804m，纯钻时间 24.5 小时，未发生异常情况。

3. 使用中发现的问题及分析

（1）因为在"油钻杆"入井前，已经进入目的层钻进，井眼为空井，在防喷工况下下钻，要求下钻速度要快，以降低井控风险，上扣速度过快对螺纹的伤害较大。

（2）"油钻杆"立柱起钻时，因自身重约 1t，需要大钩提升部分载荷，以降低对螺纹的损坏，卸扣末了时螺纹有"顿"一声响确定卸扣完毕，对螺纹损坏较大，螺纹损坏主要原因是钻柱太重和卸扣时钻柱的摆动。

（3）"油钻杆"运输过程中每捆之间的单根有攒动现象，可能会造成有些"油钻杆"的表面损伤，但有些两端都有挡板的车基本无攒动现象，建议送井时采用有挡板的车辆运输，保证"油钻杆"的运输安全。

（4）起出的"油钻杆"部分管体有较规则的单个椭圆形凹坑，部分钢钻杆管体外部冲出密集冲蚀坑，坑深约 0.3mm，分析认为是气流冲刷所致，氮气钻进时注气量 220m^3/min。

（5）"油钻杆"起钻时，卸扣约 12.5 圈，螺纹损坏主要表现在外螺纹的小端 1～2 扣和内螺纹大端 1～2 扣有磨损现象，分析主要原因是上卸扣时机械损伤所致。

（6）部分"油钻杆"内螺纹有抽丝现象，分析主要原因是上扣过程中对扣不正或钻杆重量压在螺纹上上扣。

五、ϕ139.7mmUH165 超高钢级钻杆技术

2014 年，塔里木油田公司开展了《塔里木山前超深井高强度钻杆技术研究》，通过超高强度钻杆管体材料性能指标体系研究、超高强度钻杆接头材料及性能指标体系研究、超高强度钻杆摩擦焊缝强度及质量保证体系研究和超高强度钻杆环境敏感断裂评价及适用性研究，开发研制出 ϕ139.7mmUH165 超高钢级钻杆 42 根。该钻杆具有高抗拉、高抗扭和高旋转弯曲疲劳强度等特点，与 ϕ139.7mmS135 钢级钻杆相比，管体抗拉强度和抗扭强度均提高 20% 以上。

该类钻杆在克深 131 井、克深 133 井使用，使用期间没有发生断裂、刺漏

和螺纹开裂等异常情况，经过现场探伤，未发现任何有伤缺陷和腐蚀开裂情况，经受住了大钻压、高转速、高泵压等强钻井参数和高温度、聚磺钻井液等环境敏感性的考验，没有发生断裂、刺漏和螺纹开裂等异常情况，为油田将来9000m超深井钻探做好技术储备。ϕ139.7mmUH165超高钢级钻杆42根回收检测情况：一级24根，二级5根，三级13根，降级原因主要是管体腐蚀。

六、ϕ101.6mmV150高钢级钻杆技术

2015年引进ϕ101.6mm小接头V150钢级钻杆，一种新型高强度钻杆，其管体钢级为V150，属于塔里木油田在用钻具钢级最高的钻杆之一。

V150钢级ϕ101.6mm钻杆与S135钢级ϕ101.6mm钻杆相比，主要特点有：

（1）接头外径由139.7mm变为127mm，可以有效提升环空间隙、降低压耗；

（2）螺纹类型由HT40变为DS39，可以有效提升螺纹强度；

（3）有效提高了抗内压强度和抗挤强度；

（4）可以替代ϕ88.9mmS135钢级钻杆在超深井内使用，主要用于ϕ177.8mm套管内作业解决ϕ88.9mmS135钢级钻杆强度不足的问题。

七、ϕ149.2mmV150高钢级钻杆技术

ϕ149.2mmV150高钢级钻杆是一种新型高强度钻杆，钻杆接头采用双台肩螺纹，提升抗扭强度，其主要优点主要如下。

（1）提高钻进速度。

ϕ149.2mmV150高钢级钻杆管体和接头内径均大于ϕ139.7mmS135钢级钻杆，可以提高排量有效清洁井底，降低井下复杂，从而提高钻进速度。ϕ149.2mmV150高钢级钻杆在KeS 2-1-14井用时136天完成三开进尺（6732m），比设计提前44天，比邻井KeS 2-1-12井使用ϕ139.7mmS135钻杆三开用时减少46天。

（2）提升事故复杂处理能力。

克深904井在井深6172m、6883m发生卡钻复杂事故2次，最大提拉320t，旋转35圈；轮探1井井深8882m发生卡钻复杂事故1次，最大提拉380t，旋转46圈，最大扭矩40kN·m，未发生钻杆失效事故。

（3）提升钻深和钻杆下送套管能力。

ϕ149.2mm钻杆管体抗拉强度比ϕ139.7mm钻杆提升25%，提高了钻杆下送套管能力，有效保障了现场下套管作业安全。克深904井ϕ149.2mmV150钻杆完成了ϕ241.3mm井眼钻至井深7657.93m的作业；轮探1井ϕ149.2mmV150钻杆完成了ϕ215.9mm井眼钻至井深8882m的作业。

八、铝合金钻杆

目前塔里木油田引进了 D16Tϕ147×13mm 和 ϕ103×9mm 钢接头铝合金钻杆和 ϕ146×11mm 全铝合金钻杆。主要用于解决固井难题和兼顾酸性气田钻井钻具防硫难题，为处理固井事故和含硫油气井钻井开辟了一条新途径。

（一）铝合金钻杆的主要特点

（1）重量轻，材料密度为 2.8g/cm^3，在水中的重量仅为钢的四分之一，能增加钻深能力，提高深井钻柱的过载拉伸能力。

（2）弹性模量约相当于钢材的 33%（即相同井眼曲率下的弯曲应力只相当于钢钻杆弯曲应力的 33%），钻柱的韧性好，刚性低，提高钻柱的抗弯曲疲劳能力。

（3）对硫化氢不敏感，无磁特性，摩擦系数低，提高钻头水功率，减轻起下钻阻卡，对套管的磨损小。

（4）铝合金钻杆表面氧化物既溶于碱又溶于酸，钻井液 pH 值应控制在 6～10。

（5）铝合金钻杆的疲劳寿命长于磨损寿命，不利于采用转盘高速钻进，主要采用铝合金钻杆配合涡轮或螺杆钻进。

（6）铝合金钻杆对温度比较敏感，铝合金钻杆的起下钻和打捞不需要特殊工具，铝合金钻杆的寿命主要是由内壁冲蚀磨损速度决定的。

（7）铝合金钻杆的失效主要是管体中间壁薄部分抗拉强度不足所致，在铝合金管体与钢接头连接部分没有出现过失效。

（二）铝合金钻杆在塔里木油田的用途

（1）用于下尾管和钻水泥塞，出现事故复杂可以提高处理速度。

（2）在定向井（水平井）使用，避免因钢钻杆过大的弯曲应力导致钻具的早期疲劳失效，且减少起下钻摩阻。

（3）由于铝合金钻杆弹性模量小，重量轻，有利于减少造斜段，增长水平段。

（4）由于铝合金钻杆内径大，可以提高水力性能，方便井底动力钻具的使用。

（5）在硫化氢环境中防止氢脆。

（6）与防硫钻杆配合使用，弥补防硫钻杆的抗拉能力不足，提高防硫钻杆钻深能力。

（7）在超深井使用，降低钻柱重量，提高过载拉升能力。

九、钻井参数图表制定

塔里木油田超深井数量多，复杂的地质环境和工作条件使得钻具组合处于更加复杂的工作应力状态中，高钻压、高转速下钻具易发生疲劳损坏，尤其是在深部、小井眼井段，钻具事故频发，钻柱的作业可靠性和安全性正面临更大的挑战。

目前解决钻具组合失效的方法主要有如下方法。

（1）研究钻具材质，发明具有高性能的新管柱。

（2）优化钻具结构，如优化钻铤接头螺纹形状、钻杆过渡带曲线等。

（3）研究钻具组合的动力学状态特征，优化参数，使钻具处于最低应力状态下工作，从而保证安全性。塔里木油田通过复合钻具设计、选用 API 标准外加厚钻杆或非 API 标准外加厚内平式钻杆、延长钻杆外加厚长度超过内加厚长度、进一步改进内加厚过渡结构、适当增加壁厚、提高钢材的耐腐蚀性等措施，使钻具组合失效得到了较好控制。

随着井下振动测量工具和相关计算方法不断发展，塔里木油田开展了针对超深复杂井钻柱动力学的研究工作。2007—2009 年，通过分析塔里木油田深井、超深井钻具失效情况和破坏特征，分析钻具组合动态三维动态变形，建立了针对深井超深井的钻柱动态安全系数计算模型；2014—2016 年，通过对 KeS 8-4 井、KeS 8-11 井、KeS 8-5 井等 36 井次测试的振动信息进行了频谱和时频分析，研究了井眼尺寸、狗腿度、稳定器数量、地层岩性等参数对钻柱振动信息的影响。

对于特定钻具组合，分析各转速下的涡动速度，运用循环弯扭交变应力下的疲劳强度公式，可求得不同钻具组合各个位置在不同转速下的动态安全系数，如图 9-6 所示。

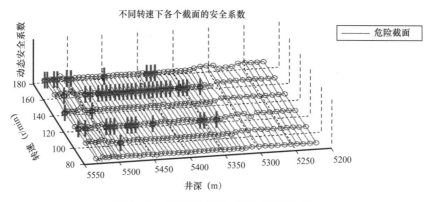

图 9-6　共振转速及危险截面位置

针对塔里木油田目前常用井身结构，以钻具动态安全性为目标，计算对应钻具组合在不同钻压、转速条件下的动态应力，以此为依据推荐各开钻具组合的钻压、转速，见表9-7至表9-9，该表可作为钻井设计和现场施工的机械参数选择参考。

表9-7 塔 I 井身结构的钻井参数推荐表

	开次	推荐钻压范围（kN）	推荐转速范围（r/min）	避开参数【钻压（kN），转速（r/min）】
塔 I	二开	10～220	50～130	【100，110】【190～200，120】
	三开	10～170	50～130	【120，120】【80，130】
	四开	10～120	50～120	无
	五开	10～60	50～120	无
		70～120	60～100	【90，100】【100，90】【120，90】

表9-8 塔 II 井身结构的钻井参数推荐表

	开次	推荐钻压范围（kN）	推荐转速范围（r/min）	避开参数【钻压（kN），转速（r/min）】
塔 II	二开	10～220	50～140	【120，100】【180，110】【130，120】，【110，130】【160，130】【220，130】，【220，140】
	三开	10～200	50～130	【150，110】【80，130】【120，130】，【140，130】
	四开	10～180	50～120	无
	五开	10～100	50～120	【90，120】【100，90】
		100～130	50～80	【130，70】

表9-9 塔 III 井身结构的钻井参数推荐表

	开次	推荐钻压范围（kN）	推荐转速范围（r/min）	避开参数【钻压（kN），转速（r/min）】
塔 III	一开	10～220	50～160	【110，120】【100，130】，【190，150】【200，150】
	二开	10～170	50～130	【70，130】【150，130】【170，130】
		10～110	140～160	【100，140】【40，160】【90，160】
	三开	10～120	50～120	【60，110】【80，110】【110，80】【110，90】【120，110】

第十章　超深油气井钻井技术展望

超深层领域的油气资源非常丰富，勘探潜力巨大，但受地质、勘探技术、勘探成本等因素的制约，发现相对缓慢，储量规模大的油气田发现较少。随着地质认识的不断深入，制约超深油气勘探的钻井技术瓶颈将不断被攻克，必将推动超深层领域油气勘探开发的大发展。

第一节　超深层油气勘探前景

一、国外超深层油气勘探前景

随着中浅层油气勘探开发程度不断提高，油气发现难度日益加大，超深层油气勘探开发越来越被广泛关注，全球超深层油气新增储量呈明显增长趋势。超深资源对油田稳产、上产具有重要的意义。

据 2013 年美国咨询公司（IHS）统计，全球深层油气探明储量和产量所占比例均较小（张光亚等，2015）。全球已发现深层油气田 861 个，其中超深层油气田 122 个；深层探明储量原油 $115.5 \times 10^8 t$、天然气 $76 \times 10^8 t$（油当量），分别占全球油、气总储量的 3.3% 和 3.2%，其中超深层探明储量原油 $15 \times 10^8 t$、天然气 $6.2 \times 10^8 t$（油当量），分别占深层油、气总储量的 13% 和 8.2%。据 2013 年 Wood Mackenzie 等的统计数据，2012 年产层深度大于 6000 m 的原油年产量为 $2578 \times 10^4 t$，占全球总产量的 0.63%，主要产自美国的墨西哥湾；天然气年产量为 $310 \times 10^8 m^3$，占全球总产量的 1%，主要产自印度 D6 区和阿塞拜疆 Shah Deniz 气田。

未来超深石油产量增长最快的地区是巴西，预计 2028 年达到高峰，超深石油产量可达 $3570 \times 10^4 t$，约占全球石油产量的 0.7%；超深天然气的产量将维持较高水平，主要产区为阿塞拜疆，预计 2019 年产量将达到峰值，超过 $500 \times 10^8 m^3$，约占全球天然气产量的 1.2%。

总体而言，未来一段时间内，超深石油、天然气的储量和产量占比都较低，但是随着油气勘探技术快速进步，带动勘探开发成本下降，全球超深油气发展具有较大的潜力。

二、国内超深层油气勘探前景

国内超深油气资源总量大，根据新一轮油气资源评价结果（杨学文等，2019）：中国石油矿权内超深石油资源量131.3×10^8t，天然气24.8×10^{12}m^3，分别占石油、天然气总资源量的25%和66%；超深石油探明储量23.1×10^8t，探明率17.6%，天然气探明储量3.9×10^{12}m^3，探明率15.7%，探明程度均较低，剩余勘探潜力大，有待深入开展研究，不断突破地质认识和勘探技术瓶颈，实现超深层油气勘探的大突破。

三、塔里木盆地超深层油气勘探前景

（一）塔里木盆地超深层油气勘探现状

中国石油第四次资源评价结果显示，塔里木盆地油气资源量为石油75.06×10^8t，天然气11.74×10^{12}m^3，其中埋深大于6000m的石油资源量34.5×10^8t，天然气5.98×10^{12}m^3，分别占盆地石油和天然气总资源量的46%和51%，超深资源量中的占比可观。

塔里木盆地超深石油资源主要分布在塔北隆起、塔中隆起、西南坳陷及北部坳陷，上述区域超深石油资源占盆地超深石油总资源量的90%；超深天然气资源主要分布在库车坳陷、塔中隆起、西南坳陷和北部坳陷，上述区域超深天然气资源占盆地超深天然气总资源量的90%。库车坳陷、塔北隆起、塔中隆起是超深油气最富集的构造单元，勘探已取得规模发现，但探明程度只有30%～40%，仍有较大的潜力；西南坳陷、北部隆起超深油气资源也相对丰富，但勘探发现较少，是拓展超深勘探成果的重要区域。

（二）塔里木盆地超深油气勘探现实领域

根据塔里木盆地超深油气分布特征与勘探现状，超深油气勘探有三大现实领域。

1.库车前陆区克拉苏冲断带

根据第四次资源评价结果，克拉苏构造带天然气地质资源量3×10^{12}m^3，截至2018年，天然气规模发现主要集中在克深段，发现气藏13个，探明气藏10个，探明天然气地质储量7270×10^8m^3；构造西部大北段、博孜段和阿瓦特段勘探程度较低，发现气藏11个，探明气藏7个，探明天然气地质储量2521×10^8m^3。2018年通过断裂精细梳理，重点在克拉苏西部落实圈闭20多个，资源量超过6000×10^8m^3，为该区域大规模展开勘探奠定了基础。预计克拉苏气田最终探明天然气地质储量可达2×10^{12}m^3。

2.库车前陆区秋里塔格构造带

2018年12月，位于秋里塔格构造带中部的中秋1井在白垩系用ϕ5mm油嘴放喷求产，折日产天然气 $33.4 \times 10^4 m^3$，由此发现中秋 1 白垩系凝析油气藏，天然气地质储量超过 $1000 \times 10^8 m^3$，凝析油 $800 \times 10^4 t$，中秋 1 井的发现确认了构造带的含油气性。目前秋里塔格构造带发现圈闭及圈闭显示 27 个，预计天然气资源量 $8160 \times 10^8 m^3$，凝析油 $7650 \times 10^4 t$。

3. 克拉通区满西低凸起碳酸盐岩上组合

克拉通区寒武系—奥陶系碳酸盐岩勘探对象可分为上、中、下三个组合，塔中—塔北隆起整体含油气，塔北南缘和塔中北斜坡碳酸盐岩上组合已基本连片探明，而中间的满西低凸起勘探程度低，勘探面积大于 $4 \times 10^4 km^2$，目的层埋深在 7500～8000m，近年来在顺南、顺北、顺托、果勒等区块均已获得油气突破，有望形成塔中—满西—塔北连片含油气的格局。

（三）塔里木盆地超深油气勘探接替领域

1. 塔西南山前前陆区

西昆仑山前从 1977 年发现柯克亚凝析气田以来，由于受黄土塬区地震资料品质差的制约，40 多年一直没有实质性的发现和突破。但随着黄土塬区地震采集技术攻关带来的资料品质提升和地质认识的不断深入，塔西南超深领域的勘探有望不断实现突破。

2. 克拉通区碳酸盐岩中组合和下组合

克拉通区碳酸盐岩中组合在塔中—古城—满西—塔北的有利勘探面积达 $5 \times 10^4 km^2$，除塔中隆起外，目的层埋深大部分在 8000～9000m，中古 70 井在该组合中的鹰山组四段发现异常高压气藏，完井测试日产天然气 $17.884 \times 10^4 m^3$，证实了中组合内有规模油气富集。

下组合有利勘探区带分布在塔北地区、塔中—巴东—古城地区，有利勘探面积 $2.9 \times 10^4 km^2$，埋深在 9000m 之内，中深 1 井已在该组合获得高产油气流，这是塔里木盆地首次在寒武系盐下发现原生高产气藏。

克拉通区碳酸盐岩中组合、下组合的储层及盖层条件较好，并且比上组合更靠近烃源岩，是克拉通区碳酸盐岩勘探的有利接替区域。

第二节　超深油气井钻井技术现状与展望

一、国外钻井技术研究现状与展望

（一）国外钻井技术研究现状

降低成本、提高效益是所有油气企业的追求，随着油气勘探开发不断深入，低渗低产低品位、深层特深层、深海极地、非常规等油气资源对钻井工程提出了更高要求，提升钻井技术装备水平是实现各类油气资源高效经济勘探开发的重要手段。近几年国外钻井技术的研发重点主要集中在钻井提速、安全钻井、自动化钻井和新型钻井流体等方面（叶海超，2018）。

1. 钻井提速技术

1）新型钻机

为了满足不同地层与地表状况施工需要、提高作业效率、降低成本，美国 Veristic 公司研发的步进式液压快速移动钻机具有整体搬迁和 8 方向"米"字移动功能，移动速度达到 0.2m/min，在 Fayetteville 页岩气区应用，34 天完成 5 井组井工厂钻井作业。挪威油井系统技术集团研发的连续运动钻机由 2 套起升系统组成，钻杆下入速度达 3600m/h，钻井周期可节约 30%～40%。

2）高效破岩钻头

当前，新材料、个性设计、3D 打印等技术被广泛应用于钻头的研发与制造。LWD 和高造斜率旋转导向系统一体化 PDC 钻头、深层脱钴 PDC 钻头、旋转切削齿 PDC 钻头、锥形切削齿 PDC 钻头等新型钻头的应用，机械钻速和钻头寿命均有大幅度提高。

3）辅助破岩工具

近几年动力钻具及辅助破岩工具研发取得了较大进展。加拿大 DRECO 公司研发的低速大扭矩螺杆，转速为 100～110r/min，制动扭矩为 15000N·m；俄罗斯 VNIIBT 公司研制的 NGT 中高速涡轮钻具，转速为 400～600r/min，制动扭矩为 3940N·m，寿命达 1200h；Smith 公司研制的耐高温长寿命涡轮钻具，耐温 300℃，一次钻进时间达到 358h；国民油井公司（NOV）研发的水力冲击锤在硬地层应用，钻井进尺和平均机械钻速与同类井下动力钻具相比均提高 180% 以上；阿特拉能源技术有限公司研制的扭力冲击器（TorkBuster），冲击频率为 750～1500 次/min，机械钻速提高 150% 以上，钻头寿命延长 50%。

2. 安全钻井技术

为了保障钻井安全，精细控压钻井、无风险钻井和地层深层探测等技术得到快速发展，实现了钻井复杂故障的提前预测、实时判断和及时控制。

1）地层深层探测技术

斯伦贝谢公司研发的 PeriScope 随钻电磁波电阻率测井技术，具有 360° 连续测量和深度成像功能，可探测井眼周围及钻头前方 33m 地层情况，提高钻井井眼轨迹控制精度。贝克休斯公司研发的 SeismicTrak 随钻地震技术，能够探测钻头前方数百米甚至上千米的地层压力变化和储层特性，为及时调整井眼轨迹、钻井密度、避免井下复杂情况提供预见性指导。

2）无风险钻井

斯伦贝谢公司研发的 NDS 系统由随钻测量、地质力学模型、风险管理、孔隙压力预测和可视化等技术组成，实现了待钻地层、储层的预测和作业方案优化。挪威 e-DrillingSolutions 公司研发的 e-Drilling 自动化钻井系统，集钻井仿真模拟、实时 3D 可视化和远程专家决策于一体，可进行待钻井数字化预演、复杂故障预判和储层钻进描述。贝克休斯公司开发的 Copilot 随钻诊断系统，配套多种传感器，可实时测量钻头钻压、钻具扭矩和转速、动力钻具转速和弯曲力矩、环空压力、井眼压力等参数，有效识别井下情况与风险。

3）精细控压钻井技术

精细控压钻井技术能够有效控制井底压力和环空流量，预防井喷、井漏和井壁垮塌等复杂故障的发生，有利于保护油气层，为窄密度窗口地层安全钻井提供了有效的技术手段，威德福、斯伦贝谢、哈里伯顿等公司均有自己精细控压钻井技术及装备。

3. 自动化钻井技术

1）自动化钻井装备

自动化钻机、自动化测量系统、自动化控制系统的研发与应用，加速推进了自动化钻井技术的发展。意大利 Drillmec 公司研制的 AHEAD 自动化钻机具备液压和电动双驱动，配套有全自动离线处理、连续循环与流量监测等系统，具有智能钻杆、连续循环、流量监控和自动送钻等功能。国民油井公司研发的自动化闭环钻井系统，可实时获取钻压、井下振动、井底压力等参数，能自动优化地面、井下设备和工具参数。巴西国家石油公司开发的在线钻井液测试系统，能自动监测钻井液流变性、电导率、滤失量、密度硫化氢含量、pH 值、固相含量和粒径分布等参数，可预测分析钻井液性能变化趋势并给出调整建议。

2）井下自动控制技术

井下自动控制技术进展主要体现在井下信号随钻传输技术和井下自动钻井系统。井下自动控制系统的发展主要表现在自动垂直钻井系统和旋转导向系统的研发与性能提升，在实现地层多参数精细评价和井眼轨迹高精度控制的同时，测控性能大幅提高。

4. 钻井液及固井水泥浆技术

1）钻井液技术

钻井液研发重点集中在耐高温、强抑制、强封堵、环保性和防漏堵漏等性能提高方面。目前，水基钻井液的最高使用温度为243℃，最高密度为2.87g/cm³；斯伦贝谢公司开发的超高温高压油基钻井液密度为2.39g/cm³，在260℃条件下性能稳定，高温高密度水基钻井液耐温为232℃，密度为2.3g/cm³；挪威Wellcem公司和沙特阿美公司研发的热活性树脂堵漏材料可在地层温度下快速固化，固结温度为20～150℃，密度为0.75～2.5g/cm³，可用于窄密度窗口的安全钻井；哈里伯顿公司研制的氟基抗高温钻井液，采用全氟聚醚、氟乳化剂和氯化钙盐水配制而成，具有热稳定性高、抗氧化性强等特点，抗温达343℃以上。

2）固井水泥浆技术

近年来，水泥浆固井技术研发重点主要包括特种功能性水泥、超高温水泥浆体系、弹性水泥、特殊固井工艺等。斯伦贝谢、哈里伯顿等公司相继开发了防气窜、自愈合、高密度和非常规水泥浆固井技术。斯伦贝谢开发的FlexSTONE水泥浆体系具有膨胀、弹韧性、高强度、防气窜、耐冲击、保持水泥环完整性等特点，耐温260℃，密度为1.5～2.50g/cm³；哈里伯顿研发的树脂水泥固井技术解决了传统水泥浆脆性、收缩问题，具有井筒长期密封和层间封隔性；美国Oceanit公司研发的纳米智能水泥，可对压力、温度等条件的改变做出响应，当固井水泥出现早期裂纹时，能够自感应修复。斯伦贝谢研发的纳米硅促凝剂，与CaCl2促凝剂相比，48小时和7天的水泥石抗压强度分别提高30%和136%。斯伦贝谢研发了金属橡胶复合密封管外封隔器，可以提升环空辅助密封能力，降低环空带压。贝克休斯研发了液体胶塞，无固相、不收缩，胶结强度高，致密性好，在美国储气库中广泛应用，用于井口环空带压治理。

（二）国外钻井技术发展趋势

1.提速提效技术装备仍是研发重点

美国Veristic公司、挪威油井系统技术集团等大力研制高性能的钻机设备；斯伦贝谢、贝克休斯、DRECODRECO、Smith、国民油井、阿特拉等公司注重提速工具、钻头的研发；挪威国家石油公司将提速降本建井技术作为重点支持项目，目标是到2020年将建井周期缩短30%，建井成本降低15%。

2.提升技术装备在复杂地层和环境的适应能力

美国研制的特深井钻机钻深达22860m，国民油井公司开发的钻井泵最高泵压达到79.1MPa，卡麦隆公司研发的防喷器承压等级达到175MPa；哈里伯顿公司研制的高温高压MWD/LWD工具耐温230℃、耐压207MPa，高温牙轮钻头耐温高达270℃。

3.地质工程一体化技术装备加速推进

随钻测绘、随钻成像、随钻测试等技术的快速发展，加速推进了油藏、地质、工程等一体化技术的进程。斯伦贝谢公司研制的 GeoSphere 储层随钻测绘系统，可以实时测量解释深部地层电阻率，优化地质构造模型，描述储藏特征，实现油藏描述的精细化、可视化；斯伦贝谢的 MicroScopeHD 随钻高分辨电阻率成像技术，能够提供实时、高质量的地层成像，分辨率达到 1cm。随钻地震、随钻测井等技术与钻井技术的结合，实现了油藏地质、油藏评价和油气井生产的一体化，为最大限度提高单井产量提供了技术保障。

4.自动化、智能化技术装备研发持续升温

物联网、大数据、云计算等信息技术的发展与应用，推进了工程技术装备的自动化、智能化发展。钻井装备自动化步伐进一步加快，自动化井口设备、一体化司钻控制室、自动排管系统、井口机器人等自动化设备得到广泛应用。随钻地层分析、地层压力监测、旋转导向、定向转速控制等实时化、智能化系统的快速发展，基本实现了油气藏识别和井眼轨迹的智能跟踪和调控，地质导向与旋转导向技术的结合促进了钻完井技术的可视化和数字化发展。智能完井技术的发展完善，为油气藏动态描述、精细控制和生产优化提供了条件。远程决策系统能够实现大数据的优化、传输和控制，成为石油工程自动化、智能化的远程控制中心。

二、塔里木油田钻井技术挑战与展望

（一）目前面临的挑战

1.大段砾岩层提速仍面临挑战

博孜区块大段砾岩层钻井提速经历了常规牙轮、空气/雾化钻井到进口牙轮、涡轮+孕镶钻头、异型齿 PDC 钻头（或牙轮 +PDC 混合钻头）+垂直钻井、PDC 钻头 + 扭冲 + 垂直钻井、连续循环空气钻井等多种提速工具组合及技术探索，提速效果参差不齐，尚未形成主体提速配套技术。

2.降低复合盐膏层事故复杂仍需要系统解决方案

（1）针对高压盐水造成的窄压力窗口难题，现用的控压放水降压、精细控压、防漏堵漏等技术有待进一步完善。

（2）复合盐膏层段因发育高压盐水、井漏严重（井底失返性漏失）、无配套套管扶正器等客观因素制约，一次固井质量差，难以满足井完整性要求。

（3）各区域盐底岩性组合模式差异大，地质卡层难度大。

3. 多套盐层井身结构仍有优化空间

秋里塔格构造带普遍发育 2 套复合盐膏层，经两轮实钻优化，部分井可采用五开结构，部分井仍需六开，地质不确定性大，特别是中秋 10 井发育 3 套复合盐膏层 2 套目的层，虽进行了设计优化，但仍存在打不成的风险，需继续开展多压力系统井身结构优化研究。

4. 超深盐下大斜度井配套技术仍需进一步攻关

（1）盐膏层大斜度井段蠕变速率快、阻卡频繁、无形损失时间长，克深 1002 井四开井段（盐膏层造斜段）长 1772m，钻进时间长达 131 天，固井质量优质率 20%、合格率 40%（四开裸眼段），固井质量有待进一步提高。

（2）目的层缺乏耐高温旋转导向工具，采用常规稳斜钻具稳斜效果差（温度 150℃以上，井斜 61° 降低至 57° 后增加至 77°）。

（二）下步工作思路

1. 钻井提速技术

（1）鉴于博孜区块砾岩层厚度大、埋藏深、硬度大，建议试验评价新型抗高温牙轮钻头，通过与厂家一起，开展个性化设计，加强钻头保径和承载钻压能力设计，发挥牙轮钻头体积破碎优势；开展垂直钻井工具、扭力冲击器和特殊高效 PDC 钻头等提速工具组合试验；加大空气钻井防斜、井壁稳定以及在含水地层应用等技术研究，突破巨厚砾石层提速瓶颈。

（2）在高效堵漏技术基础上，试验应用国外成熟的随钻扩眼技术，针对盐层、高压盐水、低压砂层等复杂地质条件，积极探索膨胀管和裸眼补丁技术，拓展现有井身结构。

（3）试验应用微流量监测＋控压钻井技术，解决盐间溢流、井漏同存难题；库车前陆区致密裂缝性砂岩储层推广应用精细控压钻井技术，适当降低钻井液密度减少漏失，力争一趟钻钻穿目的层。

（4）通过钻井系统优化提速技术试验，从井身结构、钻井液、钻具组合、钻井参数、固井、地面装备和井眼轨迹等方面细化完善钻井提速模板，达到整体、全过程提速的目的。

（5）塔河南岸二叠系火成岩段继续加强扭力冲击器和高效钻头等成熟技术应用，持续解决提速问题。

（6）超深井和超长水平井积极开展井底当量循环密度 ECD 随钻监测，利用压力附加值代替密度附加值确定钻井液密度，优化钻井液性能和扩眼降低循环压耗，减小压力激动，减缓井漏垮塌等问题，降低事故复杂。

（7）优化中完工序和衔接，缩短完井时间。塔里木油田超深井数量较多，建议改进配套超深井钻机，引入加长单根钻杆（12.5m）和二层台操作机械手，减少接卸单根次数，减少非生产时间。

（8）推进库车前陆区盐下大斜度井钻井，是降低钻井成本和提高单井产能的另一条技术途径，难点是盐膏层定向作业和安全问题，可以借鉴墨西哥湾盐膏层和北海大位移井盐膏层的定向作业技术，加快膨胀管、PCI堵漏和耐高温旋转导向工具、测井仪器、完井封隔器、测试封隔器等一系列超深层特殊工艺井钻完井技术攻关配套。

（9）裂缝微裂缝发育储层推广筛管完井，缩短完井时间，降低储层伤害。

（10）加大库车山前井非目的层井下工程参数测量工具的应用，实时分析井下运动状况和井眼状态，为钻井参数优化、钻头设计和改进提供支持。

2. 钻井液技术

1）长裸眼井壁稳定技术

（1）针对轮探1井寒武系辉绿岩、迪北区块侏罗系煤层和超深井长裸眼地层部分井段井壁易失稳垮塌、井径扩大率超标、阻卡严重的问题，开展井壁失稳机理研究，明确复杂地层的地层特性，针对性地提出钻井液技术对策。

（2）借鉴国外井壁增强技术，引进并评价 Wellbore Shielding® 高分子化合物和 FLC2000 等新型封堵剂，根据评价实验结果，开展现场试验和推广应用。

2）防漏堵漏技术

（1）优选并试验应用测漏点工具仪器，使找准漏点成为堵漏前的标准工序。

（2）引进或开发专业堵漏模拟软件，建立堵漏材料性能评价数据库及堵漏工具数据库，根据漏失层位特点和漏失类型建立漏失预测模型和堵漏模型，指导堵漏配方优化，实现科学高效堵漏。

（3）研制堵漏自供系统，缩短配浆时间，减少堵浆排放，实现经济堵漏。

3）超低密度钻井液技术

阿克莫木气田储层压力系数 1.0～1.10，裂缝发育，即使在 1.06～1.12g/cm³ 密度条件下仍然存在严重漏失，堵漏难度大，而钻井液密度已经达到传统水基钻井液密度控制下限，因此需要开展超低密度钻井液体系配方研究，并形成相应的配套技术。

4）环保钻井液技术

（1）根据"塔里木油田钻井（试油、修井）环境保护管理办法"和新疆维吾尔自治区环保厅相关文件及标准要求，聚合物钻井液废弃物采用机械脱水方式使固态泥沙含水率达到或低于80%后，固态泥沙就地填埋或用于修路、铺垫井场，液相资源化利用，而磺化钻井液需采用高温热裂解或化学淋洗技术集中处理，处理成本远高于聚合物钻井液。环保型水基钻井液多数处理剂均属于聚合物处理剂，但目前仍不能按照聚合物钻井液进行废弃物处理，因此需要建立环保钻井液体系认定标准。

（2）借鉴国外环保型水基钻井液技术，如"Evolution® 钻井液"，开展国产化攻关研究，降低钻井液成本，实现环保型钻井液体系的推广应用。

（3）开展聚合物钻井液体系深井段应用技术，实现延迟转磺。通过优化处理剂配方，提高聚合物钻井液的抗温性、防塌性和润滑性等性能，实现聚合物钻井液应用井段的不断加深，减少磺化钻井液废弃物排放总量，降低处理难度和处理成本，提高油田清洁生产水平。

5）超高密度钻井液及配套技术

（1）微钛铁矿粉成本远低于微锰矿粉，但综合性能与微锰矿粉接近，表现出较好的应用前景，可在超深高温超高密度（>2.5g/cm³）井中推广应用，改善钻井液流变性，为安全钻井提供支撑。

（2）建立微锰矿粉和微钛铁矿粉技术要求和实验评价规范，完善油田钻井液处理剂标准体系。

3. 固井技术

（1）强化套管扶正器质量管理与现场应用，修订完善套管扶正器采购标准，启动执行套管扶正器入库报检程序，提升扶正器器质量。

（2）联合厂家研究高性能气密封防腐套管，盐层段优选复合盐膏层扶正短节或适合无接箍套管的整体式扶正器，强化扶正器安装，提高管柱居中度，为固井质量打好基础。应用随钻扩眼技术，确保复合盐膏层管柱居中和安全顺利下入。

（3）开展控压固井和旋转尾管固井等固井工艺应用，进一步丰富窄密度窗口条件下的固井技术手段，提高盐膏层和目的层段的顶替效率，提升固井封隔质量，为后期改造、生产打好基础。

（4）进一步完善盐下大斜度井和长水平段水平井固井工艺措施，形成超深盐下大斜度井、水平井固井技术。

（5）开展200℃超高温条件下水泥浆体系优选评价，突破超高温缓凝剂、降滤失剂等关键技术，开展200℃水泥石长期强度衰退机理研究，形成满足200℃条件下的水泥石稳定配方，保证水泥石的长期结构完整性满足长期安全生产的需求。

（6）开展进口金属密封封隔器评价与试验，提高裸眼环空油气水封隔能力，完善环空及地层辅助封隔手段。开展韧性水泥、自愈合水泥等特种水泥的试验和应用。

（7）建立完善的固井数据库，涵盖施工设计、现场施工、质量评价、生产跟踪后评估等全过程，实现固井作业的闭环管理，促进固井技术的不断进步。

4. 地质工程一体化技术

（1）开展库车前陆区盐上砾岩冲积扇期次、分布范围与规律、岩性特征、成岩特征、含水性、地层可钻性、岩石力学特征和井壁稳定性等研究，为工程提供地质基础资料有效指导钻头设计选型和钻井参数优化，分析评价钻头和提速工具优选组合的最佳配置。

（2）加强对复合盐层中漏层、高压盐水层、欠压实泥岩分布范围及分布规律的预测，加大控压钻井的攻关和应用力度，减少井漏、高压盐水溢流、盐底卡层等造成井下复杂。盐底卡层要在加强地震预测、地层对比、钻时、岩性、岩屑特点、元素录井的基础上，加大 VSP 测井、随钻地震、Glass 电阻率前探技术攻关。要研究底板泥岩特征图版，反演电阻率与电缆电阻率关系，电性与岩性之间关系，力争快速及时准确一趟钻完成盐底卡层。

（3）加强远探测声波测井在库车山前超深致密砂岩储层改造技术支撑综合研究和台盆区碳酸盐岩缝洞体识别技术攻关，指导智能化储层改造和提高钻探质量。

（4）加强台盆区奥陶系深部、寒武系、震旦系地层的地质认识，认清白云岩、火成岩侵入体、寒武系盐膏层的岩性特征，优化设计井身结构和提速技术方案。

（5）加强塔西南地区地质构造和地层规律的认识，为井身结构优化提供依据。

参考文献

杨学文，王招明，何文渊，等.2019.塔里木盆地超深油气勘探时间与创新.北京，石油工业出版社.

叶海超.2018.钻井工程技术现状及发展趋势.石油科技论坛，第6期：23-31.

张光亚，马锋，梁英波，等.2015.全球深层油气勘探领域及理论技术进展.石油学报，36（9）：1156-1165.

朱金智，舒小波，张绍俊，等.2018.钻井液中可溶性硫化物快速定量检测方法研究.当代化工，47（6）：1298-1301.

滕学清，白登相，宋周成，等.2017.超深缝洞型碳酸盐岩钻井技术.北京，石油工业出版社.

胥志雄，龙平，梁红军，等.2017.前陆冲断带超深复杂地层钻井技术.北京，石油工业出版社.

滕学清，崔龙连，李宁，等.2017.库车山前超深井储层钻井提速技术研究与应用.石油机械，45（12）：1-6.

滕学清，狄勤丰，李宁，等.2017.超深井钻柱黏滑振动特征的测量与分析.石油钻探技术，45（2）：32-38.

张峰，陈曦，杨成新，等.2017.塔里木油田哈得地区长封固段水平井固井技术.西部探矿工程，第8期：85-88.

朱金智，游利军，李家学，等.2017.油基钻井液对超深裂缝性致密砂岩气藏的保护能力评价.天然气工业，37（2）：62-67.

朱金智，叶艳，李家学，等.2017.塔里木油田钻完井液环保处理技术研究.油气田环境保护，27（6）：8-13.

李宁，张雷，张权，等.2017.复杂深井随钻测压方法探索.钻采工艺，40（3）：110-112.

李宁，杜建波，艾正青，等.2017.高温深井环境下水泥环完整性模拟评价及改进措施.钻井液与完井液，34（1）：106-111.

艾正青，叶艳，刘举，等.2017.一种多面锯齿金属颗粒作为骨架材料的高承压强度、高酸溶随钻堵漏钻井液.天然气工业，37（8）：74-78.

李宁，周小君，周波，等.2017.塔里木油田ＨＬＨＴ区块超深井钻井提速配套技术.石油钻探技术，45（2）：10-14.

袁中涛，杨谋，艾正青，等.2017.库车山前固井质量风险评价研究.钻井液与完井液，34（6）：89-94.

杨成新，潘志勇，王孝亮，等.2017.某复杂超深井生产套管柱优化设计.石油管材与仪器，3（3）：28-33.

汪海阁，葛云华，石林.2017.深井超深井钻完井技术现状、挑战和"十三五"发展方向.天然气工业，37（4）：1-7.

董萌，梁红军，杨博仲，等.2016.K S9 号构造超深井钻井提速配套技术.钻采工艺,39(6)：11-13.

艾正青，李早元，李宁，等.2016.漂珠低密度固井水泥石的力学性能研究.硅酸盐通报，35（9）：3062-3065.

滕学清，陈勉，杨沛，等.2016.库车前陆盆地超深井全井筒提速技术.中国石油勘探，21（1）：76-88.

王志龙，尹达，申文琦，等.2016.盐水侵污对有机盐钻井液性能的影响.油田化学，33（4）：571-574.

江同文，滕学清，杨向同.2016.塔里木盆地克深 8 超深超高压裂缝性致密砂岩气藏快速、高效建产配套技术.天然气工业，36（10）：1-9.

李宁，李家学，周志世，等.2015."零电位"水基钻井液体系.钻井液与完井液，32（2）:15-18.

杨玉坤，翟建明.2015.四川盆地元坝气田超深水平井井身结构优化与应用技术.天然气工业，35（5）：79-83.

叶玉麟，韩传军，谢冲，等.2015.剪切闸板胶心密封特性研究.石油机械，43（6）：55-59.

刘绘新，孟英峰，唐继平，等.2007.油气井多级节流压井系统研究.天然气工业，2007.27（8）：63-66.

易浩，杜欢，贾晓斌，等.2015.塔河油田及周缘超深井井身结构优化设计.石油钻探技术，43（1）：75-81.

袁中涛，艾正青，邓建民，等.2015.高密度欠饱和水泥浆流经盐层性能变化的研究.石油工业技术监督，36-38.

叶艳，尹达.2014.高密度甲酸盐钻井液配方优选及其性能评价.钻井与完井液，31（1）：37-43.

郭南舟，张伟，王国斌，等.2014.非常规井身结构在准噶尔南缘超深井的应用.钻采工艺，37（2）：23-25.

滕学清，李宁，狄勤丰，等.2014.塔里木盆地超深井 311.2mm 井眼钻柱动力学特性及参数设计.石油学报，35（2）：359-364.

李健，李早元，辜涛，等.2014.塔里木山前构造高密度油基钻井液固井技术.钻井液与完井液，31（2）：51-54.

滕学清，白登相，杨成新，等.2013.塔北地区深井钻井提速配套技术及其应用效果.天然气工业，33（7）：68-73.

宋建伟，何世明，龙平，等.2013.国内深井钻井提速技术难点分析及对策.西部探矿工程，第12期：73-77.

崔龙连，汪海阁，张富成，等.2013.频率可调脉冲提速工具深井提速现场试验研究.石油机械，41（12）：34-37.

李宁，盛勇，俞莹滢，等.2013.塔里木油田台盆区Φ241.3mm井眼控移快钻技术研究.钻采工艺，36（3）：5-7.

唐继平，滕学清，梁红军，等.2012.库车山前复杂超深井钻井技术.北京，石油工业出版社.

瞿佳，李真祥.2012.元坝地区复杂深井新型井身结构与应用.钻采工艺，35（5）：40-44.

杨宇平，杨成新，董建辉，等.2012.水平井、大位移井井眼净化技术研究.石油机械，40（8）：19-23.

李宁，滕学清，肖新宇，等.2012.水平井压力控制钻井技术研究与应用.钻采工艺，35（6）：12-14.

尹达，叶艳，李磊，等.2012.塔里木山前构造克深7井盐间高压盐水处理技术.钻井液与完井液，29（5）：6-8.

尹达，王平全，代平，等.2012.塔里木油田高密度水基钻井液研究现状及进展.钻采工艺，35（3）：14-16.

文志明，李宁，张波.2012.哈拉哈塘超深水平井井眼轨道优化设计.石油钻探技术，40（3）：43-47.

董建辉，肖新宇，杨成新，等.2012.库车山前盐上长裸眼段承压堵漏工艺技术.石油机械，40（1）：33-36.

滕学清，刘洋，杨成新，等.2011.多功能防窜水泥浆体系研究与应用.西南石油大学学报（自然科学版），33（6）：151-154.

肖平，张晓东，梁红军，等.2011.通井钻具组合刚度匹配研究.机电产品开发与创新，24（3）：33-34.

任雅婷，陈世春，梁红军，等.2010.超深井钻机特殊配置要求及其基本参数.机电产品开发与创新，23（1）：40-41.

陈世春，张晓东，梁红军，等.2010.塔里木地区超深井钻机配置.矿场机械，39（4）：48-53.

李宁，黄根炉，柳汉明.2009.英买7区块盐下水平井钻井技术.钻采工艺，32（2）：14-16.

唐继平，梁红军，卢虎，等.2008.塔西南地区深井超深井钻井技术.北京，石油工业出版社.

唐继平，王书琪，陈勉，等.2004.盐膏层钻井理论与实践.北京，石油工业出版社.

王春生，魏善国，殷泽新 .2004.PowerV 垂直钻井技术在克拉 2 气田的应用 . 石油钻采工
　　艺，26（6）:4-8.

孙海芳，贺兆顺，杨成新 .2002. 超薄油藏水平井钻井技术 . 钻采工艺，30（4）：15-17.

丁红，陈杰，陈志学，等 .2007. 垂直钻井技术在青探 1 井的应用 . 石油钻探技术，35（3）：
　　30-32.

戴建全 .2007.VTK 垂直钻井系统在龙深 1 井钻井中的应用 . 天然气工业，27（11）：65-67.

邹灵战，毛蕴才，刘文忠，等 .2018. 盐下复杂压力系统超深井的非常规井身结构设计——
　　以四川盆地五探 1 井为例 . 天然气工业，38（7）：73-79.

贾华明，施太和 .2011.φ127 塔标钻杆 . 石油科技论坛，2011（3）：54-58.

周健，贾红军，刘永旺，等 .2017. 库车山前超深超高压盐水层安全钻井技术探索 . 钻井液
　　与完井液，34（1）：54-59.

肖占朋，杨琳，李忠飞，等 .2017. 水力振荡器在塔中地区水平井中的应用 . 天然气勘探与
　　开发，40（2）：91-94.

杨宪彰，蔡振忠，雷刚林，等 .2009. 库车坳陷探井井漏地质特征分析 . 钻采工艺，32（3）：
　　26-29.

王斌，雷刚林，吴超，等 .2016. 新疆库车坳陷古近系膏泥岩层分层特征及沉积演化分
　　析 . 沉积与特提斯地质，36（3）：60-65.